家具设计常用资料集

（第二版）

陈祖建　主　编
何晓琴　副主编

化学工业出版社
·北京·

本书是一本结构简明、数据准确、使用方便的工具书。全书由家具设计的基础知识、民用家具设计、公共家具设计三个部分组成。注重突出家具设计学与人体工程学以及家具设计学与建筑学的关系；注重现代家具与家用设备系统设计关系；注重现代的家具与室内陈设系统的关系；注重家具功能从实用化转向雕塑化、时装化和智能化的信息时代家具。

本书集专业性、实用性、系统性于一体，注重理论与实践相结合，适合于家具设计与制造、室内设计、工业设计、木材科学与工程等领域设计人员使用或作为相关专业的教学参考书，同时也可供家具企业或设计公司的专业工程技术与管理人员参考。

图书在版编目（CIP）数据

家具设计常用资料集/陈祖建主编．—2版．—北京：化学工业出版社，2012.7（2020.2重印）
ISBN 978-7-122-14346-4

Ⅰ．家…　Ⅱ．陈…　Ⅲ．家具-设计　Ⅳ．TS664.01

中国版本图书馆CIP数据核字（2012）第103543号

责任编辑：王　斌　林　俐　　　　装帧设计：史利平
责任校对：蒋　宇

出版发行：化学工业出版社（北京市东城区青年湖南街13号　邮政编码100011）
印　　装：北京虎彩文化传播有限公司
787mm×1092mm　1/16　印张21　字数521千字　　2020年2月北京第2版第9次印刷

购书咨询：010-64518888　　　　售后服务：010-64518899
网　　址：http://www.cip.com.cn
凡购买本书，如有缺损质量问题，本社销售中心负责调换。

定　　价：58.00元

序

家具是人类生存和发展必不可少的一类器具。家具与住宅、汽车、家电、服饰共同构成了当代社会五大消费品系，家具是人类文明的重要组成部分，它伴随着人类的产生而出现，它伴随着人类文明的进步而不断完善，经过数千年匠师们的不断努力，丰富多彩的家具世界已成为构建现代文明的重要内容和显著标志。

家具设计是当代社会的一个重要设计领域，它与建筑设计、室内设计、环境艺术设计等有着十分密切的关系。家具设计是一项复杂的系统工程，有人说设计一把椅子不亚于设计一部汽车。事实上，设计一把椅子所涉及的设计哲学、设计思想、设计美学、设计方法论、人体工效学、材料与结构科学、制造工艺学以及市场学和经济等学科领域，确实和设计一部汽车一样，要用相同的思想、相似的方法去解决各自不同的问题。

我们不能忽视家具的存在，也不能小看家具设计。从现代设计史看，荷兰风格运动的领军人物里特维尔德设计的“红蓝椅”、包豪斯马塞尔·布鲁耶设计的“悬臂钢管椅”、包豪斯第三任校长密斯·凡德洛设计的“巴塞罗那椅”、芬兰建筑大师阿尔瓦·阿尔托设计的“帕米奥扶手椅”都是20世纪现代设计的经典，从而也使他们当然地成为了20世纪的现代设计大师。从市场比价的角度看，家具与家电和汽车的比价也在不断攀高。就当前流行传统家具热而言，有人说“买家具一买就涨，买汽车一买就跌”。明代家具更是有价无市，1986年一对明黄花梨官帽椅大约1000元左右，而今身价则高达数百万元。

在经济全球化的背景下，趁国际产业结构调整和我国改革开放的机遇，在国民经济持续快速发展的促进下，中国的家具产业获得了快速发展。至2007年底，中国的家具总产值已超过5000亿元，出口则超过200亿美元，使中国成为了名副其实的家具生产大国和出口大国。但由于目前尚缺乏原创设计，缺乏有影响力的知名品牌，缺乏在全球化背景下参与国际竞争的经验与措施，因而我们还不是家具生产强国。强化家具原创设计，强化家具新产品开发是中国家具产业发展的必由之路。

陈祖建编写的《家具设计常用资料集》涵盖了家具风格、家具造型、家具装饰、家具材料等基础理论和基础知识，重点提供了包括各类民用家具和公用家具设计的设计要领、尺寸规范和设计图例。该书内容丰富、数据准确、实用性强，是从事家具设计不可多得的一部资料集成。《家具设计常用资料集》的出版必将为业内广大家具设计师在设计工作中提供便捷，为普及和提高家具设计的科学性、促进家具设计的标准化发挥积极作用。

胡景初

中国家具设计专业委员会副主任

中南林业科技大学教授、博士生导师

第二版前言

为适应新世纪我国家具业的迅猛发展，本书力图从当代世界家具设计的高度，系统地介绍家具设计与制造所必需的知识，从科学系统的角度，为家具行业、室内设计行业提供一本结构简明、数据准确、使用方便的工具书。本书第一版出版以来持续热销，受到了读者的广泛好评，同时也有不少读者向我们提出了宝贵的修改建议。结合这些读者反馈，并考虑到本书第一版编写时尚有一些内容遗漏，同时四年间家具行业也有了很大的发展，出现了很多新趋势，为了使本书能够具有更强的参考价值，我们决定在第一版基础之上进行修订。

本书在编写方面注重理论联系实践，图文并茂，注重实用。在第一版的基础上扩充为五个部分组成：第一部分介绍了家具设计的基础知识，即家具设计风格、家具造型设计、家具装饰设计和家具设计常用材料；第二部分介绍了民用家具设计内容，即客厅家具设计、玄关家具设计、卧室家具设计、书房家具设计、儿童家具设计、残疾人家具设计、餐厅家具设计、卫生间家具设计和厨房家具设计；第三部分为公共家具设计内容，即办公家具设计、宾馆家具设计、图书馆家具设计、医疗家具设计、学生公寓家具设计、影剧院家具设计、体育馆家具设计、商场家具设计、实验室家具设计；第四部分为室内整体家具设计，即整体书柜设计、整体衣柜设计和整体厨柜设计；第五部分为户外家具设计，即公园家具设计、街道家具设计和庭院家具设计。

本书的出版得到中国家具协会、福建省家具协会、海峡西岸家具技术服务中心等单位的热情帮助，得到了国内著名专家学者的帮助和指导。中南林业科技大学博士生导师、著名家具教育家胡景初教授为本书作序，南京林业大学博士生导师关惠元教授担任本书主审，福建农林大学艺术学院的领导对本书的编写予以大力的支持，福建农林大学艺术学院叶翠仙对本书提出了一些非常宝贵的建议，在此一并表示衷心感谢。

本书由陈祖建和何晓琴主要负责编写。第二篇的民用家具设计概述、客厅家具设计、玄关家具设计、卧室家具设计、书房家具设计、儿童家具设计、残疾人家具设计，第三篇的办公家具、宾馆家具、图书馆家具、医疗家具、学生公寓家具、影剧院家具、体育馆家具、第四篇的整体家具设计以及第五篇的户外家具设计为本书主编福建农林大学陈祖建博士编写；第一篇的家具设计风格、家具装饰设计和家具设计常用材料为福建高等商业专科学校何晓琴同志编写；第二篇中的餐厅家具设计、卫生间家具设计、厨房家具设计和第三篇中的商场家具设计和实验室家具设计为福建农林大学的林皎皎博士编写；第一篇中的家具造型设计为福建农林大学的蒋绿荷编写。研究生肖飞、董春、甄健健、王列、侯晓东、王彬彬、刘威、周苗苗、吴素婷参与了本书文字录入和图片整理的工作。

本书所涉及的内容广泛，时间紧迫，加之作者水平有限，书中遗漏之处在所难免，敬请广大读者，特别是家具设计、室内设计专业的专家和同行提出宝贵意见，以期在今后再版时予以充实和提高。

编者

2012 年 5 月

第一版前言

家具是人类生活必不可少的生活用具，是人类文明与生活实践的产物。数千年来，随着生活状况的改变和生产力水平的提高、科学技术的进步，人们不断创造出新的家具。家具的设计、制造与人类生活息息相关，尤其是现代家具更是体现当代生活水平和质量的主要标志。因此，不断地设计开发新家具，通过人与家具、人与环境的不断协调和发展，将把人们带入一个新的、更加美好的生活空间，为人们创造出更新的生活方式。

本书是一本结构简明、数据准确、使用方便的工具书。相对国内目前一般家具专业书籍而言，本书注重突出家具设计学与人体工程学以及家具设计学与建筑学的关系；注重现代家具与家用设备如电器、灯具等的系统设计关系；注重现代的家具与室内陈设系统的关系；注重家具功能从实用化转向雕塑化、时装化和智能化的信息时代家具。本书在编写时力求做到既有理论上的指导性，又有实践方面的经验总结，具有丰富的形象参考资料，使本书对家具设计与室内设计工作具有较为广泛的参考价值。

本书的出版得到了中国家具协会、福建省家具协会、深圳家具研究开发院等单位的热情帮助。中南林业科技大学博士生导师、著名家具专家胡景初教授为本书作序，南京林业大学博士生导师关惠元教授和深圳家具研究开发院副院长江敬艳博士担任本书主审，福建农林大学艺术学院的领导对本书的编写予以大力的支持，福建农林大学艺术学院叶翠仙对本书提出了一些非常宝贵的建议，在此一并表示衷心感谢。

本书由陈祖建和何晓琴主要负责编写。第 3 章的办公家具、宾馆家具、图书馆家具、医疗家具、学生公寓家具、影剧院家具、体育馆家具为本书主编陈祖建博士编写。第 1 章的家具设计风格、家具装饰设计和家具设计常用材料、第 2 章的民用家具设计概述、客厅家具设计、玄关家具设计、卧室家具设计、书房家具设计、儿童家具设计、残疾人家具设计以及第 3 章的户外家具设计为福建商业专科学校何晓琴编写；第 2 章中的餐厅家具设计、卫生间家具设计、厨房家具设计和第 3 章中的商场家具设计和实验室家具设计为福建农林大学的林皎皎博士编写；第 2 章中的家具造型设计、家具尺寸设计为蒋绿荷编写。

本书集专业性、实用性及系统性于一体，注重理论与实践相结合，适合于家具设计与制造、室内设计、工业设计、木材科学与工程等领域的设计人员或作为相关专业的教学参考书，同时也可供家具企业、设计公司的专业技术、管理人员参考使用。

本书编写时间紧迫，加之作者水平有限，书中遗漏之处在所难免，敬请广大读者提出宝贵意见，以期在今后再版时予以充实和提高。

编者

2008 年 1 月

目　录

1 家具设计基础

1.1 家具设计风格

1.1.1 概述

家具是人们生活中不可缺少的因素，也是人类文化生活中最能从观感上影响情感的因素，其中所表现的人类文明发展的特征是与生俱来的。家具作为任何一个时代人类活动的产品，不论个人的原因给它们带来多大的变化，它们都有一些共同点，即同样的社会和文化条件，同样的生产方式和手段，同样的外表和心理特征都在千变万化的形式构成上留下共同的印记。正是这些起源于社会原因的共同表征，产生了风格的概念。同样的社会和文化条件，同样的生产方法和手段，同样的外表和心理，都在千变万化的形式构成上留下共同的印记。家具设计风格的变化，不在乎当时的人们是否有意追求过它们或者意识到它们，规律消除了人们设计家具中的偶然机遇。家具风格的发展演变受到政治、经济发展的直接影响，也受到当时文化背景的制约，是随历史潮流而动的文化现象，是社会发展到一定阶段的产物，是不同的时代思潮和地区特点，通过创作构思和表现，逐渐发展成为代表性的家具形式。因此，任何的家具风格都不仅包含着对这种现象的那些有机组成的规律的阐释，而且在这些规律和特定的历史时代之间建立确定的联系，也通过同时代其他形式的人类活动和创作从而使它们得到核实。

风格虽然表现于形式，但风格具有艺术、文化、社会发展等深刻的内涵。家具风格也是如此，它所表达的是人们的生活方式、文化艺术、社会科技发展等深刻的涵义。纵观家具发展史可以看出，家具风格的发展演变经历了一个漫长的过程，尽管它们展现、存在的时间不同，表现形式各异，但是相同点是明显的，就是它们都受到政治、经济发展的直接影响，也都同时受到当时文化背景的制约，它们都是随历史潮流而动的文化现象，都是人类社会发展到一定阶段的产物。

设计是以物质方式来表现人类文明进步的最主要方法，设计本身表达了技术的进步，传达了对科学技术和机械的积极态度。根据人类社会从最初的原始社会发展到农业社会、工业社会、后工业社会的发展历程，我们把家具设计风格的演变也相应地划分为农业时代、工业时代以及后工业时代三个阶段。

1.1.2 农业时代的家具风格

1.1.2.1 西方农业时代的家具风格

家具名称		时间	特点	图例
古代家具	古埃及家具	公元前2世纪～公元前4世纪	1. 造型以对称为基础，外观威严、富丽堂皇，将神化的动物雕饰作为家具部件，显出其神权崇高的特征 2. 装饰手法丰富，装饰纹样多取材于尼罗河流域常见的莲花、芦苇、鹰、羊、蛇等形象。家具装饰色彩多用金、银、象牙、宝石本色 3. 家具的式样、装饰与统治者的地位密切相关，使用者地位不同，家具的造型和色彩也不相同	图1-1-1 古埃及法老图坦卡蒙黄金宝座
	古希腊家具	公元前11世纪～公元前1世纪	1. 造型简洁、实用、典雅，多采用严正的长方形结构，具有平民化的特点 2. 家具的腿部常采用建筑的柱式造型，并采用旋木技术，体现了功能与形式的统一，线条流畅，造型轻巧 3. 装饰上采用螺纹柱饰、忍冬花饰等	图1-1-2 古希腊靠椅
	古罗马家具	公元前5世纪～公元前1世纪	1. 家具造型坚厚凝重 2. 装饰与雕饰题材多采用战马、雄师和胜利花环等，具有浓厚的男性艺术风格 3. 家具用材以木为主，木家具上常采用镶嵌装饰，石家具以雕刻装饰为主	图1-1-3 古罗马折叠凳
中世纪家具	拜占庭家具	公元328～1005年	1. 造型上采用直线形式，具有挺直庄严的外形特征，模仿罗马建筑的拱券形式 2. 采用浮雕或镶嵌装饰，节奏感强。也常用象牙旋木来装饰 3. 装饰纹样常用象征基督教的十字架符号，或在花冠藤蔓之间夹杂着天使、圣徒以及各种动物图案	图1-1-4 拜占庭马克希曼王宝座

续表

家具名称		时间	特点	图例
中世纪家具	罗马式家具	公元 10～13 世纪	1. 在造型和装饰上模仿古罗马建筑的拱券和檐帽等式样，造型沉稳、朴实 2. 用铜锻制和表面镀金的金属装饰件对家具既起加固作用，又是很好的装饰品 3. 装饰纹样以动物的头和爪子为主要图案	图 1-1-5　1200 年教堂用讲台
	哥特式家具	公元 12～16 世纪	1. 受哥特式建筑影响，造型刚直、挺拔 2. 采用尖顶、尖拱、细柱、垂饰罩、浅雕或透雕的镶板装饰 3. 装饰取材于基督教圣经的内容，如三叶饰、四叶饰、鸽子、百合花、橡树叶等，所有的图案采用浮雕、深雕、透雕和圆雕相结合的手法来表达	图 1-1-6　14 世纪中期国王银宝座
近代家具	文艺复兴家具	公元 14～16 世纪	1. 将建筑和雕刻转化到家具的造型装饰与结构上，讲求垂直正面的和谐比例 2. 吸收建筑装饰手法，把建筑上的檐板、扶壁柱、台座、梁柱等建筑装饰局部形式移植到家具装饰上 3. 广泛应用各种装饰手法，利用绘画、镶木、雕刻等强调表面雕饰，形成豪华精美的风格	图 1-1-7　法国胡桃木碗柜
	巴洛克家具	公元 17～18 世纪初	1. 家具造型端庄、装饰豪华，表现出巴洛克建筑艺术风格特点，庄严高贵、豪华壮观 2. 将富于表现力的装饰细部相对集中，简化不必要的部分而强调整体结构，在家具的总体造型与装饰风格上与巴洛克建筑、室内的陈设、墙壁、门窗严格统一 3. 涡卷装饰、圆柱、壁柱、三角楣、人柱像、圆拱等建筑艺术特征广泛应用于家具上	图 1-1-8　1680 年法国雕刻镀金边桌

续表

家具名称		时间	特点	图例
近代家具	洛可可家具	公元18世纪初期～公元18世纪中期	1. 造型上以复杂自由的波浪线条为主势，以不对称代替对称，以曲线代替直线和水平线，造型轻巧秀丽 2. 采用镶嵌、镀金等装饰手法营造奢华高贵的效果 3. 装饰纹样大量使用舒卷缠绕的花草叶蔓纹饰。纹样中的人物、植物、动物浑然一体，色彩绚丽多彩，具有温婉秀丽的女性化装饰风格	图 1-1-9 意大利镶嵌象牙、螺钿小桌
	新古典家具	公元18世纪中期～19世纪初期	1. 造型纤巧秀美，家具外框采用长方形，体积有意缩小，腿部多采用由上而下逐渐收缩的圆腿或方腿，表面平直或刻有沟槽，呈现修长的形态 2. 以瘦削直线为主要构成特色，以直线造型代替曲线，以对称构成代替非对称，以纹样的简洁明快代替繁琐隐晦，提出了一种更加精致优雅的装饰理念 3. 装饰图案采用古典的纹饰如檐式、柱式、花绶、莨菪叶饰、棕榈叶等纹样	图 1-1-10 英国镶嵌彩绘铜装饰柜
	折中主义家具	19世纪中期～20世纪初期	1. 造型厚重、庄严、繁琐，集几种风格于一体，模仿各种传统家具的表面形体，将不同风格混合表现于家具上 2. 装饰精致复杂，繁琐细腻的雕刻装饰和艳丽复杂的织物花纹图案拼合在一起 3. 装饰纹样多采用涡卷纹、花草纹样等古典纹样 4. 面向各种古典风格，也出现对适应时代工业的发展和新的生活方式的探索，形成家具风格混杂的折中主义	图 1-1-11 英国维多利亚X形木骨架浮雕扶手椅

1.1.2.2 中国农业时代的家具风格

家具名称	时间	特点	图例
奴隶社会时期家具	公元前21世纪～公元前16世纪	1. 家具造型浑厚庄重 2. 彩漆技术和镶嵌技术已有很高的水平 3. 装饰纹样和图案有力而凝重，一般以夔纹、饕餮纹、蝉纹、兽面纹等纹样为主，装饰纹样的宗教意义大于审美意义 4. 家具兼有礼器职能，在各方面都有严格的规定，体现出奴隶社会的等级制度	图1-1-12　商朝青铜俎
春秋战国时期家具	公元前770年～公元前221年	1. 家具造型低矮，家具的使用以床为中心，大部分青铜生活用具已被漆器所取代，同时出现了漆床、漆衣柜、漆案等新品种 2. 出现髹漆、针刻、镶扣等工艺技术，彩绘、雕刻应用广泛 3. 装饰纹样有龙纹、凤纹、云纹、涡纹，线条流畅	图1-1-13　战国错金银青铜案
两汉、三国时期家具	公元前206年～公元280年	1. 家具造型多样，品种齐全，床开始向高型发展，几与案趋于统一 2. 装饰方法多样，综合利用金属、玉器、琉璃器、玳瑁、玛瑙的方法，鎏金技术与扣器装饰是汉代家具的一大特色 3. 装饰纹样有绳纹、齿纹、三角、菱形等几何纹样。植物纹样以卷草、莲花较为普遍，动物纹样有龙、凤 4. 家具从以黑红彩绘为主，发展到多彩并用，纹饰色彩丰富	图1-1-14　西汉云气纹凭几
两晋、南北朝时期家具	公元265～589年	1. 家具造型典雅秀丽，家具形制由矮向高发展，品种增加 2. 出现新的装饰方法：绿沉漆，打破以红、黑两色为基调的格局 3. 家具装饰体现出浓厚的宗教色彩，装饰纹样出现了火焰、莲花纹、卷草纹、璎珞、飞天、狮子、金翅鸟等佛教纹样	图1-1-15　西晋三足凭几
隋、唐、五代时期家具	公元589～960年	1. 高型坐具逐渐流行，家具的品种与样式增加，用材广泛 2. 唐代家具体量大，造型浑圆丰满、朴素大方，线条柔和流畅 3. 装饰风格华丽润妍，装饰方法多样，有螺钿、镂雕、金银绘、木画等多种技法 4. 装饰纹样富丽丰富，开始面向自然和生活，常采用花朵、卷草、飞禽走兽、人物山水等现实生活题材等	图1-1-16　晚唐五代螺钿黑漆经箱

续表

家具名称	时 间	特 点	图 例
两宋时期家具	公元 960～1279年	1. 高型家具品类成熟、普及，造型和结构上受建筑影响，梁柱式的框架结构代替了唐代沿用的箱形壶门结构，大量应用装饰线脚 2. 造型简洁，以直线部件交结而成，外观挺秀刚直，比例适度，简洁美观 3. 装饰风格素雅，不做大面积雕刻装饰，只在局部稍加点缀	 图 1-1-17 北宋广漆鎏金银花片镶包经箱
元代时期家具	公元 1279～1368年	1. 家具体量较大，造型厚重粗大，喜用曲线造型，多用于腿足部位和牙板部位 2. 装饰繁复而华美，雕刻构图丰满，常用厚料做成高浮雕动物花卉嵌于框架之中，形成动感和力度美 3. 装饰图案多用如意云纹	 图 1-1-18 元代釉里红瓷椅
明代时期的家具	公元 1368～1644年	1. 家具品类繁多，造型大方、简练，以线为主，细部精致 2. 做工精细，用料考究，充分显示木材纹理和天然色泽，表面处理用打蜡或涂透明大漆 3. 结构严谨、装饰适度，装饰手法多样，如雕、镂、嵌、描等，装饰用材广泛 4. 装饰纹样有夔龙、螭虎、凤纹、云纹、绳纹、锦纹以及自然界的花、草、鸟、兽等	 图 1-1-19 明黄花梨灯挂椅
清代时期家具	公元 1644～1840年	1. 造型厚重、华丽，家具尺寸宽大，形式繁多 2. 装饰华丽，充分运用雕、嵌、描、堆等工艺手段，多种装饰材料并用，利用陶瓷、珐琅、玉石、象牙、贝壳等做镶嵌装饰 3. 装饰图案以植物和花鸟居多，构图严谨，生动活泼	 图 1-1-20 清太师椅

1.1.3 工业时代的家具风格

家具名称		时间	特点	图例
工艺美术运动时期的家具		19世纪下半叶	1. 提倡哥特风格和其他中世纪的风格，讲究简单、朴实无华、注重功能 2. 装饰上推崇自然主义、东方装饰和东方艺术的特点，采用卷草、花卉、鸟类等为装饰题材	图1-1-21 英国莫里斯公司展示柜
新艺术风格家具		19世纪末～20世纪初	1. 以传统的精细木工为特色，造型富有波浪形的曲线，十分优雅 2. 装饰上突出表现曲线、有机形态，采用大量的植物和动物纹样，运用曲线，避免直线，曲线流畅、色彩协调	图1-1-22 法国盖拉德设计的橱柜
装饰艺术运动风格家具		20世纪20～30年代	1. 简单明快的几何外形，光滑的表面、流线型的结构，表面装饰复杂 2. 采用贵重材料、豪华的装饰纹样，把不同的木材混合使用，构成特别的木材肌理，非常华贵 3. 采用青铜、象牙、磨漆等手段，使家具更加奢华高贵，使用动物的皮革在家具表面进行镶拼，做表面装饰，装饰效果豪华	图1-1-23 法国让·杜南德设计的蛋壳桌
现代主义运动时期家具	包豪斯	1919～1933年	1. 强调抽象的几何图形，结构简单明快，突出功能主义 2. 相信工业化大生产，注重家具与建筑部件的规范化与标准化及使用功能，致力于形式、材料和工艺技术的统一	图1-1-24 格罗皮乌斯设计的扶手椅

续表

家具名称		时间	特点	图例
现代主义运动时期家具	构成主义	20世纪初	1. 强调设计的抽象性以及几何风格，崇拜工业和机械结构中的构成方式和材料 2. 运用钢铁、塑料、玻璃等材料，将结构作为设计的根本出发点，注重功能和结构的合理性	图1-1-25 俄国李西斯基设计的椅子
	荷兰风格派	20世纪20年代	1. 家具形式简洁、轻巧，采用纯净的立方体、几何形以及垂直或水平的平面去进行新的造型 2. 反对写实再现的设计方式，坚持抽象原则，采用基本的几何形象的组合与构图来追求和谐与表现，试图摆脱艺术与自然的任何联系 3. 用鲜艳的底色来加强抽象意义或图案的质感	图1-1-26 荷兰里特维德设计的红蓝椅
	国际式家具	20世纪50～70年代	1. 简约的直线形或流线形造型，以单纯的功能性线条作为主要构成要素，采用几何形体作为主要形式，功能性极佳、造型简洁而富于秩序感 2. 家具设计重视新材料的开发运用，重视人体功效学，追求实用、功能	图1-1-27 柯布西耶的长躺椅
中国工业时代的海派家具		20世纪30～40年代	1. 风格上中西结合，开始仿效西洋家具，功能更趋合理，造型美观，线条清晰 2. 家具造型注重线型、线脚、脚型的变化与统一 3. 吸取西方家具造型、功能、结构和工艺中的合理成分，融入到中国传统家具中，材料、结构和工艺仍以中国传统的习惯做法为主	图1-1-28 海派风格的扶手椅

1.1.4 后工业时代的家具风格

家具名称	时间	特点	图例
高技派风格家具	20世纪60～70年代	1. 着力表现高度发达的工业技术，极力寻找新材料与新形式，以简洁的形体和工业材料组合的外观来表现技术美 2. 强调工业化的高品质特征，体现考究的现代化材料、精细的技术结构和精致的加工手段	图1-1-29 意大利诺莫斯工作台
波普风格家具	20世纪60年代	1. 在设计中强调新奇与独特，并大胆采用艳俗的色彩，强调视幻效果和光怪陆离，讲究趣味诙谐奇异 2. 强调图案装饰，色彩简单，绚丽多彩，追求新颖、古怪，追求新奇	图1-1-30 圆斑童椅和书形椅
新现代主义家具	20世纪50～60年代	1. 造型严谨、正规，在形态上强调机械化与几何化，追求几何形式构图和机器风格 2. 家具材料多使用钢管和其他工业材料，突出体现金属材料的冷漠感	图1-1-31 阿基佐姆事务所设计的MIES 050扶手椅与脚凳
后现代主义家具	20世纪60～80年代	1. 造型风格多种多样，采用不同历史时期的重要设计形式的文化符号与装饰元素，加以一定的提炼与简化 2. 强调设计的隐喻意义，通过借用历史风格来增加设计的文化内涵，同时又反映出一种幽默与风趣之感 3. 具有高度的装饰性，打破传统与现代设计的界线的目的，使古典风格的装饰元素适应于现代家具设计	图1-1-32 意大利汉斯·霍莱因设计的玛丽莲沙发

续表

家具名称	时间	特点	图例
孟菲斯设计集团	20世纪80年代	1. 造型别出心裁，力图破除设计中的一切固有模式，以表达丰富多样的情趣 2. 以物美价廉的木质材料为主，强调物品的装饰性，大胆使用鲜艳的颜色，色彩上以夸张、对比为特色，多用明快、亮丽的色彩，如明黄、粉绿、桃红等	 图 1-1-33　意大利索特萨斯设计的书架
新中式风格家具	20世纪90年代	1. 造型上具有现代家具简约的特点，同时吸取传统的造型元素和文化符号，具有显著的民族特色 2. 家具用材广泛，不拘泥于传统家具用材，可使用红木、普通木材、人造板、竹材、玻璃等 3. 采用现代结构及现代技术进行加工生产	 图 1-1-34　传统与现代相结合的新中式家具

1.2 家具造型设计

1.2.1 概述

家具造型设计，是指在设计中运用一定的手段，对家具的形态、质感、色彩、装饰以及构图等方面进行综合处理，构成完美的家具形象。家具造型设计是建立在功能、材料、结构和工艺技术基础上的艺术创作，是设计者对家具的艺术形象的主观看法的外在表现，具有独特的个性。设计者要获得既符合现代人生活方式，又迎合现代审美需求的家具造型就必须依据中外家具的演变历史，深入理解传统家具的文化内涵，运用现代美学原理、把握时代的流行趋势，同时综合家具的功能要求，材料结构工艺的发展，进行创造性的造型设计。

1.2.2 家具造型的方法

家具造型设计是家具产品研究与开发、设计与制造的重要环节；是对家具的外观形态、材质肌理、色彩装饰、空间形体等造型要素进行综合、分析与研究，并创造性的构成新、美、奇、特而又功能、结构合理的家具形象的过程。因此，家具的造型设计是一种在特定使用功能要求下，一种自由而富于变化的创造性造物手法，在实际设计过程中没有一种固定的模式，但根据现代美学原理及传统家具风格把家具造型方法分为抽象理性造型方法、有机感性造型方法、传统古典造型方法三大类。

1.2.2.1 抽象理性造型方法

抽象理性造型是以现代美学为出发点，采用纯粹抽象几何形为主的家具造型构成手法。抽象理性造型手法具有简练的风格，明晰的条理，严谨的秩序和优美的比例，在结构上呈现几何的模块、部件的组合（如图 1-2-1 所示）。从时代的特点来看，抽象理性造型手法是现代家具造型的主流，它不仅可以利于大工业标准化批量生产，产出的经济效益具有实用价

图 1-2-1 抽象造型方法的家具

值，在视觉美感上也表现出理性的现代精神。抽象理性造型是从包豪斯年代后开始流行的国际主义风格，并发展到今天的现代家具造型手法。

1.2.2.2 有机感性造型方法

有机感性造型是以具有优美曲线的生物形态为依据，采用自由而富于感性意念的三维形体的家具造型设计手法。造型的创意构思是由优美的生物形态风格和现代雕塑形式汲取灵感，结合壳体结构和塑料、橡胶、热压胶板等新兴材料应运而生的，有机感性造型涵盖非常广泛的领域，它突破了自由曲线或直线所组成形体的狭窄单调的范围，可以超越抽象表现的范围，将具象造型同时作为造型的媒介，运用现代造型手法和创造工艺，在满足功能的前提下，灵活的应用在现代家具造型中，具有生动、有趣的独特效果。如图 1-2-2(a) 所示，设计师雅则梅田通过有机感性造型方法用不同的鲜花作为家具造型图案，重新再现自然、有机的美。如图 1-2-2(b) 所示，设计师沙里宁同样利用有机感性造型方法，将家具整体利用玻璃纤维挤压成型，外形线条流畅，造型完美，犹如一朵绽开的郁金香花。

(a) 玫瑰椅

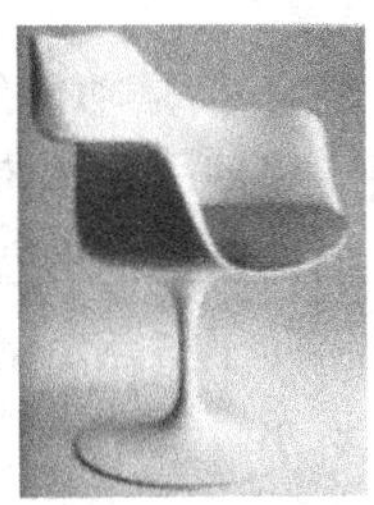

(b) 郁金香椅

图 1-2-2 具有有机感性造型的家具

1.2.2.3 传统造型方法

中外历代传统家具的优秀造型手法和流行风格是全世界各国家具设计的源泉。“古为今用”，“洋为中用”，通过研究、欣赏、借鉴中外历代优秀古典家具，可以清晰地了解到家具造型发展演变的文脉，从中得到新的启迪，为今天的家具造型设计所用。传统造型方法正是在继承、学习传统家具的基础上，将现代生活功能和材料结构与传统家具的特征结合起来，设计出我们所处时代具有传统风格式样的新型家具。

高档古典家具以其独特的造型款式和精美工艺，在今天仍然受到人们的喜爱并占有一定市场份额。现在用现代的计算机仿真制造技术可以大批量复制生产，从前只有皇宫贵族才能享用的古典高档豪华家具，已能够满足一部分喜爱古典、豪华、高档家具顾客的需要，如图 1-2-3 所示。

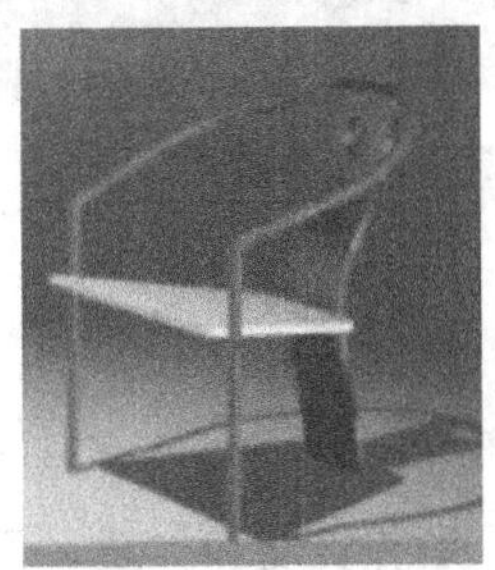

图 1-2-3 传统方法的家具造型

1.2.3 家具造型的基本要素

1.2.3.1 点

(1) 点的概念

在几何学的概念里，点是只有位置没有大小的。而点作为造型要素，是有大小的，是相对背景而言的，点如果超过了点的概念就具有了面的感觉。

(2) 点的造型特征

就造型概念而言，点可以是物象的浓缩，如空中见到的大海上的一条船，中式建筑中塔的塔尖，家具中各种形态的拉手等。因此，点在形状上并无限制，点可以有多种形态存在，如圆点、长方点、三角形点或不规则点等。

无论点的形态如何，它总是最简单、最简洁的形态单元，最易成为视觉中心，引起人们的注意。

(3) 点在家具设计中的应用

在家具造型中点应用非常广泛，它不仅是功能结构的需要，而且也是装饰构成的一部分。如柜门，抽屉上的拉手、门把手、锁型、软体家具上的包扣与泡钉，以及家具的五金装饰配件等，相对于整体家具而言，它们都以点的形态特征呈现，是家具造型设计中常用的功能性附件。在家具造型设计中，可以借助于“点”的各种表现特征，加以适当的运用，能取得很好的效果，如图 1-2-4、图 1-2-5 所示。

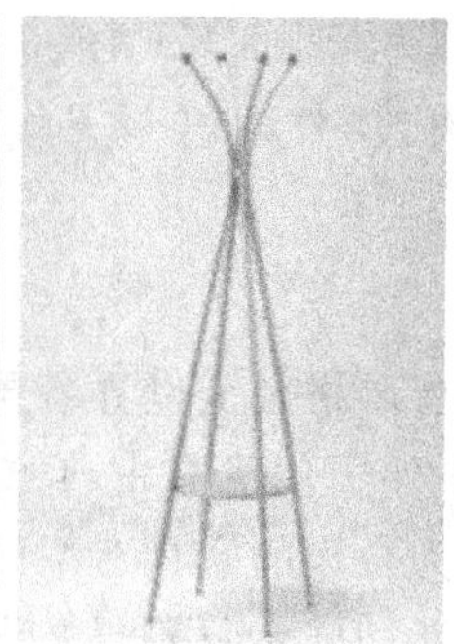
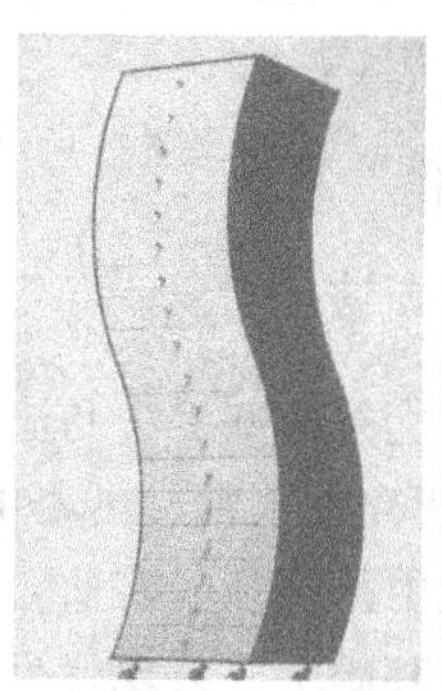
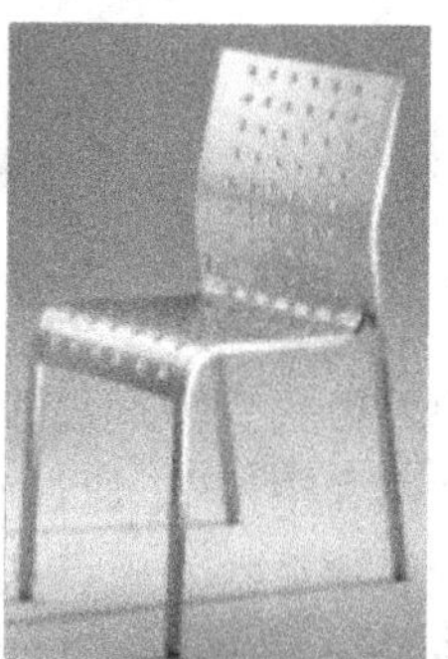

图 1-2-4　点在家具中的作为结构和装饰

图 1-2-5　家具中点作为装饰

1.2.3.2 线

(1) 线的概念

在几何学的定义里，线是点移动的轨迹，是有长度和位置，而没有宽度和厚度的。从直觉和理念来看，线又是面与面的交界。

(2) 线的造型特征

线的情感特征主要随线型的长度，粗细、状态和运动的位置有所不同，从而在人们的视觉心理上产生了不同的感觉，并赋予其各种个性。

直线：有严格、单纯、富有逻辑性的阳刚有力之感觉，具有强烈的方向感、速度感。家具造型中大量的直线运用，能表现出严肃、单纯的理性美，是现代简约设计的主要用线类型。

粗直线——有强健与力量感，同时显示钝重、粗笨的特征，具有粗犷的力度美，其运用如图 1-2-6 所示。

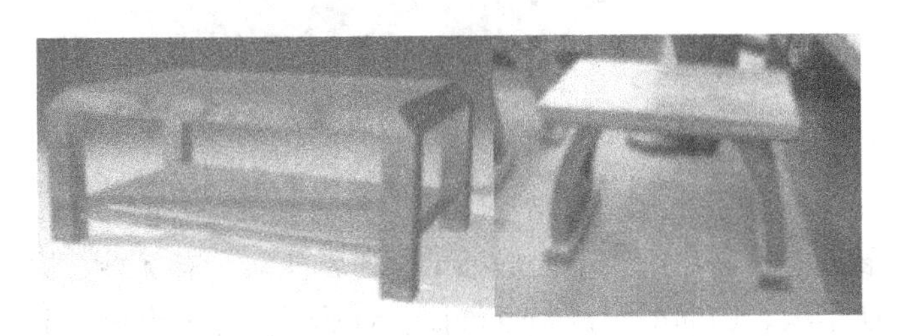

图 1-2-6 粗直线的运用

图 1-2-7 细直线的运用

细直线——有轻快、敏捷、锐利的性格，其运用如图 1-2-7 所示。

水平线——具有左右扩展、开阔、平静、安定感。因此可以说水平线为一切造型的基础线。在家具造型中利用水平线划分立面，能获得平静、稳定、舒展的视觉效果，如图 1-2-8 所示。

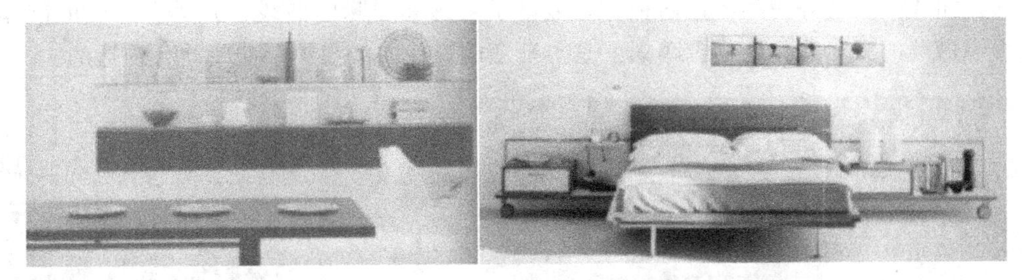

图 1-2-8 水平线的运用使家具外形有舒展、稳定感

垂直线——具有上升、严肃、高耸、端正及支持感，在家具设计中着力强调的垂直线条，能产生庄重、威严、蓬勃向上的视觉效果如图 1-2-9 所示。

图 1-2-9 垂直线的运用使家具有挺拔向上感

斜线——具有散射、突破、活动、变化及不安定感。在家具设计中，由于不同斜度的斜线，方向感不同，易于分散人的注意，产生杂乱感，应合理地使用。一般地，不同斜度的斜

线在一件家具或一套家具中，若无规律，不可超过两种。即斜线在家具造型中做点缀型线条使用，产生静中有动、变化而又统一的效果，如图 1-2-10、图 1-2-11 所示。

图 1-2-10　以斜线为主要轮廓线的陈列架

图 1-2-11　以辐射式斜线为装饰线型的柜体

曲线：曲线由于其长度、粗细、形态的不同而给人不同的感觉。通常曲线具有优雅、愉悦、柔和而富有变化的感觉，象征女性丰满、圆润的特点，也象征着自然界美丽的春风、流水、彩云。

几何曲线——给人以理智、明快之感，如图 1-2-12 所示。

弧线——有充实饱满之感，而椭圆体还有柔软之感。

抛物线——有流线型的速度之感。

双曲线——有对称美的平衡的流动感。

螺旋曲线——有等差和等比两种，是最富于美感和趣味的曲线，并具有渐变的韵律感。大自然中最美的天工造化之物鹦鹉螺就是由渐变的螺旋曲线与涡形曲线结合构造的。

图 1-2-12　以几何曲线表现的家具

图 1-2-13　以自由曲线表现的家具

自由曲线——有奔放、自由、丰富、华丽之感，如图 1-2-13 所示。

(3) 线在家具上的应用

线是构成造型轮廓的基础，也是构成风格的主要因素和手段。家具造型中，线主要表现为线形的零件如家具的腿；板件的边线；门与门、抽屉与抽屉之间的装饰线脚；板件的厚度封边条以及家具表面织物装饰的图案线等。

家具造型构成的线条有三种：一是纯直线构成的家具；二是纯曲线构成的家具；三是直线与曲线结合构成的家具。线条决定着家具的造型，不同的线条构成了千变万化的造型式样和风格。

1.2.3.3 面

(1) 面的概念

面的形成有如下方式：线移动、点扩大、线加宽、点密集、线交叉、线包围等。直线平行移动形成矩形面，直线回转运动形成圆形面，直线倾斜移动形成菱形，直线的不同支点摆动则形成扇形与双扇形等平面图形。面有二维空间（长度和宽度）的特点。

(2) 面的情感特征

不同形状的面具有以下不同的造型特征。

几何形——形状规则整齐，具有简洁、明确、秩序之美感，如图 1-2-14 所示。但正方形、三角形、圆形等几何形具有各自截然不同的情感特征。

正方形——它由垂直和水平两组线条组成，所以对任何方向都能呈现安定的秩序感。它象征着坚固、强壮、稳定、静止、正直与庄严。但正方形却有使人感到单调的感觉。为了克服这一缺陷，可以通过与之配合的其他的面或线的变化来丰富造型，打破单调感。

三角形——斜线是它的主要特征，它丰富了角与形的变化，显得比较活泼，正立的三角形能唤起人们对山丘、金字塔的联想，是锐利、坚稳和永恒的象征。倒置的三角形有不稳定感，但作为家具造型总体中的一个构件，却能使人感到轻松活泼。

圆形——圆由一条连贯的环形线所构成，具有永恒的运动感，象征着完美与简洁，同时有温暖、柔和、愉快的感觉。椭圆也较为明快，而且长短轴的改变，会给人以缓急变化的印象，在家具设计中运用椭圆能产生一种流畅、秀丽、温馨的感觉。

梯形——正梯形上小下大，具有良好的稳定感和完美的支持承重效果。家具中呈梯形状向外倾斜的桌、椅脚，有着优雅轻快的支持效果和视觉上的平稳感，如图 1-2-15 所示。

曲面——具有温和、柔软，具有很浓的亲切感和动感。几何曲面具有理智的情感，而自由曲面则性格奔放，具有丰富的抒情效果。曲面在软体家具和塑料家具中得到广泛应用，如图 1-2-16 所示。

图 1-2-14　由几何形的面形成的家具

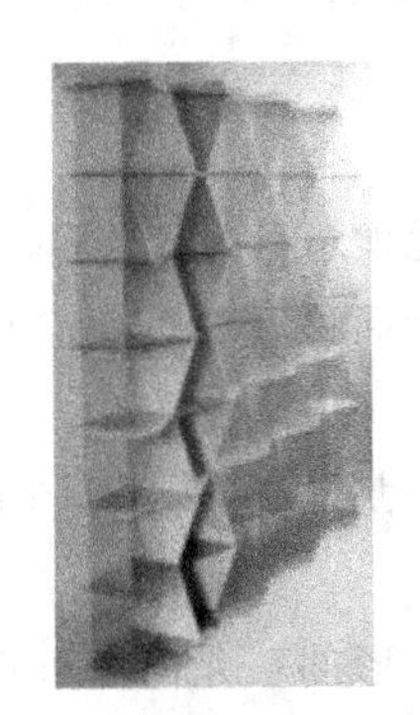

图 1-2-15　由梯形面形成的家具

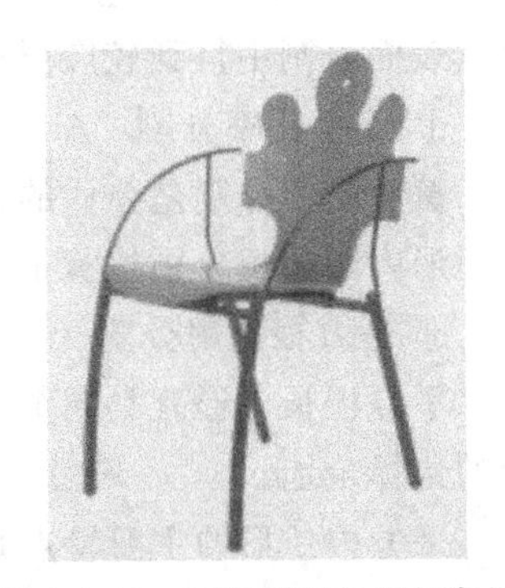

图 1-2-16　不规则面组成的家具

(3) 家具中面的分割设计

① 面分割设计的概念

面在家具造型中的运用最为广泛的是有关面的分割设计。柜类家具表面的门、屉、搁板及空间的划分都是平面分割的设计内容。分割设计所研究的主要是整体和部分、部分和部分之间的均衡关系，就是运用数理逻辑来表现造型的形式美。它一方面研究家具形式上某些常见的而又容易引起人们美感的几何形状，另一方面则研究和探求各部分之间获得良好比例关系的数学原理。美的分割可以使同一形体表现出千变万化的情态来，对加强形态的性格具有重要意义。

② 面分割设计的原理

对于许多柜体而言，常常由于功能、材料或工艺的要求，必须将柜体的立面作不同的分割，处理为柜门或抽屉，以满足实际的功能使用要求，同时获得美的视觉感受。

柜体立面分割的原理，就美的构成法则而言，就是使分割的面与面之间表现出明显的相似性与依存性，所谓“相似性”是指它们的比例相同，“依存性”则是指它们的对角线相互平行或垂直。依此进行的立面分割设计可以使整体与部分、部分与部分之间具有良好的比例关系，获得美的造型感受。

③ 面分割的类型与应用

家具表面分割设计的原则：要符合特定的功能、用途等的要求；要满足表现形式的需要，即形与形之间的相似性和依存性以及面积的均衡与协调；要考虑材料的性能与结构的限制。

a. 等分分割

等分分割是等量同形的分割，就是把一个总体分割成若干相等而又相同的部分。这种分割常表现为对称的构成，具有均衡、均匀的特点，给人以和谐的美感。等分分割一般以两等分、三等分、四等分或多等分分割。等分分割常用于公用家具，如文件柜、卡片柜、药品柜等，整体造型有单调之感。

b. 数学级数分割

数学级数分割分为等差级数（算术级数）与等比级数（几何级数）分割。这种分割的间距具有明显的规律性，它比等分分割更富于变化而具有韵律美。

c. 倍数分割

倍数分割是指将分割的部分与整体依据简单的倍数关系进行分割，如1∶1、1∶2、1∶3、1∶4、1∶5等。由于它们的数比关系明了简单，给人以条理清晰、秩序井然之感，在柜类家具表面分割中得到较广泛地应用。

d. 黄金比率分割

黄金比率分割是公认的古典美比例（1∶1.618），在设计中应用最为广泛。在一个黄金率矩形内两边长分别按黄金比率分割后进行排列组合所形成的分割形式。

e. 平方根比率分割

平方根长方形有类同黄金比率分割的美感，不同的比率各有特点，为家具造型提供了广泛的选择余地。

平方根矩形的主要特点是，由矩形的一角向另外两角的连线（对角线）连续地有规律地作垂线可以将平方根矩形等分。$\sqrt{2}$矩形可以整分为2等分或3等分；$\sqrt{3}$矩形可以等分为3等分或4等分，其余类推，是一种特殊的等分分割。

f. 自由分割

自由分割是设计者运用美学法则，如对称与均衡、节奏与韵律等原理，凭个人直觉判断进行的分割。在分割时，要注意协调统一，要寻找共同因素来求得联系与协调。这种共同因素包括比率的接近与渐变、图形的相似，以及对角线的平行与垂直等，是对上述各种分割的综合应用，在家具表面分割设计中应用最为广泛。

1.2.3.4 体

(1) 体的概念

按照几何学的概念，体是面移动的轨迹。在造型设计中体是由点、线、面围合起来所构成的空间或面的旋转所构成的空间。

(2) 体的造型特征

由于体构成的方式不同，体又可分为实体和虚体。由块立体构成或由面包围而成的体叫实体；由线构成或由面、线结合构成，以及具有开放空间的面构成的体称为虚体。虚体根据其空间的开放形式，又可以分为通透型、开敞型与隔透型。通透型即用线或用面围成的空间，至少要有一个方向不加封闭，保持前后或左右贯通；开敞型即盒子式的虚体，保持一个方向无遮挡，向外敞开；隔透型即用玻璃等透明材料作台式面，在一向或多向具有视觉上的开敞型的空间，也是虚体的一种构成形式。

几何体会给人在视觉上感到一定的分量，即体量感。任何几何体和非几何体都可形成一定的体量感。体量大使人感到形体突出，产生力量和重量感；体量小则使人感到小巧玲珑，有亲近感。形体呈实体时，使人有稳固牢实之感；形体呈虚体时则显得轻巧活泼。决定家具形体体量大小和虚实程度与下面三个因素有关：一是功能尺寸；二是材料和结构形式；三是艺术处理的需要。

体的虚实之分是产生视觉上的体量感的决定性因素，也是丰富家具造型的重要手法之一。在家具形体中，用细长零件围合，如台桌、椅、凳类；或用开放式的柜面处理；以及用玻璃围合的空间等都是形成虚空间的具体办法。而用块体或用围合的全封闭体则是形成实体的常用手法。

1.2.3.5 家具的色彩设计

(1) 家具色彩的形成

① 木材的固有色：木材至今仍然是现代家具的主要用材。木材作为一种天然材料，它的固有色成为体现天然材质肌理的最好媒介。木材种类繁多，其固有色也十分丰富，有淡雅、细腻也有深沉粗犷，但总体上是呈现温馨宜人的暖色调。在家具应用上常用透明的涂饰以保护木材固有色和天然的纹理。木材固有色具有与环境、人类自然和谐，给人以亲切、温柔、高雅的情调，是家具恒久不变的主要色彩，永远受到人类的喜爱。

② 家具表面的油漆色：大多数家具都需进行表面涂饰处理，以提高其耐久性和装饰性。涂饰分为两大类：一类是显现纹理的透明涂饰；另一类是覆盖纹理的不透明涂饰。透明涂饰本身又分两种：一种是显露木材固有色；另一种是经过染色处理改变木材的固有色，但纹理依然清晰可见，使木材的色调更为一致。透明涂饰多用于高档珍贵木材家具。不透明涂饰是将家具本身材料的固有色完全覆盖。油漆色彩的冷暖、明度、彩度、色相极其丰富，可以根据设计需要任意选择和调色，在低档木材家具，一般金属家具，人造板材家具使用较多。

③ 人造板贴面装饰色：现代家具大多采用人造板作为基材，为了充分利用胶合板、中密度纤维板以及表面质量较差的刨花板，通常需要进行贴面处理。人造板贴面材料及其装饰色彩非常丰富，有高级珍贵天然薄木贴面，也有仿真印刷的纸质贴面，最多的是（PVC）防火塑面板贴面。这些贴面人造板对现代家具的色彩及装饰效果起着重要作用，在设计上可供选择和应用的范围很广，也很方便，主要根据设计与装饰的需要选配成品，不需要自己调色。

④ 配件的工业色：家具生产中常常要用到金属和塑料配件，特别是钢家具。钢管通过电镀、喷塑得到的富丽豪华的金、银色以及各种彩色，进一步丰富了家具的色彩；通过各种成型工艺加工的塑料配件，也是形成家具局部色彩的重要途径。

⑤ 软包织物的附加色：床垫、沙发、躺椅、软靠等家具及其附属物、包面织物的色彩对床、椅、凳、沙发等人体类家具的色彩常起着支配或主导作用，是形成家具色彩的又一重要方法。

（2）家具色彩的设计原则

家具的色彩设计要考虑以下各方面的因素。

① 功能要求：家具的色彩设计和造型设计一样，应服从功能要求。如办公家具应以沉着冷静的色调为主，以便提高工作效率；餐厅家具应以橙色等暖色调为主，以激发食欲；卧室家具应以淡雅的冷色调或中性色调为主，使人有沉静感和安宁感，利于休息。

② 室内环境要求：对于具体室内环境而言，家具一般应与室内界面，即墙面、地面、天花板色彩相呼应，以使整个室内的色调和谐统一；同时家具色彩又可以作为前景被墙面所衬托，故也可采用对比的手法。这两种方法应根据具体的要求和条件而定。如果房间面积较小，墙面为冷色调，家具也宜采用冷色调，但彩度和明度可以略有差异，形成同一个的色调，以扩大室内空间感；如房间较大，家具也不多，则家具色彩宜与墙面色彩有较大的差异，甚至成补色关系，由此突出家具的前景位置，使墙面起衬托的背景作用，这样可减少房间的空旷感。家具色彩还应与室内风格相协调，例如传统风格的室内宜采用沉稳的深色调家具；日本和式风格的室内家具宜采用木本色等；法式风格的室内多采用浅色调的家具，如奶白色，浅粉红色等。另外，为了打破家具与室内色彩协调一致的单调感，可以在家具的局部小面积（如柜体面板的边线部位、床体的床腿部位、抽屉间的间隔部位等）采用与家具整体色彩有效大差异的色彩，形成对比，活跃气氛，带来新鲜感；也可以在家具部件中嵌入一些小面积的与整个色彩较大色差的线条或块面图案纹样（同质或异质）等。

③ 人的生理与心理要求：家具色彩因人而异。一般老年人喜欢古朴深沉的色彩；年轻人喜欢流行的色彩；男人喜欢庄重大方的色彩；女人喜欢淡雅温馨的色彩；儿童则喜欢活泼明丽的色彩；体弱的老年病人喜欢暖色以使心绪愉快并增进新陈代谢机能；年轻的病伤者则喜欢冷色以有利于抑制冲动、暴躁的情绪；人口少的家庭宜用暖色以便消除寂寞；人口多的家庭适用冷色以免觉得喧闹等。

④ 民族传统与风俗习惯：不同地区和不同民族因地理环境、气候条件、生活习俗、宗教信仰、文化沿革的不同，对色彩有着不同的好恶感和忌讳性。如以我国为代表的东方国家视红色为喜庆、热情、幸福的象征；信奉伊斯兰教的民族，对绿色特别亲切，视之为生命之色，而他们最讨厌黄色，因为他们把黄色与不毛之地沙漠联系在一起；在我国和古罗马，黄色作为帝王之色而受到尊重，但在信奉基督教的国家，黄色被认为是叛徒犹大的服装色，为卑劣可耻之色。

⑤ 施工工艺与材料质感：有的色彩可能因施工的工艺条件和采用的原材料不同而产生不同的效果，如黑色在一般涂装家具中很少采用，但如果采用聚酯漆或推光漆工艺，表面加工光滑如镜，则可使黑色富丽高雅，身价百倍。

⑥ 流行色的影响：流行色是在某一段时期之内人们对日用工业产品所崇尚的颜色，它是利用人们对色彩的喜新厌旧的心理特征而得以流行的。家具作为一种工业产品当然要受到流行色的影响。在家具设计中要成功地应用流行色，必须经常性地调查研究、系统学习色彩理论、注重与生产工艺相结合，力求使色彩在家具造型上起到吸引顾客、刺激消费和指导消费的作用。

1.2.3.6 质感与肌理

(1) 质感与肌理的概念

家具的制作要使用各种各样的材料。每种材料都有其特有的材质与情感，称之为质感。

肌理（或称材质）是物体表面的组织构造。它能细致入微地反映出不同物质的材质差异，是物质的表现形式之一；它能体现出物体的个性与特征，是物体美感的表现形式之一。

(2) 肌理的造型特征

不同材料的肌理，给人以不同的情绪感受。就典型的几种肌理而言，它们分别具有如下情感特征：粗糙无光时，显得笨重、含蓄、温和；细腻光滑时，显得轻快、柔和、洁净；质地柔软时，显得友善、可爱、诱人；质地坚硬时，显得沉重、排斥、引人注目。

(3) 家具设计中肌理的应用

① 材料本身所具有的天然质感：如木材、石材、金属、竹藤、玻璃、塑料、皮革、布艺等，由于其材质本质的不同，人们可以根据材质的不同长度、强度、品性、肌理，在家具设计中组合设计，搭配应用。

② 同一种材料的不同加工处理方式获得的质感：如对木材采用不同的切削加工，可以得到不同的木纹肌理效果；对玻璃的不同加工，可以得到镜面玻璃，喷砂玻璃、刻花玻璃、彩色玻璃等不同艺术效果；竹藤采用不同的穿插经纬编织工艺，可以得到千变万化的编织图案。

③ 家具质感设计案例分析：在家具造型设计中，应充分发挥材质的天然美和凸显强化材质的工艺美，尤其是要恰如其分地运用不同材料质地肌理的配合，通过组合应用和对比的手法获得丰富生动的家具艺术造型效果。现代设计“返璞归真”的趋势来看，尽可能保持材料的原始本质来体现自然美，凸现材料质地美是现代家具的新潮流。如图 1-2-17～图 1-2-24 所示是几种主要材料的家具质感表现。

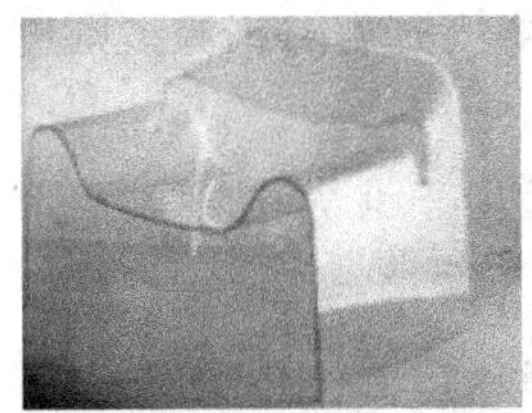

图 1-2-17 玻璃质感

图 1-2-18 纸质肌理

图 1-2-19 木纹清晰的木材肌理

图 1-2-20 纵横交错肌理

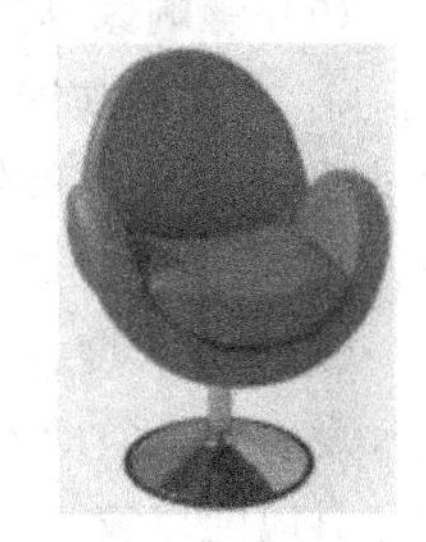

图 1-2-21 钢板质感　图 1-2-22 藤编肌理　图 1-2-23 塑料肌理　图 1-2-24 皮革质感

1.2.4 家具造型的法则

家具的造型必须通过合理的构图法则构成美的立体形象，因此，家具造型的构图法则是家具造型设计的重要手段。家具造型的构图法则有比例与尺度、对称与均衡、统一与变化、节奏与韵律、模拟与仿生。

1.2.4.1 比例与尺度

比例与尺度是与数学相关的构成物体完美和谐的数理美感的规律。所有造型艺术都有二维或三维的比例与尺度的度量，良好的比例与正确的尺度是家具造型形式上完美和谐的基本条件。

(1) 决定家具比例的因素

① 家具本身的功能形式与要求：使用功能是决定家具比例的主要因素。不同类型的家具有不同的比例，同类家具由于使用对象不同也有不同的比例。这种比例关系是在人们的生产、生活中逐渐形成的，习惯成自然，功能的比例也就转化为美的比例，如图 1-2-25、图 1-2-26 所示。

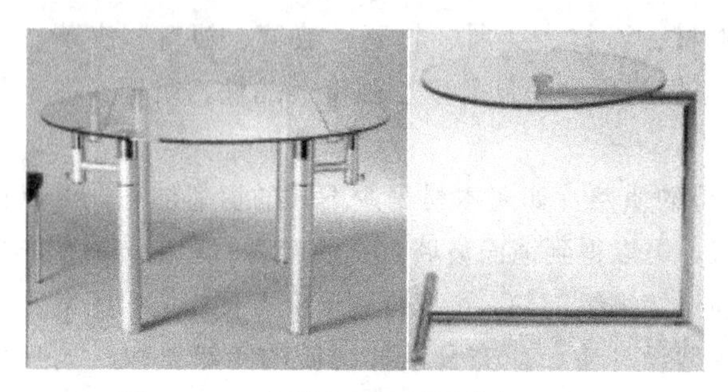

图 1-2-25 金属和玻璃材质的家具比例

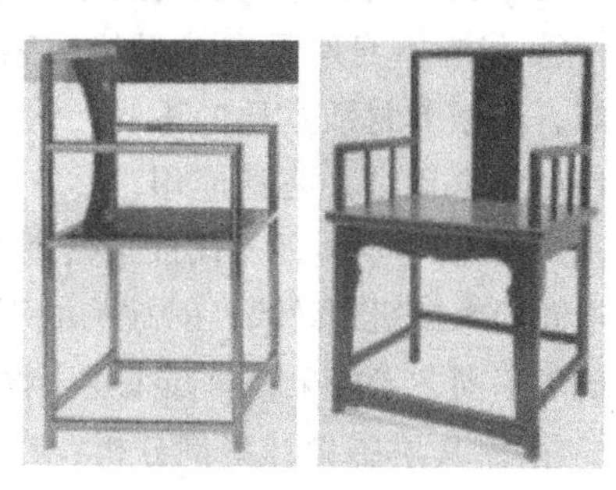

图 1-2-26 明式家具协调的比例

② 家具的材料、结构及工艺条件：材料、结构、工艺是构成一定比例的物质基础。不同材料、结构和工艺条件对同样的家具将产生不同的尺寸要求，也因此影响了家具的尺寸。

③ 构图的比例关系：即比例的数学法则是构成家具比例关系的理论指导。家具在满足了功能、材料、结构和工艺的前提下，为了获得和谐的比例关系，必须依据美的比例法则进行构图。

④ 民族、区域、传统习惯：如我国北方具有独特比例的炕桌，是由于北方的气候而形成的传统生活方式决定的。

⑤ 社会思想意识或宗教意识：如中外皇帝的宝座、教堂的高背椅、法官的高背椅等所具有的特殊比例，正是受人们的意识形态的影响而形成的。

(2) 影响家具尺度的因素

① 家具的功能尺度：如椅、凳、床类的尺寸由人体相关尺寸决定；桌、台、几类的尺寸由人体尺寸和存放物品尺寸及容量决定；橱柜类由人体尺寸存放的物品尺寸及容量决定。

② 空间尺度：在满足功能要求的基础上，相同类型的家具在不同尺度空间中应有不同的尺度。如大空间室内的家具应有较大的尺度，以充实空间并体现大空间的气势；小空间中的家具应配以较小的尺度，从而给人以轻松、亲切感。

③ 审美要求：为了获得良好的尺度感，对于小件家具，特别是小桌、小茶几、小凳之类，在不影响功能与结构的前提下，应尽量采用小的零件断面尺寸，不同的零件尺寸将形成不同的尺度感；在设计成套家具时，不要为了追求统一而忽略对大小相差悬殊的家具，在零件尺寸方面作出相应的调整，例如零件的断面尺寸、板件的厚度等。

1.2.4.2 对称与均衡

对称与均衡是自然现象的美学原则。人体、动物、植物形态，都呈现这一对称均衡的原则。家具的造型也必须遵循这一原则，以适应人们视觉心理的需求。

(1) 对称

对称是通过轴线或依支点相对端的同形同量形成的一种平衡状态。对称的构图普遍具有整齐、稳定、宁静、严谨的效果，如处理不当，则有呆板的感觉。对于相对对称的形体，则要求利用表面分割的合理安排，借助虚实空间的不同重量感、不同材质、不同色彩造成的不同视觉表现力来获得平衡的效果。

对称的类型有以下几种。

① 镜面对称：是最简单的对称形式，它是基于几何图形两半相互反照的均衡。这两半彼此相对地配置同形、同量、同色的形体，有如物品在镜子中的形象一样，镜面对称也称绝对对称。如果对称轴线两侧的物体外形相同，尺寸相同，但内部分割不同则称相对对称。相对对称有时候没有明显的对称轴线。

② 轴对称：是围绕相应的对称轴用旋转图形的方法取得的。它可以是三条中轴线相交于一个中心点，作三面齐均式对称，也可以是四条、五条、六条中轴线，作四面、五面、六面等多面齐均式对称。

③ 旋转对称：是以中轴线交点为圆心，图形绕圆心旋转，单元图形本身不对称，由此而形成的二面、三面、四面、五面等旋转式图形，即旋转对称。

(2) 均衡

均衡是非对称的平衡，指一个形式中的两个相对部分不同，但因量的感觉相似而形成的平衡现象，从形式上看，是不规则有变化的平衡。均衡的构图往往不受功能、空间的限制，有较大的灵活性，处理的方式多种多样，可以从形态、立面分割、色彩、材料、装饰、位置等多方面着手。因此，均衡的构图易于获得活泼、亲切、轻松、融洽的感受。均衡的类型有以下两种。

① 等量均衡：是在中心线两边形和色不相同的情况下，通过组合单体或部件之间的疏密、大小、明暗及色彩的安排，对局部的形和色作适当调整，把握图形均势，使其左右视觉分量相等，以求得平衡效果。这种均衡是对称的演化。

② 异量均衡：形体中无中心线划分，其形状、大小、位置可以不相同。在家具造型中，常将一些使用功能不同、大小不等、方向不一、组成单体数量不均的体、面、线作不规则的配置。有时将一侧设计得高一点，另一侧低一点、平缓一些；有时一边用一个大的体量或大的表面与另一侧的几个小体量或小面积相配合。尽管它们的大小、形状、位置各异，但必须在气势上取得平稳、统一、平衡的效果。这种异量均衡的形式比同形同量和同形异量的均衡具有更多的可变性和灵活性。

1.2.4.3 统一和变化

在自然界中，一切事物都有统一与变化的规律，统一与变化是适用于各种艺术创作的一个普遍法则，同时也是自然界客观存在的一个普遍规律。

(1) 统一

统一是指把若干个不同的组成部分按照一定的规律和内在联系，有机地组成一个完整的整体，造成一致或有一致趋势的感觉。对称、均衡、整齐、重复、协调、呼应等都倾向于稳定的状态，符合统一的要求。

① 协调：是通过缩小差异程度的手法，把各部分有机地组织在一起，使整体和谐、完整一致。如家具造型的线条、形状、色彩、质感、结构、装饰等服从于同一基调和格式。

② 主从：运用家具中次要部位对主要部位、细部对整体、一般对重点的从属关系来烘托主要部分，突出主体，获得统一感。

③ 呼应：家具中的呼应关系主要体现在线条、构件和细部装饰上的呼应。在必要和可能的条件下，可运用相同可相似的线条、构件在造型中重复出现，以取得整体的联系和呼应。

(2) 变化

变化是在不破坏整体统一的基础下，将性质相异的东西并置在一起，强调造型各部分的差异，造成显著对比的感觉。对比、反衬、差异、多样都处于激化的状态，强调对抗的效果，符合变化的要求。变化的目的主要是在整体协调的基础上，取得生动、活泼、丰富、别致的效果。

几乎所有的造型要素都存在着对比的因素，恰当地利用这些差异，就能在整体风格的统一中求变化，变化是家具造型设计中的重要法则之一。

线条——长与短、曲与直、粗与细、横与竖。

形状——大与小、方与圆、宽与窄、凹与凸。

色彩——冷与暖、明与暗、灰与纯。

肌理——光滑与粗糙、透明与不透明、软与硬。

形体——开与闭、疏与密、虚与实、大与小、轻与重。

方向——高与低、垂直与水平、垂直与倾斜。

(3) 统一与变化构图的关键

运用统一与变化的关键是在统一中求变化，在变化中求统一，遵循大统一小变化的原则，使家具形体整体协调，细节生动，如图 1-2-27 所示。

图 1-2-27　材料与色彩的统一与变化立面分割

1.2.4.4 节奏与韵律

节奏与韵律是任何物体构成部分有规律重复的一种属性。把形、色、质有计划、有规律地组织起来，并符合一定的运动形式，如渐大渐小、递增递减、渐强渐弱等有秩序、按比例地交替组合运用，就产生了节奏和韵律感。

(1) 节奏

节奏是条理与反复组织原则的具体体现。它由一个或一组要素作为单位进行反复、连续、有条理地排列，形成较复杂的重复，不仅是简单韵律的重复，还常常伴有一些要素的交替。节奏在音乐、舞蹈、电影等具有时间形式的艺术中，是以听觉和视觉来表现的。节奏本身没有形象的特征，只是用来标明形象在运动中的急缓、强弱、起伏、行停和运动方向的改变等。

(2) 韵律

韵律是艺术表现手法中有规律地重复和有组织地变化的一种现象。这种重复和变化常常会使形象生动活泼并具有运动感和轻快感。无论是造型、色彩、材质，乃至于光线等静态形式要素，当在组织上合乎某种规律时，在人们视觉和心理上都会引起律动效果，这种韵律是建立在比例、重复或渐变为基础的规律之上的。

① 连续韵律：是由一种或几种要素，按一定距离和规则连续重复排列而形成的韵律。这种韵律的形式应用范围较广，在家具设计中可以利用构件的排列取得连续的韵律感，如椅子的靠背、橱柜的拉手、家具的格栅等。

② 渐变韵律：是在连续重复排列中，按照一定的秩序或规律逐渐变化某一要素的大小、长短、宽窄、数量或形式等而产生的韵律。如家具设计中常见的成组套几或有渐变序列的橱柜。

③ 起伏韵律：是将渐变的韵律加以高低起伏的反复，并在总体上有波浪式的起伏变化和节奏感的韵律。如家具造型中壳体家具的有机造型起伏变化、家具的高低错落排列等。

④ 交错韵律：各组成部分连续重复的要素按一定规律相互穿插或交织排列而产生韵律。如中国传统家具的博古架、竹藤家具的编织花纹和木质家具的木纹拼花等。

1.2.4.5 模拟与仿生

大自然中任何一种的动物、植物，无论造型、结构，还是色彩、纹理，都呈现出一种天然、和谐的美。现代家具造型设计在遵循人体工程学原则的前提下，运用仿生与模拟的手法，借助于自然界的某种形体或生物的某些原理和特征，结合家具的具体造型与功能，进行创造性的设计与提炼，使家具造型样式体现出一定的情感与趣味，更加具有生动的形象与鲜明的个性特征，能给人在观赏与使用中产生美好的联想与情感的共鸣。

(1) 模拟

模拟是较为直接地模仿自然形象来进行家具造型设计的手法，是一种比喻和比拟，是事物意象之间的折射、寄寓、暗示与模仿，并与一定自然形态的美好形象联想有关。

① 整体造型的模拟：把家具的外形模拟塑造为某一自然形象，有写实模拟和抽象模拟或介于二者之间。一般来说由于受到家具功能、材料、工艺的制约，抽象模拟是主要手法，抽象模拟重神拟，不求形拟，耐人寻味。

② 局部造型的模拟：主要出现在家具造型的某些功能构件上，如脚架、扶手、靠板等。

③ 家具的表面装饰图案的模拟：这种形式多用于儿童家具和娱乐家具。

(2) 仿生

仿生是先从生物的现存形态受到启发，在原理方面进行深入研究，然后在理解的基础上再应用于产品某些部分的结构与形态。例如壳体结构是生物存在的一种典型结构，像蛋壳、龟壳、蚌壳等，虽然这些壳体壁厚都很薄，但却具有抵抗外力的非凡能力。现代家具设计师便应用这一原理和塑料成型工艺等新技术，制造了许多色彩多样，形式新奇，工艺简单，成本低廉的薄壳结构塑料椅；还有海星结构，它的放射状的多足形体具有特别的稳定性，人们利用这一结构设计出具有稳定且移动自如的办公椅的海星脚型等。

在应用模拟与仿生手法时，除了保证使用功能的实现外，同时必须注意结构、材料与工艺的科学性与合理性，实现形式与功能的统一、结构与材料的统一、设计与生产的统一，使家具造型设计能转化为产品，保证设计的成功。

1.3 家具装饰设计

1.3.1 家具装饰设计原则

家具装饰是对家具形体表面的美化和家具局部的细微处理。家具功能决定的家具形体是家具造型的主要方面，家具装饰是从属于形体、附着于形体之上，但家具装饰并非可有可无，家具装饰对家具造型设计来讲起到画龙点睛的作用，好的家具装饰可以加强产品的印象，增加产品的美感。因此家具装饰设计应遵循下列原则。

① 家具装饰设计必须遵循统一协调的原则，即家具装饰设计必须与家具形体有机地结合，不能破坏家具的整体形象。

② 家具装饰设计必须遵循适度原则，即家具装饰的形式与装饰的程度，要根据家具的风格和产品的档次来确定。

③ 现代家具的装饰设计要遵循绿色环保原则，即在家具装饰设计时尽量地利用自然元素和天然材料、尽量减少能源和资源的消耗，不损害人的健康和对环境造成损害。

④ 传统家具的装饰设计体现特色原则，即主要是采用特种家具装饰工艺，对家具的某些部位进行适当的装饰，体现出某种装饰风格和艺术特色。

⑤ 家具装饰设计应体现流行原则，家具装饰设计要表现时代特征，装饰的材料、工艺、色彩等的运用上符合流行潮流，符合消费者的消费习惯。

⑥ 家具装饰设计应体现创造性原则，家具装饰时可大胆考虑运用新材料、新工艺和一些创新的技术。

⑦ 家具装饰设计应以延长产品的品类为目的，即在对同一形式、同一规格的家具产品进行不同的装饰，从而丰富家具产品的花色品种。

1.3.2 家具装饰方法

家具装饰可简可繁、形式多样，装饰方法大体可分下面几种。

1.3.2.1 涂饰装饰

涂料装饰是将涂料涂饰于家具表面形成一层坚韧的保护膜的装饰方法，有透明涂饰和不透明涂饰。透明涂饰是用透明涂料涂饰于木材表面，透明涂饰不仅可以保留木材天然的纹理与色彩，而且通过透明涂饰的特殊工艺处理，使纹理更清晰、木质感更强、颜色更加鲜艳悦目，透明涂饰多用于名贵木材、木材纹理优美的家具。如现代中式家具中的榉木、花梨木、紫檀木、鸡翅木、铁力木等硬木家具，这些木材质地坚硬，色泽或明丽、或典雅庄重，花纹清晰美观，故只用透明涂饰即可达到理想的效果。普通木材或人造板的家具，可通过染色处理或不透明涂饰处理，这种涂饰的颜色可以有意识地选择和调配，可制成不同图案装饰的艺术家具，也别有一番风味。

此外还有大漆涂饰，是用一种天然的涂料即生漆或熟漆对家具进行装饰。生漆是从漆树的韧皮层内流出的一种乳白色黏稠液体，经过加工处理成为熟漆。大漆具有良好的理化性能与装饰效果，一般只用于出口的工艺雕刻家具和艺术漆器家具的装饰。

1.3.2.2 贴面装饰

贴面是家具装饰比较常用的一种方法，有薄木贴面、印刷装饰纸贴面、合成树脂贴面和薄膜贴面的四种主要形式，还可以纺织品、金属薄板、编织竹藤席等的贴面方式。贴面除了保护家具的主体结构外，能使家具的表面色泽、肌理更加丰富，更具有表现力，从而更富有装饰效果。

1.3.2.3 雕刻装饰

雕刻装饰较多地应用在仿古家具的装饰上，可通过不同雕刻方法（线雕、平雕、浮雕、圆雕、透雕等）而创造不同艺术效果的家具装饰，多用于床屏、椅子靠背、扶手端部和柜子的顶饰等家具部件上。一般雕刻装饰多为手工进行，但随着现代高新技术的发展，雕刻也可在 CNC 机床或雕刻中心完成。而现代中式家具中的装饰品玻璃也可通过线雕、平雕等雕刻方法获得很好的图案装饰。充满山野趣味的树根、树桩家具，也常常通过雕刻的方法而形成更具有艺术魅力的乡村家具。总之，雕刻装饰是家具装饰中一种常见的装饰方法，可形成古色古香、典雅俊秀的家具样式。

(1) 浮雕

浮雕也称凸雕，是在木材表面刻出凸起的图案纹样，呈立体状浮于衬底面之上，富有立体感如图 1-3-1 所示。根据浮雕图案在木材表面凸出高度的不同，可以分为浅浮雕、中浮雕和高浮雕。浅浮雕是在木材表面上仅浮出一层极薄的物象图样，而且物象还要借助一些抽象的线条等来表现，一般画面深 2～5mm，常用来装饰门窗、屏风、挂屏等；高浮雕是在木材表面浮起较高，物象接近于实物，主要用于壁挂、案几、条屏等产品；中浮雕则介于浅浮雕和高浮雕之间。

图 1-3-1　浮雕山水、人物纹、龙纹装饰的柜门

(2) 圆雕

圆雕是一种立体状的实物雕刻形式，可供四面观赏，应用广泛，可以表现人物、动植物和神像，在家具上常作为装饰件，尤其是作为支架零件如图 1-3-2 所示。

(3) 透雕

透雕也称穿空雕，是将装饰件镂空的一种雕刻形式如图 1-3-3 所示。透雕分为阴透雕和阳透雕两种形式，阴透雕是在木板上雕去图案纹样，使图案纹样透空；阳透雕是把木板上除了图案纹样以外的部分雕去，使板上仅保留图案纹样如图 1-3-4 所示。

图 1-3-2　家具的圆雕装饰

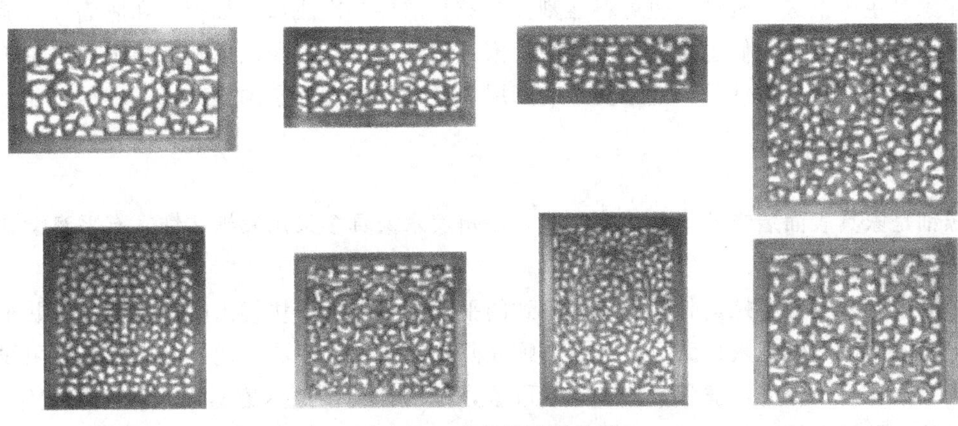

图 1-3-3　家具的透雕纹样

图 1-3-4　透雕纹样的家具

(4) 线雕

线雕是在木材或竹材表面刻出粗细、深浅不一的内凹线条来表现图案或文字的一种雕刻装饰方法。

(5) 平雕

平雕是一种将衬底铲去一层，使图案花纹凸出的雕刻方法。平雕将花纹图样凹下去的做法与线雕一样，但只是凹进程度较浅而已。平雕的花纹图案与被雕刻木材表面在同一高度上。

(6) 留青

留青是用在竹或竹木家具上的雕刻形式，是竹刻中难度最大的一种。它是利用竹子表面的竹青雕刻出的艺术形象将所需要的竹青部分留住，而把不需要的竹青凿去露出的竹黄基层作为画面的底色。留青的竹料经过特殊的工艺处理，竹青已变成淡米黄色，洁净光滑，近似于象牙，其下层的竹肌又变成淡褐色，使两者形成暖调之间的和谐，并有深浅对比。

1.3.2.4 模塑件装饰

模塑件装饰就是用可塑性材料经过模塑加工得到的具有装饰效果的零部件的装饰方法。一般采用聚乙烯、聚氯乙烯等材料进行模压或浇注等成型工艺，即可生产出雕刻图案纹样，附着在家具主体上进行装饰；也可将雕刻件与家具部件一次成型，如柜门和屉面等。随着中式家具用材的拓宽，人们也接受了现代中式家具的用材理念，所以模塑件装饰也可用于中式家具中难加工的家具部件，如造型复杂的床屏、椅子靠背和柜子的顶饰。

1.3.2.5 螺钿

螺钿是家具表面装饰的一种传统工艺，扬州漆木家具多采用螺钿装饰，有平磨螺钿、点螺之分。

平磨螺钿家具是将螺贝打磨成厚薄一致的平片，用手工分块镂出图像轮廓，拼贴于完成粗灰工艺的饰面。做细灰、磨显、糙漆、螺面阴刻线纹、刷面漆、抛光而成。螺面阴线内留下黑漆线条，黑白分明，清雅素洁，光华可鉴，平滑如镜。漆木家具以平螺钿工艺作装饰、手感平整，揩拭方便，床、柜、桌、凳均适用此工艺，且原料成本不高。

点螺漆木家具选用五色斑斓的优质螺贝，磨成薄如蝉翼的软螺片，用特制刀具切割出细若秋毫的点、丝、条，一点一点地嵌于糙漆后的家具表面，组成疏密有致的画面，再阴刻线纹，刷面漆、研磨、推光而成。漆木家具的大面上略施一角纤秀精致的点螺工艺，螺贝五色缤纷、宝光浮动，寓灿烂于沉静的漆色之中，能达到满目生辉的效果，如图 1-3-5 所示。

(a) 红木螺钿书桌

(b) 红木螺钿罗汉塌局部

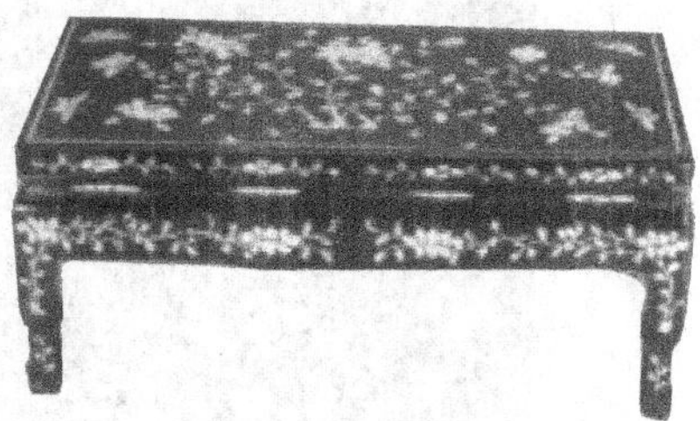

(c) 红木螺钿的茶几

图 1-3-5　家具螺钿装饰

1.3.2.6 镶嵌装饰

镶嵌是先将不同的木块、木条、兽骨、金属、象牙、玉、石、螺钿等，组成平滑的花草、山水、树木、人物及各种自然界题材的图案花纹，而后再镶嵌到已铣好的花纹槽（沟）的家具部件的表面上去。传统家具上通常用嵌木装饰，嵌木方法有雕入嵌木、锯入嵌木和贴附嵌木。由于铣床、钻床、数控铣床等在家具木工机械的普遍使用，嵌木装饰现在进一步发展为铣入嵌木装饰。这种装饰方法已经广泛地运用到家具装饰中，如床屏、椅子靠背、柜子的顶饰、坐面、几面和屉面等部位，如图 1-3-6 所示。

薄木镶嵌是将镶拼成图样的薄木镶嵌元件嵌进作为镶嵌底板的薄木中，之后再将它们一起胶贴到刨花板等基材上。薄木镶嵌工艺过程为：设计图样—绘原尺寸图—镶嵌选材设计—图样分解—选材—划线放样—制作镶嵌元件，同时制作底板—镶嵌图样的拼贴（集成）—镶嵌件胶贴在底板上—表面修整—涂饰。

骨石镶嵌选用石、牙、角、贝、骨、木等材料，分块镂出轮廓，雕刻出富有体积感的纹路，打磨光亮后嵌于漆面，最后彩绘衣锦图案，统一装潢配景，构成完整的画面。以骨石镶嵌作装饰的漆木家具，如橱柜、箱、案、炕桌、套几等，古色古香，醇和雅致。骨石镶嵌屏风是理想的厅堂陈设。

挖嵌是在制品的装饰部分，以镶嵌图案的外轮廓线为界，用刀具挖出一定深度的凹坑，再把与底面颜色不同的木材（或其他材料）镶拼成的图案嵌入凹坑，并进一步作修整加工，这是传统的制作法。

压嵌是将镶嵌元件涂上胶并覆在制品部件表面上，再在镶嵌元件上施加较大的压力，使镶嵌元件厚上一部分压进装饰表面，最后将高出装饰表面的镶嵌元件部分用磨光机去掉。

嵌玉家具是独具扬州特色的名贵品种。选用翡翠玛瑙、青玉、白玉、青金、松耳等近百种玉料，经过开片、剪稿、下料、琢磨、镶嵌等繁复的操作，制成各种浮雕形象，抛光后嵌于手工雕刻的锦纹漆地或素漆地，美玉的天然色泽闪动着柔和腴润的宝光，华贵之中显得典雅浑厚。雕漆嵌玉一般用于屏风，欣赏价值超过实用价值，是一种高档陈设品。

拼贴又称镶木、镶拼，它只镶不嵌。只用不同颜色一定形状尺寸的元件拼成图样并粘贴在木制品的基面上，将基面完全盖住。

(a) 龙纹嵌玉石座屏风

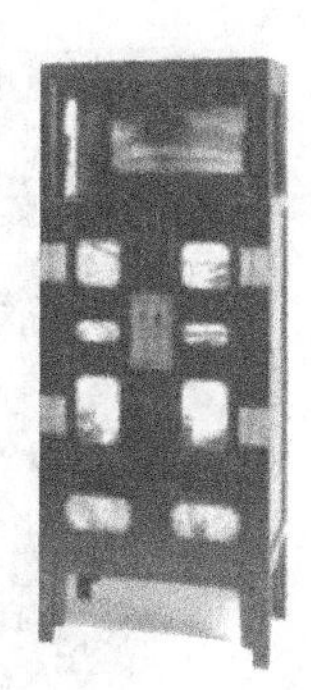

(b) 大理石镶嵌的紫檀柜

(c) 紫檀木嵌染牙插屏式座屏风

图 1-3-6 家具的镶嵌装饰

1.3.2.7 烙花装饰

当木材被加热到 150℃以上时，在炭化以前，随着加热温度的不同，在木材表面可以产生不同深浅的棕色，烙花就是根据这一原理和方法获得的装饰效果。根据使用工具的不同，烙花可分为笔烙、模烙、漏烙、焰烙、酸蚀等，不同的烙花方法形成不同的装饰效果，纹样或淡雅古朴、或古色古香、或清新自由，多运用在柜类家具的门、抽屉面、桌面等的装饰。而竹材家具也通常采用这种方法获得很好的装饰，用烙花、酸蚀、烘花等工艺可使竹家具价值倍增。

1.3.2.8 竹木材染色装饰

竹木材染色的基本原理主要是利用扩散和吸附作用让染料进入竹木制品材料之细胞壁，使其主要组织成分纤维素变色。竹木制品染成各种不同的颜色以后，可以使竹木制品变得更加绚丽多彩，使生产出来的竹木产品更具有艺术价值和欣赏价值。

木材染色的目的是使木材的天然颜色更加鲜明，使普通木材具有珍贵木材的颜色或人们喜爱的颜色，掩盖木制品表面的色斑、青变、色差，消除其颜色的不匀等；竹材染色的目的通过竹材染色增加产品的品种、花样、提高产品的附加值，同时也可起到防虫、防蛀和防潮的作用。

1.3.3 家具纹样装饰与形态装饰

1.3.3.1 图案与纹样

图案在家具装饰中的应用主要有三种组织形式：单独纹样、适合纹样、连续纹样。

（1）单独纹样

单独纹样就是不与周围发生直接联系，独立而完整，能够单独应用的一种纹样。单独纹样的组织要分清宾主，没有宾主就会条理紊乱，主题不突出。组织纹样时，主体部分要采取夸大加强的手法，次要部分则可相对减弱放松。单独纹样有对称式和平衡式两种结构形式。对称式单独纹样规格整齐，庄重大方。对称式又分对称与相对对称两种组织形式。对称式的组织规律整齐，如处理不当，容易产生呆板的现象，所以应该注意变化。相对对称形式的变化，整体上有对称感，但局部上又有所变化。这种形式比单纯对称式显得丰富、生动。平衡式没有一定的格式。平衡式单独纹样的组织，新鲜活泼，富于变化，但要注意形象的集中、完整、避免分散琐碎和因变化过多而造成紊乱。单独纹样装饰在家具设计中的运用如图 1-3-7 所示。

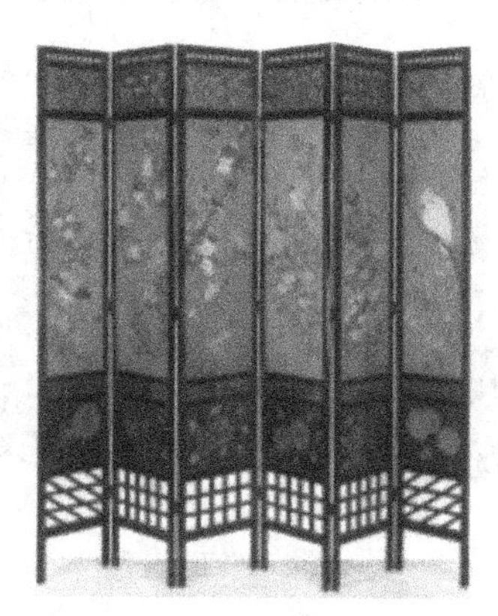

图 1-3-7 单独纹样装饰的家具

（2）适合纹样

适合纹样的组织要使纹样构图与外形轮廓相适合，要在适合中求变化。适合纹样是家具镂空雕刻图案运用得最多的一种纹样形式。

适合纹样从内部布局上也分对称与均衡两种，对称式适合纹样，整齐端庄，装饰性强。对称式适合纹样的构图形式很多，大致可归纳为直立式、向心式、放射式、旋转式等几种类型。对称式适合纹样的组织方法首先标出形体的中心线或中心点，然后划分出单元区域，进行单元纹样的组织，组织好一个单元之后，再用复写纸复印到其他单元区域，以组成整幅对称式适合纹样图案。

适合纹样从组织类型应用上分填充纹样、角隅纹样、边缘纹样。填充纹样、角隅纹样、边缘纹样又分别可以有对称和均衡两种形式，对称边缘纹样又分两面对称（左右对称、上下对称、对角对称）与四面对称两种，在木器雕刻中多用对称式。角纹样常与边缘纹样结合在一起组合成图案，通常用于木器具包括古建筑木装修中的各种装饰形式的边缘及边角中的图案装饰，如图 1-3-8 所示。

图 1-3-8　适合纹样装饰的家具

(3) 连续纹样

连续纹样的特点是纹样的连续性。它的组织方法是以一个单元纹样反复排列而成的。连续纹样可分为“二方连续”与“四方连续”两种。二方连续又称带纹样或花边。它是以一个单元纹样向上下或左右反复连续起来的纹样。四方连续是以一个单元向上下左右、四面八方连续排列而成的纹样。家具装饰上运用连续纹样主要是用于家具局部，如图 1-3-9 所示。

图 1-3-9　连续纹样装饰的家具局部

(4) 综合纹样

综合纹样是指运用单独、适合、连续纹样等综合组织在一起的一种纹样。综合纹样的构图常用方圆、曲直等基本几何形，在经纬线、对角线上作安排布局，再设计适合的纹样，创造出丰富而又格律严谨的图案。综合纹样应用很广，如地毯、床单、建筑装饰等多采用综合纹样构图，家具的桌面和柜门等常常用到综合纹样。

1.3.3.2 线型与线脚

为了丰富现代家具的外表造型，把家具的面板、顶板、旁板等部件的可见边沿设计成型面，这种型面即叫线型。用线型来装饰家具是很考究的，不同的部位给以不同的线型，不同的装饰风格冠以不同的线型。线型的加工方法也很简单，木质线型可用成型铣刀或端铣刀等在各种铣床上加工；其他线型如金属、塑料等可在相应的模具上加工。线型可用胶贴、顶接或装榫等安装在家具相应的部位上，如图 1-3-10～图 1-3-12 所示。

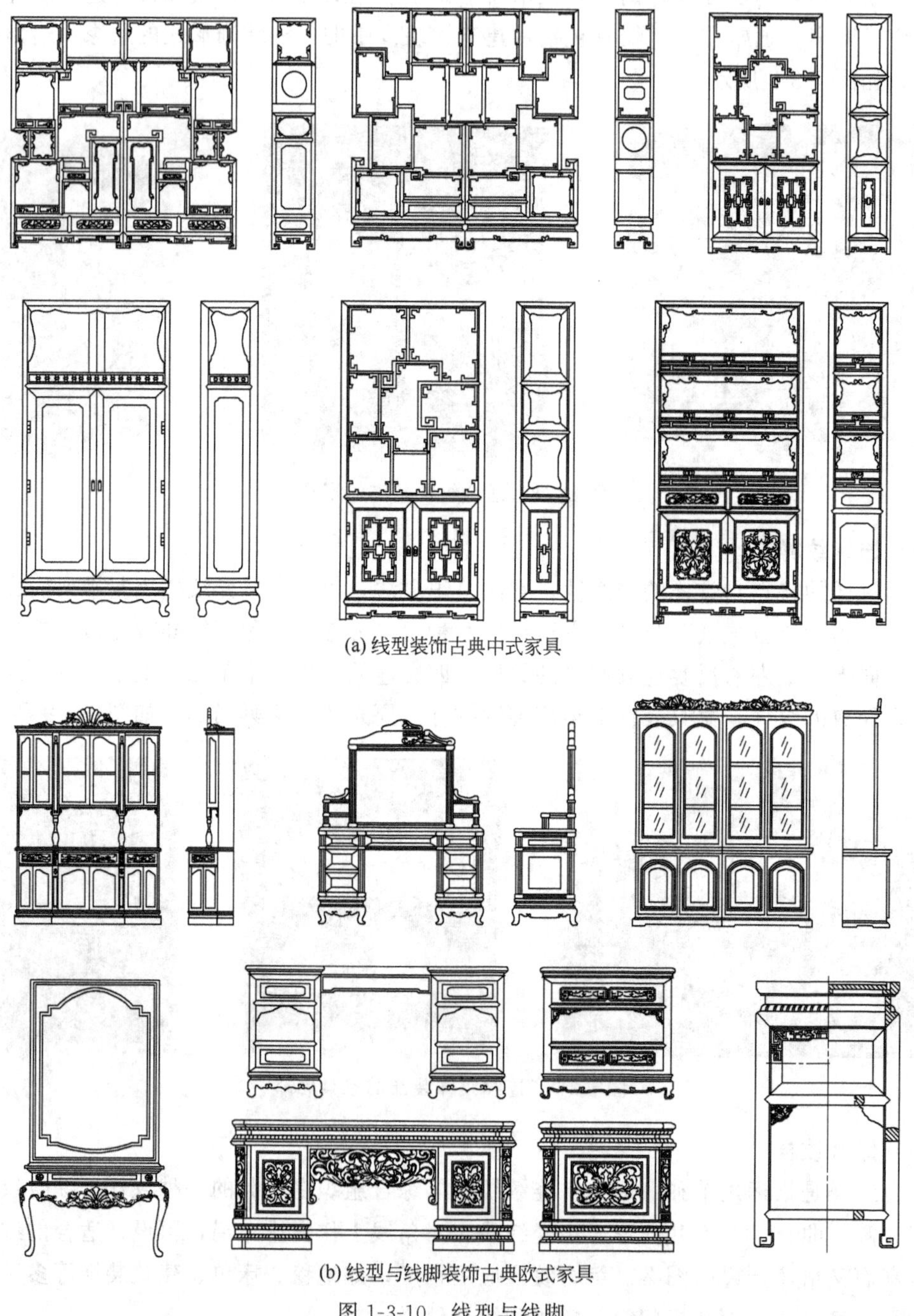

(a) 线型装饰古典中式家具

(b) 线型与线脚装饰古典欧式家具

图 1-3-10 线型与线脚

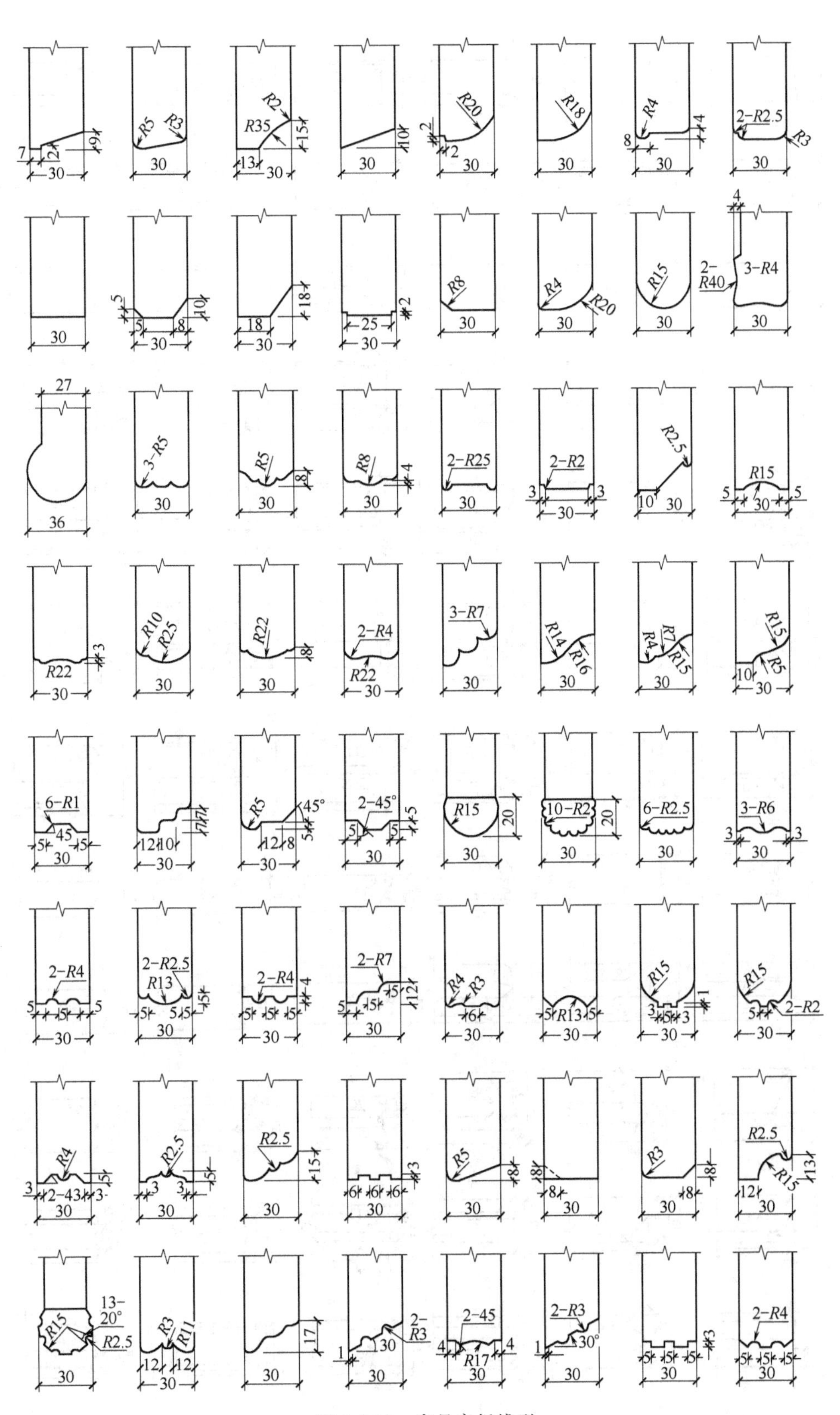

图 1-3-11　家具旁板线型

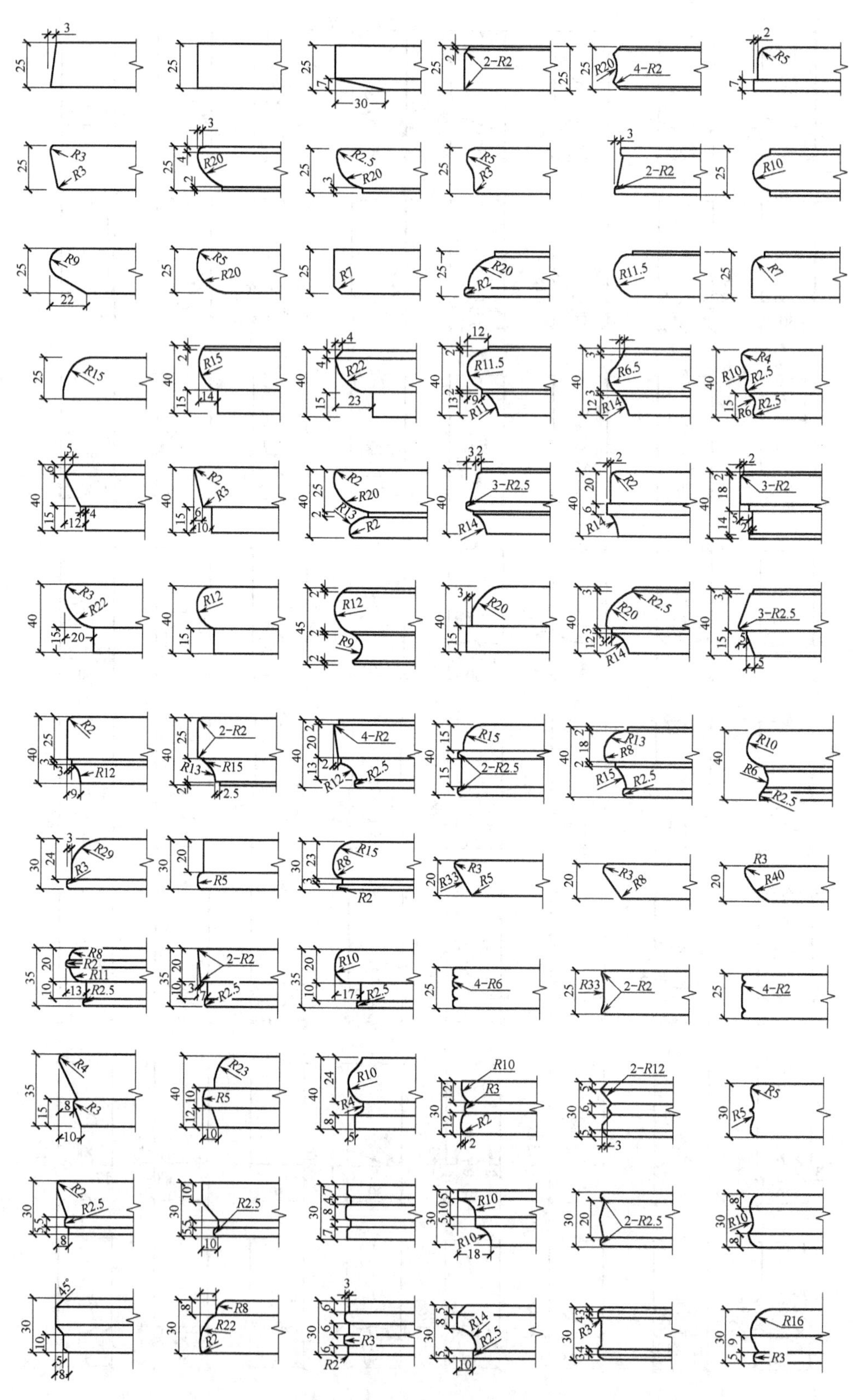

图 1-3-12　家具顶板线型

线脚通常是对称的封闭形线条，安装门面上以美化家具。线脚多以直线为主，转角处配以曲线，通过线脚的变化与家具外形的相互衬托，使家具富有艺术魅力。其品类多有镶嵌木线、镀金线或金花线等，加工形式多种多样，有雕刻或镂铣等，同样可以用胶贴、钉接或装榫等安装在中式家具的门面上。线型与线脚的应用如图 1-3-10 所示。

1.3.3.3 脚型和脚架

脚型即为家具脚的造型，家具的脚型直接关系到家具的造型和牢固耐用等性能，在脚型设计时应该考虑。柜类家具的脚型在家具的形体中比例虽小，但可使家具显得轻盈活泼，在设计和制作时应注意家具的稳定性和结构的合理性；在现代中式家具中椅凳、几案类的脚型在家具形体中比例较大，形式也丰富多样，因此在设计和制作中应注意脚型的装饰性。

脚架是由脚和拉档（或望板）构成的，用以支撑家具主体部位的部件，拉档通常用于加强两腿（脚）之间强度。在西洋和中国明清家具中，脚架是表达椅凳、几案类家具的主要造型形式。在现代中式家具装饰中，脚型和脚架仍然是表达家具造型的主要形式如图 1-3-13 所示。家具亮脚造型和尺寸如图 1-3-14 所示，家具包脚与塞脚造型和尺寸如图 1-3-15 所示。

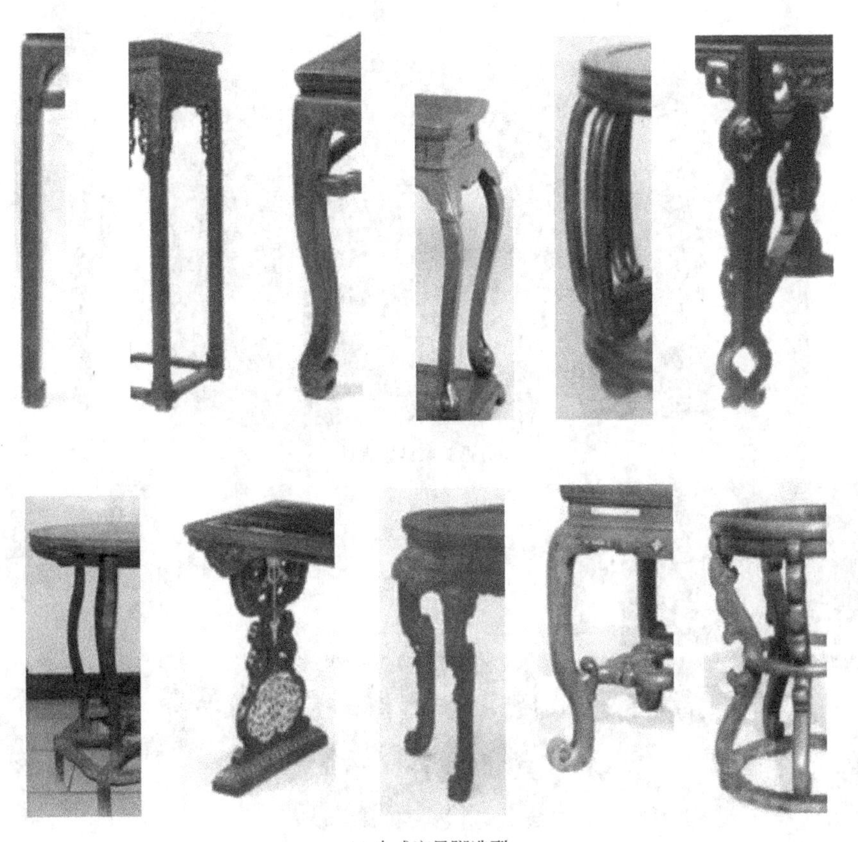

(a) 中式家具脚造型

图 1-3-13

(b) 中式家具脚架造型

(c) 西式家具腿造型

(d) 西式家具脚架造型

图 1-3-13 脚型与脚架

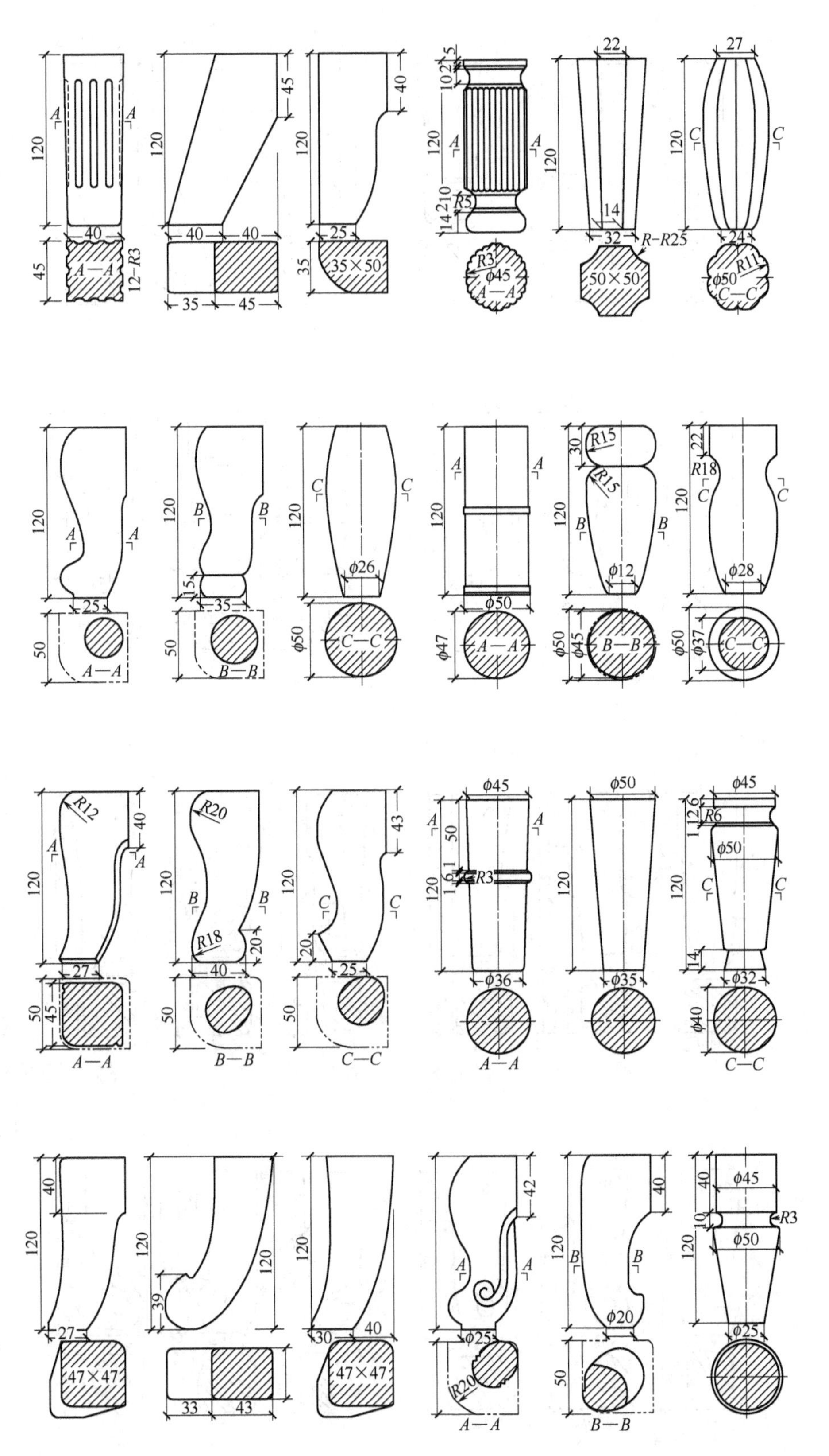

图 1-3-14

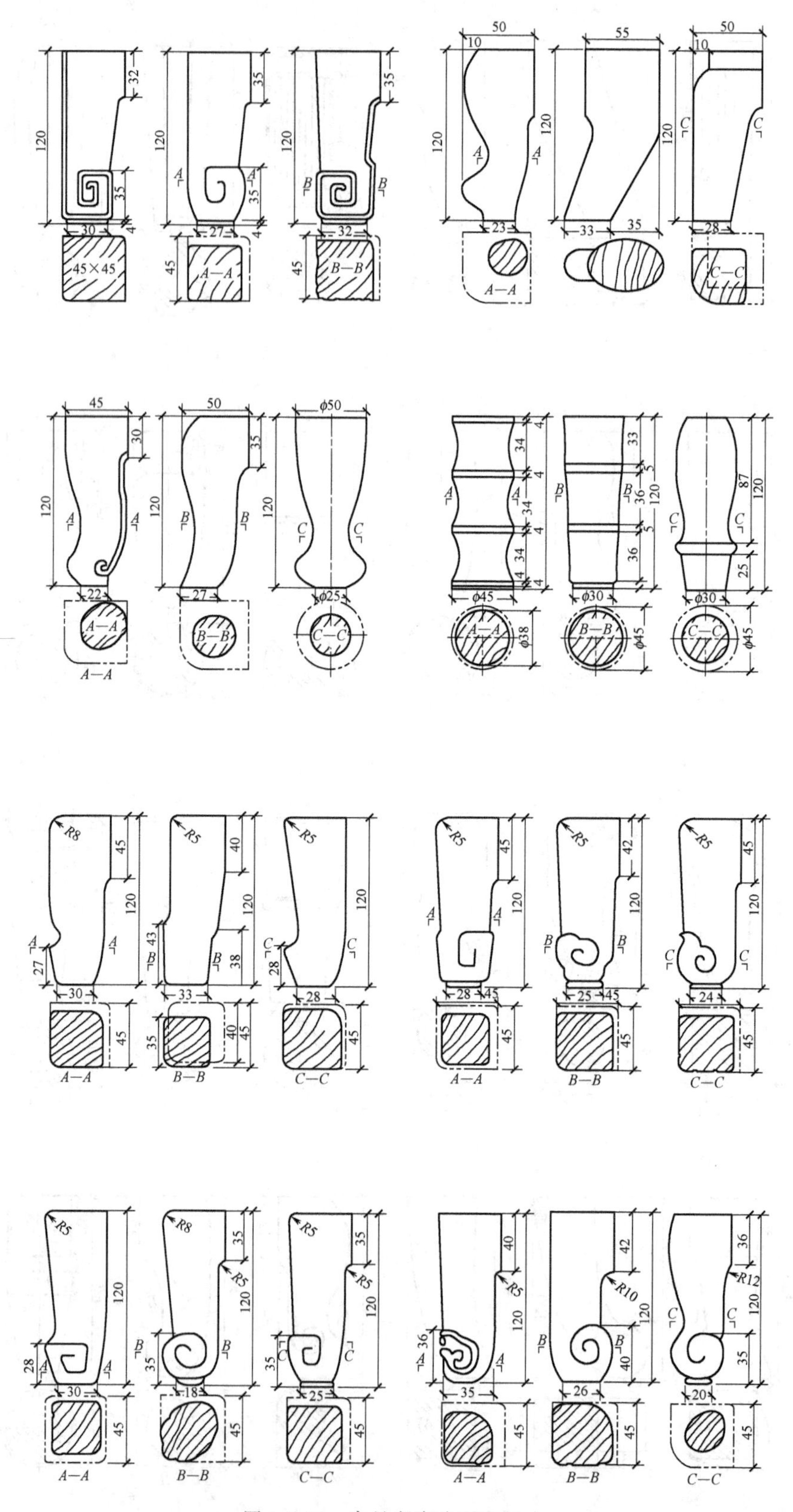

图 1-3-14　家具亮脚造型和尺寸

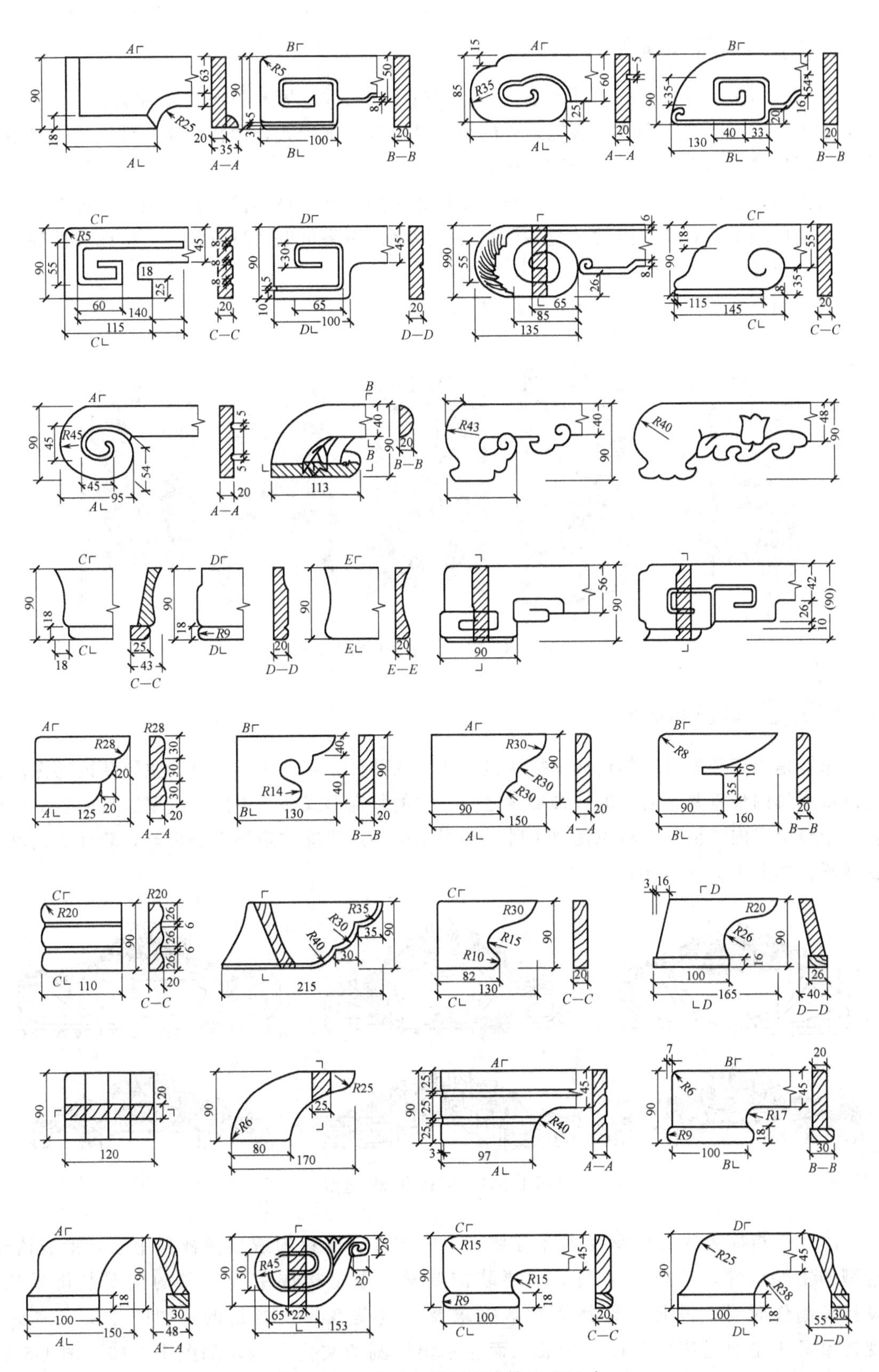

图 1-3-15　家具包脚与塞脚造型和尺寸

1.3.3.4 顶饰和帽头

顶饰多用于家具柜类的顶部装饰，一般指高于视平线的家具顶部的装饰零部件。顶饰是柜类家具除了门面线脚和脚架装饰之外的另一种主要装饰形式，常常反映一件家具的造型风格，也可反映室内造型特点和装饰风格。

帽头多见于柜类家具的顶部、椅背顶端和床屏的上部，是丰富家具造型的一种重要装饰形式，也反映了家具及室内的造型特征和装饰风格。帽头可以通过胶贴、钉接或装榫等安装在家具的顶部。

家具的顶饰与帽头造型如图 1-3-16 所示。

图 1-3-16　家具的顶饰与帽头造型

1.3.3.5 床屏和椅背

床屏是指床类家具端部连接支撑床挺（架）的部件，它是床类家具的主要装饰部件，也是卧室家具的最重要最活跃的装饰要素之一，它的装饰形式往往决定着卧室家具的装饰风格乃至于整个室内风格，同时也是整个卧室的视角中心。床屏的造型千姿百态，装饰形式也丰富多彩，如图 1-3-17 所示。

图 1-3-17　家具的床屏造型

椅背是指椅类家具中承受人体背部压力的部件，椅背的造型是视角中心，形成椅子造型的主要构件，是椅子造型的主要装饰要素，也是构成室内造型的主要装饰要素。设计和制作时要以满足人体最大功能需求及视觉美观为主要目的，如图 1-3-18 所示。现代家具正是通过床屏和椅背的装饰而显示出深刻的文化内涵，如图 1-3-19、图 1-3-20 所示。

图 1-3-18 中式家具靠背椅椅背造型

图 1-3-19 现代家具的靠背造型

1.3.3.6 商标装饰

现代家具产品都冠以品牌，品牌在某种程度是通过商标来体现，商标本身具有一定的美感，在家具的装饰设计中要充分地发挥装饰的功能。家具商标的突出不在于它的形状和大小，主要在于装饰部位的适当和设计的精美。商标的图案设计要简洁明快，轮廓清晰和便于识别。

图 1-3-20 西式家具靠背造型

1.3.3.7 五金件装饰

五金件是家具中不可缺少的一个部分，也是家具装饰的重要组成部分。在古代家具中，在柜门的门扇或抽屉上常用吊牌、面页和合页等进行装饰；在现代家具中，随着五金件的大力开发，五金件的种类繁多、用才也不拘一格，可以是金属、玻璃、木材等材料。五金件的内容也更加扩大，除了传统的拉手、合页外，还有用于结构的偏心连接件、脚和脚轮以及家具软包制作用的泡钉等如图 1-3-21 所示。五金件拉手的造型和尺寸如图 1-3-22 所示。

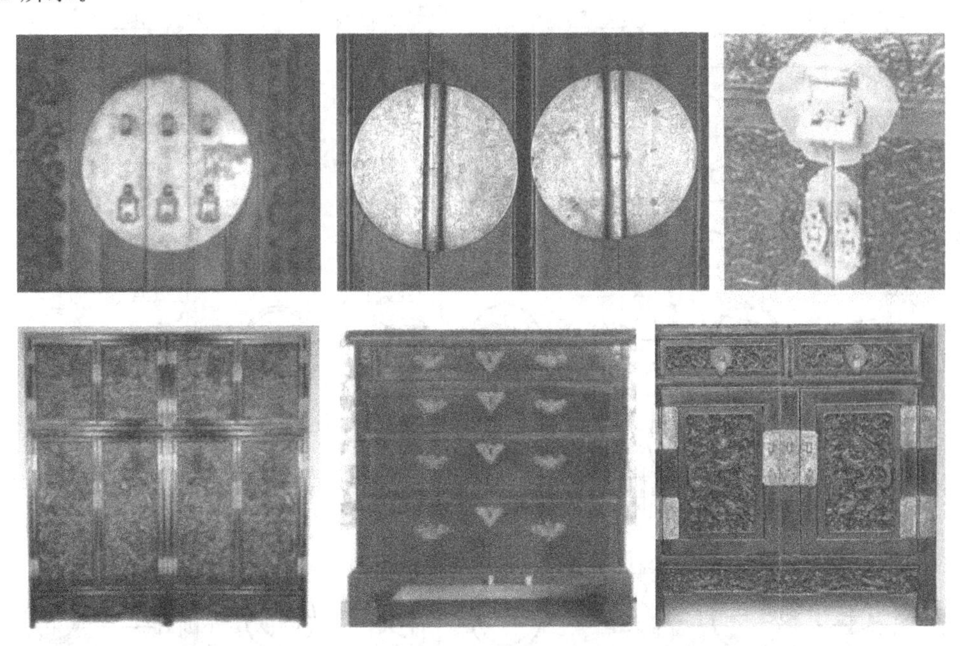

图 1-3-21　古典家具中合页既是连接件又是装饰

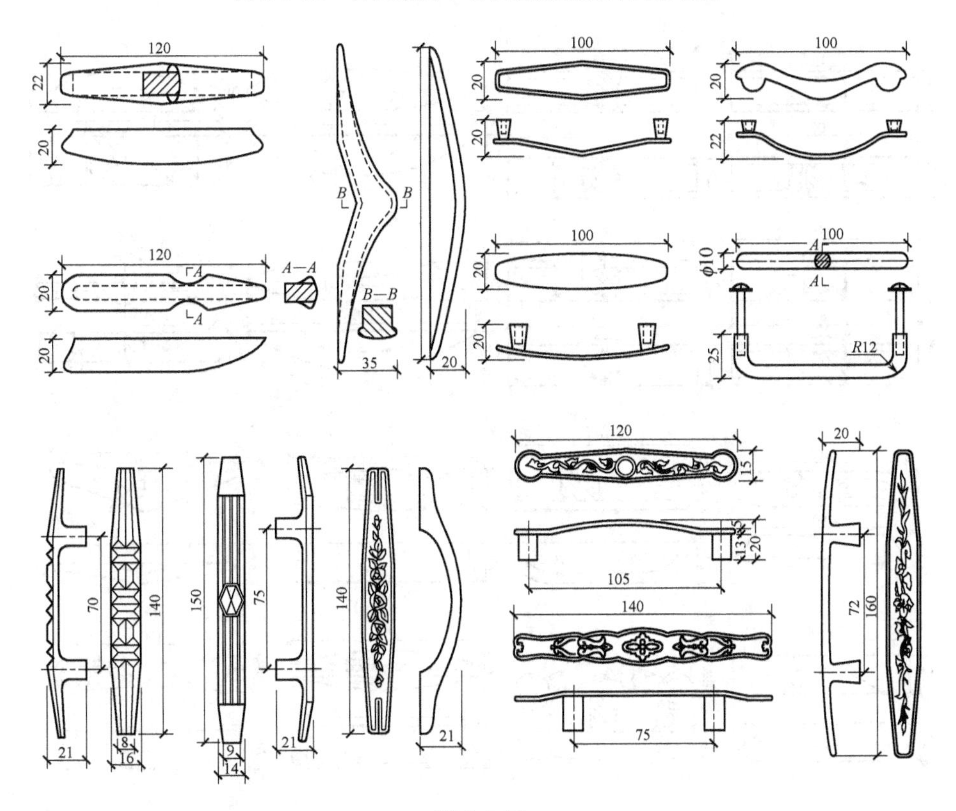

图 1-3-22

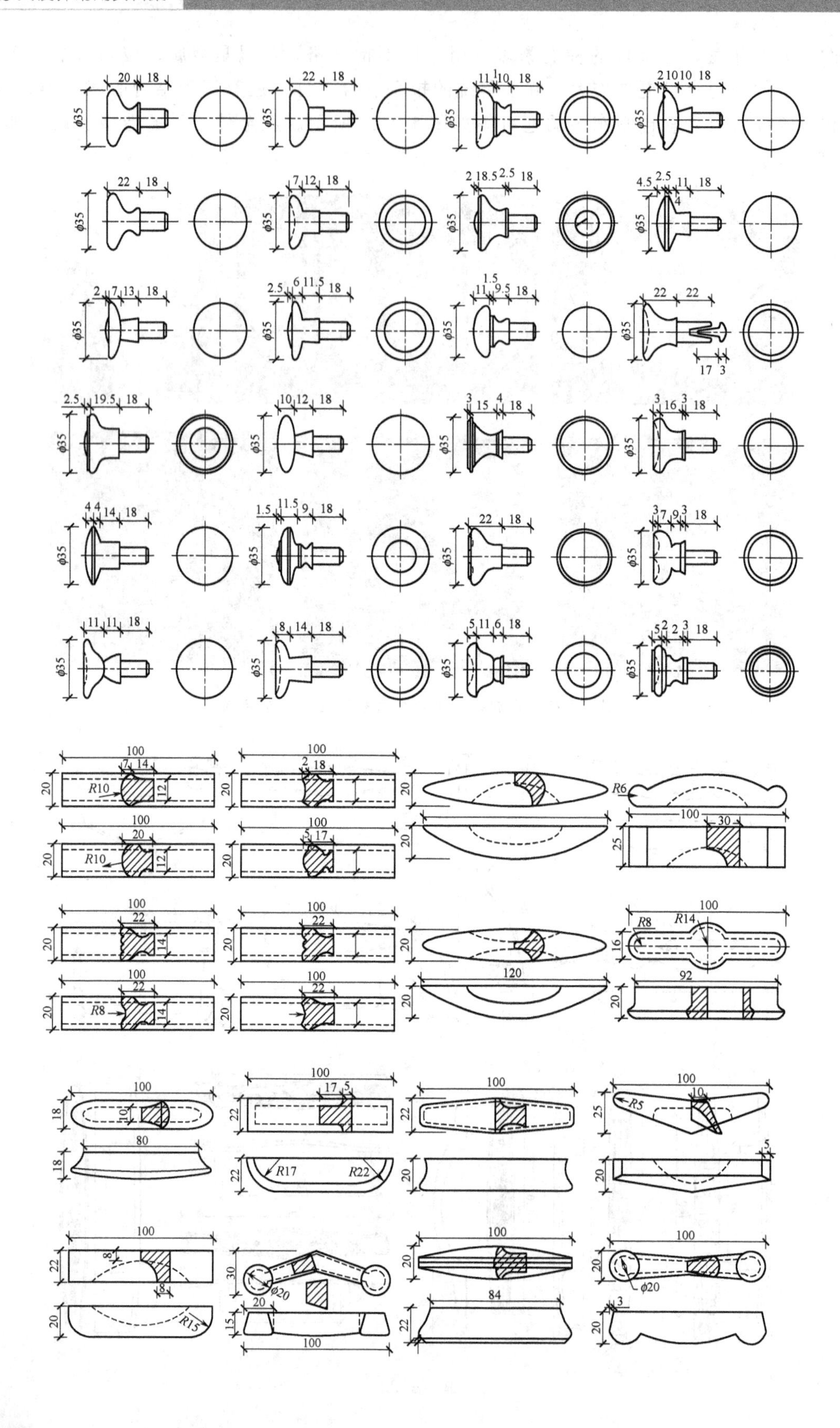

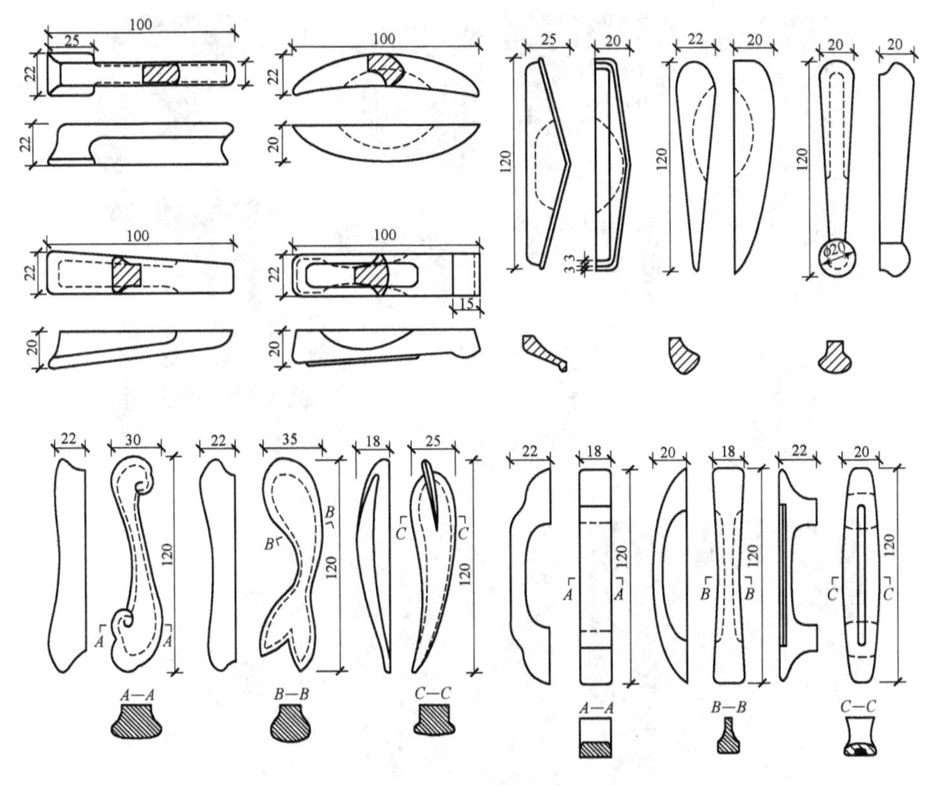

图 1-3-22 拉手造型和尺寸

1.3.3.8 结构装饰

家具结构装饰融合家具结构、工艺、装饰为一体，在家具设计制作时充分暴露家具结构，或是利用家具的结构、或是通过家具的结构装饰体现了设计师的匠心和家具精致的细节所在，也能感觉结构装饰工艺在家具设计中的有效应用之处，审美主体从其精良的结构中而获得某种审美愉悦。家具结构在家具装饰中的合理应用已成为家具设计师用于进行家具形态的创新、增加家具产品附加值和销售渠道的重要设计手段之一。良好设计的结构装饰既可以减少加工成本，又能够增加家具造型形态的丰富性，如图 1-3-23 所示。

1.3.3.9 其他装饰

家具的形体装饰除了以上提的几种外，还有织物装饰和灯具装饰。

织物装饰是指利用织物丰富多彩的花纹图案和多样的肌理，用于软包家具或与家具配套使用的桌、台布床罩、围帐等形式，给家具增添色彩如图 1-3-24 所示。现代家具更加注重材料的复合，因此，皮革、真皮或刺绣、锦缎等用来装饰家具，使得家具更具有装饰特色。

灯具装饰是指在家具内安装灯具，既有照明作用，也有装饰效果。用灯具来装饰家具，增加家具的附加值，如在组合床的床头箱内、大衣柜和酒柜等的上方安装适当的灯具，可使家具的价格倍增。应用灯具来装饰家具时应该考虑其照明部位、遮挡形式、灯光照度和色彩进行精心的设计。

(a) 中式家具利用结构构件在家具中起到很好的装饰作用

(b) 结构、功能、装饰相结合的家具

图 1-3-23　中式家具中的结构装饰

(a) 用织物装饰的沙发和沙发椅

(b) 床盖起到很好的装饰作用

图 1-3-24　家具的织物装饰

1.4 家具设计常用材料

1.4.1 家具用材的基本原则

任何一件家具均由材料、结构、外观形式和功能四种要素组成，其中材料是构成家具的物质基础，并非任何材料都可以应用于家具生产中，家具材料的应用也有一定的选择性，材料在家具上应用的基本原则如下。

(1) 工艺性原则

材料的加工工艺性直接影响到家具的生产。在家具制造中，始终要考虑材料的工艺因素。对于木质材料，在加工过程中要考虑到其受水分的影响而产生的缩胀性、裂变性及多孔性等；塑料材料要考虑到其延展性、热塑变形等；玻璃材料要考虑到其热脆性、硬度等。

(2) 质量原则

材料的质地和肌理决定了产品的外观质量的特殊感受。木材属于天然材料，纹理自然、美观、形象逼真、手感好，且易于加工、着色，是生产家具的上等材料；塑料及其合成材料具有模拟各种天然材料质地的特点，并且有良好的着色性能，但其易于老化，易受热变形，因此生产的家具，其使用寿命和使用范围受到限制。

(3) 经济性原则

家具材料的经济性包括材料的价格、材料的加工劳动消耗、材料的利用率及材料来源的丰富性。木材虽具有天然纹理等优点，但随着需求量的增加，木材蓄积量不断减少，资源日趋匮乏，与木材材质相近的、经济美观的材料将被广泛地用于家具的生产中。

(4) 表面装饰性原则

一般情况下，表面装饰性能是指对其进行涂饰、胶贴、雕刻、着色、烫、烙等装饰的可行性。在家具制造中，材料的应用要充分发挥材料的装饰性能，才能有效地提高家具产品的附加值。

(5) 环保性原则

绿色家具产品是指以环境和环境资源保护为核心概念而设计产品的、可以拆卸并分解的产品，其零部件通过翻新处理，可以重新使用；绿色家具设计是思考在产品的整个生命周期内（设计、制造、运输、销售、使用或消费、废弃处理），着重考虑产品的环境属性（可拆卸性、可回收性、可保护性、可重复利用性等），并将其作为设计目标，在满足环境目标要求的同时，保护产品应有的功能、使用寿命、质量等。

(6) 4R 原则

利用可再生能源原则（Regrow），充分利用太阳能等可再生资源，如速生木材、竹材和其他植物纤维资源。

可节省原则（Reduce），要求用较少的原材料和能源投入来达到既定的经济目的，即在产品生产过程中产生的废料、废气、废水少，且不污染环境，生产能耗低。

再生利用原则（Reuse），在制造产品包装容器时要考虑重复使用问题，设计者应该将制品及其包装当作一种日常生活器具来设计，使其能反复使用，而不是用完后就扔。

再循环原则（Recycle），就是在家具制作中要考虑家具物品完成其使用后，可重新成为可再利用的资源而不是变成扔掉的垃圾。

1.4.2 家具常用材料

材料在家具中的应用主要包括基材和辅助材料。基材主要有：实木、木质人造板、塑料、金属、皮革和布艺等；辅助材料主要有：五金件、装饰件、贴面材料、涂饰材料和胶合材料等。

本书主要介绍几种家具常用材料，主要包括：木质材料、玻璃材料、金属材料、塑料材料、石材、软质高分子材料、胶黏剂和涂料等。下面主要从家具用材料的特点及用途方面以列表的形式来分述。

(1) 家具用木质材料

家具用木质材料如表1-4-1所示。

表1-4-1 家具用木质材料

细类	特点	用途
1. 木材	木材是环境友好型生物材料，轻质高强；有较高的弹性和韧性，耐冲击性和振动；易于加工和连接，能够做成各种形状的部件和制品；吸声性好，导热性低；在干燥条件下寿命较长。具有特有的天然花纹和质感，可以为人们提供清新、欢快、淡雅、华贵、庄严等各种气氛。在利用木材制作家具过程中要注意：木材具有各向异性；环境湿度变化会引起体积膨胀、收缩和不均匀变形；未经处理的木材容易遭到虫蛀或腐朽；易燃；天然缺陷较多等	家具的所有种类的制作。常用针叶树材有红松、冷杉、樟子松、鱼鳞云杉、马尾松、杉木等；常用阔叶树材有水曲柳、榆木、柞木、樟木、榉木、柚木、色木和楠木等。较软的阔叶树材有椴木、山杨等
2. 红木	红木是当前国内家具用材约定成俗的称呼。根据国家标准红木范围确定为5属8类。5属以树木学的属来命名，即紫檀属、黄檀属、柿属、崖豆属及铁刀木属。8类则以木材的商品名来命名，即紫檀木、花梨木、香枝木、黑酸枝木、红酸枝木、乌木、条纹乌木和鸡翅木。红木是指这5属8类中的心材。所谓心材是指树木的中心无生活细胞的部分，除此之外的其他木材制作的家具都不能称其为红木家具。结构细致、密度大、色泽花纹美观、典雅端庄	红木家具和现代中式家具
3. 藤材	藤的茎是植物中最长的，质轻而韧、极富有弹性。群生于热带丛林之中。一般长至2m左右都是笔直的。故常被用于制作藤制家具及具有民间风格的室内装饰用面材。藤条表皮乳白色，柔韧、抗拉强度大，是编织和制作家具的优良材料。藤制家具具有返璞归真的自然美	椅子、沙发、茶几、小桌

续表

细类	特点	用途
4. 竹材	质地细密、坚硬、强度高，纹理通直，色泽基本一致，色泽浅嫩，具明显针状花纹，表面有竹材特有的条状闪光。竹材可以油光、刮青、喷漆等工艺处理得到不同的效果从而可制成形式丰富的家具式样。竹材质感清凉，是一种高级家具表面装饰材料	椅子、沙发、榻、茶几等小型家具，少量为柜类家具
5. 胶合板	胶合板既保持了木质材料的固有长处，又克服了木材的各向异性和缺陷等缺点。产品的物理机械性能、耐水性能、耐气候性能、抗菌虫性能都有较大提高。胶合板常用树种有椴木、桦木、水曲柳、杨木、柳桉、荷木、槭木、榆木、泡桐、阿必东、黄波罗、柞木、核桃楸和马尾松、云南松、落叶松、云杉等	制作大衣橱、壁橱、整体橱柜、入墙式衣柜、桌、电视柜、装饰柜等各种板式家具的基材
6. 纤维板	木材加工剩余物、枝丫材、灌木枝条、芦苇、棉秆、蔗渣等都可以制造纤维板。根据纤维板的密度不同可将其分为三类：硬质纤维板，密度＞0.80g/cm³、构造致密、抗弯强度高、耐磨、硬度大；中密度纤维板，密度0.50～0.80g/cm³、表面平整光滑，侧边密实、细致，变形小、板材内部细致均匀、加工性能好；软质纤维板，密度≤0.40g/cm³、具有良好的吸声、保湿、隔热性能	制作大衣橱、壁橱、整体橱柜、入墙式衣柜、桌、电视柜、装饰柜等各种板式家具的基材
7. 刨花板	刨花板是将木材加工剩余物、小径木、枝丫材、灌木枝条、棉秆、葵花秆等原料削片、刨片、干燥、拌胶、铺装热压而成的人造板材。幅面大、密度低、强度高、尺寸稳定	制作大衣橱、壁橱、整体橱柜、入墙式衣柜、桌、电视柜、装饰柜等各种板式家具的基材
8. 细木工板	细木工板俗称大芯板，是由两片单板中间胶压拼接而成。具有幅面大、密度低、强度高、质轻、易加工、握钉力好、尺寸稳定等特点，可以配用木材专用五金配件，是室内装修和高档家具制作的理想材料	制作各种板式家具的基材
10. 薄木	装饰薄木是木材经一定的处理或加工后再经精密刨切或旋切，厚度一般小于0.8mm的表面装饰材料。按厚度分可分为普通薄木和微薄木，前者厚度在0.5～0.8mm，后者厚度小于0.8mm；按制造方法分可分为旋切薄木、半圆旋切薄木、刨切刨木；按花纹分可分为径向薄木、弦向薄木；最常见的是按结构形式分类，分为天然薄木、集成薄木和人造薄木。它的特点是具有天然的纹理或仿天然纹理，格调自然大方，可方便地剪切和拼花。装饰薄木有很好的黏结性质，可以在大多数材料上进行粘贴装饰，是家具、墙地面、门窗、人造板、广告牌等效果极佳的装饰材料。色泽花纹美观，在不影响表面装饰效果的前提下降低了成本	制作大衣橱、壁橱、整体橱柜、入墙式衣柜、桌、电视柜、装饰柜等各种板式家具的辅助材料
11. 木线条	木线条是家具制作中最后用于成形、收边的一种常用的家具辅助材料。质地细致、不劈裂、切削面光滑、装饰性强；表面光滑、棱角棱边及弧面弧线既挺直又轮廓分明；木线条可油漆成各种色彩和木纹本色，木线条也可进行对接拼接，可提高家具的附加值	木线条广泛用于家具的压边线、压角线、覆盖线、封边线、镜框线和其他装饰线条
12. 指接材	指接材是采用指榫胶合接长的非承重板方材。它可以充分利用制材及加工中产生的大量短料制造长料，还可以采用截断再接工艺去掉木材缺陷，实现劣材优用。幅面大、密度低、强度高、尺寸稳定	制作大衣橱、壁橱、整体橱柜、入墙式衣柜、桌、电视柜、装饰柜等各种板式家具的贴面

(2) 家具用玻璃材料

家具用玻璃材料如表 1-4-2 所示。

表 1-4-2 家具用玻璃材料

细 类	特 点	用 途
1. 钢化玻璃	机械强度高、晶莹透明、抗冲击力强、弹性好、热稳定性好，在受到急冷急热时不会炸裂。最高安全工作温度为 228℃，可用来制造灯具和其他受热制品	台、几、陈设架，家具台面
2. 磨砂玻璃	磨砂玻璃表面形成了许多凹凸不平的麻点，使透过的光线产生漫射，玻璃失去透明性，但仍保持一定透光性	
3. 压花玻璃	表面压花破坏了玻璃的透明性，使光线透过玻璃时产生漫射，具有透光不透视的特点。表面的压花玻璃图案还赋予它良好的装饰性能	
4. 夹层玻璃	夹层玻璃的抗冲击性能比普通平板玻璃高几倍。玻璃破碎时不飞溅，只有辐射状裂纹和少量碎玻璃屑	
5. 有机玻璃	有机玻璃(甲基丙烯酸)也称亚克力(acrylic)，材料规格、形状、色泽具多样性，加工工艺方便性。由于它具备了板状、管状、圆柱状以及块状等各种形态，容易被切割、弯曲、折叠和压铸等制作上的优良性，可根据需要裁切规格和调整色泽	

(3) 家具用金属材料

家具用金属材料如表 1-4-3 所示。

表 1-4-3 家具用金属材料

细 类	特 点	用 途
1. 无缝钢管	重量轻、强度大	用于经过电镀处理的管材生产的家具，如躺椅、沙发、茶几、床架、桌和柜等；薄板常用于制造书架、柜等家具；金属材料常与木材、玻璃、塑料、皮革等材料配合使用，在高档和公用家具中得到重用，用于制造文件柜、档案柜、各类薄钢板制家具、家用电器装饰板及门窗等
2. 焊接钢管	高频焊接薄壁管材强度高、重量轻(比厚壁管)、富有弹性、易弯曲、易连接、易装饰，用作家具支架材料	
3. 不锈钢	以铬为主要合金元素的合金钢。铬含量越高，其抗腐蚀性越好。不锈钢中的其他元素如镍(Ni)、锰(Mn)、钛(Ti)、硅(Si)等也都对不锈钢的强度、韧性和耐腐蚀性有影响。不锈钢制品使用较多的是不锈钢板材，厚度小于 2mm 的薄板使用最多。表面加工技术可以在不锈钢板表面做出蓝、灰、紫、红、青、绿、金黄、橙、茶色等多种颜色。这种彩色不锈钢板保持了不锈钢材料耐腐蚀性好、机械强度高的特点，彩色面层经久不褪，是综合性能远好于铝合金彩色装饰的新型高级装饰材料。可使家具显得华贵而富有现代感	
4. 装饰钢板	装饰钢板兼有金属板的强度、刚性和面层材料(一般为涂料、塑料、搪瓷等)优良的装饰性和耐腐性	
5. 五金配件	五金配件在家具制造中是不可缺少的组成部分。五金配件大部分是在长期荷载或反复受力状态下工作，对材料的机械强度、耐磨性能、耐疲劳性能都有较高要求。许多五金配件使用时暴露在制品表面，直接影响整体装饰效果，对材料及加工工艺的装饰性也有较高要求。常用强度高、耐磨损、易装饰的金属、工程塑料、有机玻璃等制造五金配件。为了兼顾五金配件的使用性能、装饰性能和经济性，经常采用两种或更多不同材料来制造	家具的紧固件、活动件、定位件和拉手等

(4) 家具用石材

家具用石材如表 1-4-4 所示。

表 1-4-4 家具用石材

细 类	特 点	用 途
1. 天然大理石板材	天然大理石质地致密但硬度不大，容易加工、雕琢和磨平、抛光等。大理石抛光后光洁细腻，纹理自然流畅，有很高的装饰性。大理石吸水率小、耐久性高，可以使用 40～100 年。天然大理石板材根据花色、特征、原料产地来命名	整体厨房家具、整体卫浴家具的台面
2. 天然花岗岩板材	结构致密、质地坚硬，抗压强度高，吸水率低，表面硬度大，化学稳定性好，耐久性强，耐酸碱、耐气候性好，可以在室外长期使用	整体厨房家具、整体卫浴家具和室外家具的台面
3. 人造大理石	具有优良的物、化性能，强度高，厚度薄，耐酸碱、耐腐蚀、美观大方、施工方便	

(5) 家具用塑料与橡胶

家具用塑料与橡胶如表 1-4-5 所示。

表 1-4-5　家具用塑料与橡胶

细　类	特　　点	用　途
1. 聚氯乙烯塑料	机械强度较高、电性能优良、耐酸碱、化学稳定性好；其缺点是热软化点低	塑料模压家具，塑料膜充气、充水形成的悬浮家具等。软质聚氯乙烯材料用于装饰膜及封边材料；硬质聚氯乙烯材料用于各种板材、管材、异型材
2. ABS 树脂	具有"坚韧、刚性、质硬"的综合性能，同时耐热性好，尺寸稳定不易变形，耐化学药品，易成型加工。ABS 塑料呈浅象牙色，可以染成各种颜色，鲜艳美观	
3. 聚甲基丙烯酸甲酯	具有极好的透光性，可以透过 92% 的太阳光和 73.5% 紫外线。它的机械强度较高；有一定的耐热性、耐寒性和耐气候性；耐腐蚀和电绝缘性能良好；在一般条件下尺寸稳定性好；成型容易；缺点是脆弱、易溶于有机溶剂、表面硬度不够容易擦毛	用于家具拉手等
4. 聚氨酯泡沫塑料	质轻、无毒、压缩恢复好、保温隔热、透气性好	硬质聚氨酯泡沫常用作制造模压家具，软质聚氨酯泡沫常用作家具座垫靠背等
5. 橡胶	具有极为优越的弹性，还有良好的扯断强度、定伸强度、撕裂强度和耐疲劳强度，不透气、不透水、耐酸碱和高绝缘性等	常用作弹性家具和座垫靠背等缓冲材料

(6) 家具用软质高分子材料

家具用软质高分子材料如表 1-4-6 所示。

表 1-4-6　家具用软质高分子材料

细　类	特　　点	用　途
1. 布艺	精细柔软、透气、色彩丰富	沙发、坐椅、坐垫、床垫、床榻等软家具的覆面
2. 皮革	常用皮革有牛皮、羊皮、猪皮等。牛皮坚固、耐磨、厚重。配上皮绗条、泡钉和黄铜饰件，显示出华贵、稳重的风格，多用于较严肃的高级客房和大型办公室；羊皮则以柔软、轻盈、素雅见长，表面饰以烫花、压纹、绗缝纤细图案、染各种浅色装饰，用于比较华丽、轻松的场合；猪皮表面粗糙多孔，质地厚重，经表面磨光处理后，可以部分代替牛羊皮的用途。猪皮价格低廉、资源充足	
3. 聚氨酯人造革	具有弹性好，表面丰满，对基材缺陷掩盖力强，耐冲击等特点	

(7) 家具用涂料与胶黏剂

家具用涂料与胶黏剂如表 1-4-7 所示。

表 1-4-7　家具用涂料与胶黏剂

细　类	特　　点	用　途
1. 聚醋酸乙烯酯乳液胶黏剂	在聚醋酸乙烯酯乳液中加入增塑剂、填料或增稠剂等助剂就制成了各种乳白胶。乳白胶对纤维类材料和多孔性材料粘接良好，耐水性和耐热性较差，不宜在室外使用，可用于木质家具、门窗、贴面材料等的粘接	用于家具构件之间的胶接
2. 环氧树脂胶黏剂	是一类胶合强度很高，综合抗耐性很好的胶黏剂。这种胶黏剂对大部分金属、非金属材料都有较强的粘接强度，常被称做"万能胶"。环氧树脂用于粘接金属材料，也可用于粘接陶瓷、玻璃、硬塑料、木材、混凝土和石材等	
3. 三聚氰胺甲醛树脂胶黏剂	三聚氰胺甲醛树脂胶黏剂由三聚氰胺和甲醛缩聚而成，外观呈无色透明黏稠液体。这种胶的耐水性、耐热性及耐老化性均优于脲醛树脂胶，胶层无色透明，价格较贵	主要用于塑料贴面板（三聚氰胺甲醛树脂纸质压板）及人造板直接贴面等
4. 氯丁橡胶类胶黏剂	具有优良的自黏力和综合抗耐性能，胶层弹性好，涂覆方便等优点	用于家具构件之间的柔性粘接和压敏粘接
5. 聚酯涂料	外观丰满厚实，有很好的光泽与透明度，漆膜硬度高，耐磨性好，保光保色性好，有较高的耐热、耐寒、耐温度变化性，也有很好的耐水、耐溶剂和耐各种化学药品性能	用于家具表面的油漆

2 民用家具设计

2.1 民用家具概述

2.1.1 民用家具概念

民用家具一般指供家庭成员使用的包括客厅、卧室、书房、餐厅、厨房、卫生间家具在内的家具类型，是人类日常基本生活离不开的家具，也是类型最多、品种复杂、式样丰富的基本家具类型。按家具使用成员划分，民用家具有可以分为夫妇家具、老年人家具、青少年家具、儿童家具等；按室内功能划分，民用家具可以划分为玄关家具、客厅家具、卧室家具、书房家具、厨房家具和卫生间家具等。由于地区不同、民族不同民用家具的风格也不同，造型、色彩也各有特色。本节主要探讨客厅、玄关、书房和卧室家具，餐厅和厨房及卫生间家具将在厨卫家具设计章节中作具体探讨，老年人家具在老年人、残疾人家具章节中作具体探讨。

2.1.2 民用家具演变

民用家具的发展演变与人类社会的发展息息相关。人类社会早期的家具造型简单，注重功能的实用性，随着社会经济的发展，家具类型逐渐多样，造型丰富。在农业社会，家具表现为手工制作，家具风格主要是古典式的，或精雕细琢，或简洁质朴；在工业社会，家具的生产方式为工业批量生产，产品的风格表现为现代式，造型简洁平直，几乎没有特别的装饰，追求一种机械美、技术美；在当今信息时代，家具设计注重文脉和文化语义，风格呈现多元的发展趋势，反映了当代人的生活方式以及当代的技术、材料和经济特点，家具与室内陈设表现出强烈的个人色彩，民用家具的设计已从单一走向多样，呈现出多元的发展特点。

2.1.3 民用家具发展趋势

家具设计注重以人为本，家具用材讲求绿色、环保，以降低室内空气的污染，保障健康的室内环境；工业经济时代的家庭书房、起居室越来越多地变为家庭工作室，SOHO 家具成为新的家具种类；随着智能化建筑、数字化技术的日益普及，民用家具向智能化与数字化方向发展，如家庭浴室的设计将形式及功能与最新的科技结合，设计开发款式造型多样的智能与标准化的卫浴家具，除了一体成型、标准部件化生产的卫浴设施外，还兼有治疗、蒸汽清洁、引流按摩及美容肌肤的作用。

2.1.4 民用家具特点

(1) 使用的普遍性

家庭日常生活中家庭成员的基本活动与相关的家具如表2-1-2所示，充分显示了民用家具使用的普遍性。

(2) 使用的地域性

不同的地域地貌，不同的气候条件，必然产生人的性格差异，形成不同的家具审美观，在家具的选择与使用上体现出明显的地域性特点，突出体现在家具的造型、色彩方面。

(3) 设计的时代性

不同历史时期的民用家具具有不同的时代特征，是特定社会的生产活动、生活方式的具体体现。

(4) 设计的民族性

由于不同民族的传统文化与生活习俗各不相同，对于家具的需求以及审美观念的差异，导致民用家具在造型、色彩以及用材上都具有鲜明的民族特征。

2.1.5 民用家具设计要素

2.1.5.1 功能要素

现代民用家具不仅是一种简单的物质功能产品，同时还是一种广为普及的大众艺术，它既满足民用家具的某些特定功能，又要满足人们观赏，使人们在使用过程中产生某种审美快感和审美需求。因此，一方面应该根据人体工程学的原理进行民用家具设计，考虑不同性别、不同群体的人对家具的需求，考虑家具用材、结构、工艺与家具功能的关系；另一方面应该根据人们的审美习惯进行民用家具设计，设计时应考虑家具使用地的地区风俗习惯、气候特征、民族特点等，还应该考虑有不同的家具造型、色彩和不同的家具风格以满足人们的审美需求。

2.1.5.2 形式要素

(1) 形态要素

民用家具设计的形式要素包括形态要素、肌理质感和色彩要素等。

家具形态要素包括“点、线、面”三方面，其中的“点”是指家具上的局部装饰小五金件、柜门或抽屉的拉手、锁孔、沙发软垫上的装饰包扣、泡钉等，在家具造型中的效果往往具有画龙点睛的作用，是家具造型中不可多得的具有较好装饰效果的功能附件；家具形态要素中的“线”是指家具表面线型的零件，如木方、钢管等，板件的边线，门与门、抽屉与抽屉之间的缝隙，门或屉面的装饰线脚，板件的厚度封边条；家具形态要素中“面”是指家具的板面或其他实体以面的形式出现，或是条块零件排列构成面，或是由线型零件包围构成面。

(2) 质感与肌理

在民用家具设计中，应根据设计总体的要求，将不同质地的材料配合使用，或采用不同的加工方法形成不同的质地，在造型中获得不同的质感以产生对比的效果，丰富家具的造型。如木材表面可以通过涂饰处理获得高光、亚光、消光等不同的质地和视觉效果，或是使木材木纹纹理显现，具有立体感和真实自然感；民用家具设计通过不同材料的搭配来实现肌理的变化，或是通过不同的工业处理来获得不同的效果。如可以利用结构用皮革、金属、玻璃等不同材料来合理搭配，得到不同的肌理，丰富视觉效果。

(3) 色彩要素

确定民用家具的色彩时，要考虑到以下因素：①家具的功能要求，如卧室家具应以淡雅的色调为主，以产生沉静安宁的感觉，而餐厅家具则以橙色等暖色调为主，以增进食欲；②考虑到不同地区不同民族的传统习惯，不同地域、传统的民族，对色彩的喜好各不相同，在设计时要选择好定向销售的地区或国家所喜爱的家具色彩；③要考虑到社会流行色的影响。

2.1.5.3 技术要素

民用家具设计的技术要素包括材料、工艺、设备与工艺装置、结构。

(1) 材料

不同的材料有不同的工艺并且产生不同的形态特征和装饰效果，不同的材料还有不同的加工工艺和生产设备。在进行民用家具设计构思家具形态时，必须同时选择家具材料、种类和相应的装饰形式，同时也就确定了家具的档次和市场定位。

(2) 工艺

选择材料后，选用适合于材料性质的加工工艺路线和先进的科学加工方法也是设计成败的决定技术因素之一。

(3) 设备与工艺装置

不同的材料和工艺需要相应的机械设备进行加工，在加工过程中还要应用到不同的刀具、夹具、模具等，因此民用家具设计要同时考虑到专用的机械设备与相应的工艺装备，尤其是设计具有曲线异形零部件时。

(4) 结构

家具设计所选定的材料还必须通过一定的结构而实现预计的效果，不同的材料有不同的接合形式与结构，同样的材料也可以采用不同的结构而实现。除了实现接合的功能，结构因素有时还具有装饰功能，如拉手、玻璃门铰、脚轮等，不仅具有相应的功能，还有很强的装饰作用。

2.1.5.4 经济要素

民用家具产品的开发和设计的目的是以新产品占领市场，并获取利润，因此能否获取利润以及利润的高低是评估新产品开发项目的重要因素之一。作为批量生产的民用家具产品设计，必须要考虑到经济因素，其中最直接的要素是家具的产品成本，其次是价格和利润。

(1) 成本

成本包括原辅材料、机具工装、销售费用。原辅材料包括木材、人造板、覆面与封边材料、涂料与胶料、五金件等；机具工装，设计时应尽可能地利用现有的机床设备、工具、刀具和夹具，充分发挥现有资源的能力；销售费用，在销售过程中所发生的各项费用，如包装费、运输费、广告费、售后服务费等。

(2) 价格

针对具体的消费人群，确定家具的定位和档次，从而指定出合适的价格，同时结合时尚和流行规律，通过设计使家具产品在使用功能、艺术价值以及表现形式上有新的突破，从而提高产品的科技附加值或艺术附加值，提高家具产品的价值来提高价格，获取更高的利润。

(3) 企业盈利

企业的一切活动都是为了盈利，只有盈利，企业本身也才有条件不断发展壮大。企业能否盈利，也是评价设计成败的重要因素。

2.1.6 民用家具设计方法和程序

现代的民用设计一般包括开发设计和定制设计，它们的设计程序和方法分述如下。

(1) 家具开发设计的方法和程序

① 设计准备阶段：设计调查——资料整理与分析——市场预测——产品决策。

② 设计构思阶段：构思（草图）——评价——构思（草图）。

③ 设计评估和定型阶段：初步设计——设计评估——设计模型。

④ 设计完成阶段：完成全部设计文件的阶段，包括编制施工图、零部件明细表、外加工件与五金配件明细表、材料计算与成本汇总、经济效益分析、包装设计及零部件包装清单、产品装配说明书、开料图、产品设计说明书。

⑤ 设计后续阶段：生产准备——试产试销——信息反馈

(2) 定制家具设计的方法和程序

① 设计准备阶段：业主沟通——现场调查——资料整理与分析——业主沟通——产品风格定位。

② 设计构思阶段：构思（草图）——业主沟通、评价——构思（草图）。

③ 设计评估和定型阶段：初步设计——设计评估——设计模型。

④ 设计完成阶段：完成全部设计文件的阶段，包括编制施工图、零部件明细表、外加工件与五金配件明细表、材料计算与成本汇总。

⑤ 设计后续阶段：生产准备——生产——上门安装——信息反馈。

2.1.7 民用家具设计必须遵循的原则

① 家具的使用性和便利性原则：根据具体的用途进行设计，依据家具使用的特定场所，进行特定产品种类的设计，如客厅家具、卧室家具、餐厅家具等。民用家具必须考虑其使用的方便，如抽屉便于抽拉、收藏的橱柜便于收藏等。

② 民用家具的美观、舒适原则：民用家具设计要考虑造型美观、使用方便舒适，特别是当今物质生活相对较为丰富，民用家具的可欣赏性是家具设计所必须要考虑的。

③ 针对不同的地域特点，因地制宜，采取适合的家具造型、材料和工艺。如我国南北方的民用家具在造型、色彩等方面都存在较大差异。

④ 针对特定的使用人群，采取适合的功能尺寸。如儿童家具、青年夫妇家具、老年人家具等。

⑤ 针对不同阶层，不同收入群体，采取适合不同消费群体的设计手法，营造出不同档次的、不同品类的家具产品供市场需求。

2.1.8 民用家具分类

(1) 按基本功能分类（见表 2-1-1）

表 2-1-1 按家具基本功能分类

类 别	用途或特点	品 类	图 例
人体家具	坐、躺、卧	椅凳、沙发、床榻	 图 2-1-1 沙发和实木床
准人体家具	倚凭、伏案工作以及具有陈放或储存物品功能	台、桌	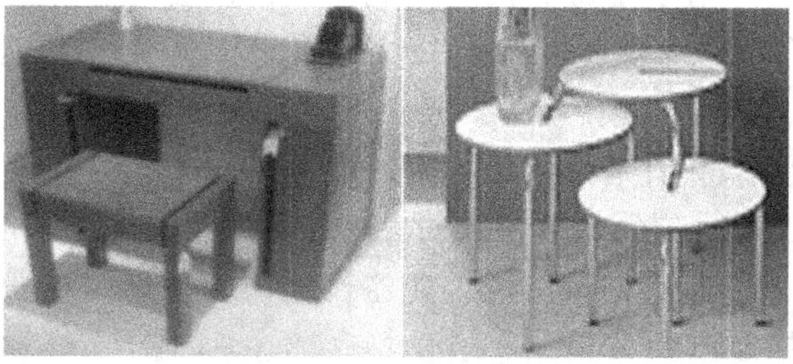 图 2-1-2 办公桌和茶几
储藏类家具	储存衣物、被服、书刊、食品、器皿、用具等物品	箱、柜	 图 2-1-3 壁式书柜和入墙式衣柜
装饰类家具	陈放装饰品、陈列品开敞式的柜类或架类	装饰柜、博古架、隔断架、屏风	 图 2-1-4 装饰屏风和装饰花几

(2) 按室内空间功能分类（见表 2-1-2）

表 2-1-2 家具按室内空间功能分类

类别	用途或特点	品类	图例
门厅与玄关家具	景观、储存、收纳	花台桌几、屏风隔断、鞋柜、衣帽架、伞架	 图 2-1-5 玄关鞋柜和玄关花几
客厅与起居室家具	团聚、会客、社交休闲、娱乐	沙发、茶几、电视柜、陈列柜、花台花架、棋牌桌、屏风隔断架、碟片架	 图 2-1-6 由沙发茶几围合而成的起居室
卧室家具	睡眠、梳妆、储存衣物和被子等	双人床、床头柜、梳妆台、梳妆凳、大衣柜、储藏柜、电视柜、躺椅、沙发	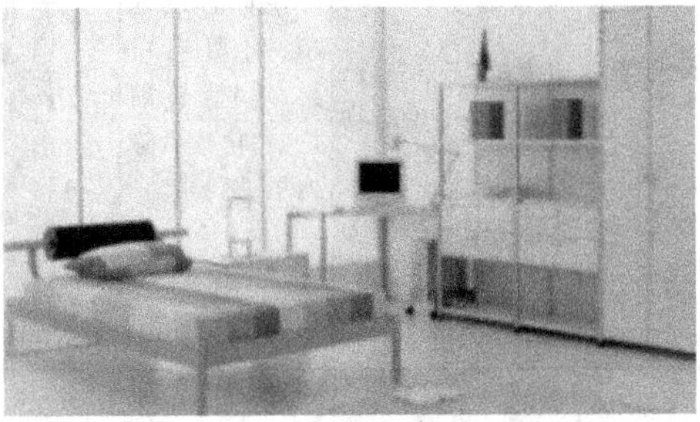 图 2-1-7 卧室的床和衣柜
书房与工作室家具	看书、工作、娱乐	写字台、电脑工作台、工作椅、书架、书柜	 图 2-1-8 书桌、工作椅和书柜等的书房家具

续表

类　别	用途或特点	品　类	图　例
餐厅家具	进餐、收纳食用器物	餐桌、餐椅、酒柜、餐具柜	 图 2-1-9　餐桌和餐椅 　图 2-1-10　餐厅家具
厨房家具	家庭烹饪膳食、收纳食用器物	吊柜、地柜、储藏柜、工作台、餐具架、调味品架、食品架、工具架	 图 2-1-11　厨房家具
卫生间与浴室家具	卫生中心、洗浴、化妆、收纳卫生器物	洗面台及地柜、衣帽毛巾架、墙镜、镜前灯架、化妆品陈列柜、搁物架	 图 2-1-12　卫生间家具

(3) 按移动方式分类（见表 2-1-3）

表 2-1-3　按家具移动方式分类

类　别	用途或特点	品　类	图　例
固定型	储藏、收纳等，这类家具一般是和墙体、地面或顶棚连在一起	大衣橱、壁橱、整体橱柜、入墙式书柜	 图 2-1-13　入墙式书柜 　图 2-1-14　整体厨房家具

续表

类 别	用途或特点	品 类	图 例
移动型	坐、凭倚、休闲娱乐	活动椅、桌、小型休闲家具、旅游家具	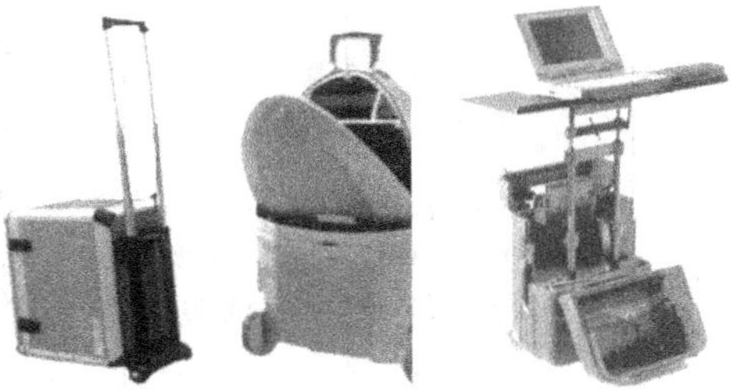 图 2-1-15 旅游箱家具
滚动型	休闲娱乐、进餐	转椅、沙发	 图 2-1-16 工作椅和办公桌下的小柜为滚动式家具
悬挂型	装饰、收纳	小型搁板架或小吊柜	 图 2-1-17 某书房的吊柜为悬挂式家具

(4) 按结构分类（见表 2-1-4）

表 2-1-4 按家具结构分类

类 别	用途或特点	品 类	图 例
框式家具	实木为主榫接合不可拆	多为传统家具各种品类	 图 2-1-18 书柜和储物柜

续表

类 别	用途或特点	品 类	图 例
板式家具	现代人造板材专用的金属连接件或圆棒榫接合可拆或不可拆	多为现代家具各种品类	 图 2-1-19 板式结构的柜
拆装家具	连接件或插接结构反复拆装，具有工艺简单、易实现家具部件标准化与系列化、方便包装运输等	椅、凳、沙发	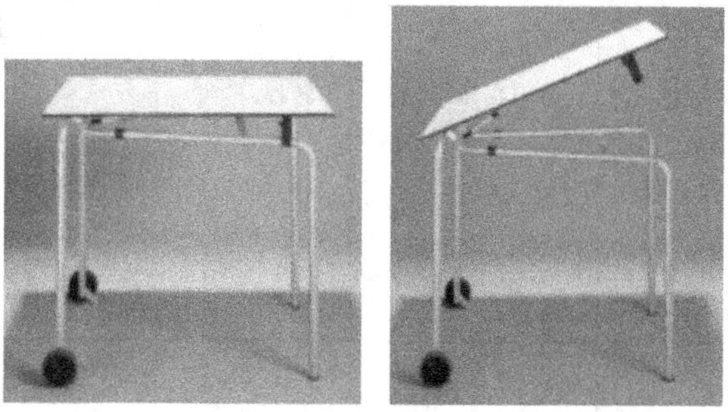 图 2-1-20 可拆装的桌子
折叠家具	家具的主要部件有许多折动点，这些折动件都相互牵连而起连接作用，可以在垂直方向层层叠放，占地面积少	叠椅、叠桌	 图 2-1-21 可折叠的椅子
壳体家具	具有结构单一、重量轻、强度高的特点，富于时代感	坐具、台桌	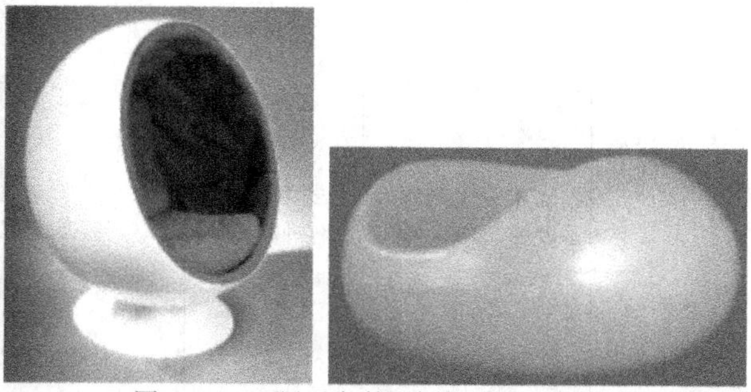 图 2-1-22 阿尼奥的“球椅”和“肥皂椅”

续表

类别	用途或特点	品类	图例
悬浮家具	指以高强度的塑料薄膜制成内囊，在囊内充入水或空气而形成的人体家具，主要有沙发和床。充水的为水垫床，可以实现床垫温度自动调节。悬浮家具的柔软度可以调节	水垫床、充气床、充气沙发等	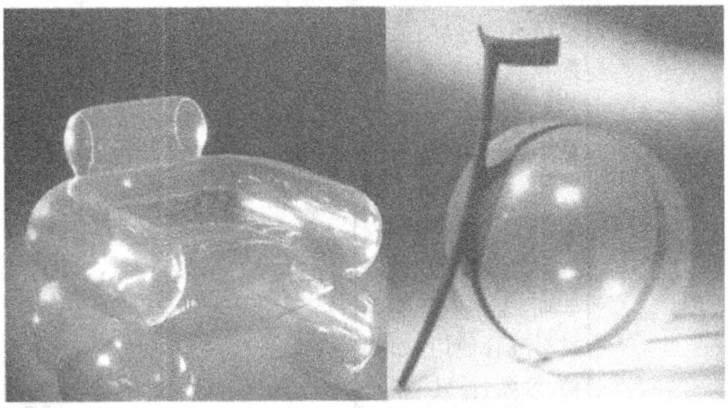 图 2-1-23 悬浮沙发和椅

(5) 按家具材质分类（见表 2-1-5）

表 2-1-5 按家具材质分类

类别	用途或特点	品类	图例
木家具	木家具是指由木材或木质材料为基材生产的家具。尽管现代家具材料随着科学技术的进步而日益增多，但是木材及木质材料仍是生产民用家具的主要材料，木家具仍然是家具世界中的主导家具	家具的所有种类	 图 2-1-24 由实木或人造板构成的家具
藤家具	以藤为主要原料的家具。与竹家具一样，藤家具也多数为几类，藤家具具有返璞归真的自然美	椅子、沙发、茶几、小桌	 图 2-1-25 藤编柜和藤椅
玻璃家具	以较厚的玻璃为基材，通过多向金属接头连接而成的家具，在玻璃家具中玻璃既是围合件，又是承重件。由于玻璃晶莹透明，常用于制造陈设物品的家具	台、几、陈设架	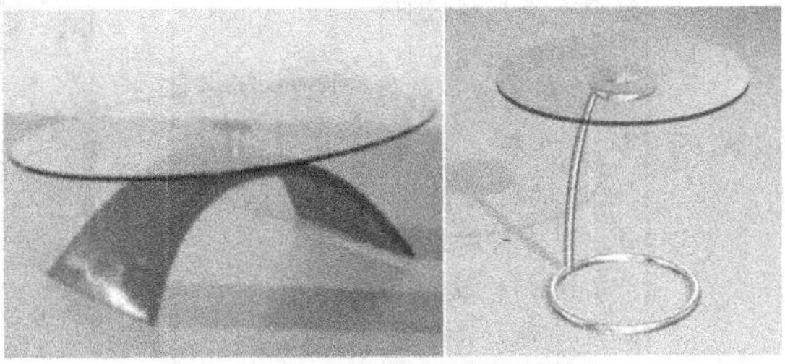 图 2-1-26 玻璃椭圆和圆茶几

续表

类别	用途或特点	品类	图例
金属家具	以金属管材、线材或板材为基材生产的家具。管材、线材常用于制造椅、凳等家具；薄板常用于制造书架、柜等家具。金属家具常与木材、玻璃、塑料、皮革等材料配合使用，如躺椅、沙发、茶几、床架等，显得华贵而富有现代感	椅子、凳、沙发、几、床、桌和柜等	 图 2-1-27 金属材料制成的椅子
塑料家具	以塑料为主要原料制成的家具。塑料种类繁多、生产工艺多样，包括挤压成型的家具和模压成型的家具	塑料膜充气、充水形成的悬浮家具	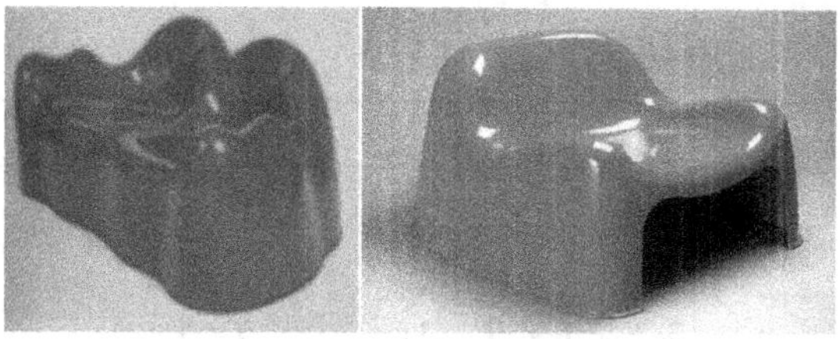 图 2-1-28 塑料模压成型的椅子
石材家具	以天然石材或人造石用于桌、台案、几的面板，以发挥石材坚硬、耐磨和其天然颜色、花纹的独特装饰作用；人造大理石、人造花岗岩则广泛用于整体厨房家具、整体卫浴家具和室外家具	整体厨房家具、整体卫浴家具和室外家具	 图 2-1-29 洗脸盆的台面为人造石材
竹家具	竹家具是以竹材为主要原料的家具。适合在炎热地区夏天使用的民用家具中，多数为椅子、沙发、茶几等小型家具，少量为柜类家具。用竹材制造柜类家具时，一般是先将竹材加工成竹篾片材或竹胶合板	椅子、沙发、榻、茶几等小型家具，少量为柜类家具	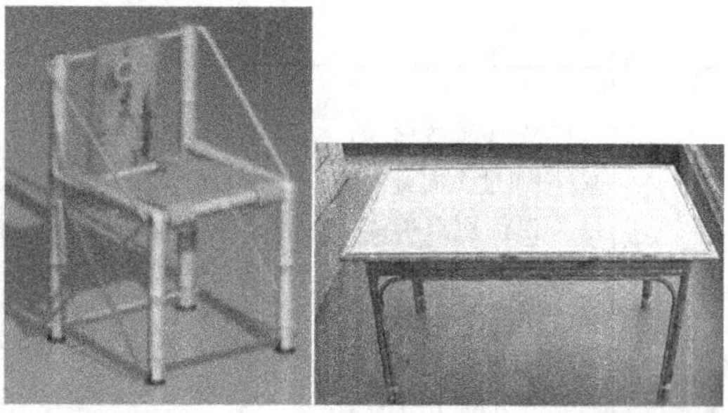 图 2-1-30 拉布竹椅和竹桌

续表

类别	用途或特点	品类	图例
布艺和皮革家具	家具以固定的木框架或可调节活动的金属结构为框架，填充材料从原来的天然纤维如山棕、棉花、麻布转向一次成型的发泡橡胶或乳胶海绵，外饰布料、真皮或皮革材料	沙发、坐椅、坐垫、床垫、床榻	 图 2-1-31 布艺沙发 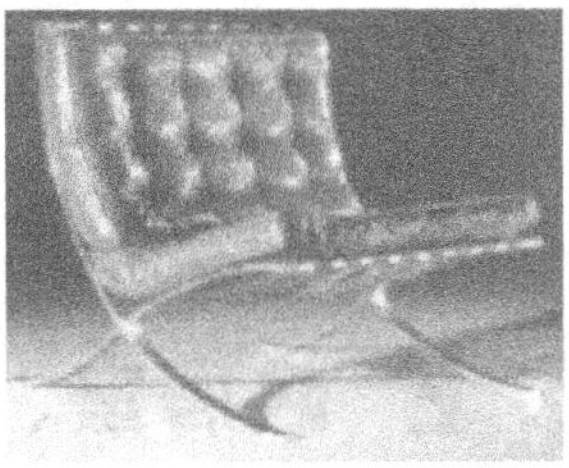　图 2-1-32 巴塞罗纳椅

2.2 起居室、客厅家具设计

2.2.1 概述

起居室、客厅家具主要有沙发、茶几、电视柜、装饰柜等。起居室、客厅家具设计要考虑。

① 家具应与起居室、客厅室内相协调，并考虑当地的生活习惯。

② 家具设计要考虑到多种人的使用需要，符合人体工程学。

③ 家具品种以软体沙发类与柜类家具为主。沙发的设计要进行微细考虑，角度大小要根据使用要求、空间大小来确定。

④ 设计时所采用的家具表面材料，可采用木材、塑料、钢、织物、真皮（皮革）等多种材料。

2.2.2 起居室、客厅家具尺寸

(1) 起居室、客厅几种经典布置（见图 2-2-1）

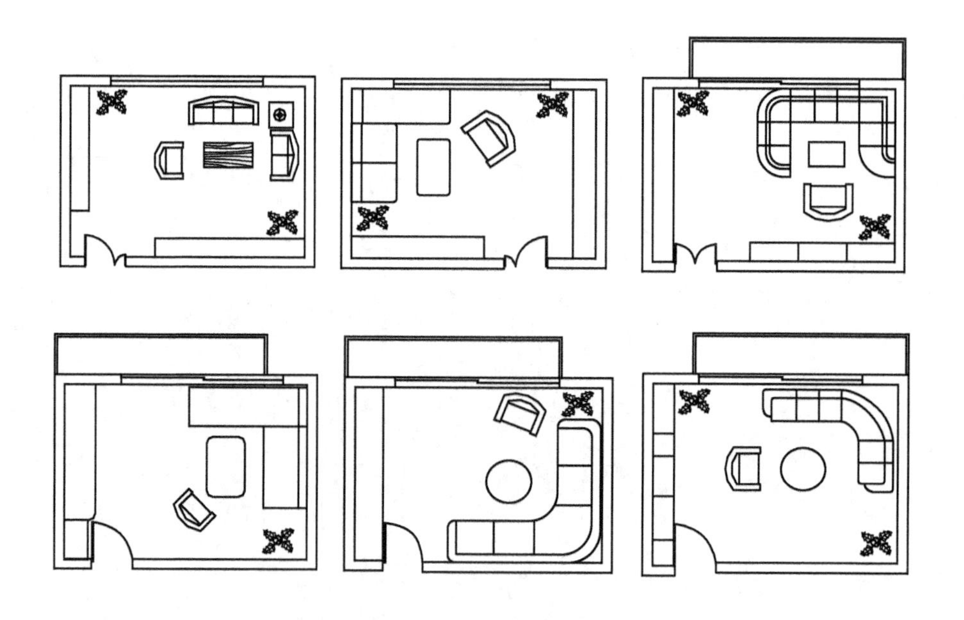

图 2-2-1 起居室、客厅的几种平面布置

(2) 起居室、客厅沙发间尺寸及尺寸关系（见图 2-2-2～图 2-2-4）

图 2-2-2 起居室、客厅沙发尺寸和人尺寸关系

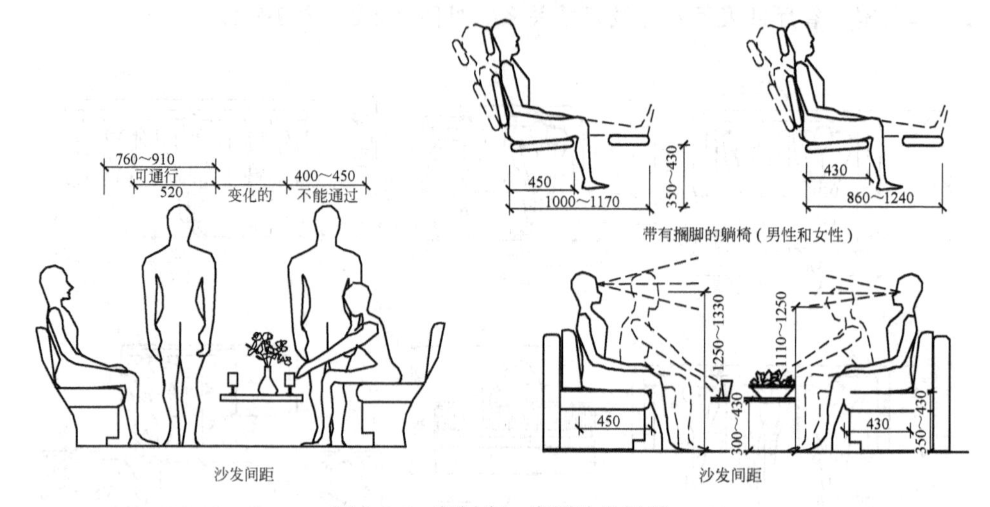

图 2-2-3　起居室、客厅沙发间距

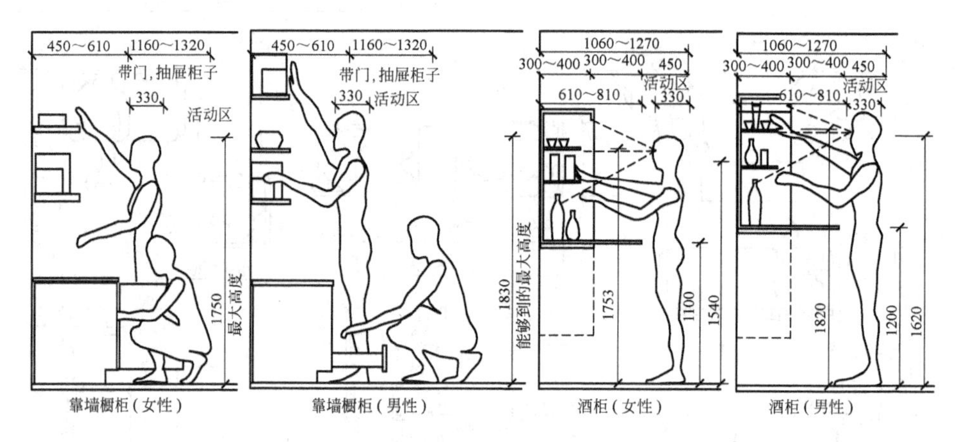

图 2-2-4　起居室、客厅柜尺寸和人尺寸关系

(3) 起居室、客厅常用物体尺寸（见图 2-2-5～图 2-2-7）

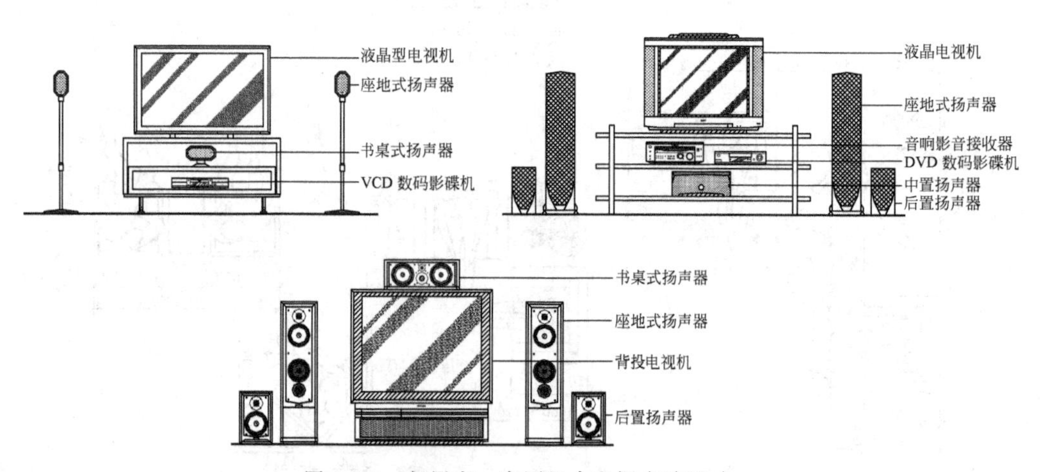

图 2-2-5　起居室、客厅组合电视音响尺寸

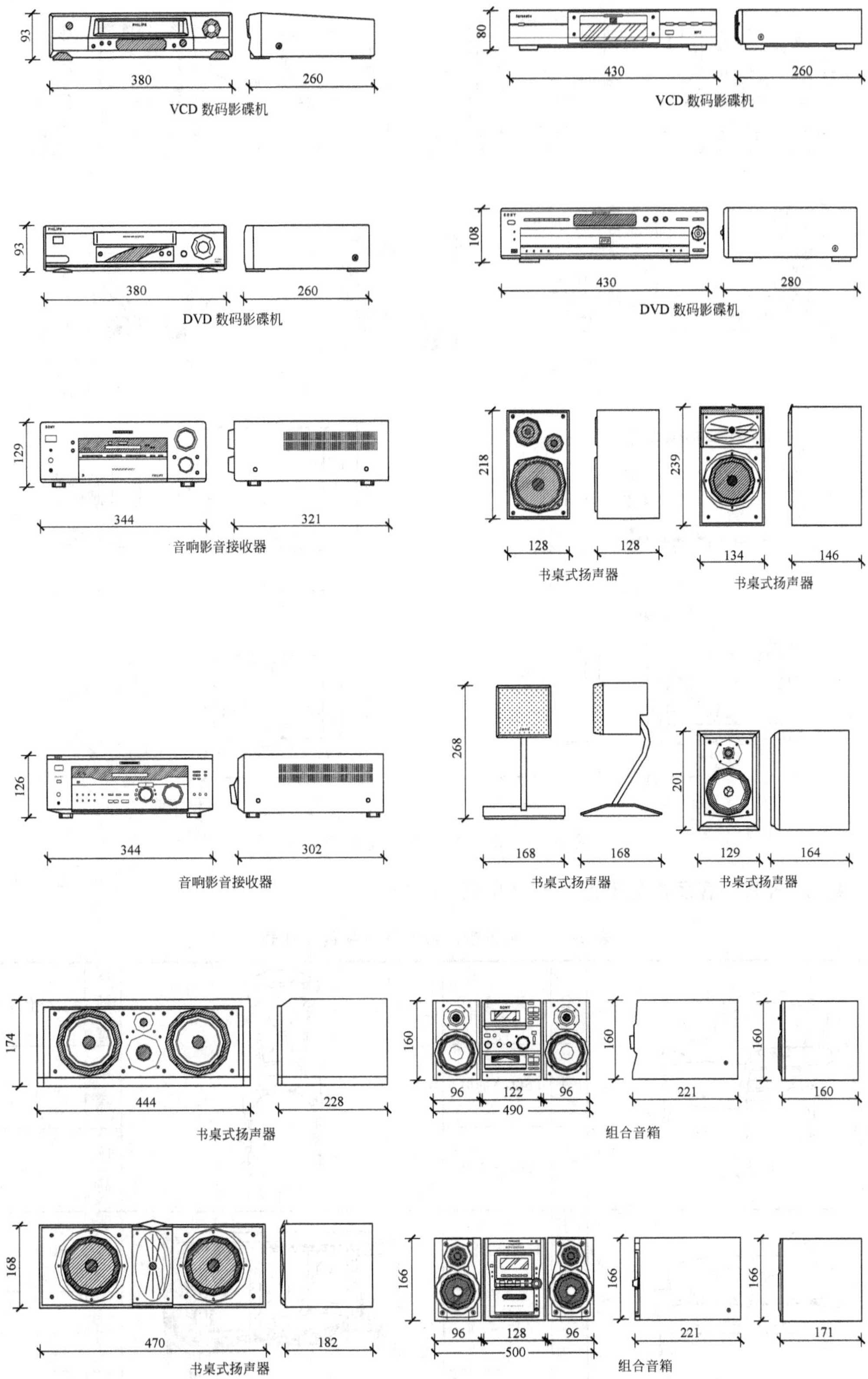

93
380 260
VCD 数码影碟机

80
430 260
VCD 数码影碟机

93
380 260
DVD 数码影碟机

108
430 280
DVD 数码影碟机

129
344 321
音响影音接收器

218
128 128
书桌式扬声器

239
134 146
书桌式扬声器

126
344 302
音响影音接收器

268
168 168
书桌式扬声器

201
129 164
书桌式扬声器

174
444 228
书桌式扬声器

160 160 160
96 122 96 490 221 160
组合音箱

168
470 182
书桌式扬声器

166 166 166
96 128 96 500 221 171
组合音箱

图 2-2-6 起居室、客厅小型电器尺寸

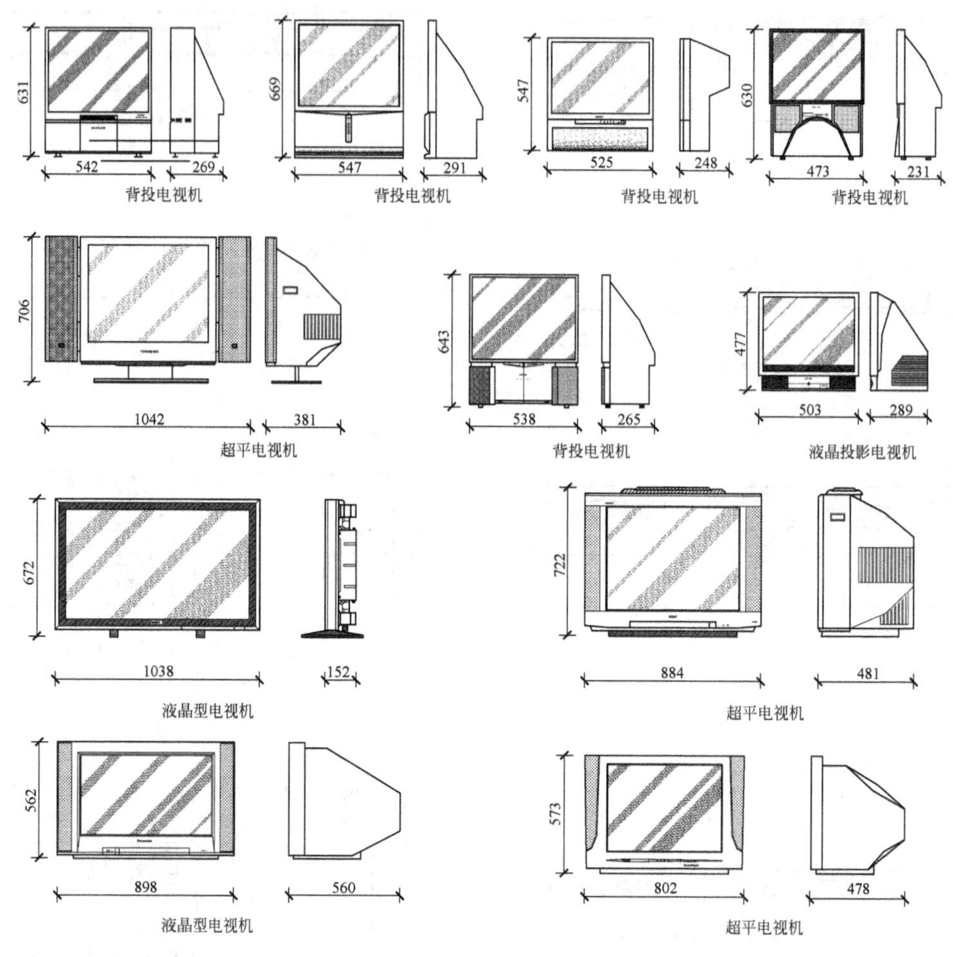

图 2-2-7　起居室、客厅电视机尺寸

(4) 起居室、客厅常见家具尺寸（见表 2-2-1）

表 2-2-1　起居室、客厅常见家具尺寸表

家具	项目	尺寸	家具	项目	尺寸
单人沙发	宽	860～1010	靠背椅	座前宽	大于 380
	深	600～700		座深	320～420
	高	800～900		座高	400～440
双人沙发	宽	1500～1800	电视柜	宽	800～2000
	深	600～700		深	500～650
	高	800～890		高	400～550

续表

三人沙发	宽	2130～2440	沙发茶几	长	600～1200
	深	600～700		宽	380～520
	高	800～890		高	520
扶手椅	宽	400～440	装饰柜	宽	800～1500
	座宽	大于 460		深	350～420
	座高	400～440		高	1500～1800

(5) 起居室、客厅家具设计图例（见图 2-2-8～图 2-2-29）

图 2-2-8 带有中国传统风格的客厅家具（1）

图 2-2-9 带有中国传统风格的客厅家具（2）

图 2-2-10 起居室、客厅实木家具

图 2-2-11 轻巧高雅的起居室、客厅家具

图 2-2-12 温馨的起居室、客厅家具

图 2-2-13　豪华的起居室、客厅沙发

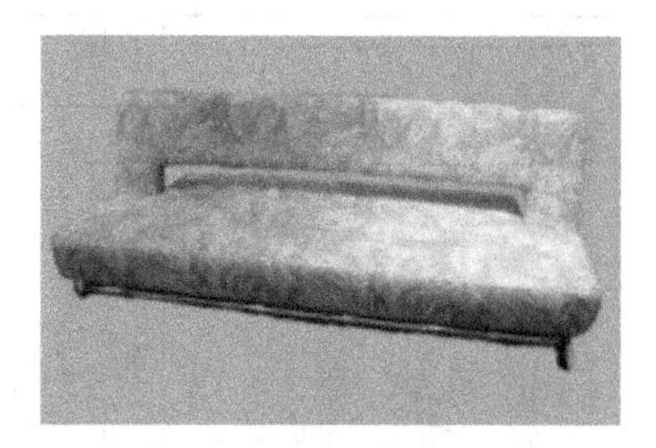

图 2-2-14　布艺起居室、客厅长沙发

图 2-2-15　多功能的起居室、客厅家具（1）

图 2-2-16　多功能的起居室、客厅家具（2）

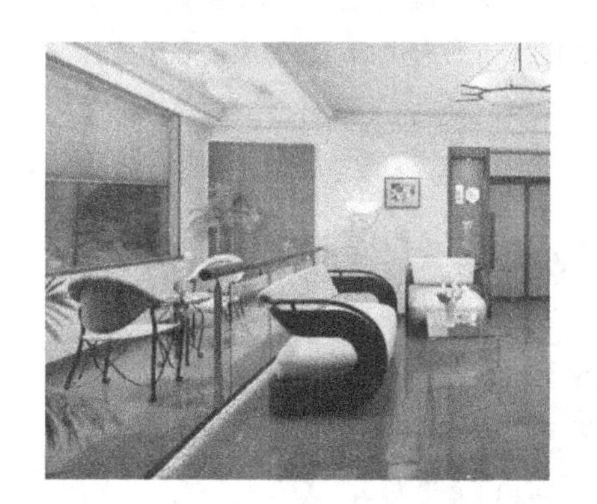

图 2-2-17　多功能的起居室、客厅家具（3）

图 2-2-18　大空间的起居室、客厅家具

图 2-2-19　藤制的起居室、客厅家具（1）

图 2-2-20　藤制的起居室、客厅家具（2）

图 2-2-21 现代时尚的起居室、客厅布艺组合沙发（1）

图 2-2-22 现代时尚的起居室、客厅布艺组合沙发（2）

图 2-2-23 起居室、客厅真皮单人、双人沙发

图 2-2-24 清新自然的起居室、客厅实木沙发

(a) 现代时尚的客厅围合式沙发

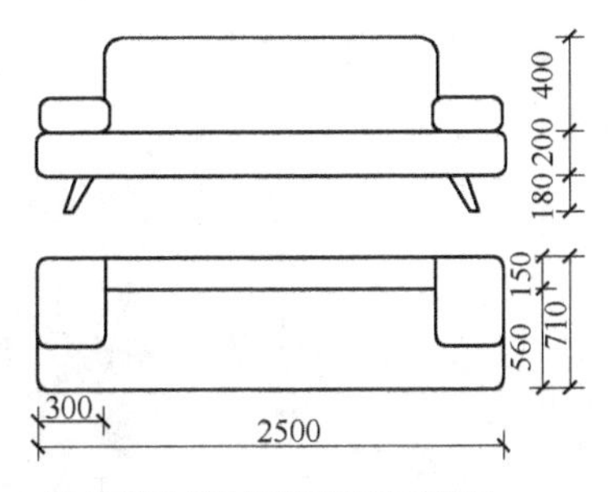

(b) 现代时尚的客厅长沙发三视图

图 2-2-25 现代时尚客厅沙发

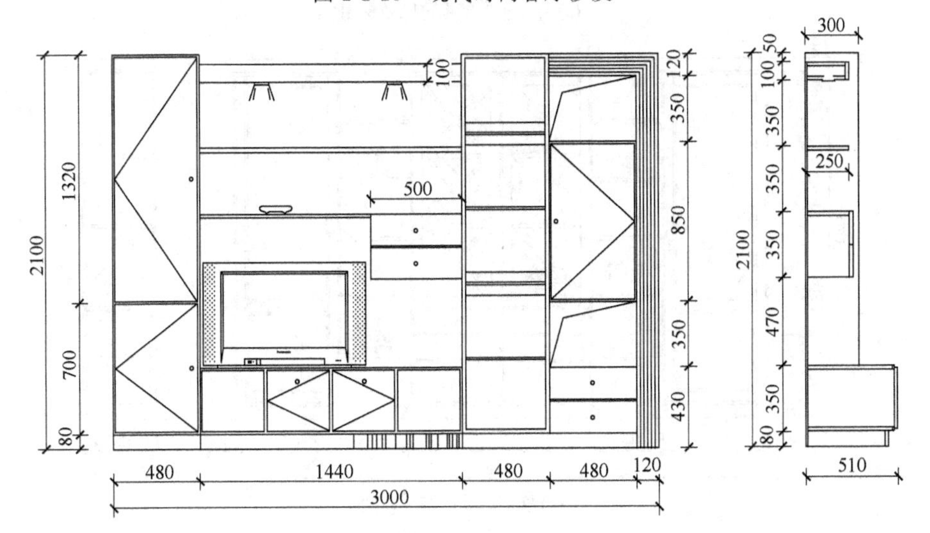

图 2-2-26 客厅多功能柜三视图（1）

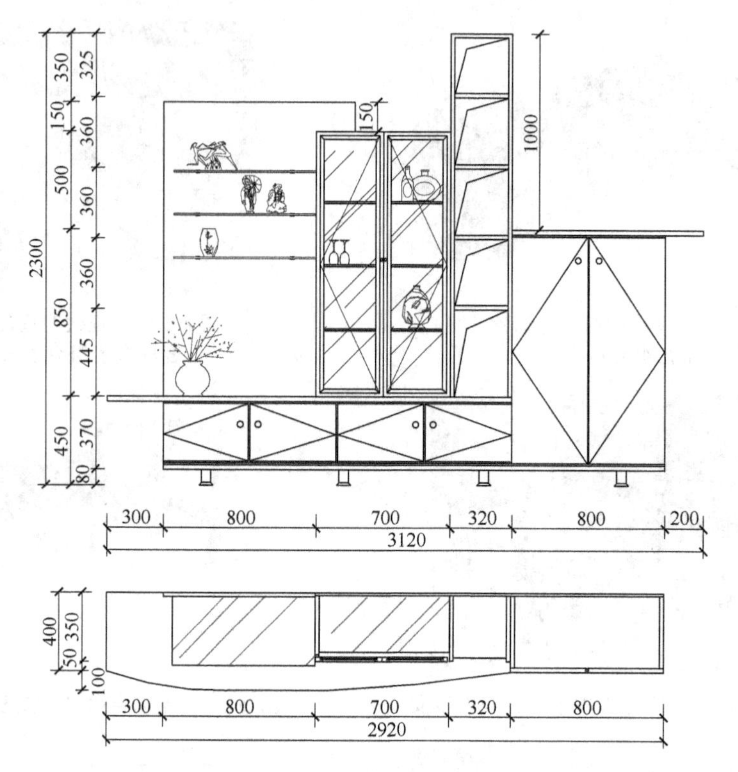

图 2-2-27　客厅多功能柜三视图（2）

(a) 客厅多功能柜电脑效果图

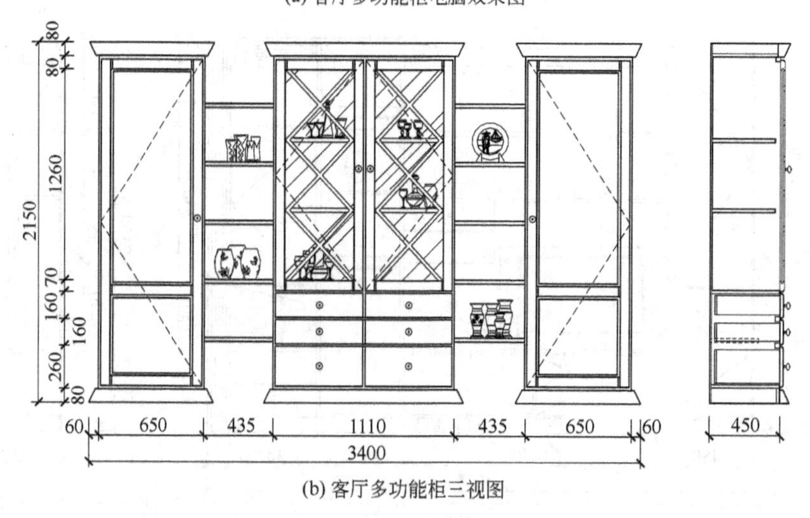

(b) 客厅多功能柜三视图

图 2-2-28　客厅多功能柜（1）

(a) 客厅多功能柜电脑效果图

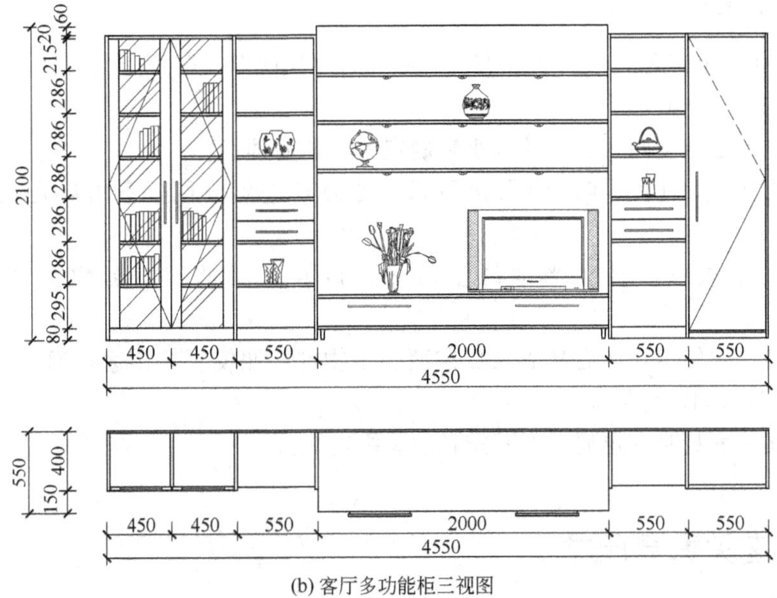

(b) 客厅多功能柜三视图

图 2-2-29　客厅多功能柜（2）

2.3 玄关家具设计

2.3.1 概述

玄关家具主要有壁柜、装饰柜、花台、桌几、屏风隔断、鞋柜、衣架、伞架等，玄关家具设计要考虑以下几点。

① 根据室内走道空间或玄关的大小来确定家具的品种。

② 注意玄关与大门、客厅的衔接关系，考虑到进出方便，不阻碍走道的必要空间尺度。

③ 采用的形式可以结合当地的生活习惯以及家具的使用习惯，要求加以综合考虑。

④ 一般设计的使用功能有挂衣、放东西、吊物件、照镜子等用途，通常产品采用悬挂的结构形式，与室内环境协调。

⑤ 设计玄关家具时一定要注意其家具的装饰功能。

2.3.2 玄关家具尺寸

(1) 玄关常用物品和家具的关系（见图 2-3-1）

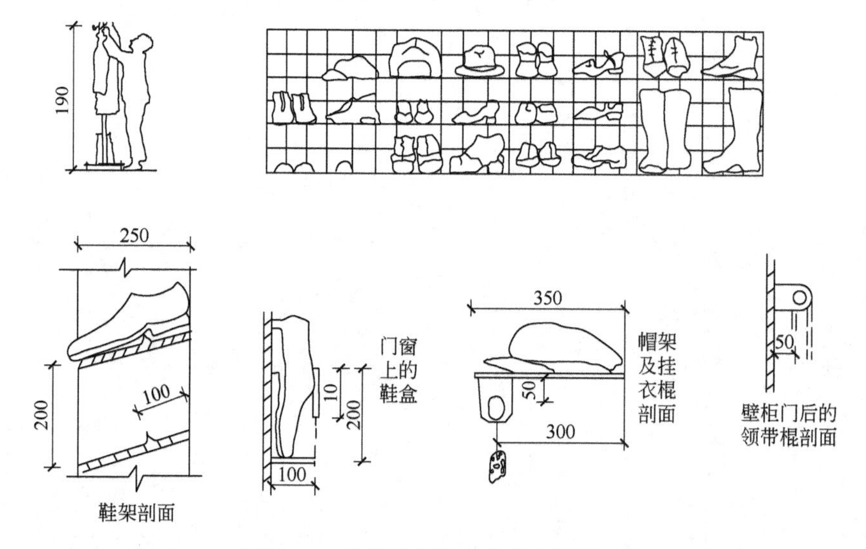

图 2-3-1　玄关常用物品与家具的关系

(2) 玄关立面处理（见图 2-3-2）

图 2-3-2 玄关立面处理

(3) 玄关常用家具尺寸表（见表 2-3-1）

表 2-3-1 玄关常用家具尺寸

玄关壁柜	宽	800～1500	玄关花几	宽	350～400
	深	300～400		深	350～400
	高	1600～2000		高	800～870
玄关雨伞柜	深	250～300	玄关衣帽柜	宽	酌情而定
	高	800～1200		深	350～430
	宽	650～1200		高	1350～1650

续表

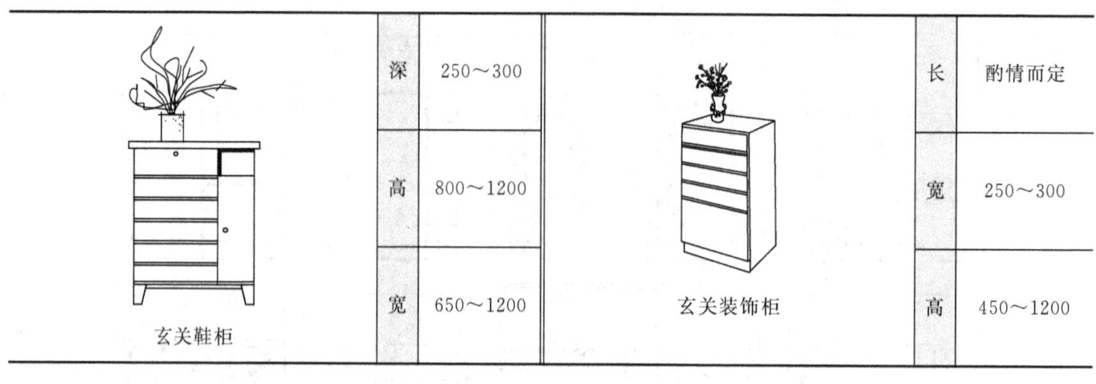

玄关鞋柜	深	250～300	玄关装饰柜	长	酌情而定
	高	800～1200		宽	250～300
	宽	650～1200		高	450～1200

2.3.3 玄关家具图例（见图 2-3-3～图 2-3-19）

图 2-3-3　玄关装饰屏风设计草图

图 2-3-4　玄关鞋柜设计草图

图 2-3-5　玄关衣帽架设计草图

图 2-3-6　玄关中式花几

图 2-3-7　玄关装饰柜（1）

(a)

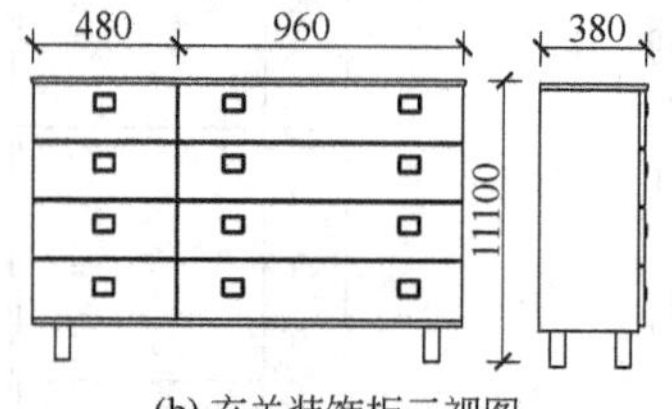

(b) 玄关装饰柜三视图

图 2-3-8　玄关装饰柜（2）

图 2-3-9 玄关装饰柜（3）

(a) 玄关装饰柜电脑效果图

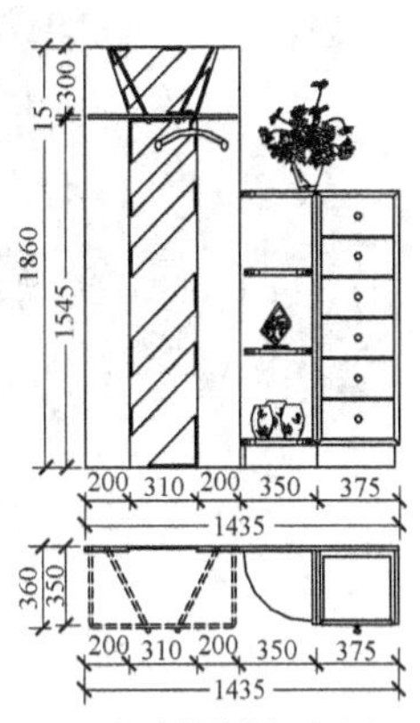

(b) 玄关装饰柜三视图

图 2-3-10 玄关装饰柜（4）

(a) 玄关衣帽柜电脑效果图

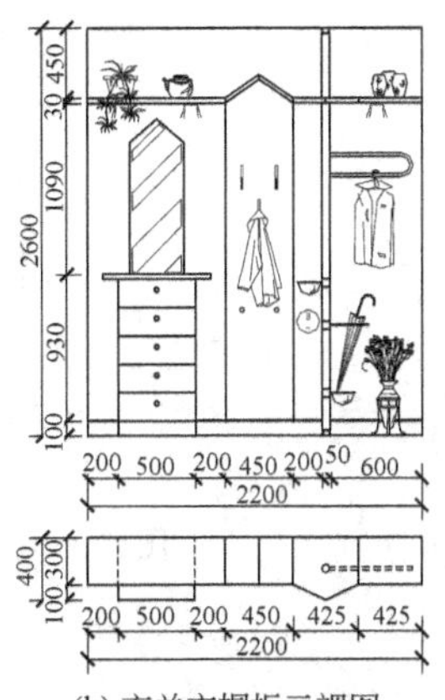

(b) 玄关衣帽柜三视图

图 2-3-11 玄关衣帽柜（1）

(a) 玄关衣帽柜电脑效果图

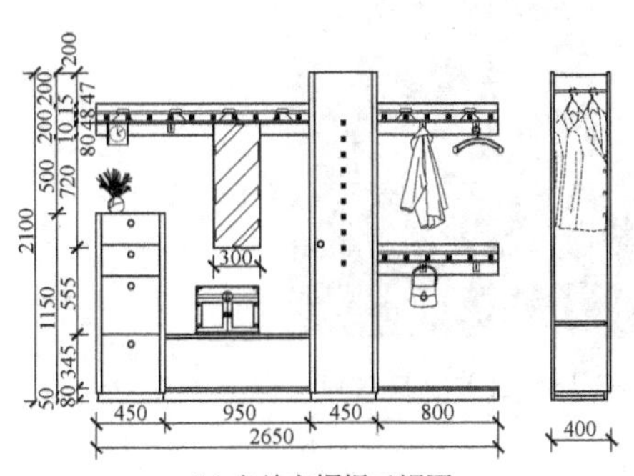

(b) 玄关衣帽柜三视图

图 2-3-12 玄关衣帽柜（2）

图 2-3-13　玄关鞋柜（1）

图 2-3-14　玄关鞋柜（2）

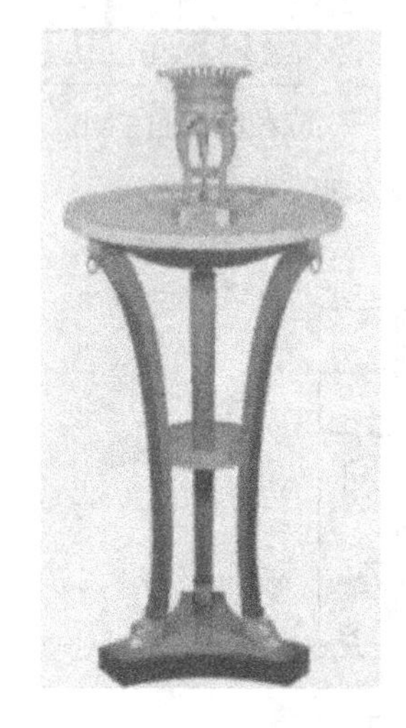

图 2-3-15　玄关家具（1）

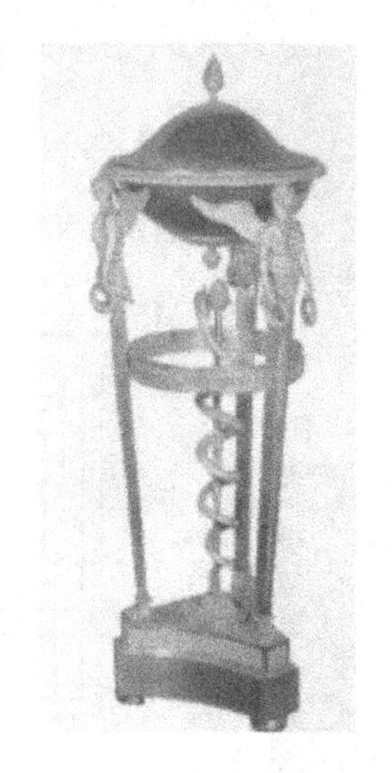

图 2-3-16　玄关家具（2）

图 2-3-17　玄关家具（3）

图 2-3-18　玄关家具（4）

图 2-3-19　玄关家具（5）

2.4 卧房家具设计

2.4.1 概述

卧室家具主要有床、床头柜、衣柜、桌子等。卧室家具设计要考虑。

① 卧房面积的大小，一般生活所必需的物品来确定家具的品种。

② 结合地区风俗习惯和居住者的爱好、兴趣来确定家具的造型或风格。

③ 规格尺寸合乎生活要求、人体工程学原则和房间面积的大小。

④ 材料一般以木材为主，也可以配搭金属、塑料、人造板材、皮革和纤维织物。

⑤ 结构以拆装为主，可适当采用固定连接。

⑥ 表面处理以不耀眼的光亮度较为适宜。

⑦ 小卧室不宜设计大家具，大卧室应根据需要，灵活对待。

⑧ 设计的家具品种，要适应人们的随意布置装饰。

2.4.2 卧房家具尺寸

(1) 卧室的几种经典平面布置（见图 2-4-1）

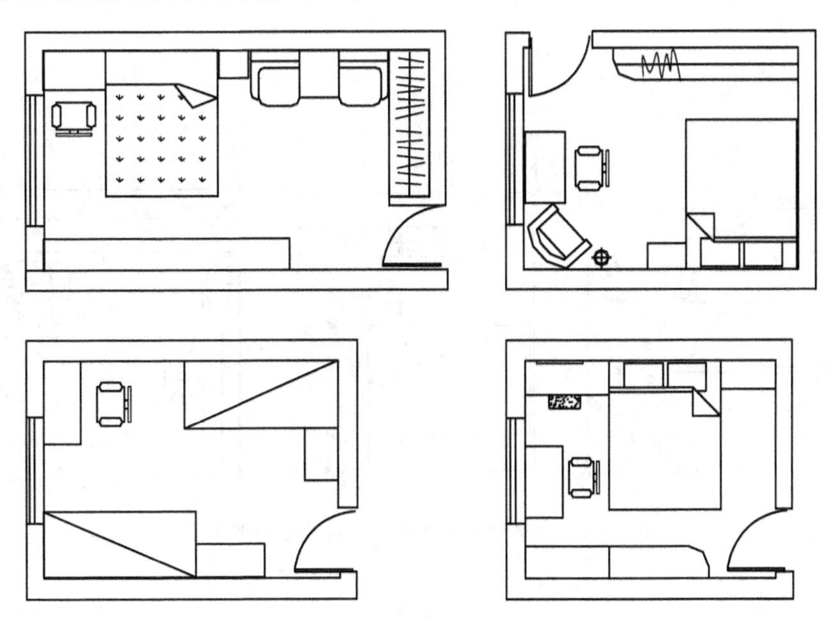

图 2-4-1 卧室的几种平面布置

(2）卧室家具与卧房室内平面的关系（见图 2-4-2）

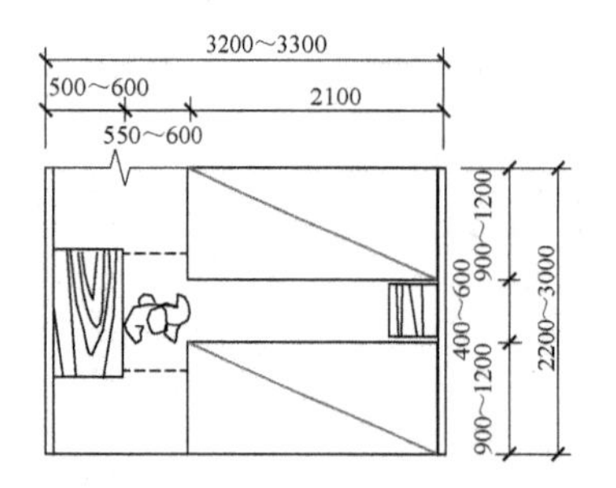

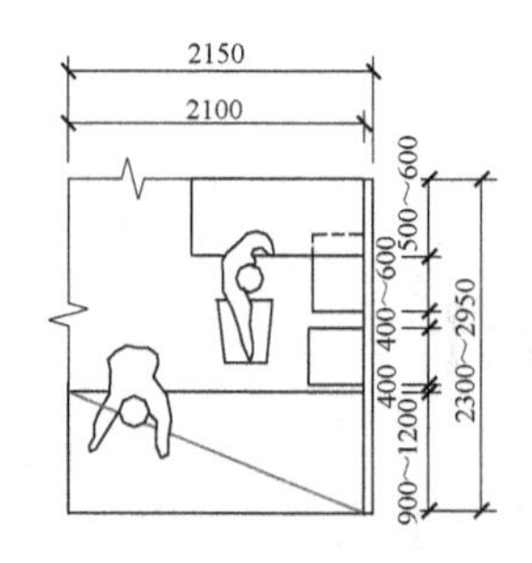

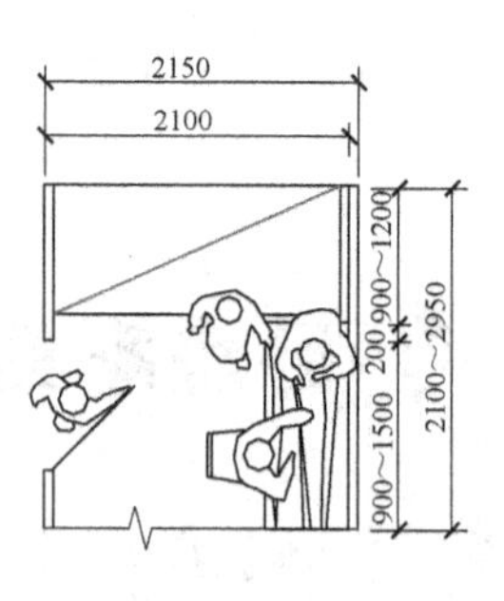

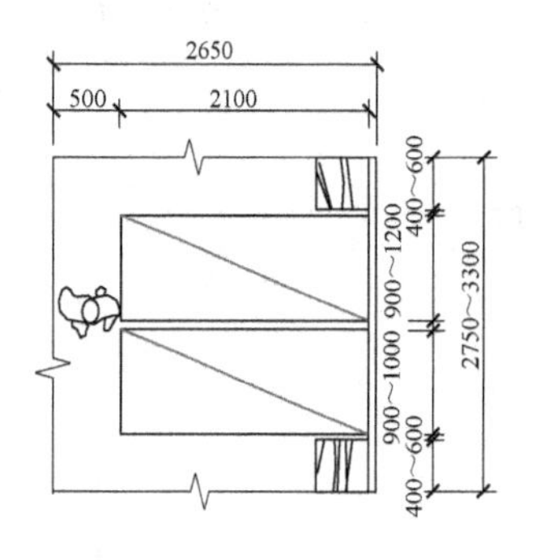

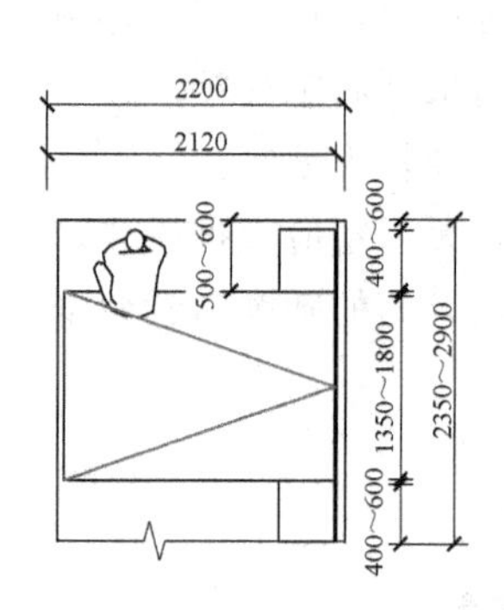

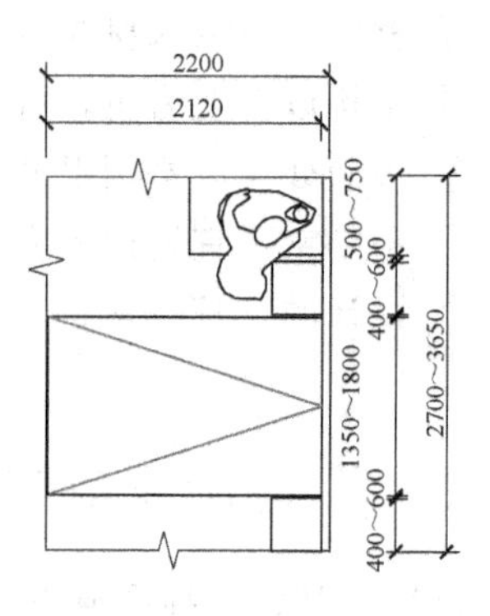

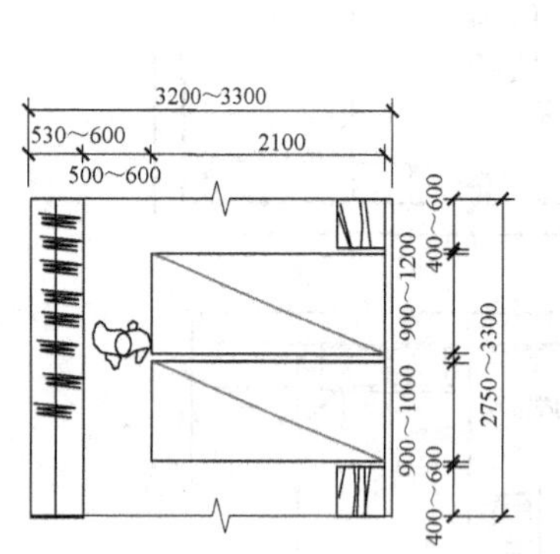

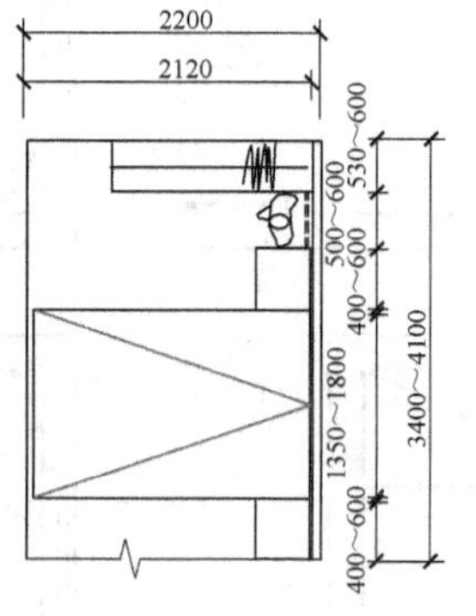

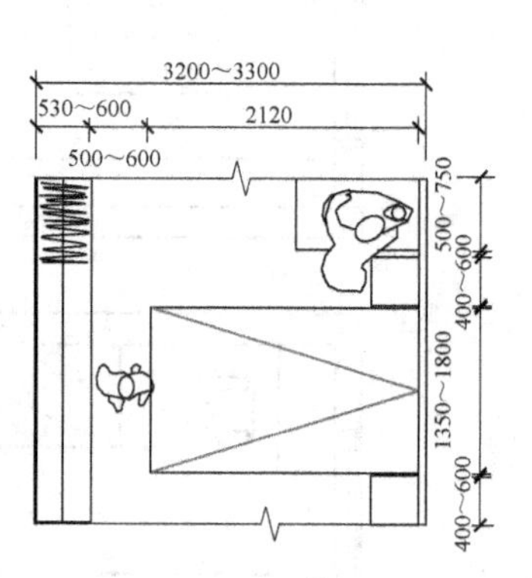

图 2-4-2　卧室家具平面与人、建筑室内的关系

(3) 卧室家具与人的关系（见图 2-4-3）

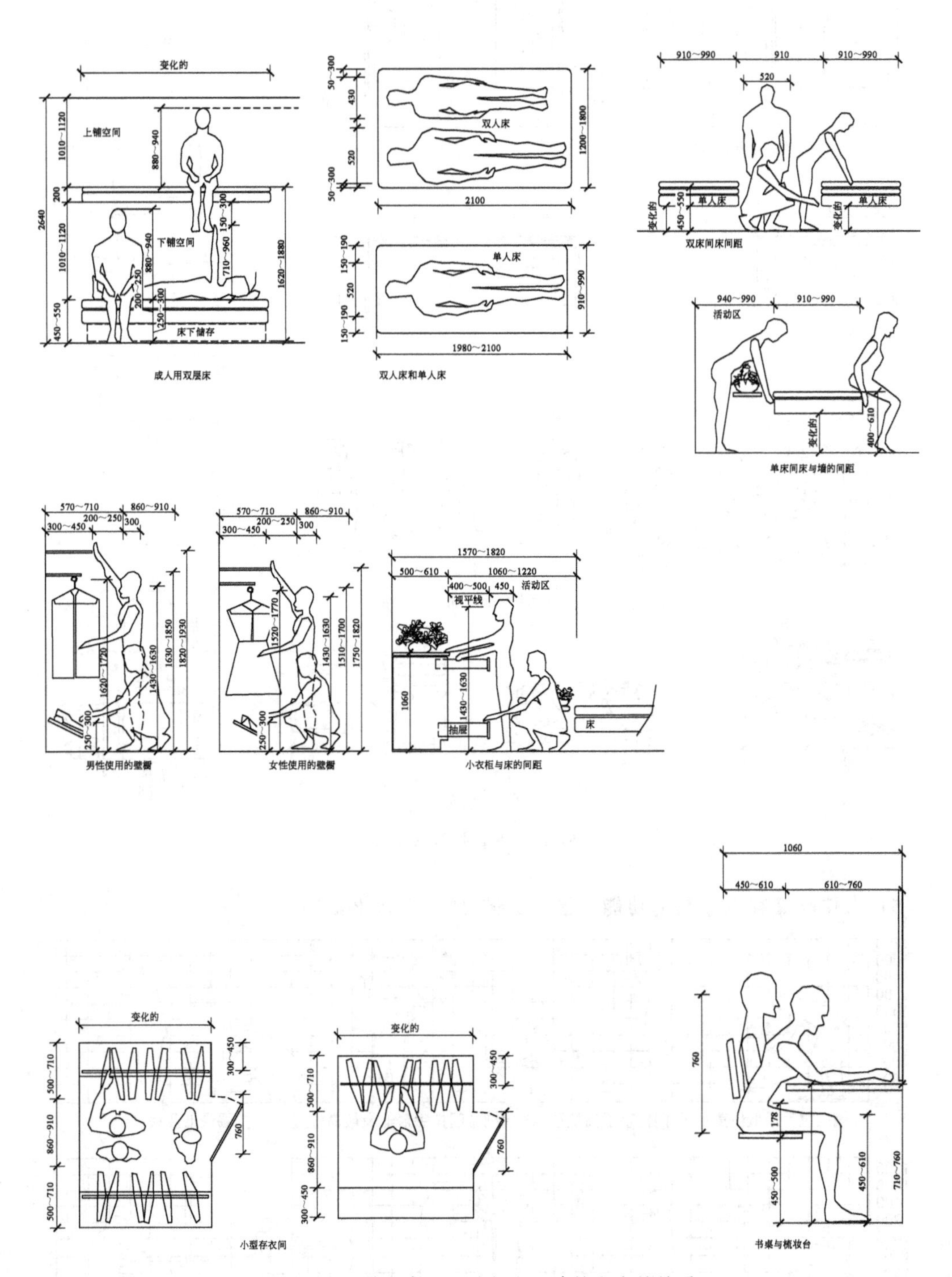

图 2-4-3 卧室家具尺寸与人、建筑室内的关系

(4) 卧室常用物品尺寸及衣柜各部分尺寸（见图 2-4-4）

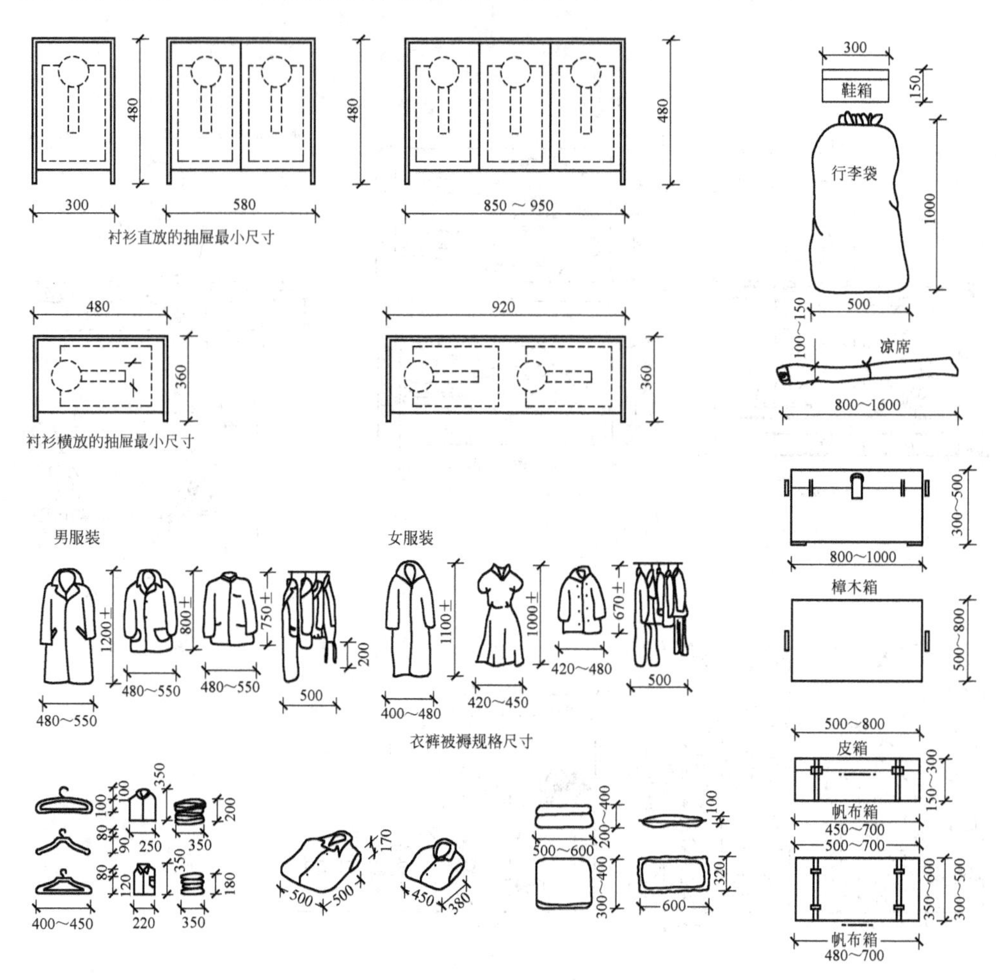

图 2-4-4　卧室常用物品尺寸

(5) 人体与储存性家具的功能分区（见图 2-4-5，表 2-4-1）

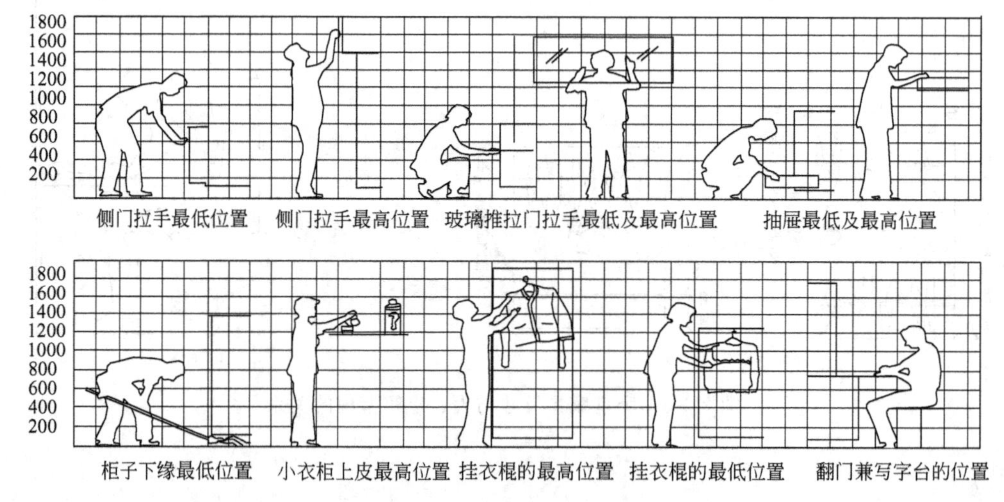

图 2-4-5　衣柜各部分尺寸

表 2-4-1 人体与储存性家具的功能分区表

收纳规划					表现形式	图例
衣柜	餐柜	书柜	陈列柜	电视柜	开门、拉门翻门只能向上	2400 2200 2000 1800 1600 1400 1200 1000 800 600 400 200 0；上臂长 男720 女650；视高男1561 女1443；1400
衣服类	餐具食品	稀用品	稀用品	稀用品	不适宜抽屉	
稀用品	保存食品备用餐具					
其他季节用品	其他季节稀用品	消耗库存品	贵重品	贵重品	适宜开门、拉门	
帽子	罐头	中小型杂件	欣赏品	装饰品	适宜拉门	
上衣、大衣、儿童服、裤子、裙子	中小瓶类小调料、筷子、叉子、勺子等	常用书籍画报杂志		电视机收音机	适宜开门	
		文具		扩大机	翻门	
				留声机		
				录音机		
稀用衣服类等	大瓶饮品用具	稀用品书本	稀用品贵重品	唱片箱	适宜开门拉门抽屉	
脚						

(6) 卧室常用家具尺寸（见表 2-4-2）

表 2-4-2 卧室常用家具尺寸表

家具	尺寸		家具	尺寸	
双人床	长	2050～2100	双门衣柜	长	1000～1200
	宽	1350～1800		宽	530～600
	高	420～440		高	1800～1900
单人床	长	2050～2100	三门衣柜	长	1200～1350
	宽	720～1200		宽	530～600
	高	420～440		高	1800～1900

续表

名称	项目	尺寸	名称	项目	尺寸
折叠沙发床	长	2050～2100	五斗橱	长	900～1350
	宽	550～600（折叠）		宽	500～600
	高	400～440		高	1000～1200
双层床	长	1920～2020	梳妆台	长	850～1200
	宽	720～1000		净空宽	大于 500
	高	400～440（层间高大于 980）		高（上） 高（下）	大于 1600 小于 1000
婴儿床	长	700～1000	箱子	长	700～950
	宽	600～700		宽	400～600
	高	900～1100		高	320～500
床头柜	宽	350～400			
	深	400～500			
	高	650～700			

(7) 各种壁柜、整体衣柜尺寸（见表 2-4-6）

壁柜设计及摆放应注意：①壁柜门开向生活用房时，应注意壁柜的位置及门的开启方式，尽量保证室内使用面积的完整；②设计时应注意壁柜的防尘、防潮及通风处理，存放衣物的壁柜底面应高出室内地面 5cm 以上。

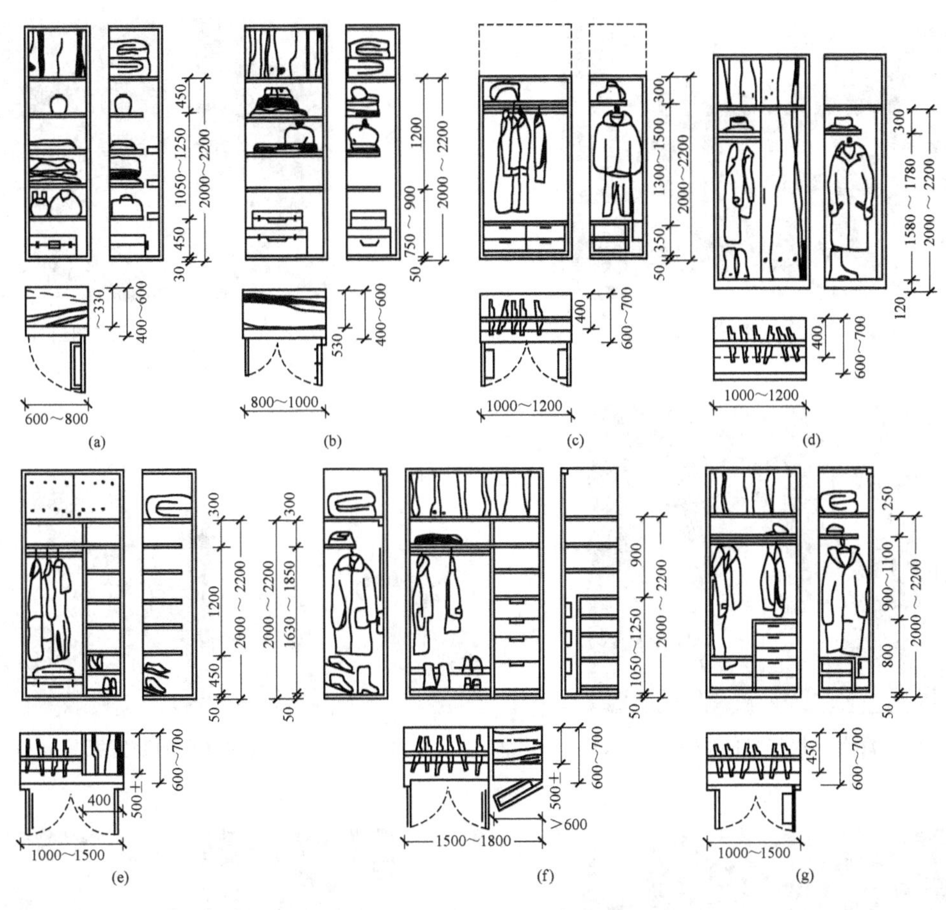

图 2-4-6 各种壁柜、整体衣柜三视图
(a)、(b) 主要供叠放衣服的壁柜，柜内搁板可以增减；
(c) 主要供悬挂衣物的壁柜，柜内下部设抽屉；
(d) 可供悬挂衣物的壁柜；(e)、(f) 可供悬挂
及叠放衣物的壁柜；(g) 可供悬挂及叠放
衣物的壁柜，壁柜分为两部分处理

2.4.3 卧室家具图例（见图 2-4-7～图 2-4-24）

图 2-4-7 卧室多功能铁质双层床

图 2-4-8 欧式风格卧室家具

图 2-4-9　卧室入墙式的大衣柜

图 2-4-10　钢木框架式的卧室家具

图 2-4-11　富有现代气息的卧室家具（1）

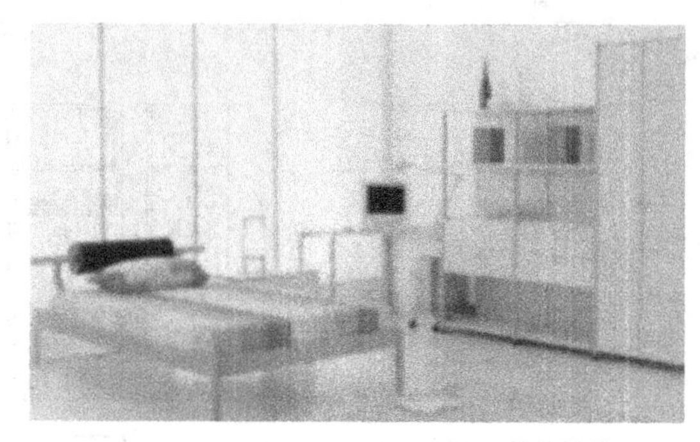

图 2-4-12　富有现代气息的卧室家具（2）

图 2-4-13　中式风格的卧室家具

图 2-4-14　中式风格的竹木材料卧室家具

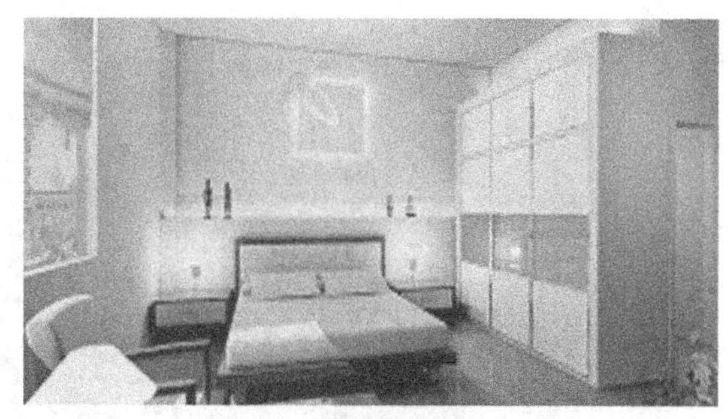

(a)卧室家具设计效果图

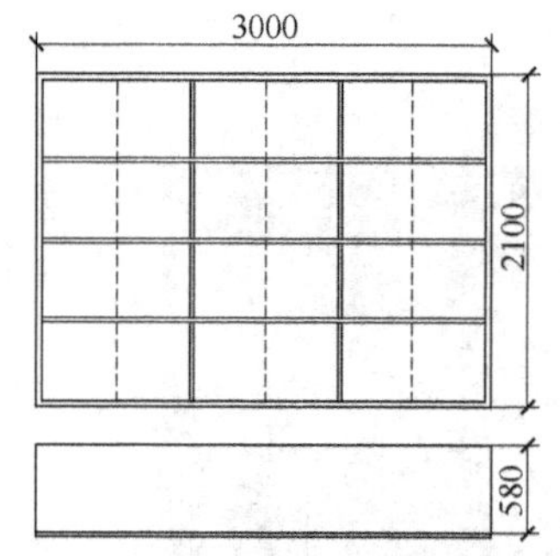

(b) 入墙式衣柜三视图

图 2-4-15　卧室家具设计

图 2-4-16 欧式风格的卧室梳妆台

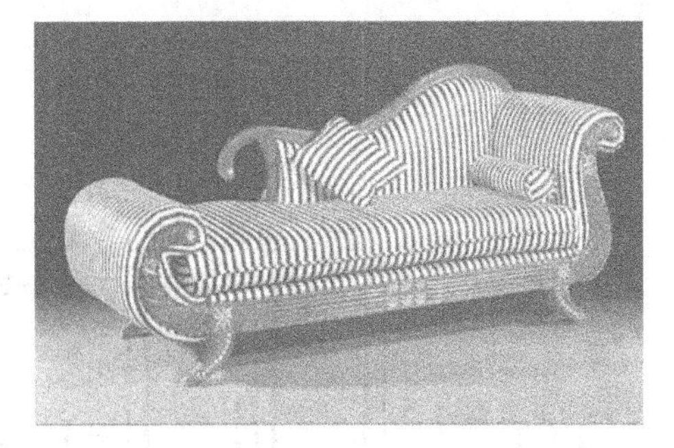

图 2-4-17 欧式风格的卧室家具

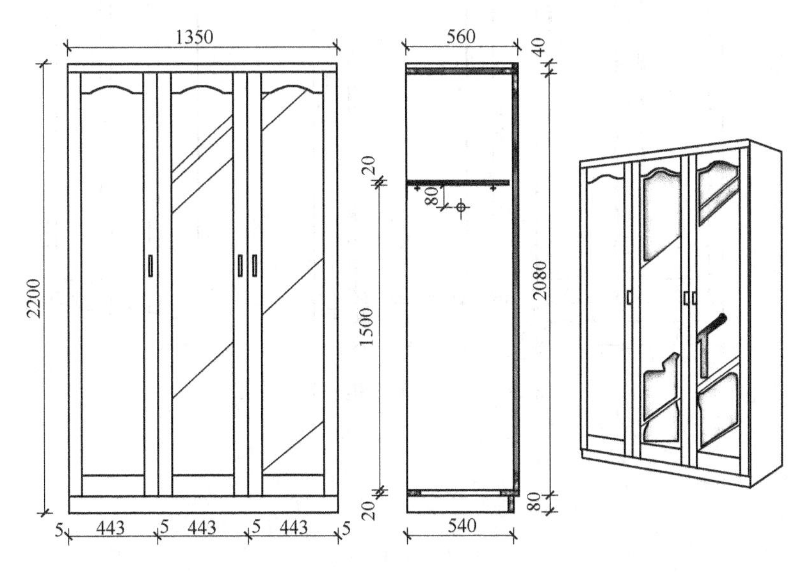

图 2-4-18 三门大衣柜三视图

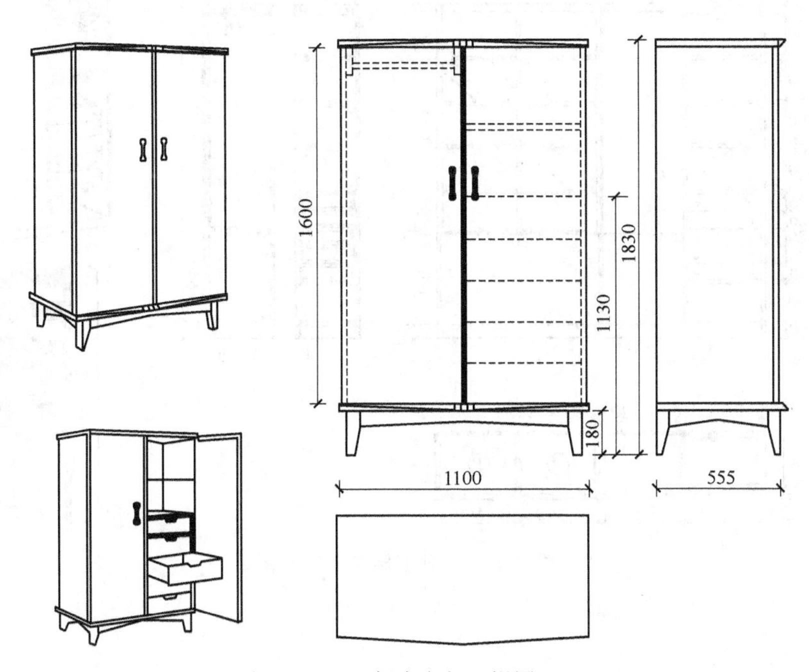

图 2-4-19 二门大衣柜三视图（1）

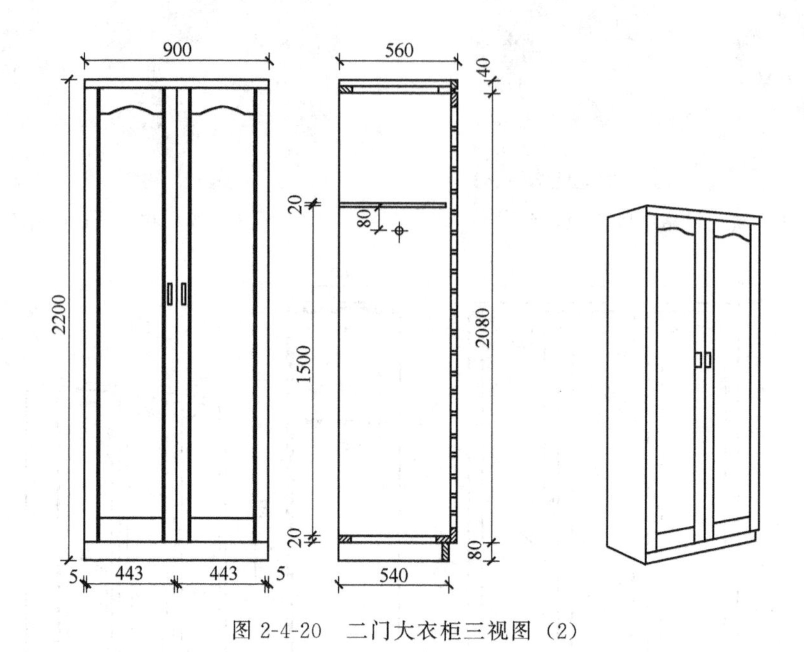

图 2-4-20　二门大衣柜三视图（2）

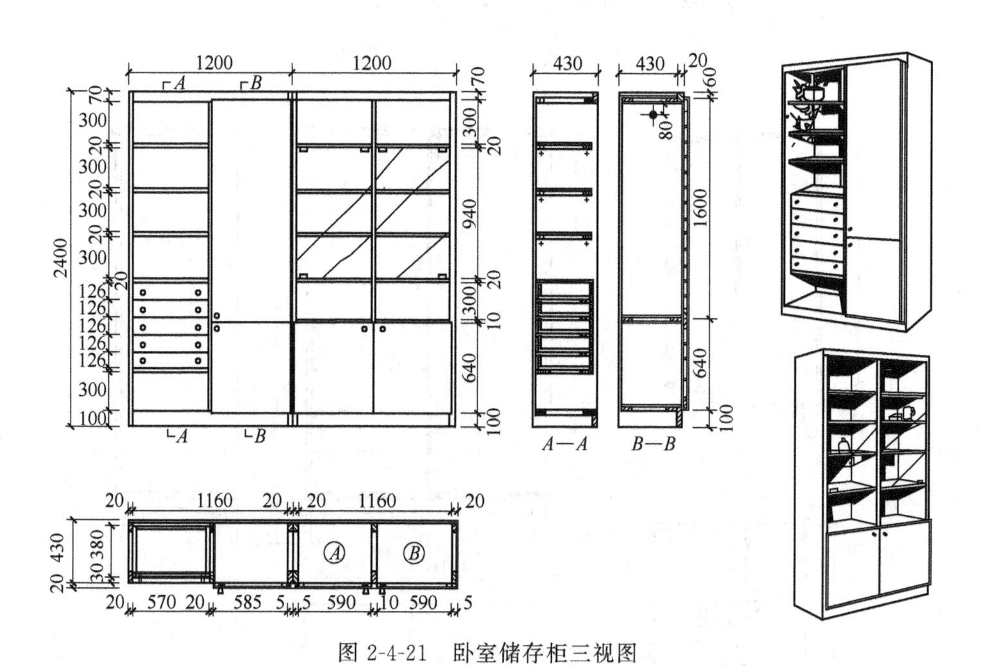

图 2-4-21　卧室储存柜三视图

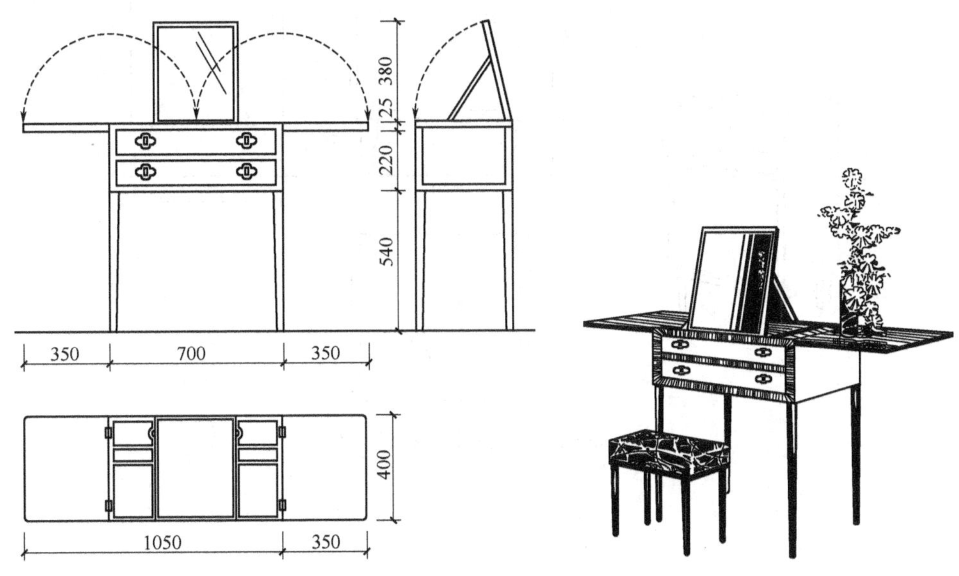

图 2-4-22 卧室梳妆台三视图

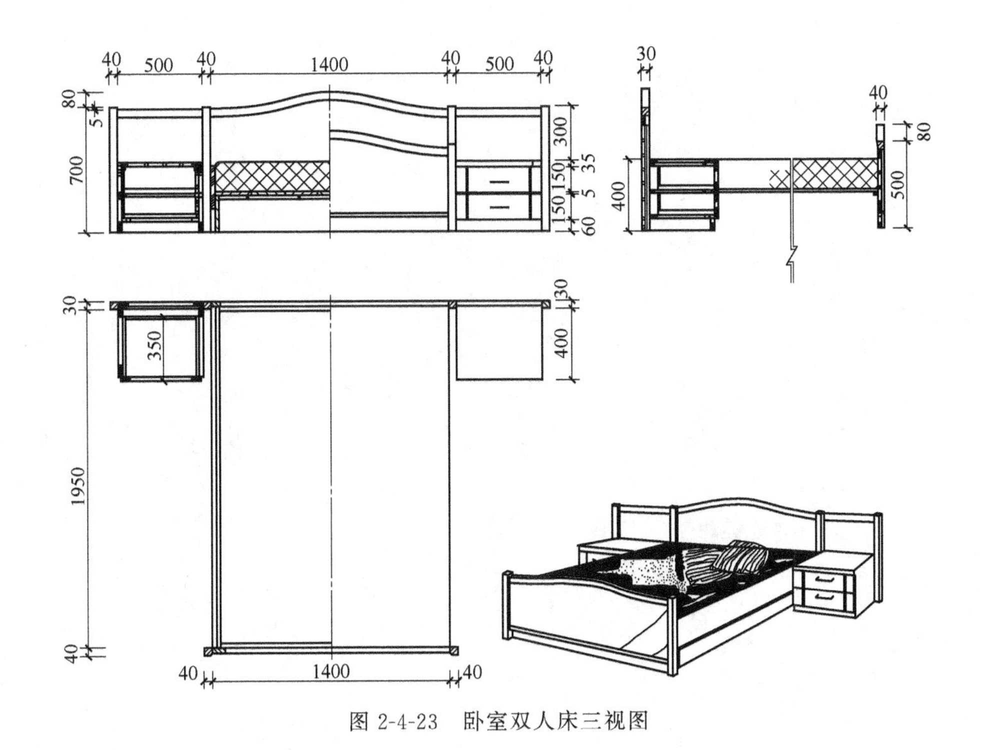

图 2-4-23 卧室双人床三视图

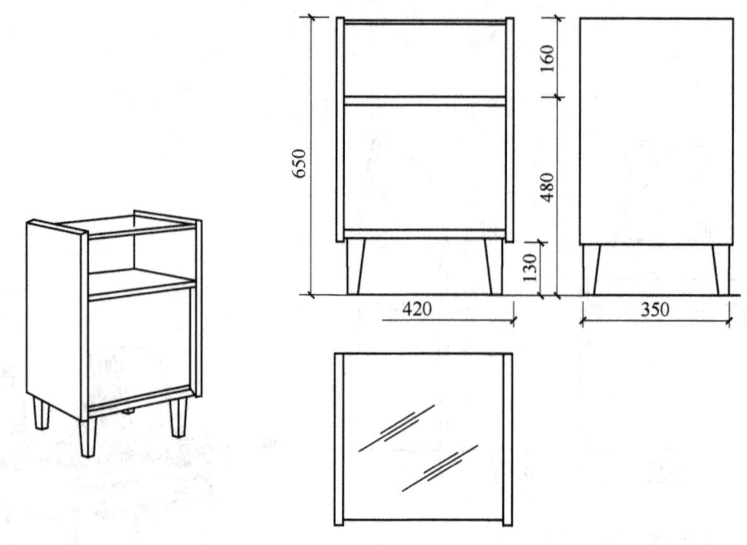

图 2-4-24 卧室床头柜三视图

2.5 书房家具设计

2.5.1 概述

书房家具包括书架、书柜、写字桌、座椅等，设计时要考虑：

① 书房家具设计应考虑到各种收藏物品的规格尺寸；

② 书房家具的高低、长宽之间的比例尺度，一方面要考虑到人与建筑之间的关系，另一方面又要考虑到物与物之间的联系；

③ 写字桌的高度与椅子应符合人体工效学，满足人的使用功能，采用的材料一般应根据当地的具体情况选定；

④ 家具设计尺度不宜过大，应结合人的使用及欣赏需要。

2.5.2 书房家具尺寸

(1) 书房的平面布置（见图 2-5-2）

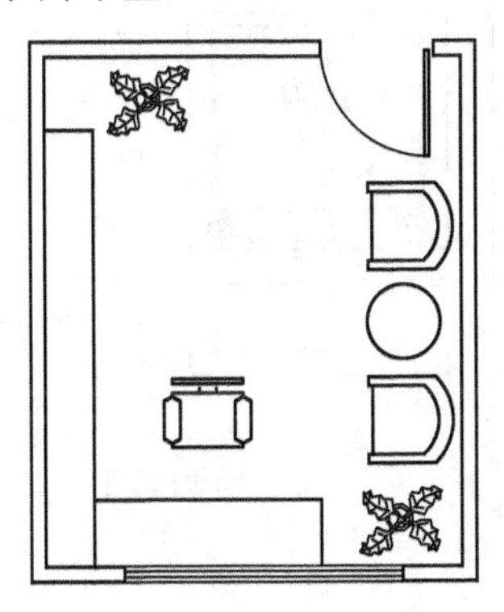
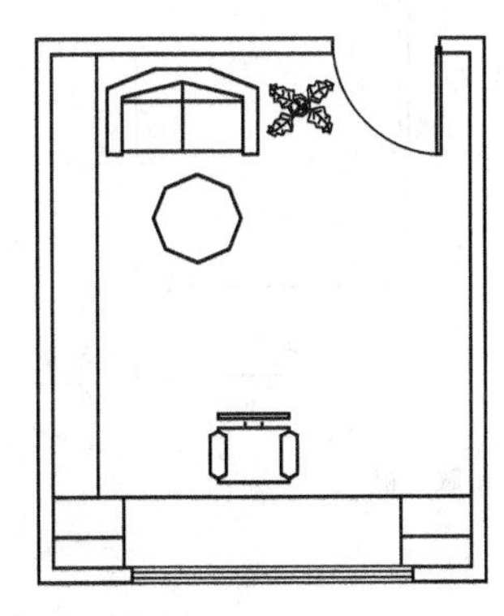

图 2-5-1 小型书房平面布置

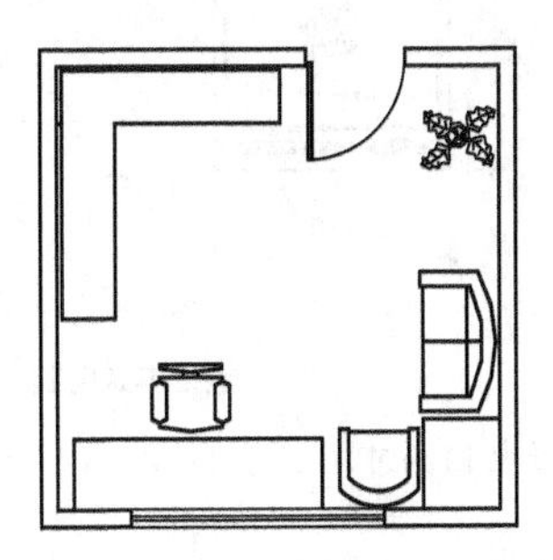
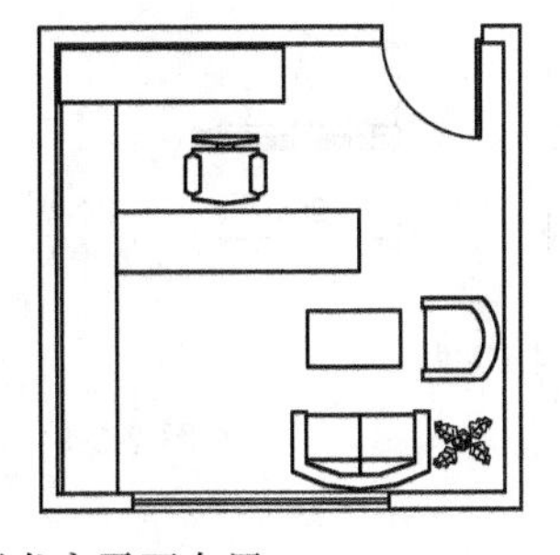

图 2-5-2 大中型书房平面布置

(2) 书房中物体的主要尺寸（见图 2-5-3）

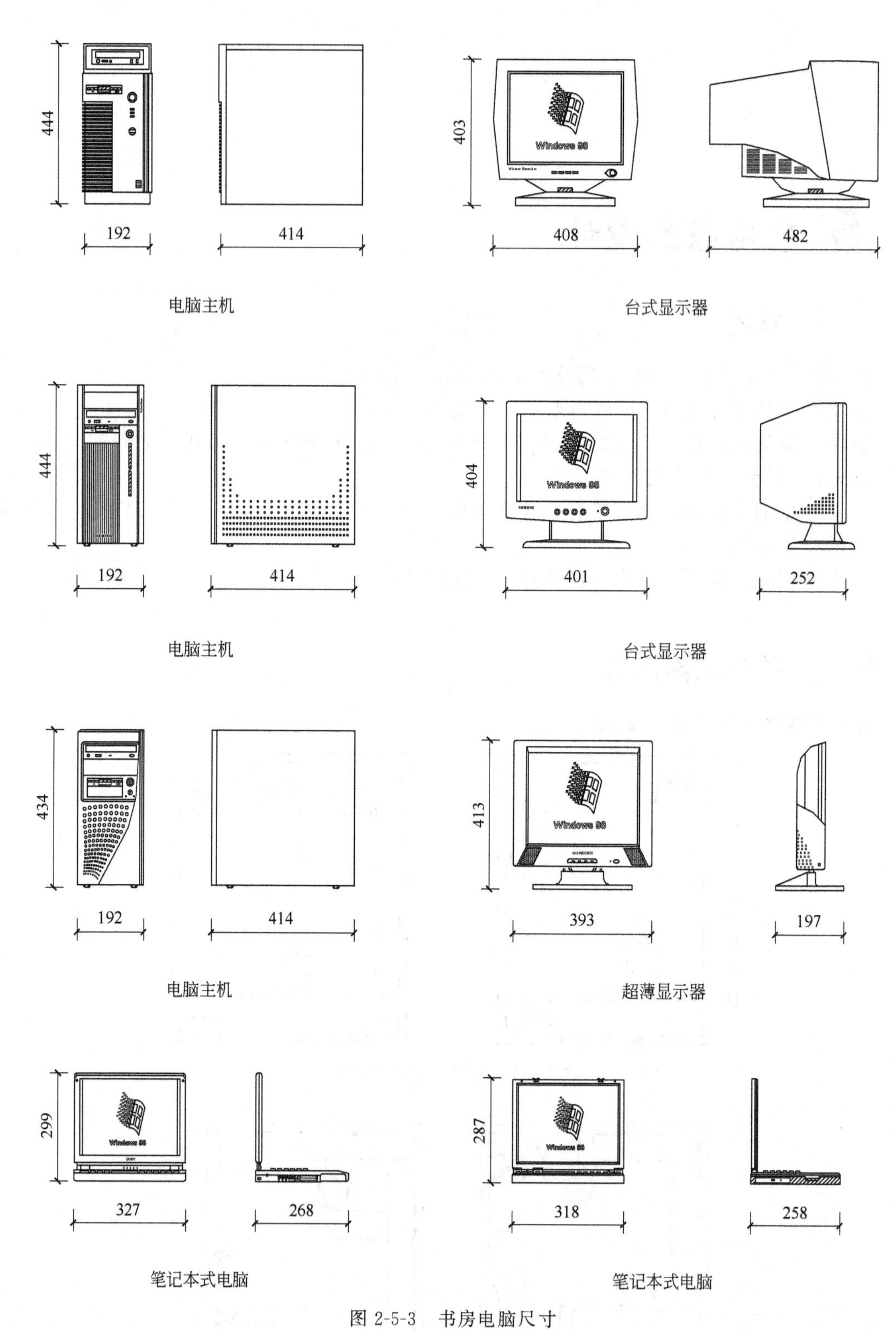

图 2-5-3　书房电脑尺寸

(3) 人与书房家具之间的活动尺度（见图 2-5-4）

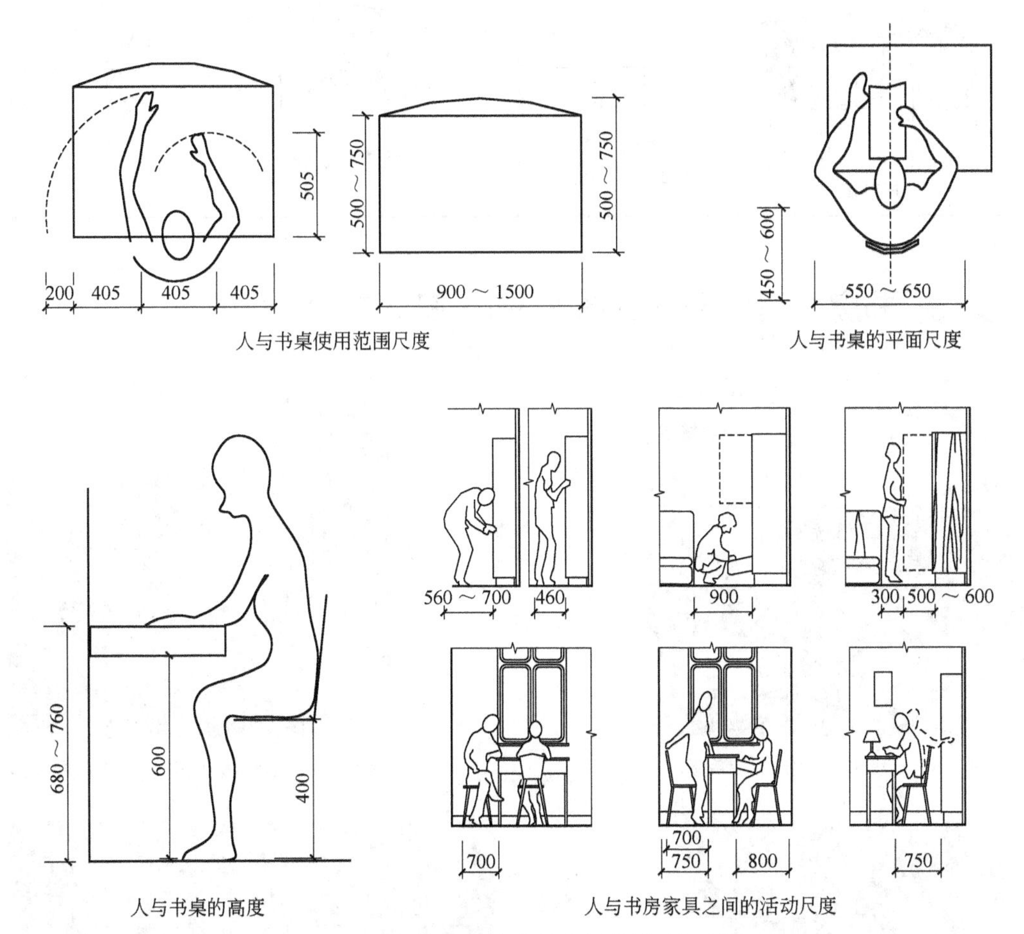

图 2-5-4 人与书房家具之间的活动尺度

(4) 书房常见的家具尺寸（见表 2-5-1）

表 2-5-1 书房常见的家具尺寸

家具	项目	尺寸	家具	项目	尺寸
双柜书桌	长	1200～2400	书桌椅	长	460～480
	宽	600～1200		宽	470～500
	高	780		高	850～900
单柜书桌	长	900～1500	书柜	长	600～900
	宽	500～750		宽	300～400
	高	780		高	1200～2200

续表

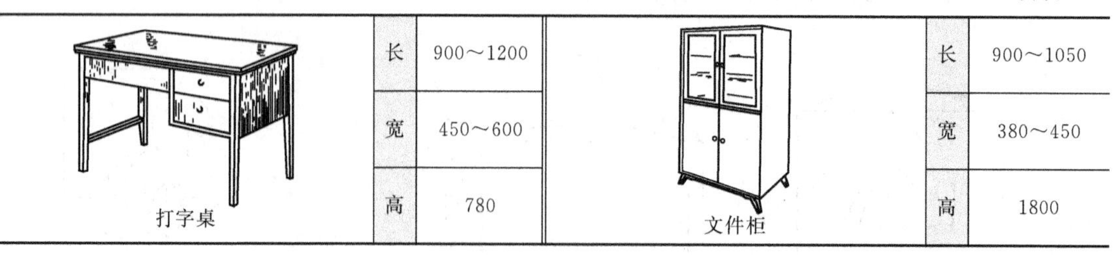

打字桌	长	900～1200	文件柜	长	900～1050
	宽	450～600		宽	380～450
	高	780		高	1800

2.5.3 书房家具图例（见图 2-5-5～图 2-5-33）

图 2-5-5　小型多功能书房家具

图 2-5-6　小型板式组合书房家具（1）

图 2-5-7　小型板式组合书房家具（2）

图 2-5-8　板式组合书房家具

图 2-5-9　书房单体书柜

图 2-5-10　小型单体书房家具

图 2-5-11 嵌入式书柜（1）

图 2-5-12 嵌入式书柜（2）

图 2-5-13 兼有会客功能的书房家具（1）

图 2-5-14 兼有会客功能的书房家具（2）

图 2-5-15 兼有会客功能的书房家具（3）

图 2-5-16 兼有会客功能的书房家具（4）

图 2-5-17 简易书柜

图 2-5-18　钢木框架式书房家具

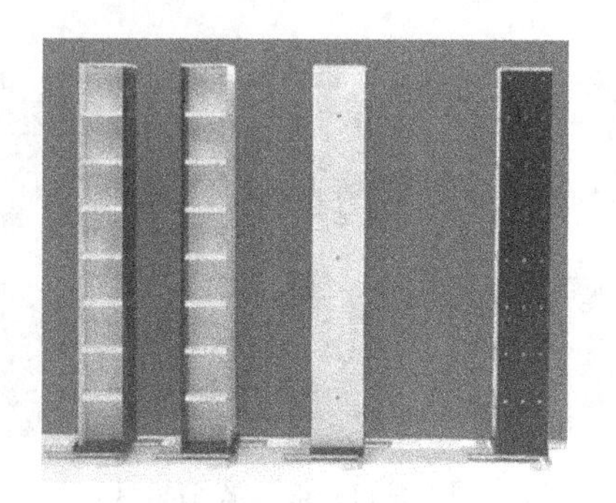

图 2-5-19　书房 CD 架

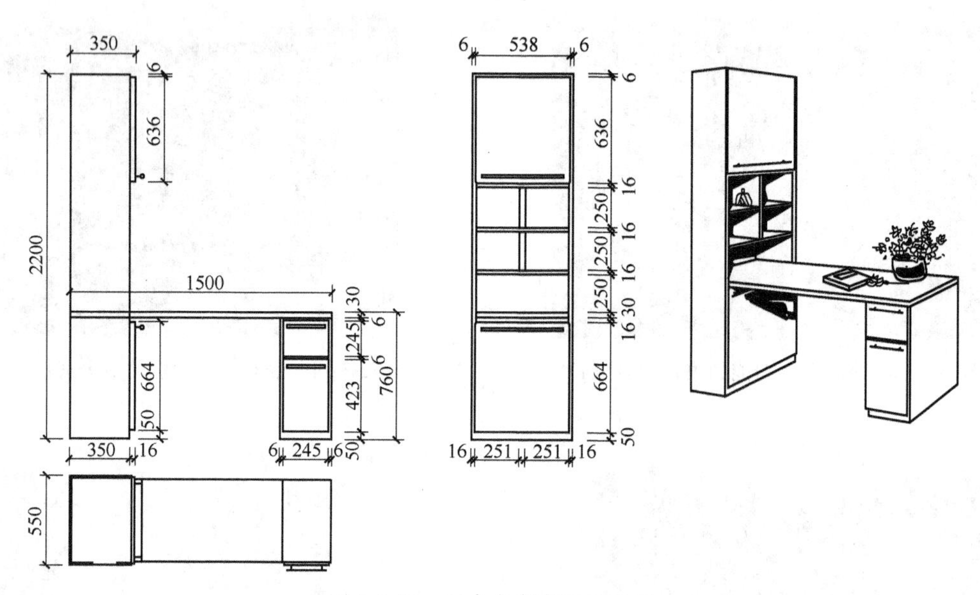

图 2-5-20　组合书房家具三视图

(a) 多功能书柜电脑效果图

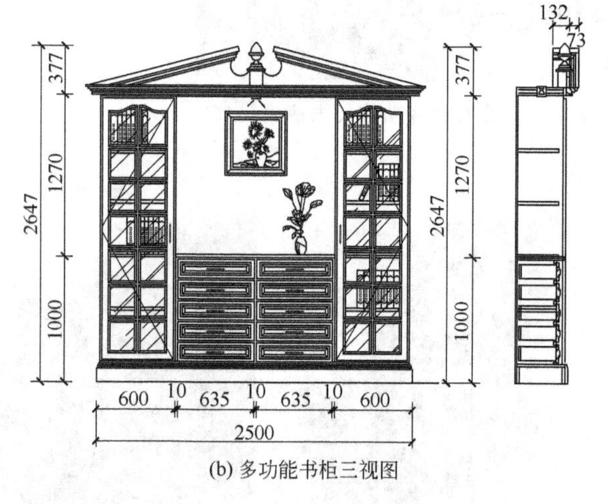

(b) 多功能书柜三视图

图 2-5-21　多功能书柜（1）

(a) 多功能书柜效果图

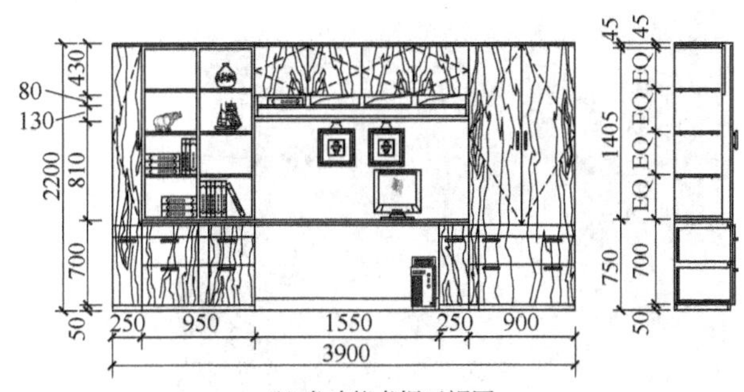

(b) 多功能书柜三视图

图 2-5-22　多功能书柜（2）

图 2-5-23　多功能书柜（3）

图 2-5-24　多功能书柜（4）

图 2-5-25　简约式书房及其家具

图 2-5-26　新古典书柜

图 2-5-27　简约式书房书柜

图 2-5-28　钢木书房家具

图 2-5-29　板式书柜书房（1）

图 2-5-30　板式书柜书房（2）

图 2-5-31　板式书柜书房（3）

图 2-5-32　书房装饰柜

图 2-5-33　书房组合家具

2.6 餐厅家具设计

2.6.1 概述

餐厅家具包括餐桌、餐厅柜、餐椅等，设计时要考虑：

① 餐厅面积的大小，并以此为依据确定家具的品种和规格尺寸；

② 餐厅家具的规格尺寸，应符合人体工程学原理；

③ 餐厅家具采用的材料有木材、玻璃、石材、金属等；

④ 结合地区习俗和居住者的爱好、兴趣来确定家具的造型或风格。

2.6.2 餐厅家具尺寸

(1) 餐厅功能分析

考虑到人们就餐活动的方便性，在室内平面布置时需要对餐厅进行功能分析，如图 2-6-1 所示。根据图中的功能分析，餐厅应与厨房、起居室等空间接近，餐厅的设置方式主要有三种：厨房兼餐室、客厅兼餐室、独立餐室，另外也可结合入口过厅布置餐厅。

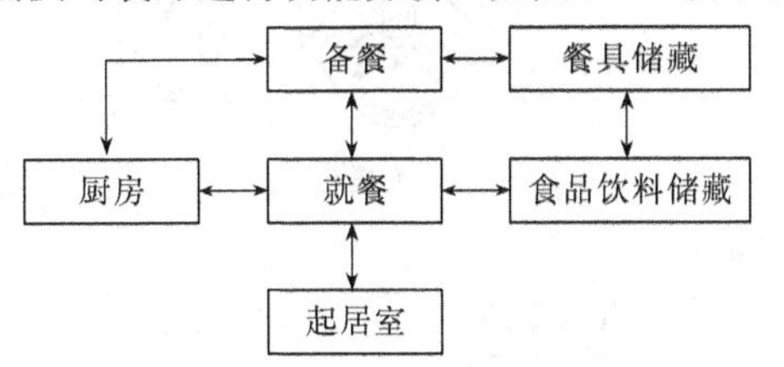

图 2-6-1 餐厅功能分析

餐厅家具除了餐桌、餐椅外，还需要考虑餐具等的储存，如餐厅柜、酒柜等。餐厅家具摆放与布置必须满足人们在室内的活动，同时还可以利用家具的摆放起到分隔空间的作用。

(2) 餐厅中餐具的主要尺寸（见图 2-6-2、图 2-6-3）

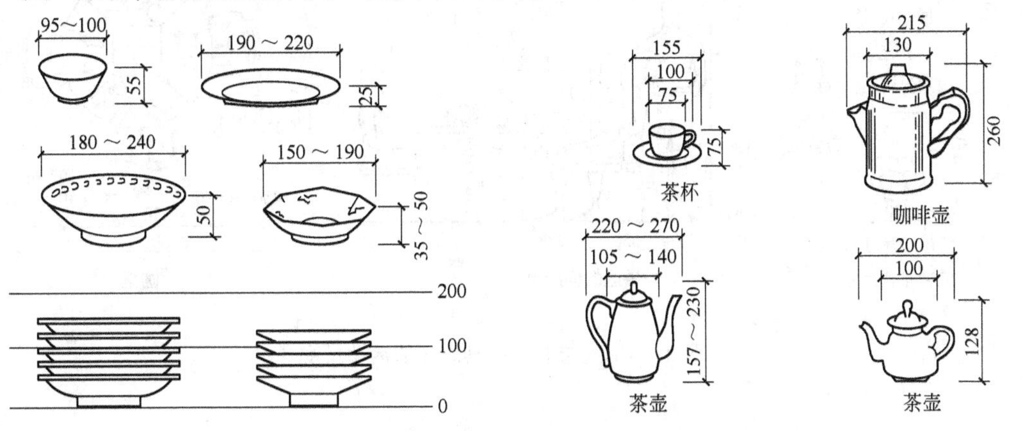

图 2-6-2 餐具的常见尺寸

图 2-6-3 酒瓶的常见尺寸

(3) 人与餐厅家具之间的活动尺度（见图 2-6-4）

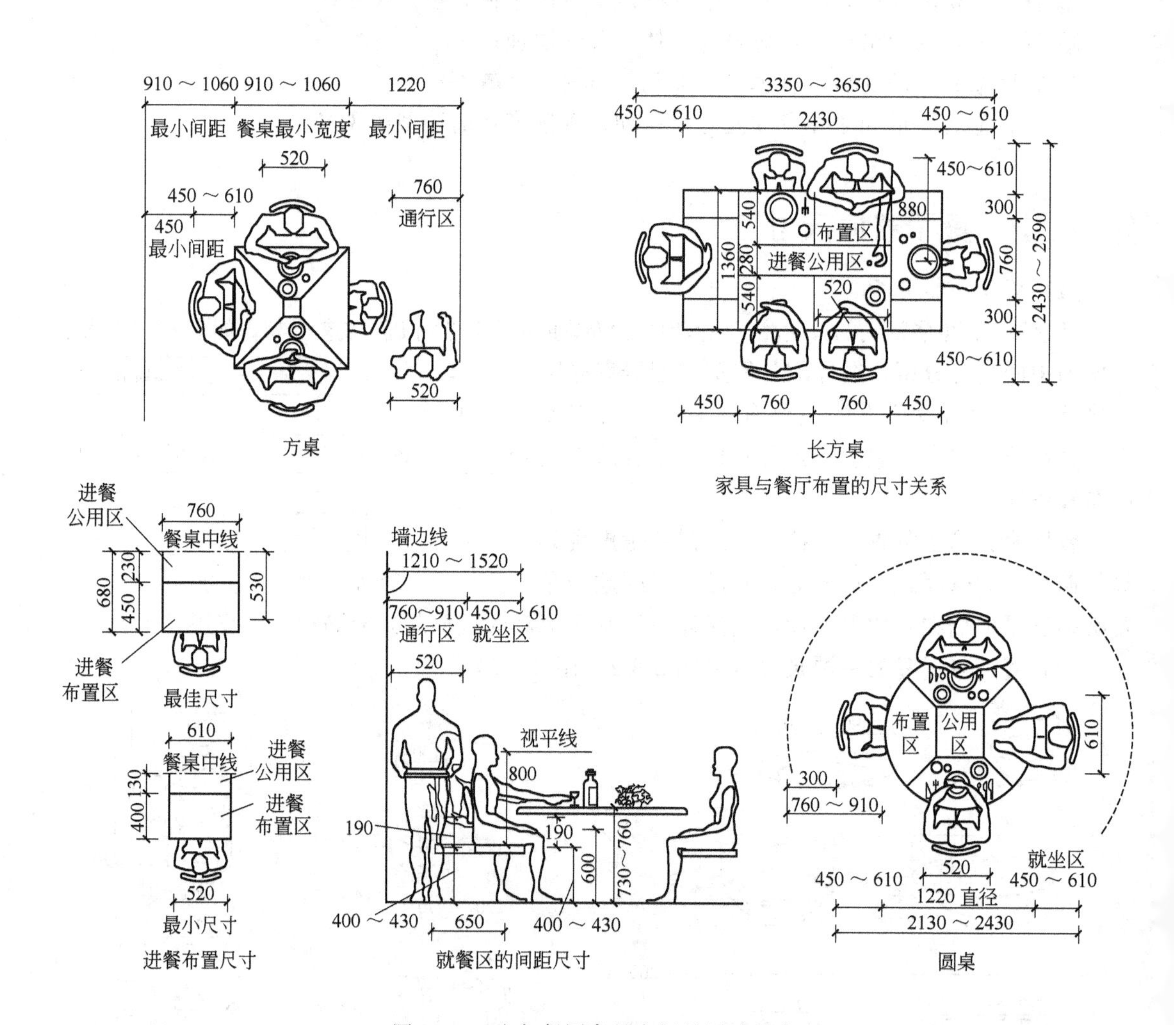

图 2-6-4 人与餐厅家具之间的活动尺度

(4) 餐厅常见的家具尺寸（见表 2-6-1）

表 2-6-1 餐厅常见的家具尺寸

家具	项目	尺寸	家具	项目	尺寸
长方桌	长	850～2400	方桌	长	600～1200
	宽	600～1000		宽	600～1200
	高	700～780		高	700～780
圆桌	直径	800～1800	餐厅柜(台柜)	长	800～1800
				宽	350～400
	高	700～780		高	600～1000
餐厅柜(壁柜)	长	800～1800	餐椅	座宽	400～600
	宽	400～550		座深	400～500
	高	1500～2000		座高	400～500

2.6.3 餐厅家具图例（见图 2-6-5～图 2-6-47）

图 2-6-5 餐椅

图 2-6-6　木制圆形餐桌椅

图 2-6-7　铁艺圆形餐桌椅

图 2-6-8　简约圆形餐桌椅

图 2-6-9　藤制圆形餐桌椅

图 2-6-10　长方形玻璃餐桌

图 2-6-11　长方形木制餐桌椅

图 2-6-12　松木餐桌椅

图 2-6-13　实木餐桌椅

图 2-6-14　中式古典餐桌椅

图 2-6-15　欧式古典餐桌椅

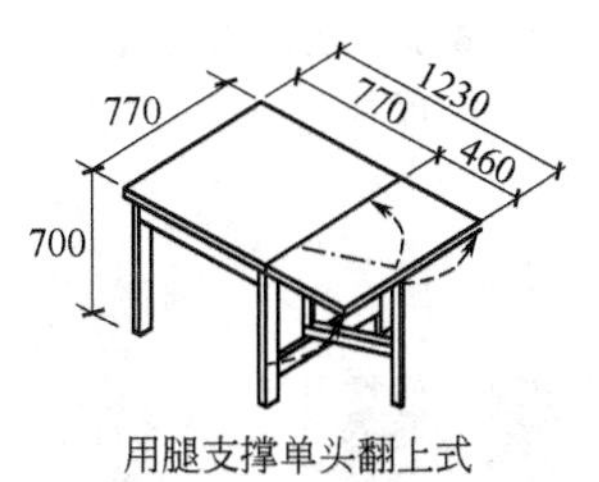

用腿支撑单头翻上式

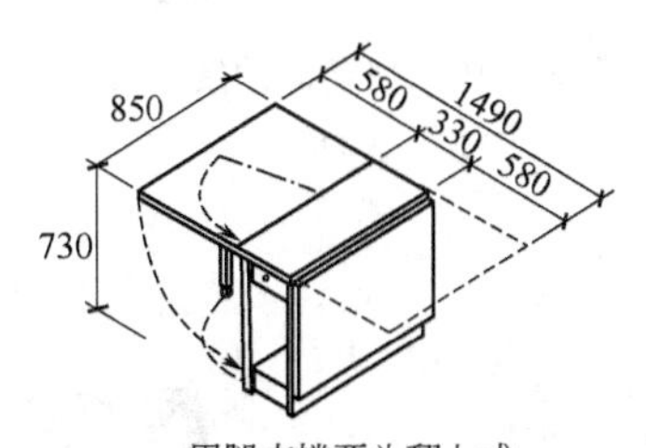

用腿支撑两头翻上式

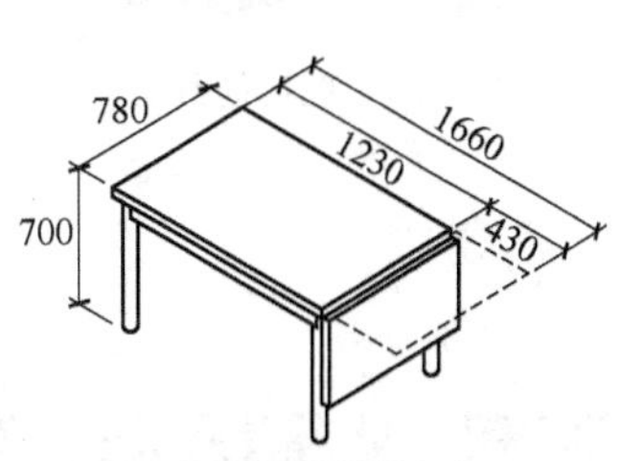

用侧臂支撑翻上式

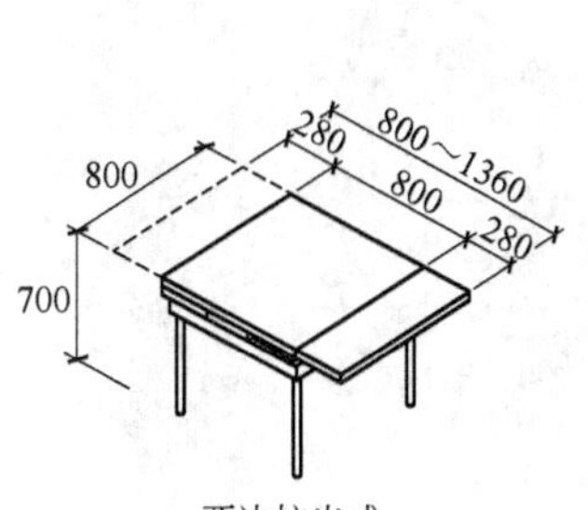

两边拉出式

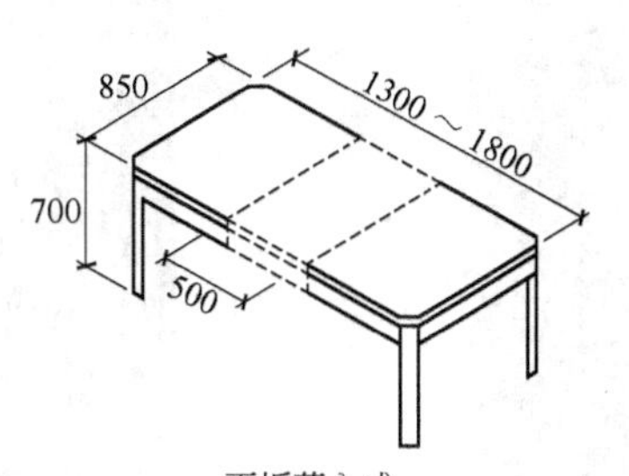

面板落入式

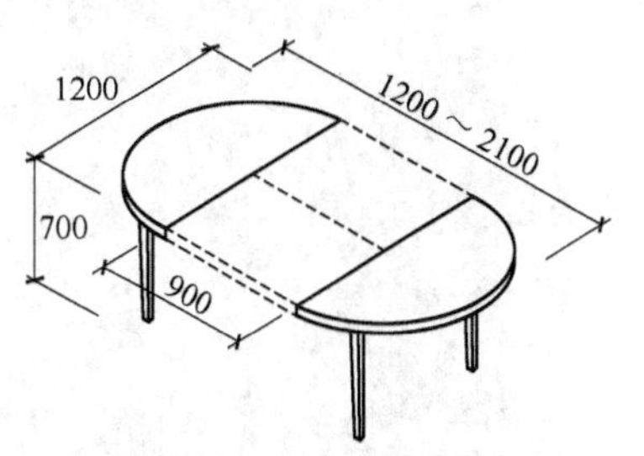

从圆形到椭圆形面板落入式

图 2-6-16　桌面可调节的餐桌

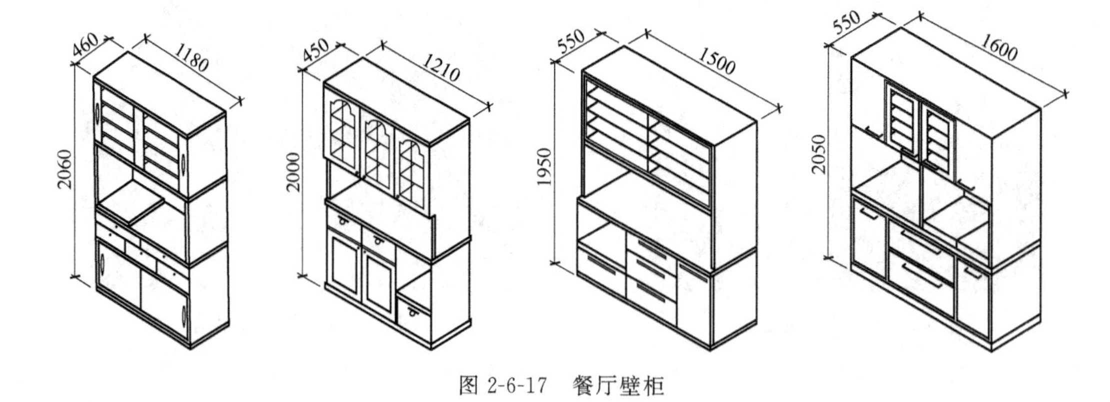

图 2-6-17　餐厅壁柜

图 2-6-18　现代简约餐厅柜（1）

图 2-6-19　现代简约餐厅柜（2）

图 2-6-20　美式古典餐厅柜（1）

图 2-6-21　美式古典餐厅柜（2）

图 2-6-22　美式古典餐厅柜（3）

图 2-6-23 梯形餐厅柜

图 2-6-24 餐厅柜

图 2-6-25 组合式酒柜

图 2-6-26 带层架的餐厅柜

图 2-6-27 酒柜（1）

图 2-6-28 酒柜（2）

图 2-6-29 转角酒柜

图 2-6-30 铁艺壁柜

图 2-6-31 古典壁柜

图 2-6-32 古典层架

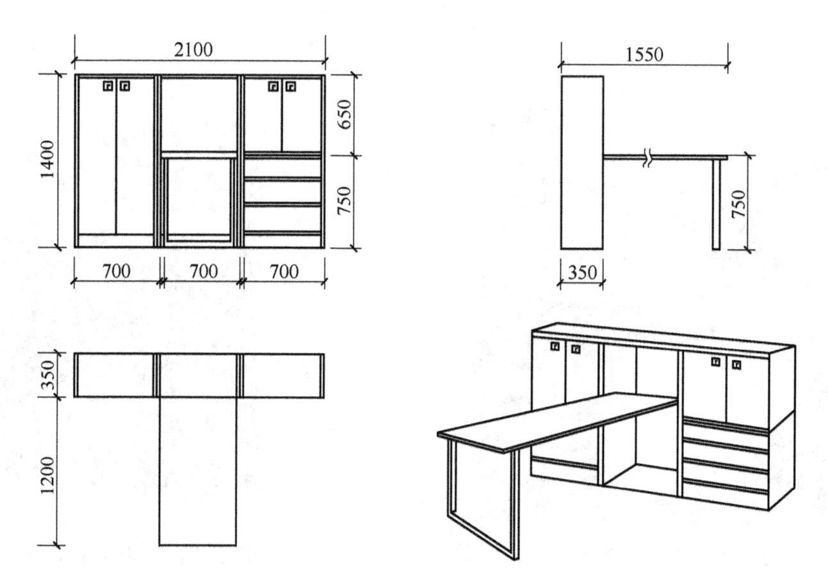

图 2-6-33 餐厅组合家具三视图

图 2-6-34 时尚简约的餐厅家具（1）

图 2-6-35 时尚简约的餐厅家具（2）

图 2-6-36　时尚简约的餐厅家具（3）

图 2-6-37　时尚简约的餐厅家具（4）

图 2-6-38　乡村风格的餐厅家具（1）

图 2-6-39　乡村风格的餐厅家具（2）

图 2-6-40　餐厅组合家具（1）

图 2-6-41　餐厅组合家具（2）

图 2-6-42　餐厅组合家具（3）

图 2-6-43　餐厅组合家具（4）

图 2-6-44　铁艺餐厅组合家具（1）

图 2-6-45　铁艺餐厅组合家具（2）

图 2-6-46　藤制餐厅组合家具

图 2-6-47　古典餐厅组合家具

2.7 厨房家具设计

2.7.1 概述

厨房家具包括台座、吊柜等，设计时要考虑：

① 厨房家具设计应考虑到炊煮功能的要求和相关电器的规格尺寸；

② 厨房家具的高低、长宽之间的比例尺度，应符合人体工程学；

③ 厨房家具采用的材料应满足防火、防水等特殊的功能要求。

2.7.2 厨房家具尺寸

(1) 厨房平面布置经典形式（见图 2-7-1）

厨房可以是单独的空间，也可以与餐厅、客厅组合在一起，形成开放式的厨房。主要的平面布置方式有一字形、L 形、U 形、通道式等。

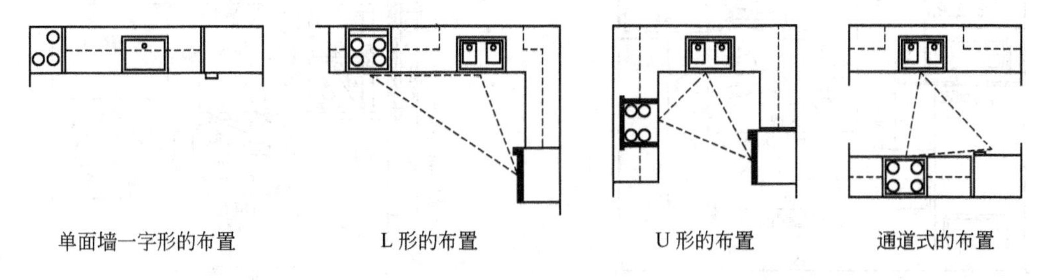

图 2-7-1　厨房的平面布置

(2) 厨房设备的主要尺寸（见图 2-7-2）

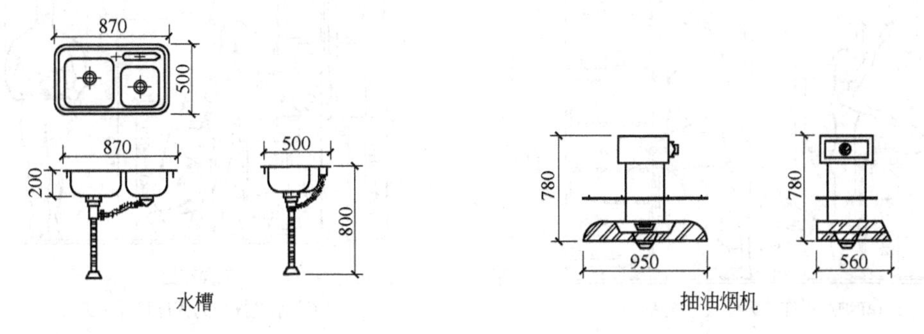

图 2-7-2

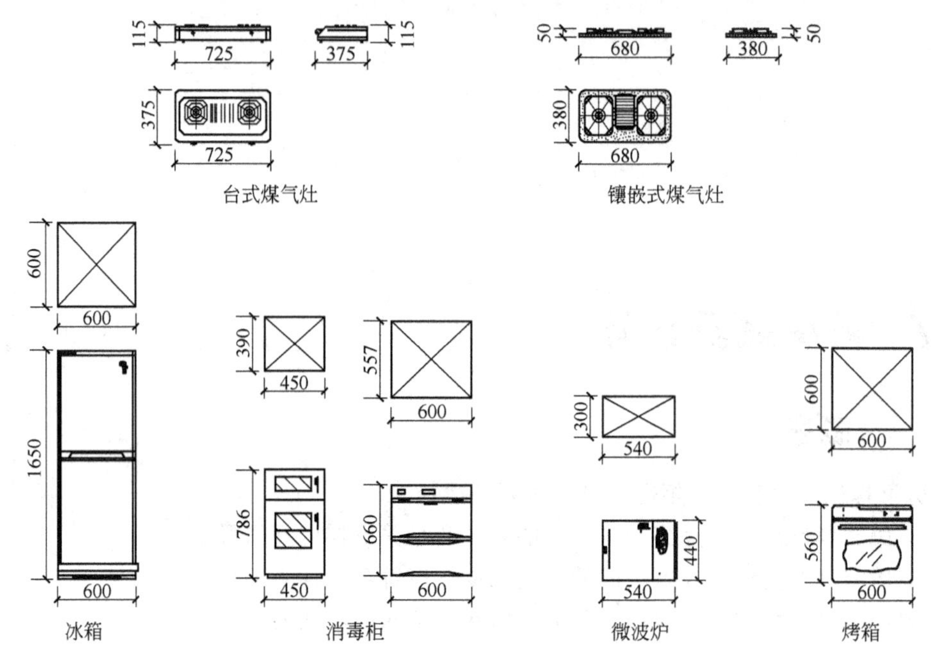

图 2-7-2　厨房常用设备尺寸

(3) 厨房家具与人、建筑室内的关系（见图 2-7-3）

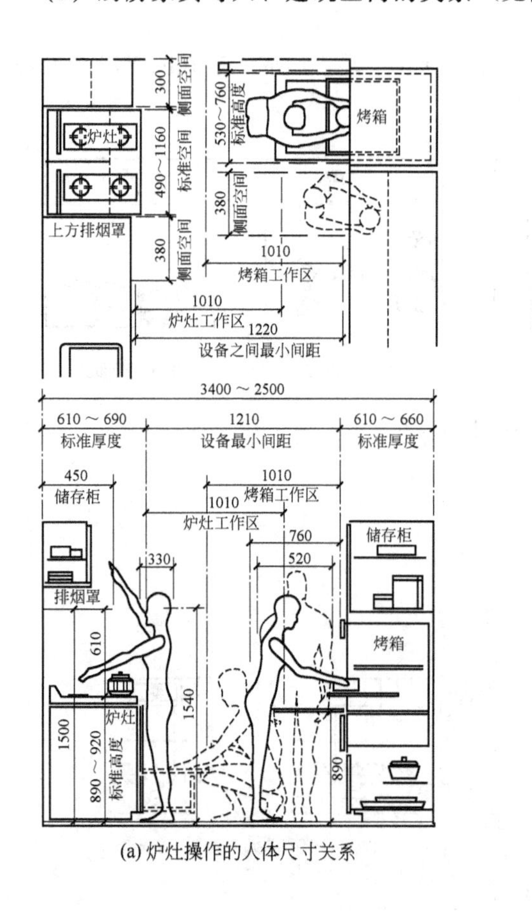

(a) 炉灶操作的人体尺寸关系

(b) 水池操作的人体尺寸关系

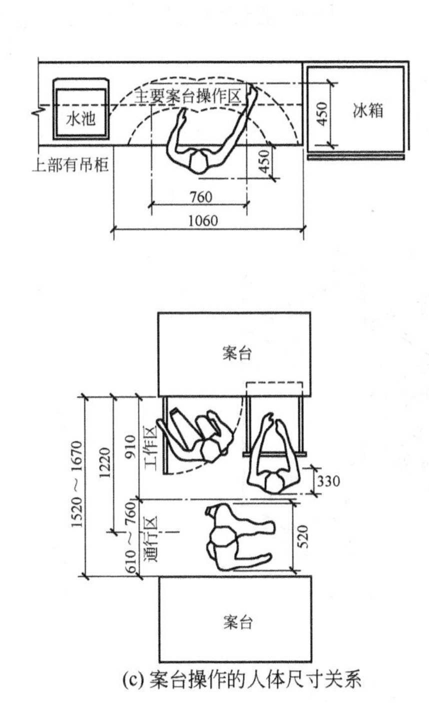

(c) 案台操作的人体尺寸关系

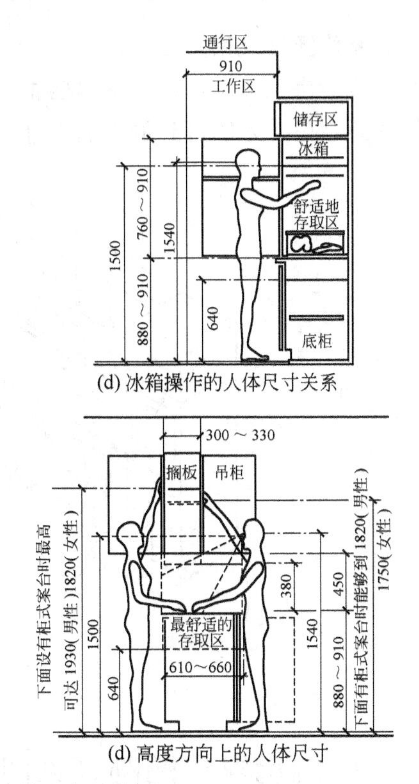

(d) 冰箱操作的人体尺寸关系

(d) 高度方向上的人体尺寸

图 2-7-3　厨房家具与人、建筑室内的关系

(4) 厨房常见的家具尺寸（见表 2-7-1）

表 2-7-1　厨房常见的家具尺寸

家具	尺寸	数值	家具	尺寸	数值
台柜	长	800～1200	吊柜	长	800～1200
	宽	550～600		宽	300～350
	高	800～850		高	300～750
壁柜	长	500～1200	备餐台	长	1200～1800
	宽	550～600		宽	500～800
	高	1800～2000		高	780～800
收纳柜	长	400～1200	搁板	长	400～800
	宽	350～500		宽	250～300
	高	800～1200		高	20～30

(5) 整体橱柜（见图 2-7-4）

在现代厨房家具设计中，整体橱柜的概念已经深入人心。厨房家具应与厨房空间、电器设备等统筹考虑，才能得到最佳的设计效果。

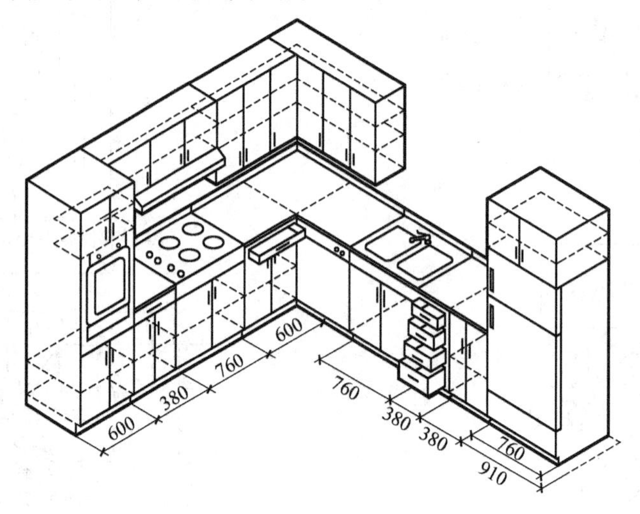

图 2-7-4 整体橱柜

2.7.3 厨房家具图例（见图 2-7-5～图 2-7-26）

图 2-7-5 厨房收纳柜（1）

图 2-7-6 厨房收纳柜（2）

图 2-7-7 厨房收纳柜（3）

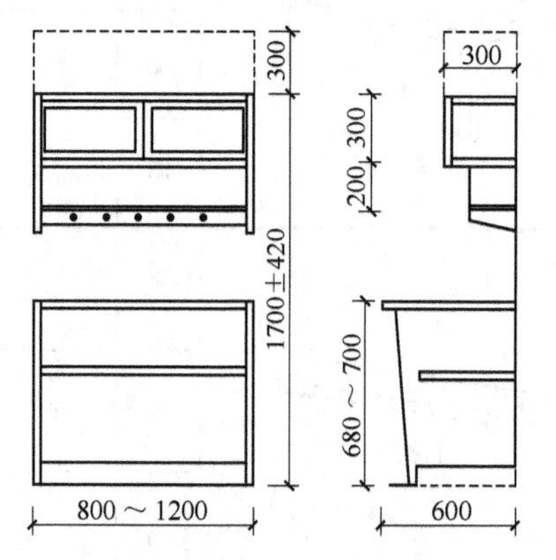

图 2-7-8 案台和吊柜三视图

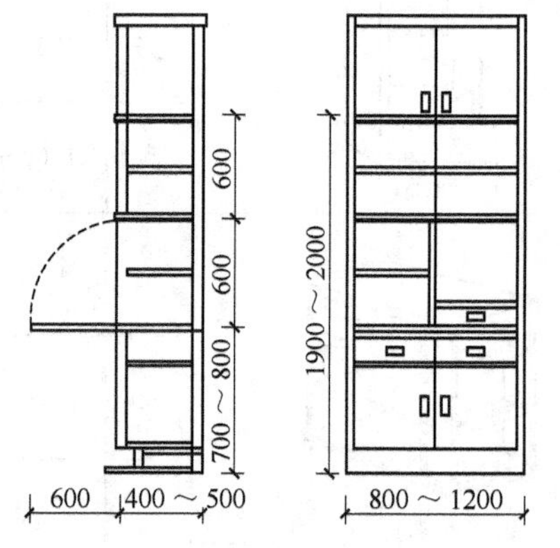

图 2-7-9 壁柜三视图

图 2-7-10 原木椅脚的备餐台

图 2-7-11 厨房碗柜

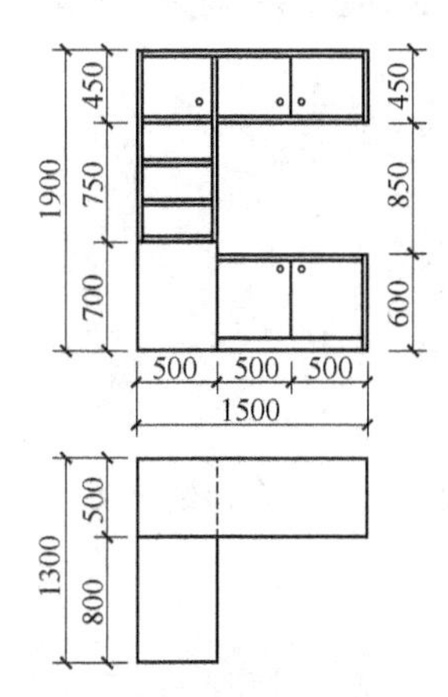

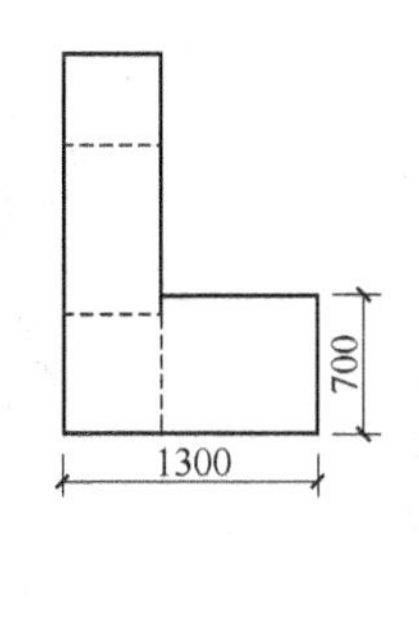

图 2-7-12 组合厨房家具三视图

图 2-7-13 现代厨房组合家具（1）

图 2-7-14 现代厨房组合家具（2）

图 2-7-15 现代厨房组合家具（3）

图 2-7-16 现代厨房组合家具（4）

图 2-7-17　现代厨房组合家具（5）

图 2-7-18　现代厨房组合家具（6）

图 2-7-19　厨房组合家具（1）

图 2-7-20　厨房组合家具（2）

图 2-7-21　厨房组合家具（3）

图 2-7-22　厨房组合家具（4）

图 2-7-23　厨房组合家具（5）

图 2-7-24　厨房组合家具（6）

图 2-7-25　厨房组合家具（7）

图 2-7-26　厨房组合家具（8）

2.8 卫生间家具设计

2.8.1 概述

卫生间家具主要包括盥洗柜和储物柜，设计时要考虑：

① 卫生间面积的大小，并以此为依据确定家具的品种和规格尺寸；

② 卫生间家具的规格尺寸和位置，应符合人体工程学原理；

③ 卫生间家具采用的材料应具有良好的防水性能，如金属、玻璃、天然石材、人造石材、防火中纤板等；

④ 卫生间家具的设计与卫生间设备统筹考虑，保证造型与风格的协调统一。例如镜子与储物柜的组合设计，洗脸盆与盥洗柜的结合等。

2.8.2 卫生间家具尺寸

(1) 卫生间的平面布置（见图 2-8-1）

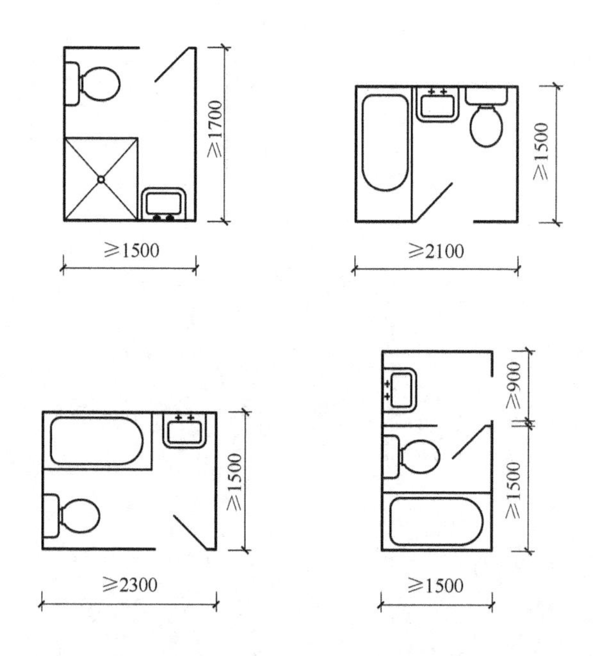

图 2-8-1 卫生间的平面布置

(2) 卫生间设备的主要尺寸（见图 2-8-2）

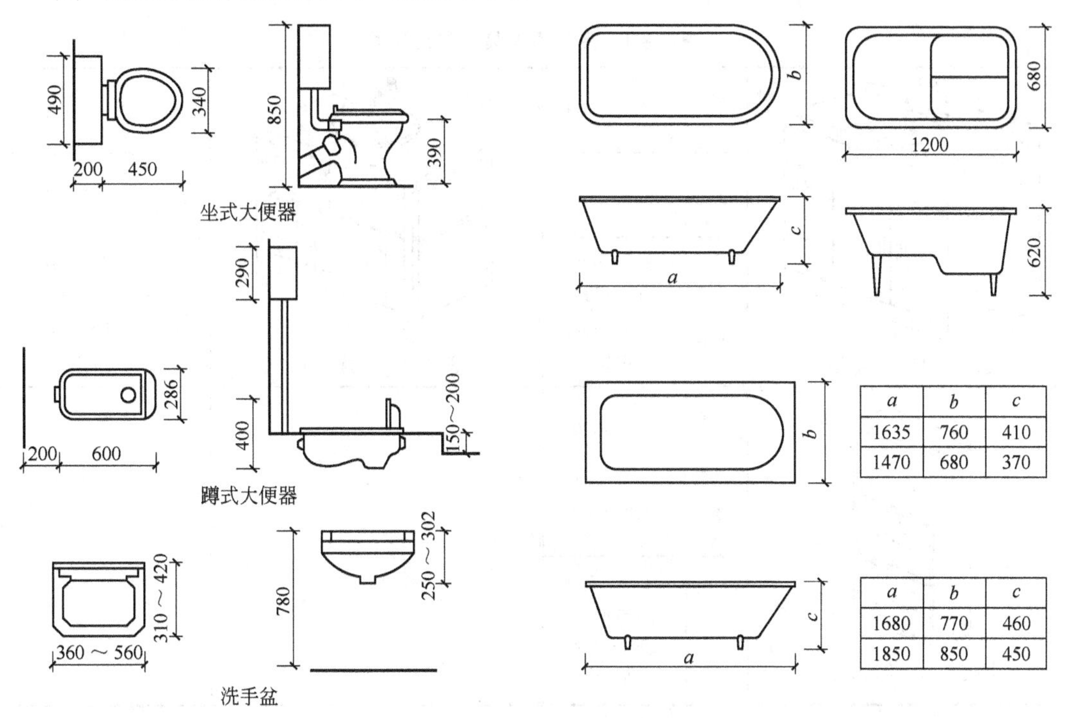

a	b	c
1635	760	410
1470	680	370

a	b	c
1680	770	460
1850	850	450

图 2-8-2 卫生间设备尺寸

(3) 人与卫生间设备之间的尺度关系（见图 2-8-3）

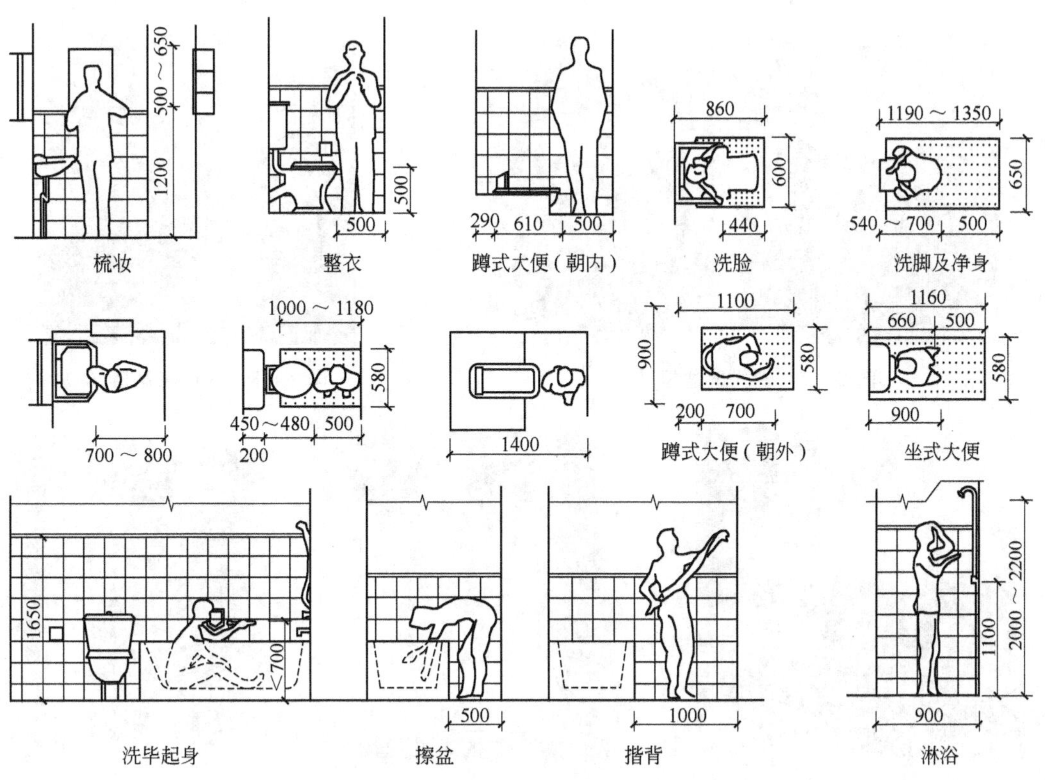

图 2-8-3 人与卫生间设备之间的尺度关系

(4) 卫生间常见的家具尺寸（见表 2-8-1）

表 2-8-1 卫生间家具的常见尺寸

图例	项目	尺寸	图例	项目	尺寸
图 2-8-4 台盆柜	长	600～1500	图 2-8-5 碗盆柜	长	600～1200
	宽	450～600		宽	400～550
	高	800～900 （台柜） 450～650 （吊柜）		高	600～700 （台柜） 350～400 （吊柜）
图 2-8-6 储物柜	长	200～300			
	宽	200～400			
	高	300～1500 （吊柜） 600～1800 （吊柜）			

2.8.3 卫生间家具图例（见图 2-8-7～图 2-8-35）

图 2-8-7 现代碗盆柜（1）

图 2-8-8 现代碗盆柜（2）

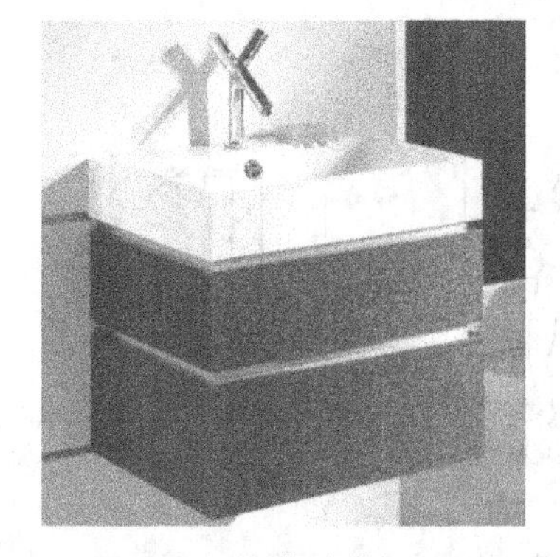

图 2-8-9 现代碗盆柜（3）

图 2-8-10 墙柜

图 2-8-11 半圆形古典台盆柜

图 2-8-12 古典台盆柜

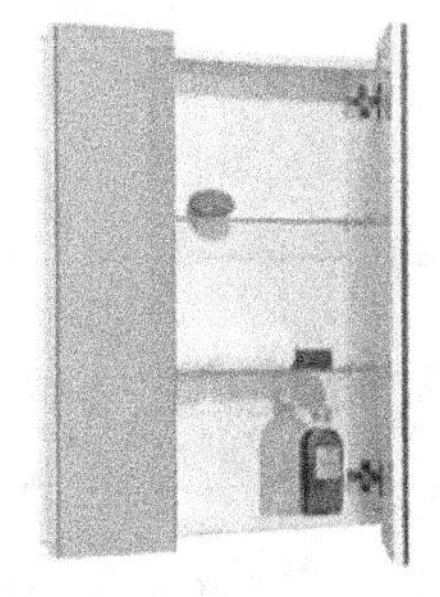

图 2-8-13 镜柜

图 2-8-14 隐藏式三面镜柜

图 2-8-15 储物架

图 2-8-16 衣物篮

图 2-8-17 储物柜（1）

图 2-8-18 储物柜（2）

图 2-8-19 储物柜（3）

图 2-8-20　储物柜（4）

图 2-8-21　卫浴组合家具（1）

图 2-8-22　卫浴组合家具（2）

图 2-8-23　卫浴组合家具（3）

图 2-8-24　卫浴组合家具（4）

图 2-8-25 卫浴组合家具（5）

图 2-8-26 卫浴组合家具（6）

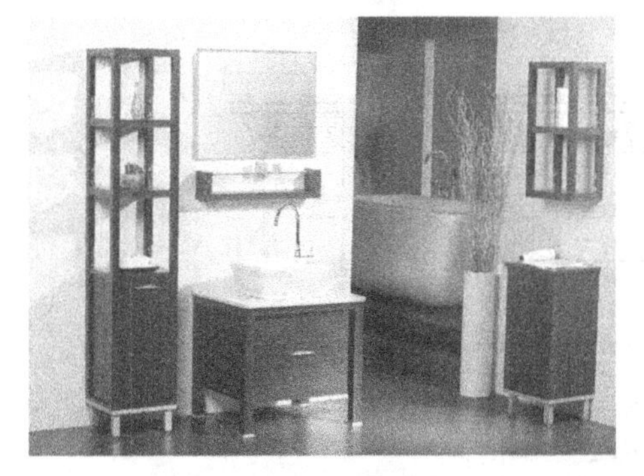

图 2-8-27 卫浴组合家具（7）

图 2-8-28 卫浴组合家具（8）

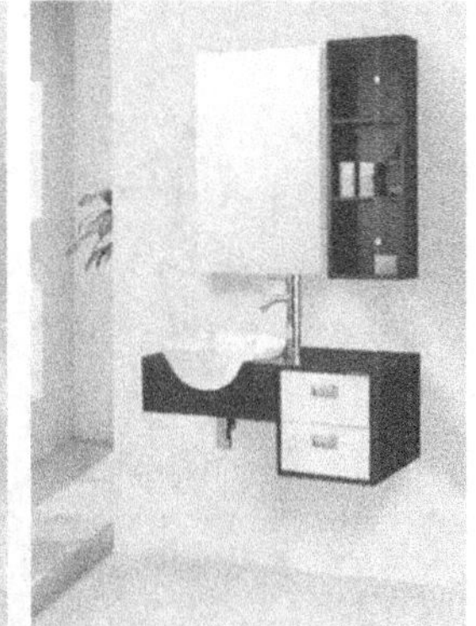

图 2-8-29 现代简约的卫浴组合家具（1）

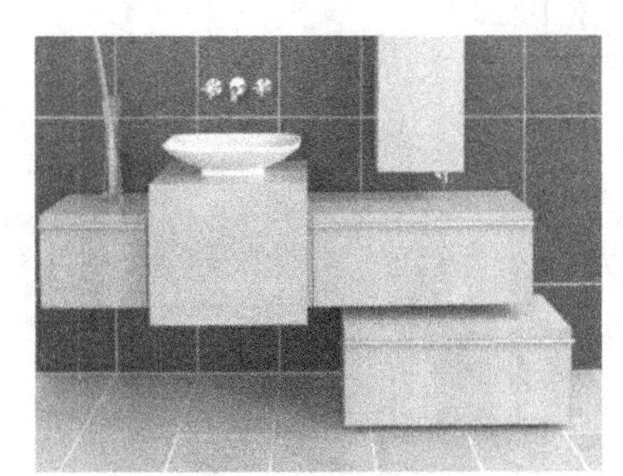

图 2-8-30 现代简约的卫浴组合家具（2）

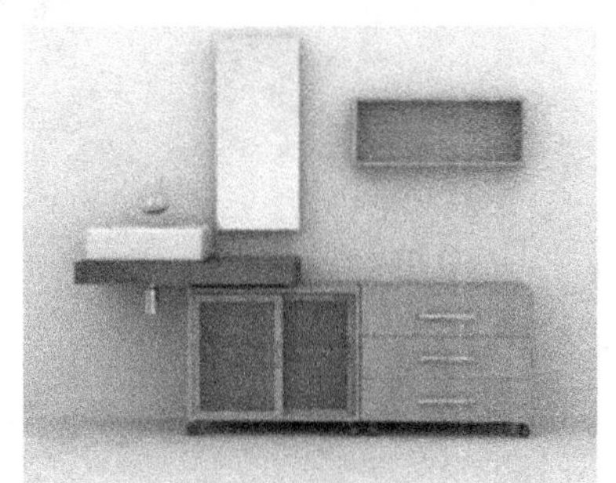

图 2-8-31 现代简约的卫浴组合家具（3）

图 2-8-32　复古奢华的卫浴组合家具

图 2-8-33　传统经典的卫浴组合家具

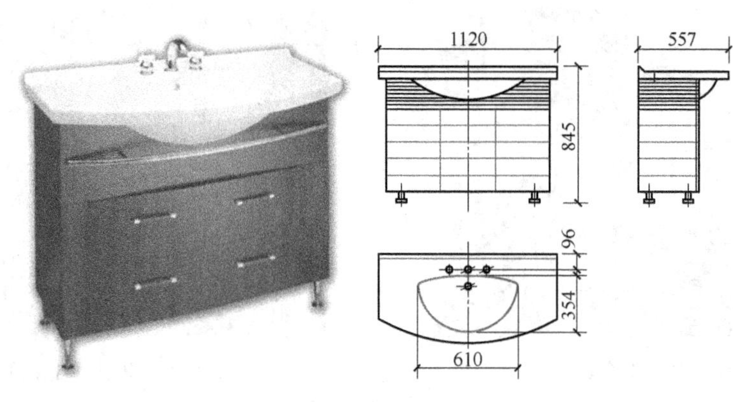

图 2-8-34　台盆柜三视图

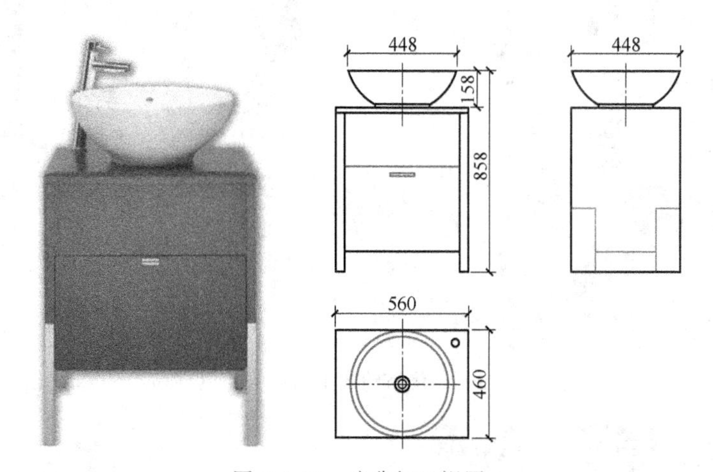

图 2-8-35　碗盆柜三视图

2.9 儿童家具设计

2.9.1 概述

儿童家具包括幼儿园家具、小学家具和家庭儿童家具，设计时要考虑以下几点。

① 幼儿园家具设计要特别注意儿童的生理、心理的使用需要。儿童桌、椅的尺度要根据不同年龄的大小区别对待。儿童家具应尽量设计得美观、可爱。

② 家具的结构连接处，要防止棱角倒口的现象出现，最好设计成圆润光滑的圆角家具。

③ 幼儿园家具的色彩可丰富多彩，在家具设计中可大胆运用模拟和仿生的手法，使幼儿园家具显得形象生动。

④ 小学生家具主要为课桌椅、讲台、多媒体用家具和其他活动室家具，要根据这时期小孩子的活动特点和学习要求，既要考虑实用、经济，又要考虑美观。

⑤ 家庭儿童家具主要为儿童床、儿童桌椅、儿童衣柜和储物柜等，设计家具时要注意考虑家具能适用不同的年龄阶段而不会造成大的浪费以及儿童房的家具设计要注意性别，色彩同样可大胆些。

⑥ 家具采用的材料以轻质材料为主，便于儿童自己搬拿。

2.9.2 幼儿园家具

(1) 儿童人体尺寸（见图 2-9-1 和表 2-9-1、表 2-9-2）

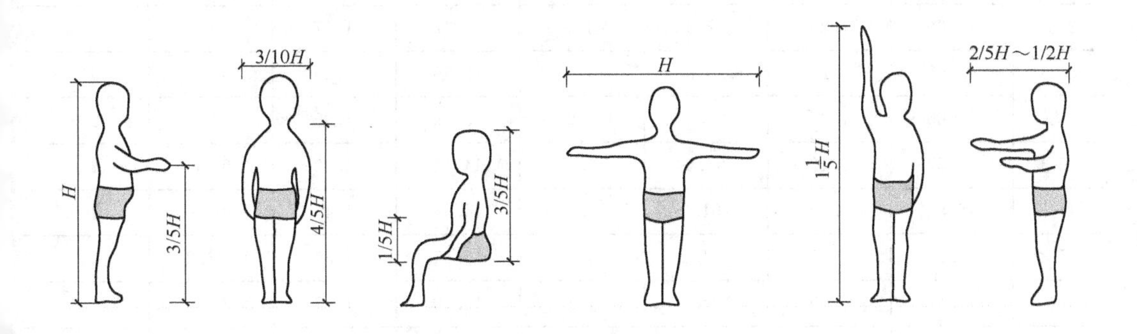

图 2-9-1 幼儿人体尺寸图示

表 2-9-1　中国 0～7 岁城市儿童体重和身高一览表

年 龄	男				女			
	体重/kg		身高/cm		体重/kg		身高/cm	
	均 值	标准差	均 值	标准差	均 值	标准差	均 值	标准差
10 个月	9.65	1.04	74.6	2.6	9.09	0.99	73.3	2.6
12 个月	10.16	1.04	77.3	2.7	9.52	1.05	75.9	2.8
15 个月	10.70	1.11	80.3	2.8	10.09	1.05	78.9	2.8
18 个月	11.25	1.19	82.7	3.1	10.65	1.11	81.6	2.9
21 个月	11.83	1.26	85.6	3.2	11.25	1.12	84.5	3.0
2 岁	12.57	1.28	89.1	3.4	12.04	1.23	88.1	3.4
2.5 岁	13.56	1.33	93.3	3.5	12.97	1.33	92.0	3.6
3 岁	14.42	1.51	96.8	3.7	14.01	1.43	95.9	3.6
3.5 岁	15.37	1.55	100.2	3.8	14.94	1.52	99.2	3.8
4 岁	16.23	1.77	103.7	4.1	15.81	1.68	102.8	3.9
4.5 岁	17.24	1.94	107.1	4.1	16.80	1.88	106.2	4.2
5 岁	18.34	2.13	110.5	4.2	17.84	1.97	109.8	4.1
5.5 岁	19.38	2.25	113.7	4.5	18.80	2.22	112.9	4.5
6～7 岁	20.97	2.60	117.9	4.7	20.36	2.55	117.1	4.5

表 2-9-2　中国 0～7 岁农村儿童体重和身高一览表

年 龄	男				女			
	体重/kg		身高/cm		体重/kg		身高/cm	
	均 值	标准差	均 值	标准差	均 值	标准差	均 值	标准差
10 个月	9.29	0.99	73.4	2.7	8.72	0.92	72.1	2.5
12 个月	9.72	1.03	76.1	2.8	9.23	1.04	75.0	2.9
15 个月	10.17	1.07	78.7	3.1	9.60	0.94	77.3	2.8
18 个月	10.72	1.09	81.3	3.2	10.14	1.06	79.9	3.1
21 个月	11.27	1.13	83.8	3.2	10.70	1.06	82.6	3.1
2 岁	12.00	1.25	87.0	3.4	11.49	1.17	85.9	3.3
2.5 岁	12.98	1.26	90.9	3.4	12.49	1.25	89.7	3.5
3 岁	13.85	1.37	94.3	3.6	13.39	1.29	93.5	3.6
3.5 岁	14.67	1.42	97.6	3.8	14.18	1.40	96.6	3.6
4 岁	15.51	1.49	101.0	3.9	14.94	1.49	99.9	3.9
4.5 岁	16.29	1.63	104.2	4.2	15.84	1.59	103.2	4.0
5 岁	17.17	1.69	107.5	4.2	16.70	1.82	106.5	4.3
5.5 岁	17.99	1.80	110.4	4.3	17.53	1.84	109.5	4.4
6～7 岁	19.33	2.09	114.3	4.9	18.74	2.10	113.5	4.8

(2) 床位排列尺寸（见图 2-9-2～图 2-9-4）

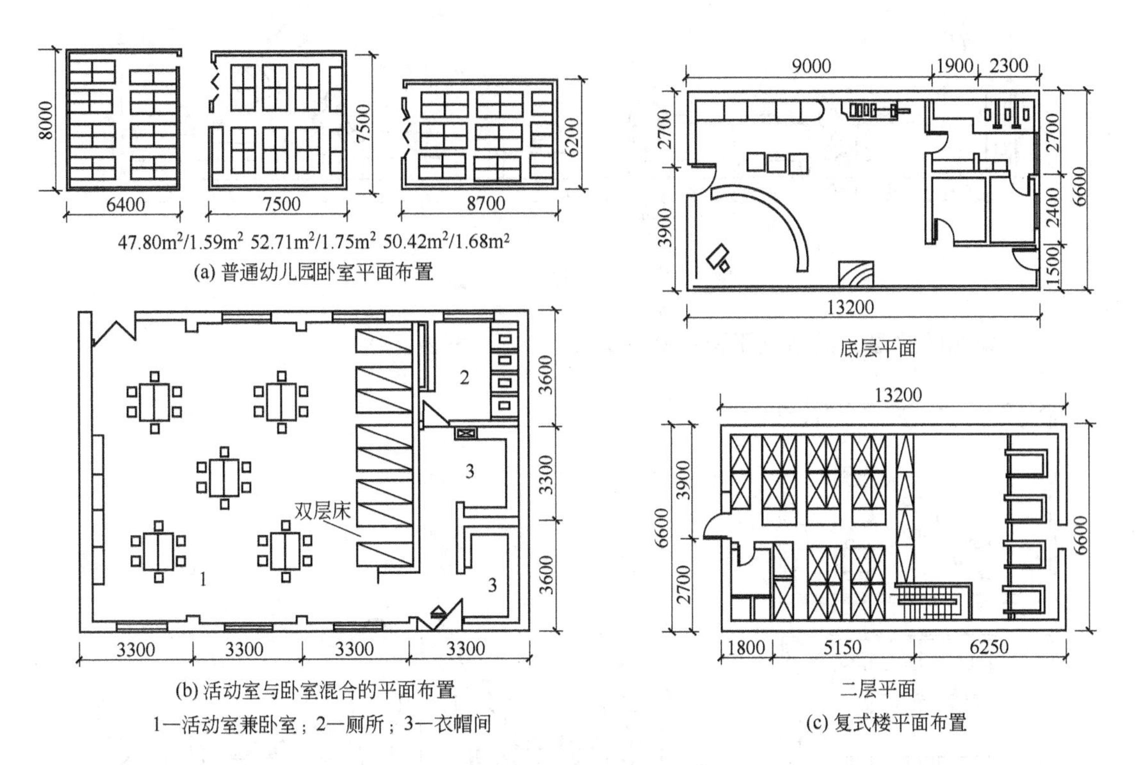

图 2-9-2 幼儿园卧室床平面布置

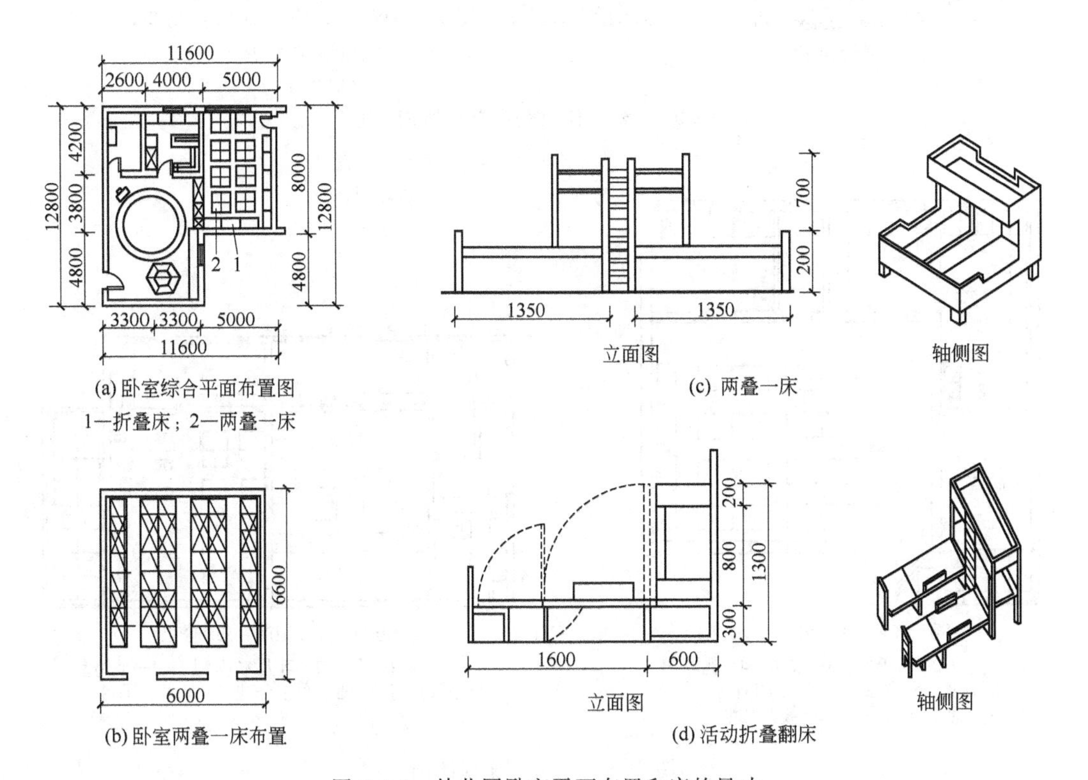

图 2-9-3 幼儿园卧室平面布置和床的尺寸

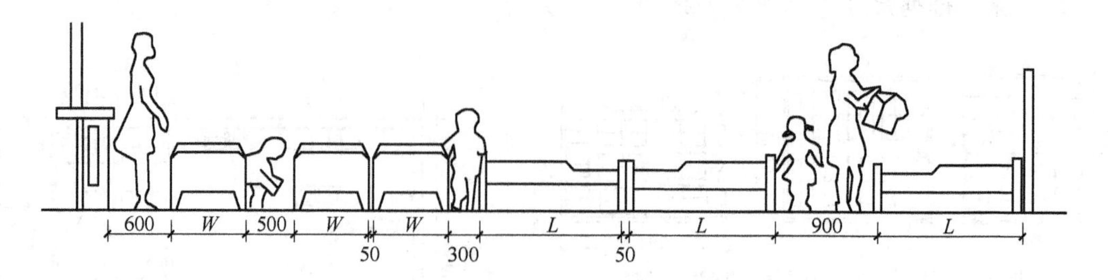

图 2-9-4　幼儿园卧室床间距尺寸

(3) 幼儿园教室、活动室平面布置（见图 2-9-5～图 2-9-7）

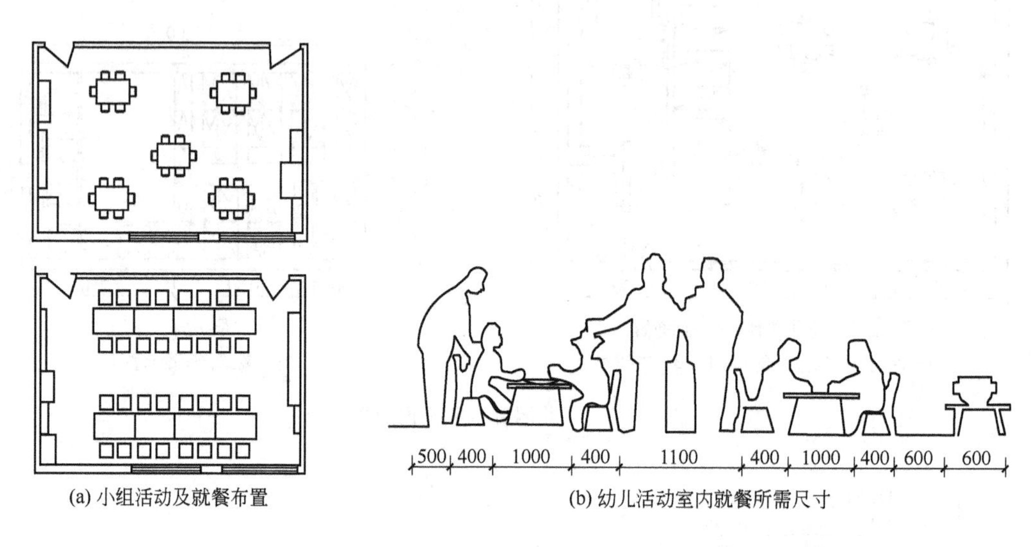

(a) 小组活动及就餐布置

(b) 幼儿活动室内就餐所需尺寸

图 2-9-5　幼儿园就餐布置和所需尺寸

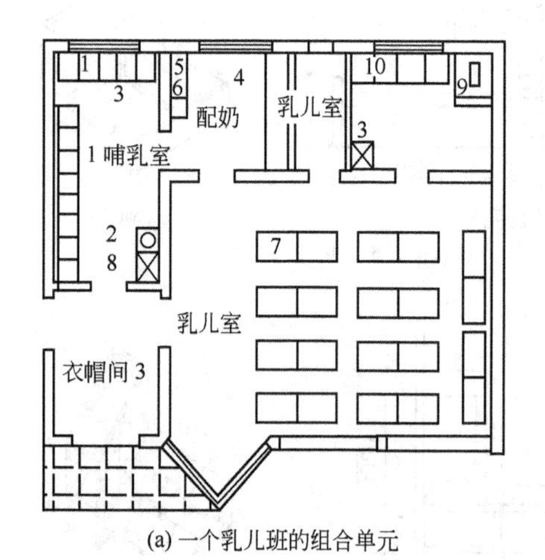

(a) 一个乳儿班的组合单元

1—椅子；2—洗手盆；3—衣钩；4—奶瓶架；
5—消毒器；6—洗涤池；7—幼儿床；
8—污水池；9—厕所；10—婴儿洗池

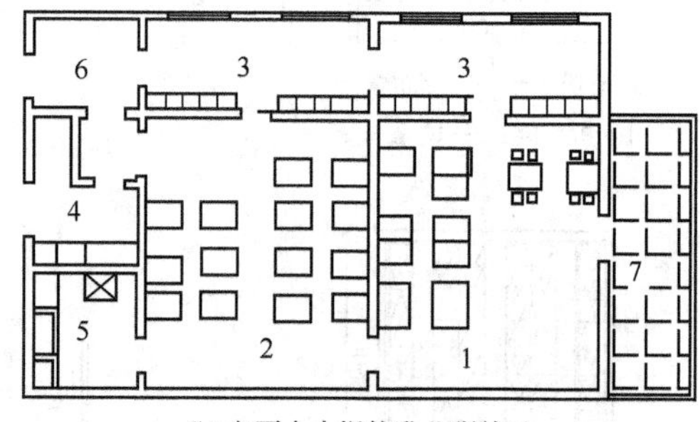

(b) 有两个小组的乳儿班单元

1—乳儿室(1组)；2—乳儿室(2组)；3—喂奶室；
4—配奶室；5—卫生间；6—收容室；7—阳台

图 2-9-6　乳儿班平面图例

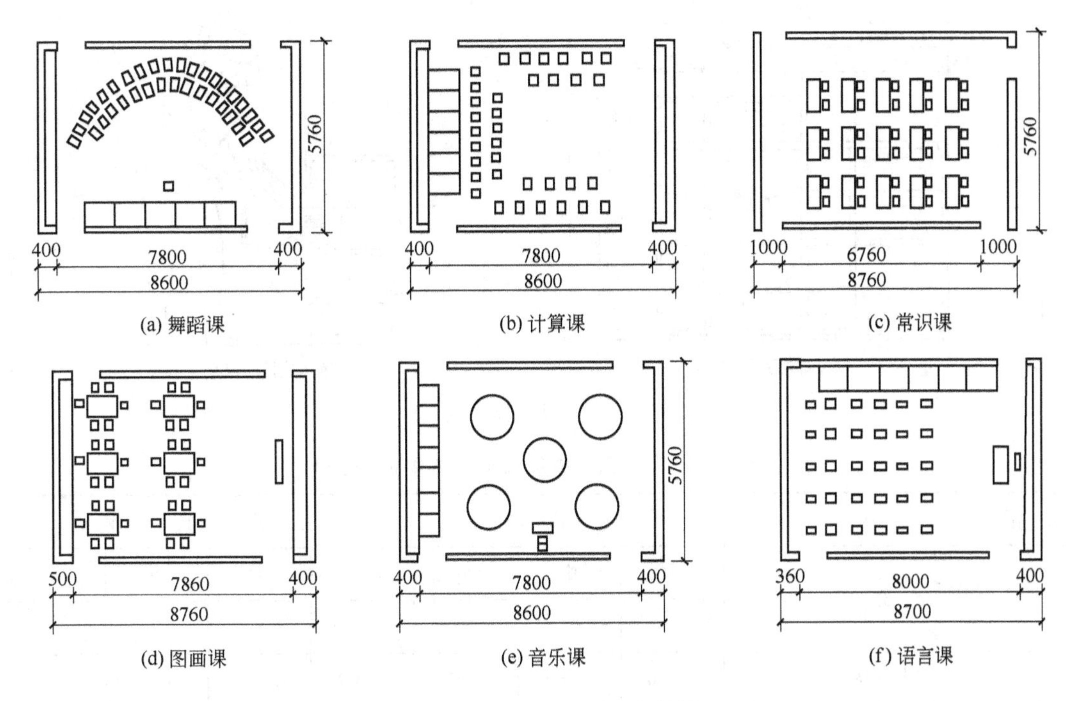

图 2-9-7　幼儿园教室平面图例

(4) 家具类型和尺寸（见图 2-9-8、表 2-9-3、表 2-9-4）

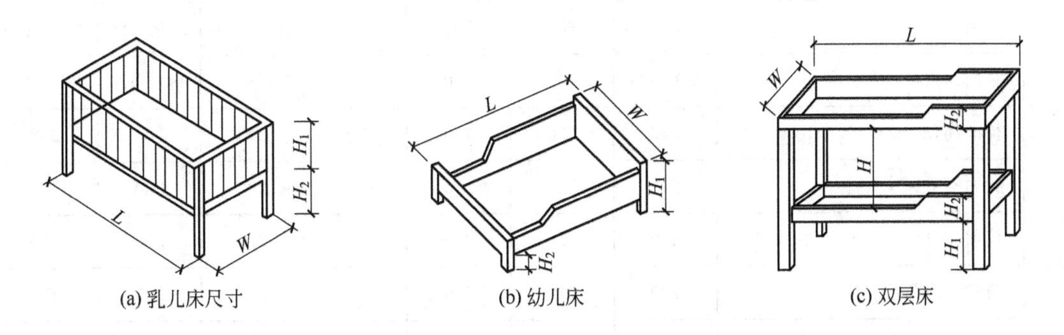

图 2-9-8　幼儿园床的形式

表 2-9-3　幼儿园床的尺寸（单位：mm）

型　号	年　龄	使用范围	长(L)	宽(W)	高(H_1)	侧栏高(H_2)
1	6～7 岁	幼儿园大、中班	1400	800	400	200
2	4～5 岁	幼儿园小班、托儿所大班	1200	650	400	200
3	2～3 岁	托儿所中、小班	1000	600	400	500
4	1 岁以下	幼儿园小小班	1000	500	500	500

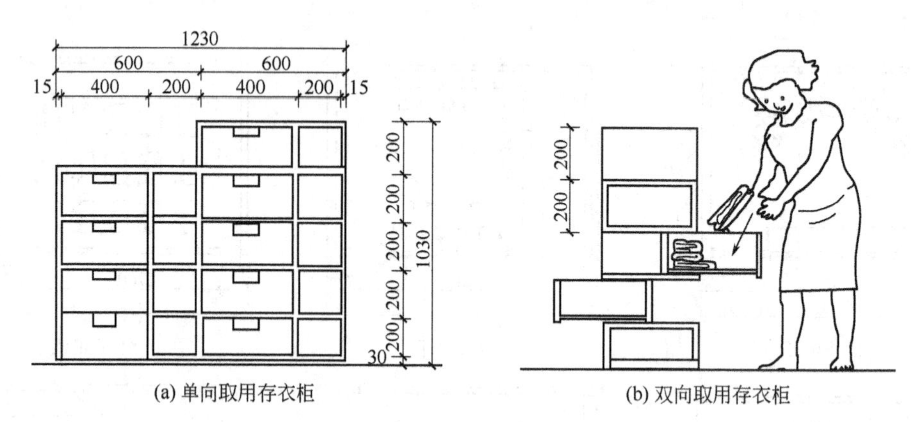

(a) 单向取用存衣柜　　(b) 双向取用存衣柜

图 2-9-9　幼儿园存衣柜

表 2-9-4　幼儿园桌椅基本尺寸（单位：mm）

类别		托儿所				幼儿园		
课桌椅号		大	中	小	小小	大	中	小
		11	12	13	14	8	9	10
使用者身高		90～104	90±7	75～89	75±7	120±7	105～119	105±7
桌	高(h_1)	440	410	380	330	550	510	480
	桌下空间高(h_2)					＞430	＞400	＞380
	桌面宽度(b_1)	100～110	700	700		100～120	100～120	100～110
	桌面深度(t_1)	380～420	700	700		380～420	380～420	380～420
椅	椅面高(h_3)	240	220	200	170	300	280	260
	椅面有效深度(t_2)	240	210	210		290	280	260
	椅面宽度(b_2)	250	250	250		270	270	250
	椅背上缘高(h_4)	220	210	200		250	240	230
	靠背上下缘间距(h_5)	＞100	＞100	＞100		＞100	＞100	＞100
	靠背宽度(b_3)	230	220	210		250	250	250
图例	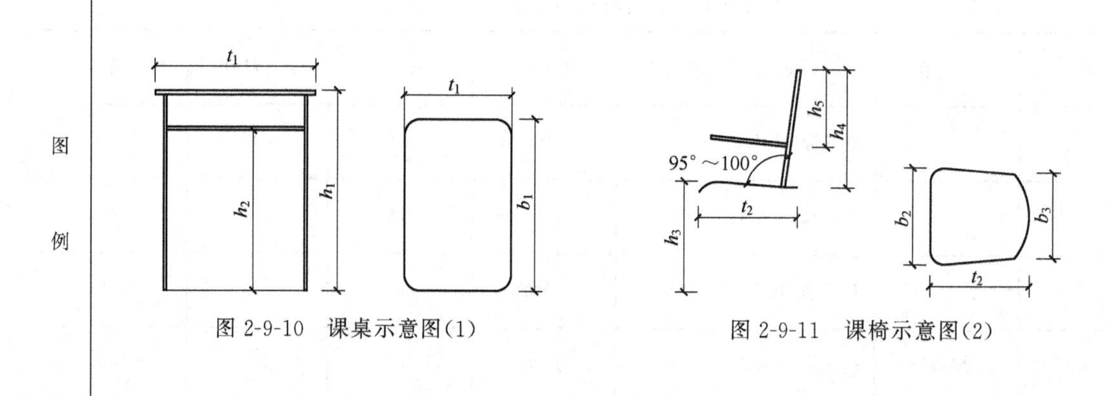							

图 2-9-10　课桌示意图(1)

图 2-9-11　课椅示意图(2)

2.9.3 家庭儿童家具

(1) 家庭儿童室平面布置（见图 2-9-12）

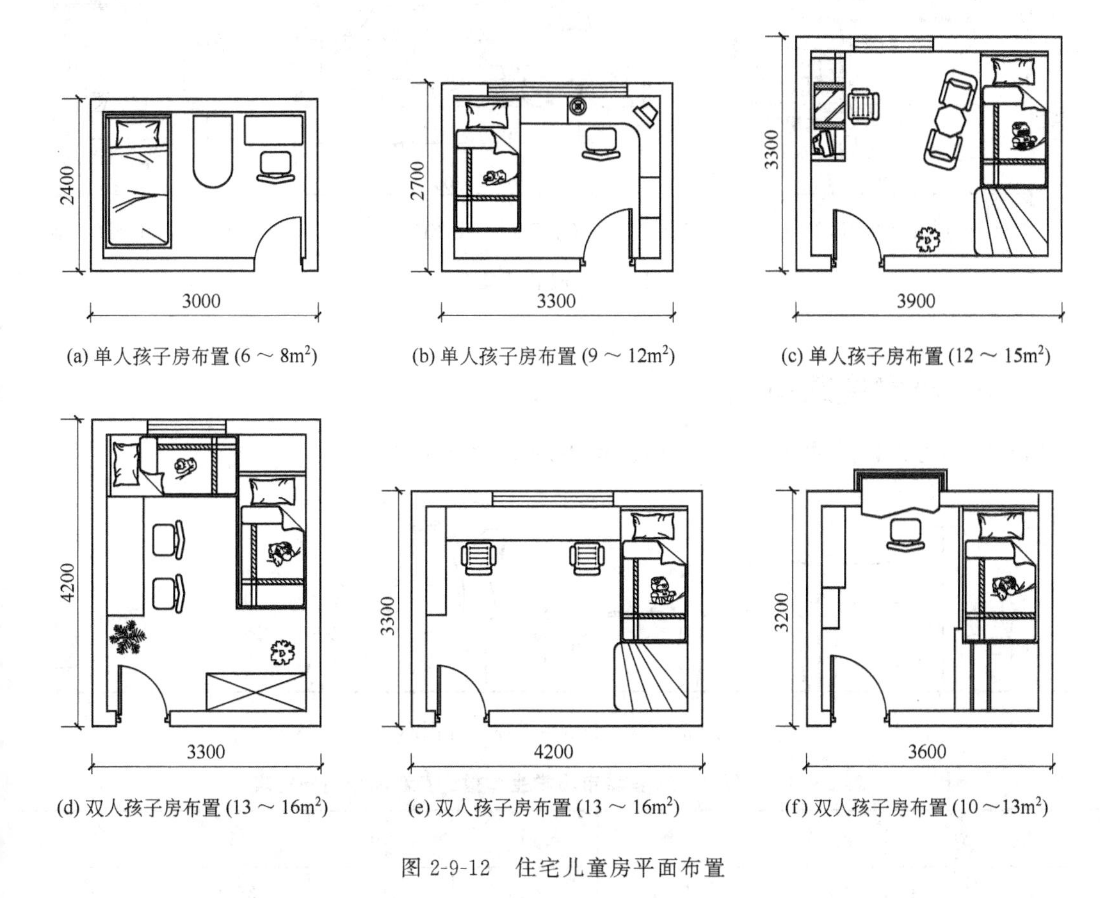

(a) 单人孩子房布置 (6 ～ 8m²)　(b) 单人孩子房布置 (9 ～ 12m²)　(c) 单人孩子房布置 (12 ～ 15m²)

(d) 双人孩子房布置 (13 ～ 16m²)　(e) 双人孩子房布置 (13 ～ 16m²)　(f) 双人孩子房布置 (10 ～13m²)

图 2-9-12　住宅儿童房平面布置

(2) 儿童成套家具实例（见图 2-9-13、图 2-9-14）

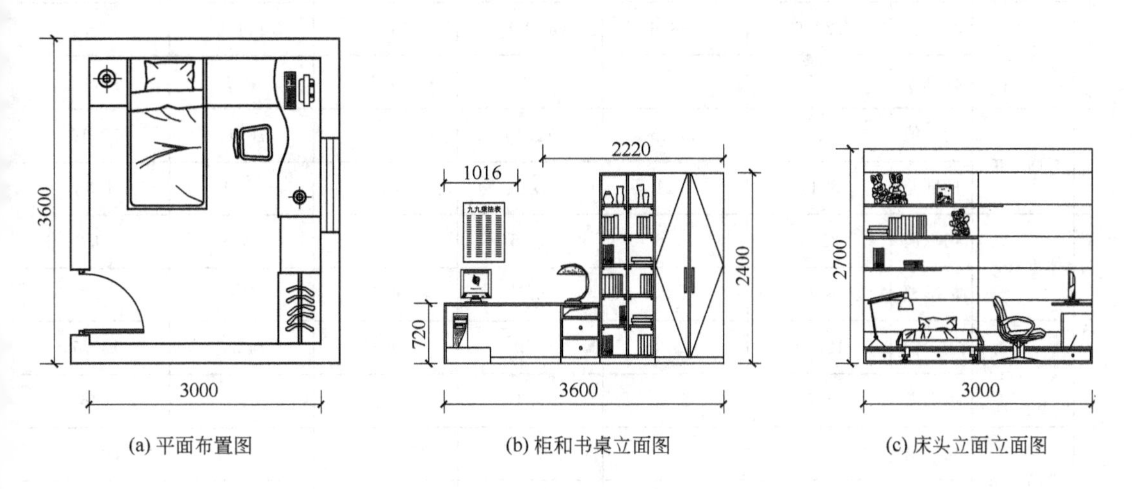

(a) 平面布置图　(b) 柜和书桌立面图　(c) 床头立面立面图

图 2-9-13　儿童成套家具实例（1）

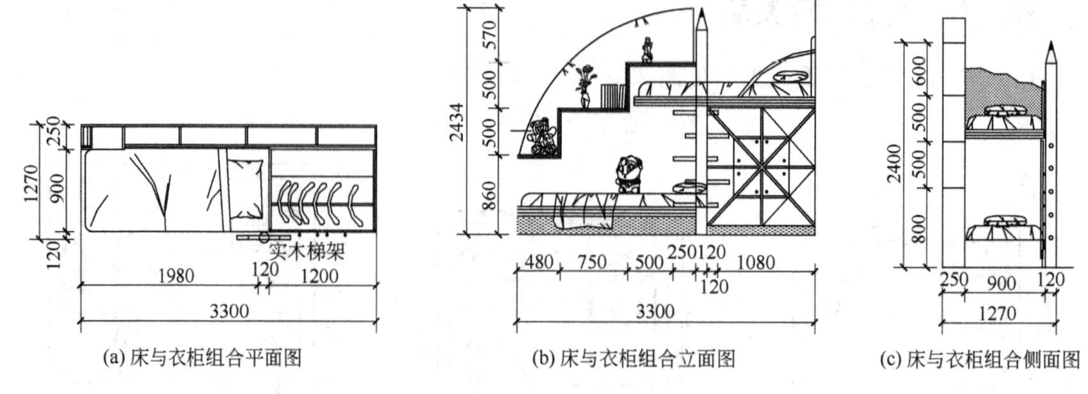

(a) 床与衣柜组合平面图　(b) 床与衣柜组合立面图　(c) 床与衣柜组合侧面图

图 2-9-14　儿童成套家具实例（2）

2.9.4 小学生家具

(1) 小学生人体尺寸（见图 2-9-15、表 2-9-5、表 2-9-6）

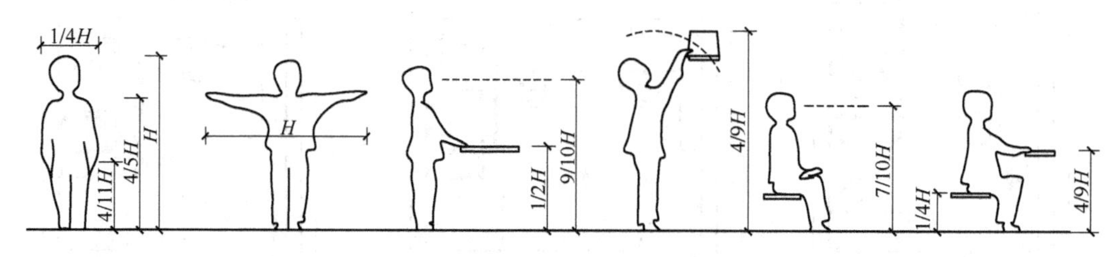

图 2-9-15　小学生人体尺寸图示

表 2-9-5　中国 7～12 岁城市小学生体重、身高和坐高一览表

年龄			7	8	9	10	11	12
男性	体重/kg	均值	23.4	25.7	28.7	31.9	35.7	39.7
		标准差	4.1	4.8	5.7	6.7	7.8	8.7
	身高/cm	均值	123.9	128.6	133.8	138.8	144.5	150.4
		标准差	5.7	5.9	6.1	6.6	7.2	8.2
	坐高/cm	均值	68.03	69.95	72.15	74.01	76.17	79.16
		标准差	3.11	3.11	3.25	3.33	3.71	4.38
女性	体重/kg	均值	22.3	24.6	27.5	31.1	35.8	40.2
		标准差	3.6	4.2	5.1	6.2	7.3	7.8
	身高/cm	均值	122.7	127.8	133.5	139.5	146.2	151.7
		标准差	5.5	5.8	6.4	7.1	7.3	6.6
	坐高/cm	均值	67.09	69.28	71.72	74.32	77.65	80.71
		标准差	3.04	3.15	3.41	3.76	4.19	3.98

表 2-9-6　中国 7～12 岁农村小学生体重、身高和坐高一览表

年龄			7	8	9	10	11	12
男性	体重/kg	均值	21.5	23.5	25.9	28.5	31.7	35.5
		标准差	3.0	3.7	4.3	4.9	5.8	7.0
	身高/cm	均值	120.7	125.1	130.1	134.9	140.1	146.1
		标准差	5.6	6.1	6.2	6.7	7.4	8.4
	坐高/cm	均值	66.08	68.83				
		标准差	3.12	3.21				
女性	体重/kg	均值	20.8	22.8	25.2	28.4	32.3	36.7
		标准差	3.0	3.4	4.2	5.1	6.3	6.6
	身高/cm	均值	119.8	124.6	129.6	135.5	141.6	147.5
		标准差	5.7	6.0	6.7	7.3	7.8	7.3
	坐高/cm	均值	65.77	67.90	70.08	72.53	75.62	78.70
		标准差	3.11	3.22	3.38	3.79	4.27	4.39

（2）教室平面布置（见图 2-9-16～图 2-9-20、表 2-9-7）

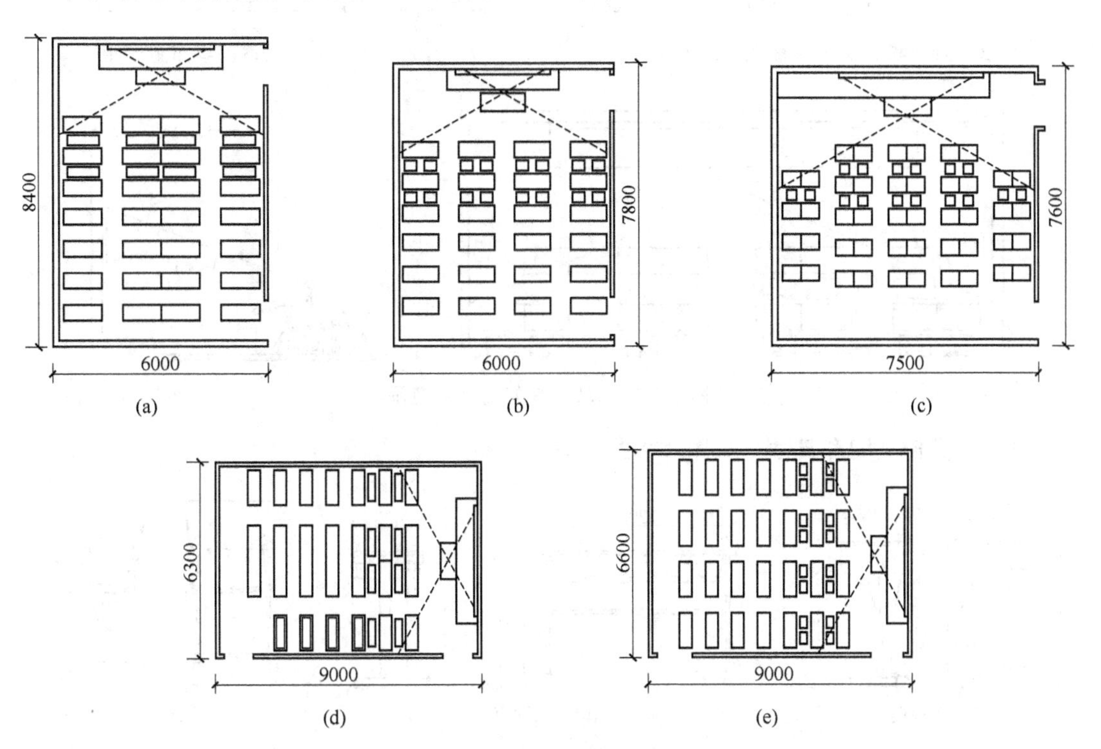

图 2-9-16　小学教室平面布置实例

表 2-9-7　小学普通教室座位布置有关尺寸良好视觉范围

代　号	部　位　名　称	间隔尺寸	图　　例
a	课桌椅前后排距	≥850	图 2-9-17　小学教室平面布置尺寸图示
b	纵向走道宽度	≥550	
c	课桌部分与墙面距离	≥120	
d	第一排课桌前沿与黑板距离	≥2000	
e	最后一排与课桌后沿黑板距离	≥8000	
f	教室后部横向走道宽度	≥600	
	前排边座学生与黑板远端形成的水平视角	≥30°	

图 2-9-18　黑板文字与最大视距的关系

图 2-9-19　小学教室课桌布置间距

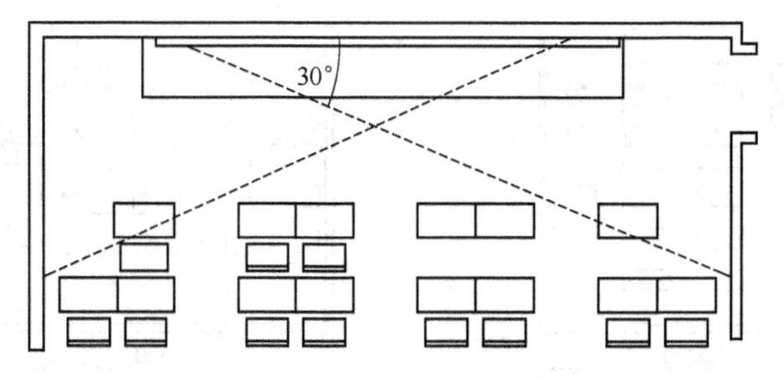

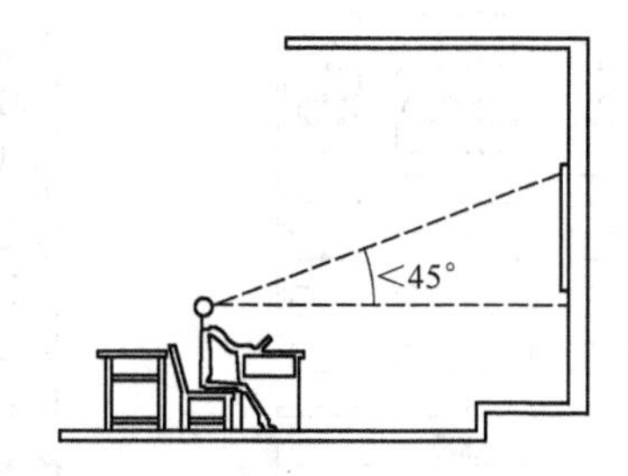

图 2-9-20　教室良好的视觉范围

(3) 课桌椅类型和尺寸（见图 2-9-21、表 2-9-8）

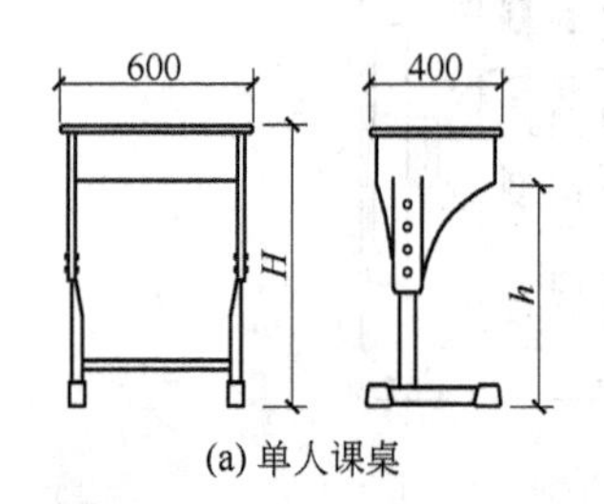

(a) 单人课桌

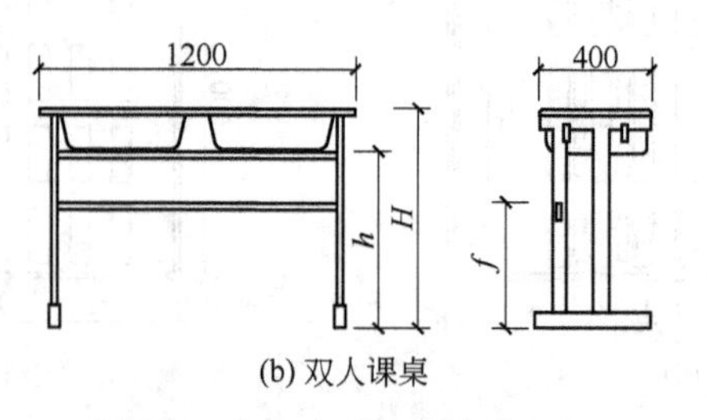

(b) 双人课桌

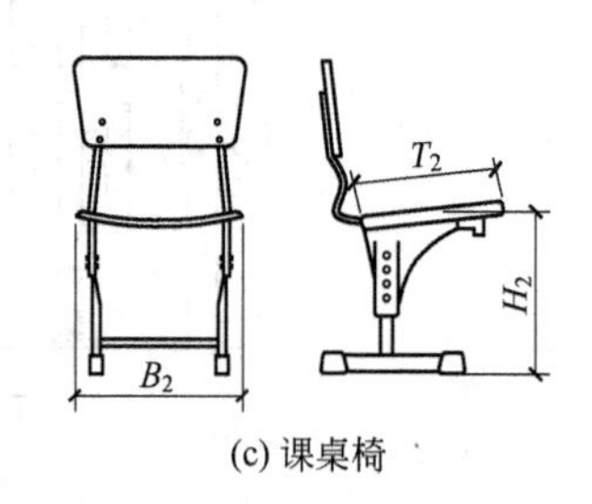

(c) 课桌椅

图 2-9-21　小学生课桌类型

表 2-9-8 小学生课桌椅使用范围和尺寸

课桌椅号数			4	5	6	7	8	9
使用者身高范围			1430～1570	1350～1490	1280～1420	1200～1340	1130～1270	900 以下
颜色标记			红	白	黄	白	紫	白
课桌	桌高 h_1		670	640	610	580	550	520
	桌下空间高 h_2		>550	>520	>490	>460	>430	>420
	桌面宽度 b_1	单人用	550～600			550～600		
		双人用	1000～1200			1000～1200		
	桌面深度 t_1		380～420			380～420		
课椅	椅面高 h_3		380	360	340	320	300	290
	椅面有效深度 t_2		340			290		
	椅面宽度 b_2		>320			>270		
	靠背上缘间距椅面高 h_4		290	280	270	260	250	240
	靠背上下缘间距 h_5		>100			>100		
	靠背宽度 b_3		>280			>250		
图例	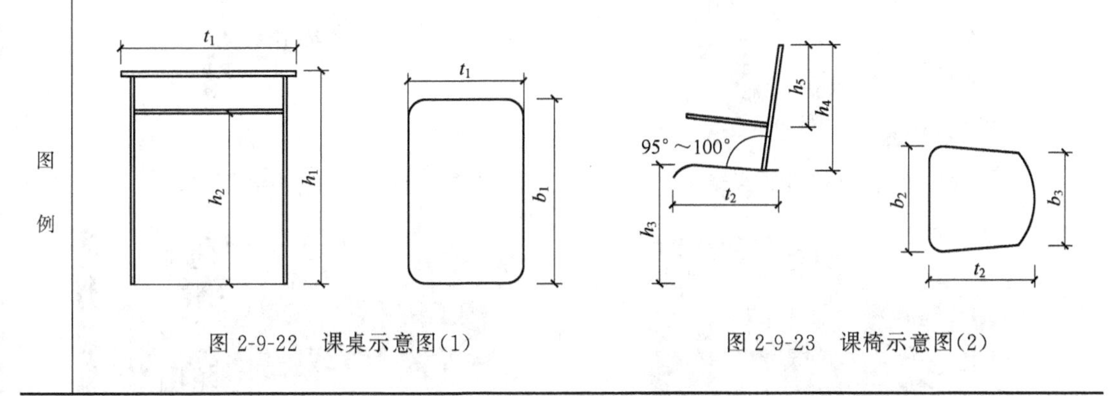 图 2-9-22 课桌示意图(1)　图 2-9-23 课椅示意图(2)							

2.9.5 儿童家具图例（见图 2-9-24～图 2-9-54）

图 2-9-24 儿童靠背椅

图 2-9-25 儿童沙发

图 2-9-26　汽车造型儿童床（1）

图 2-9-27　汽车造型儿童床（2）

图 2-9-28　儿童桌椅

图 2-9-29　儿童可调节桌

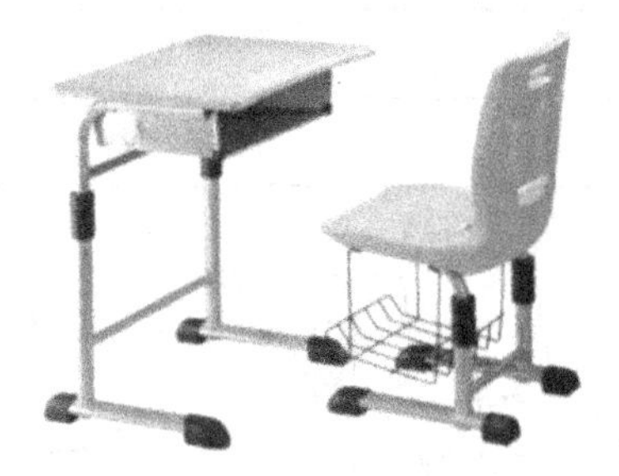

图 2-9-30　小学生课桌椅

图 2-9-31　小学生课桌

图 2-9-32　儿童房组合家具（1）

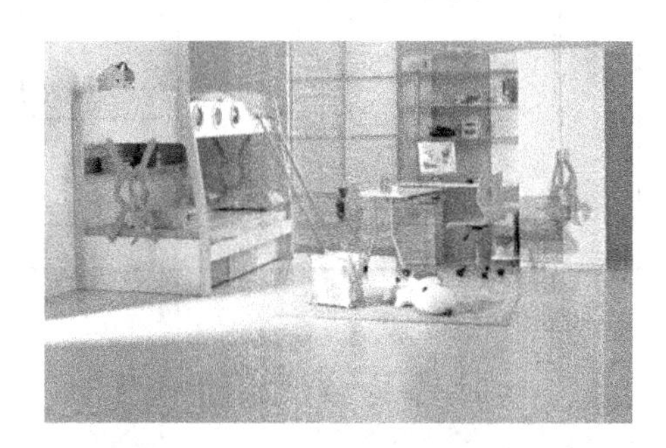

图 2-9-33　儿童房组合家具（2）

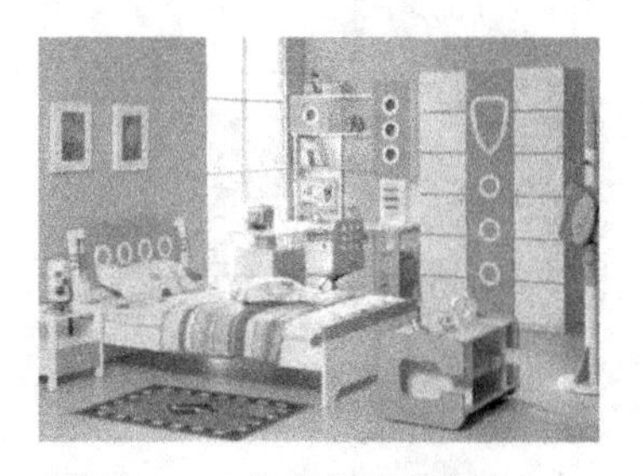

图 2-9-34　儿童房组合家具（3）

图 2-9-35　儿童房组合家具（4）

图 2-9-36 儿童组合家具（5）

图 2-9-37 儿童床

图 2-9-38 儿童双层床

图 2-9-39 婴儿床（1）

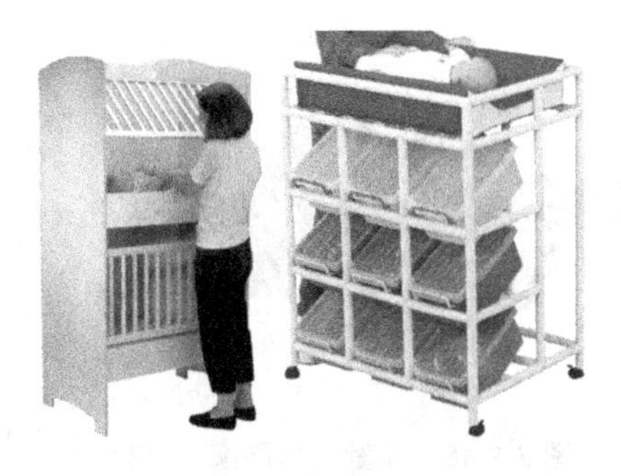

图 2-9-40 婴儿床（2）

图 2-9-41 儿童室内玩具车

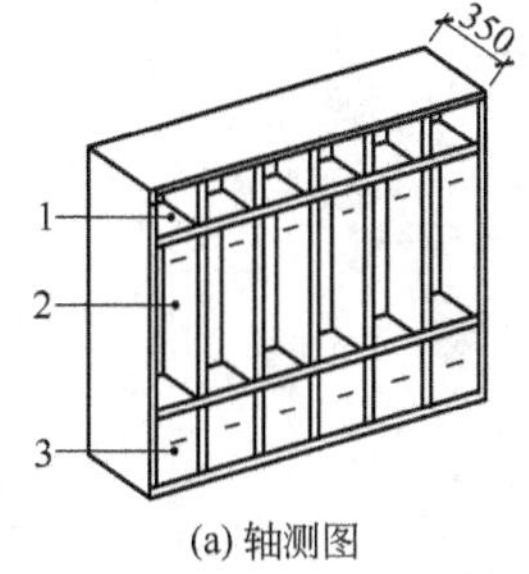

(a) 轴测图

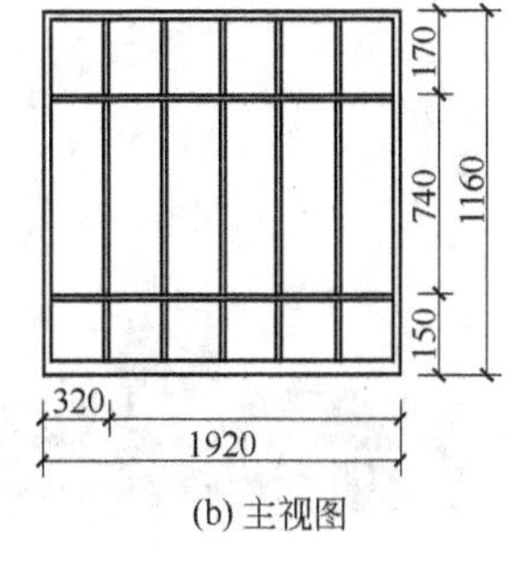

(b) 主视图

1—放置衣帽、手套；2—挂衣、物；3—放置鞋、袜

图 2-9-42 组合式衣帽柜（1）

图 2-9-43　组合式衣帽柜（2）

图 2-9-44　儿童积木式家具

图 2-9-45　儿童餐椅（1）

图 2-9-46　儿童餐椅（2）

图 2-9-47　拼装式儿童多功能家具

图 2-9-48　儿童多功能家具（1）

图 2-9-49　儿童多功能家具（2）

图 2-9-50　儿童组合沙发

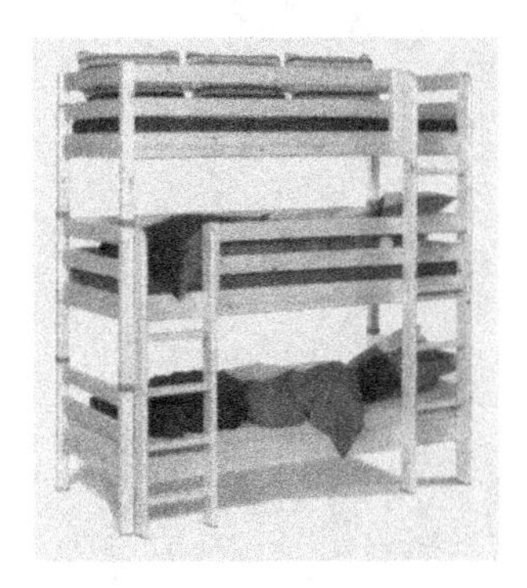

图 2-9-51　儿童三层床

图 2-9-52　儿童玩具活动车

图 2-9-53　玩具式多功能储物柜

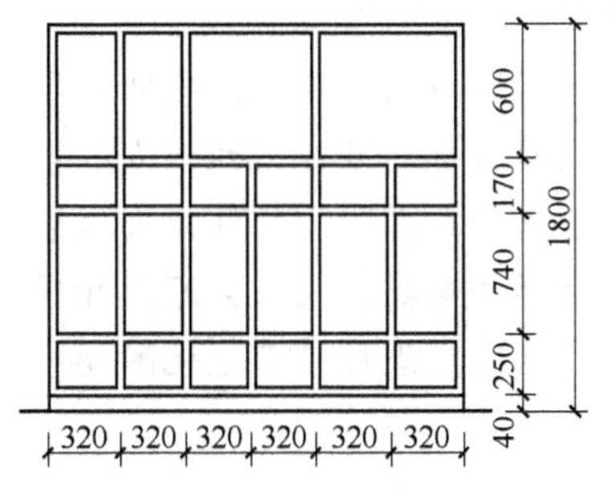

图 2-9-54　幼儿园高储物柜

2.10 残疾人家具设计

2.10.1 概述

残疾人家具为一类特殊群体家具，残疾人的种类很多，所以残疾人家具的需求也因此而不同，家具设计时要根据残疾人的生理、心理特点而进行。

残疾人家具即为方便残疾人生活和工作以及娱乐等的一类家具，它包含了家具的一切品类，有生活类家具、工作类家具和娱乐休闲家具等。

残疾人家具设计应满足无障碍设计原则、功能性设计原则和环保原则。

2.10.2 残疾人家具常用尺寸

(1) 残疾人通道尺寸（见图 2-10-1、图 2-10-2）

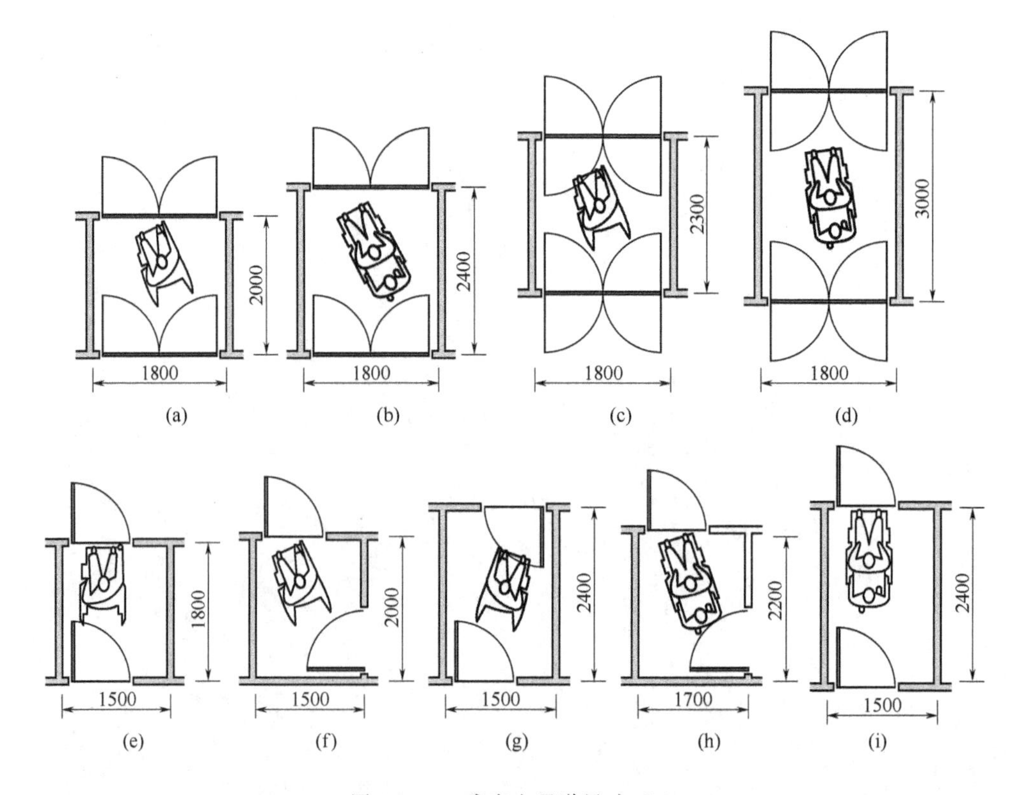

图 2-10-1　残疾人通道尺寸（1）

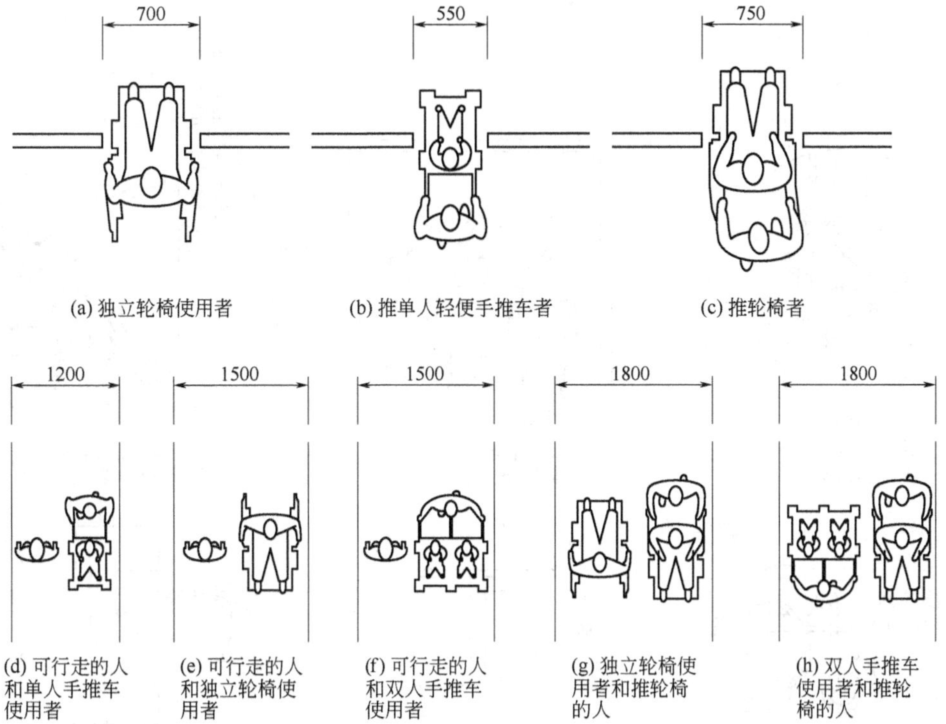

700
550
750
(a) 独立轮椅使用者
(b) 推单人轻便手推车者
(c) 推轮椅者
1200
1500
1500
1800
1800
(d) 可行走的人和单人手推车使用者
(e) 可行走的人和独立轮椅使用者
(f) 可行走的人和双人手推车使用者
(g) 独立轮椅使用者和推轮椅的人
(h) 双人手推车使用者和推轮椅的人

图 2-10-2　残疾人通道尺寸（2）

(2) 轮椅入口所需的尺寸（见图 2-10-3）

1200
505
1010
(a)
1200
515
1030
(b)
1500
655
1310
(c)
1500
665
1330
(d)
1800
805
1610
(e)
1800
815
1630
(f)
2100
955
1910
(g)
2100
965
1930
(h)
1500
815
515
(i) 门叶不对称的门
1000
(j) 折叠门

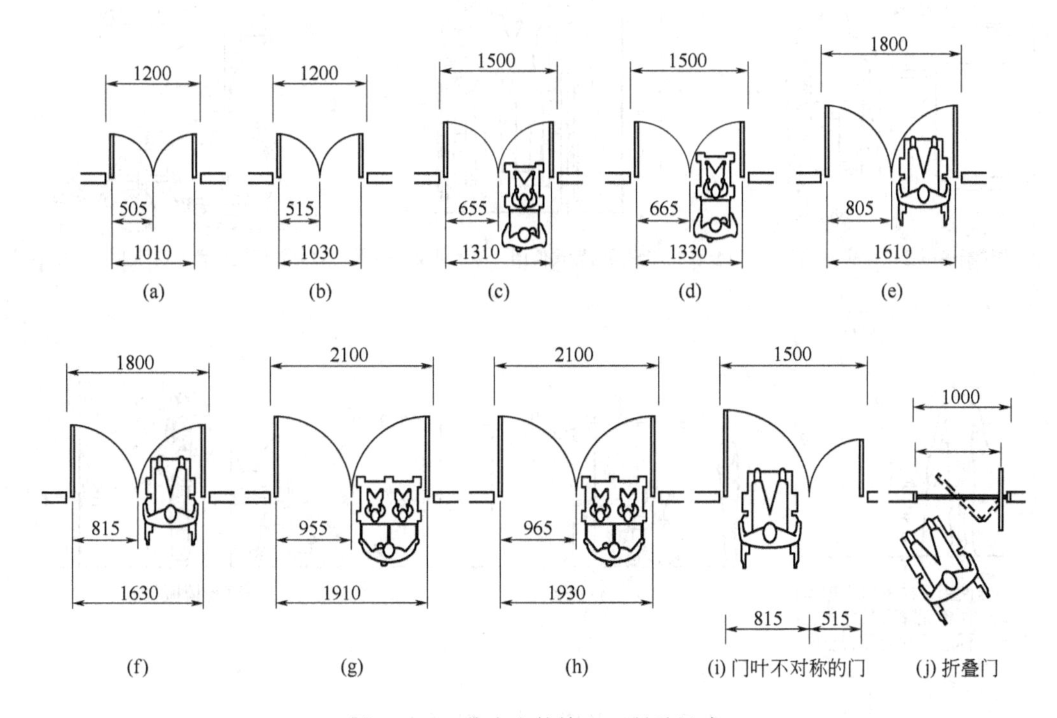

图 2-10-3　残疾人轮椅入口所需尺寸

(3) 残疾人轮椅使用常见尺寸（见图 2-10-4）

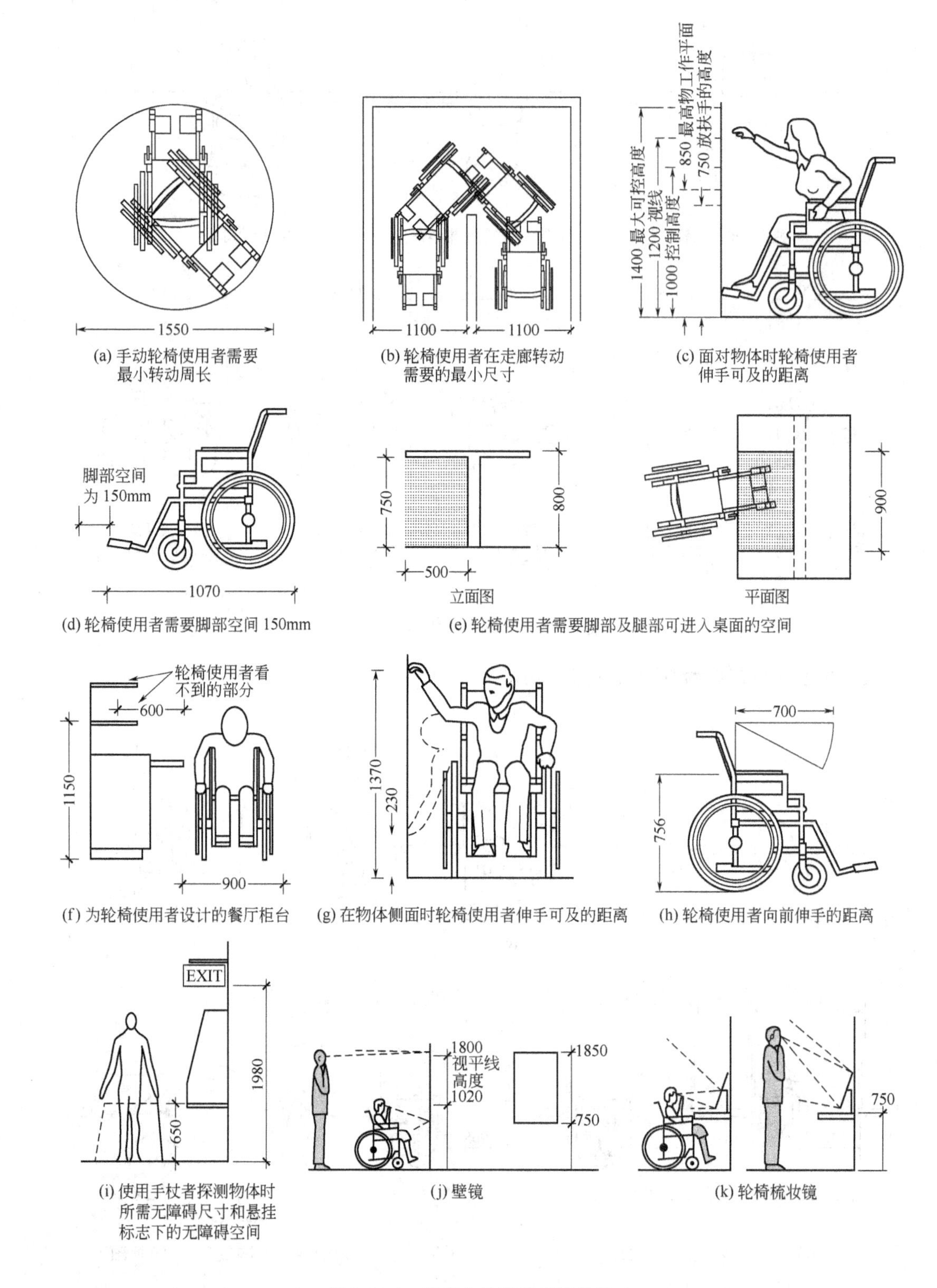

图 2-10-4 残疾人轮椅使用常见尺寸

(4) 轮椅与人的尺寸（见图 2-10-5）

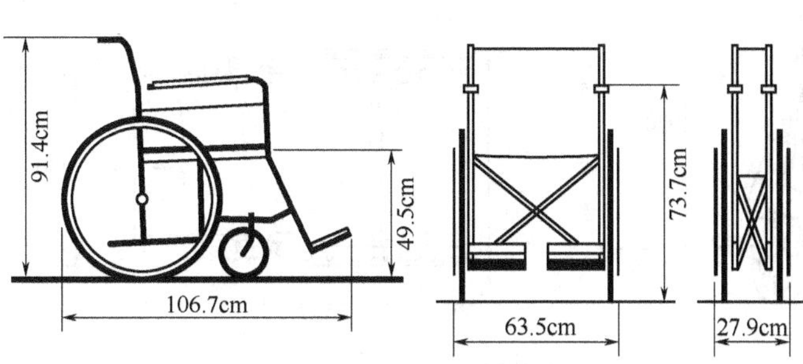

(a) 轮椅基本尺寸

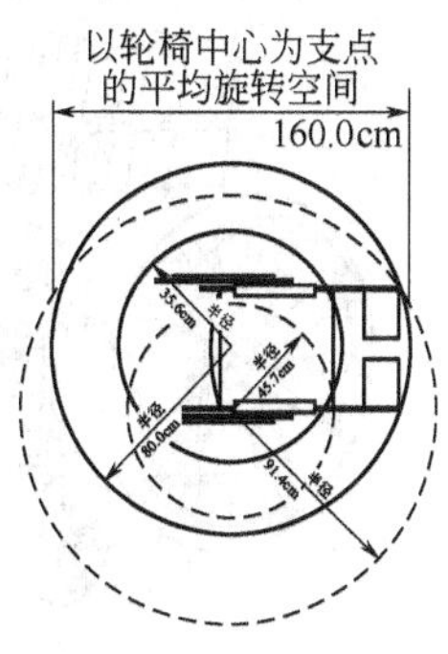

(b) 轮椅所需平面空间尺寸

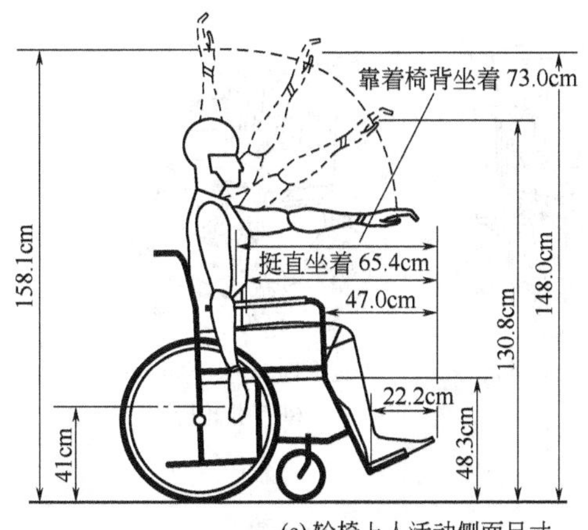

(c) 轮椅上人活动侧面尺寸

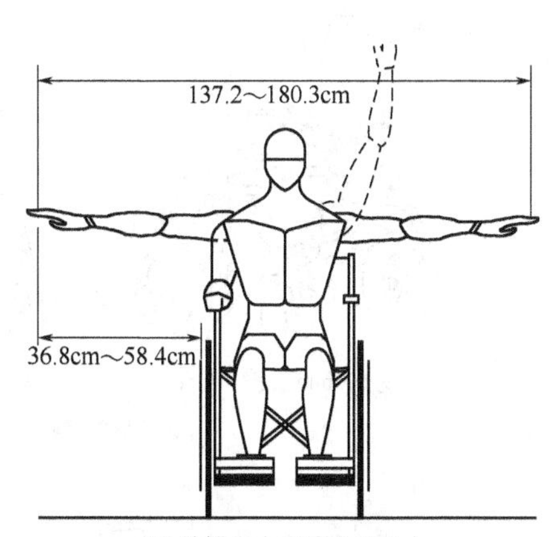

(d) 轮椅上人活动正面尺寸

图 2-10-5 残疾人轮椅与人尺寸

(5) 残疾人轮椅尺寸（见图 2-10-6、图 2-10-7）

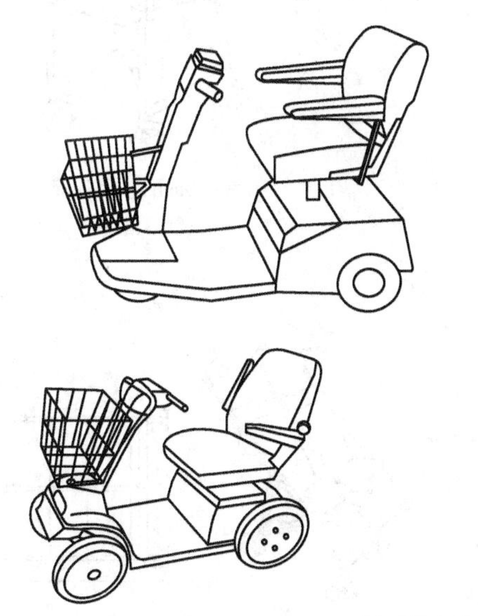

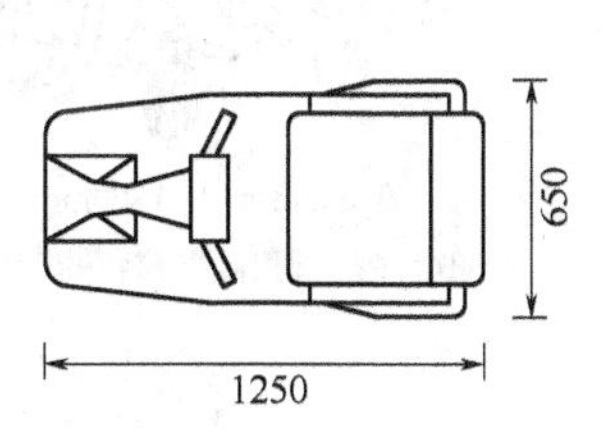

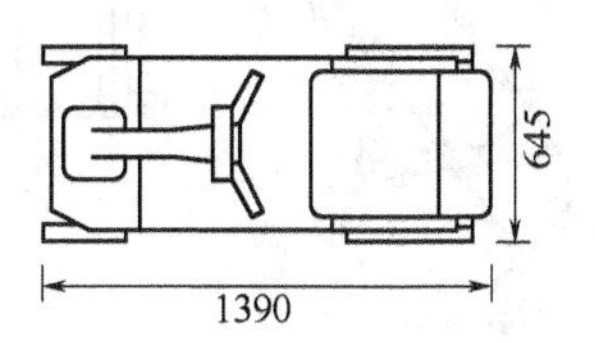

(a) 三轮电动滑板车

图 2-10-6

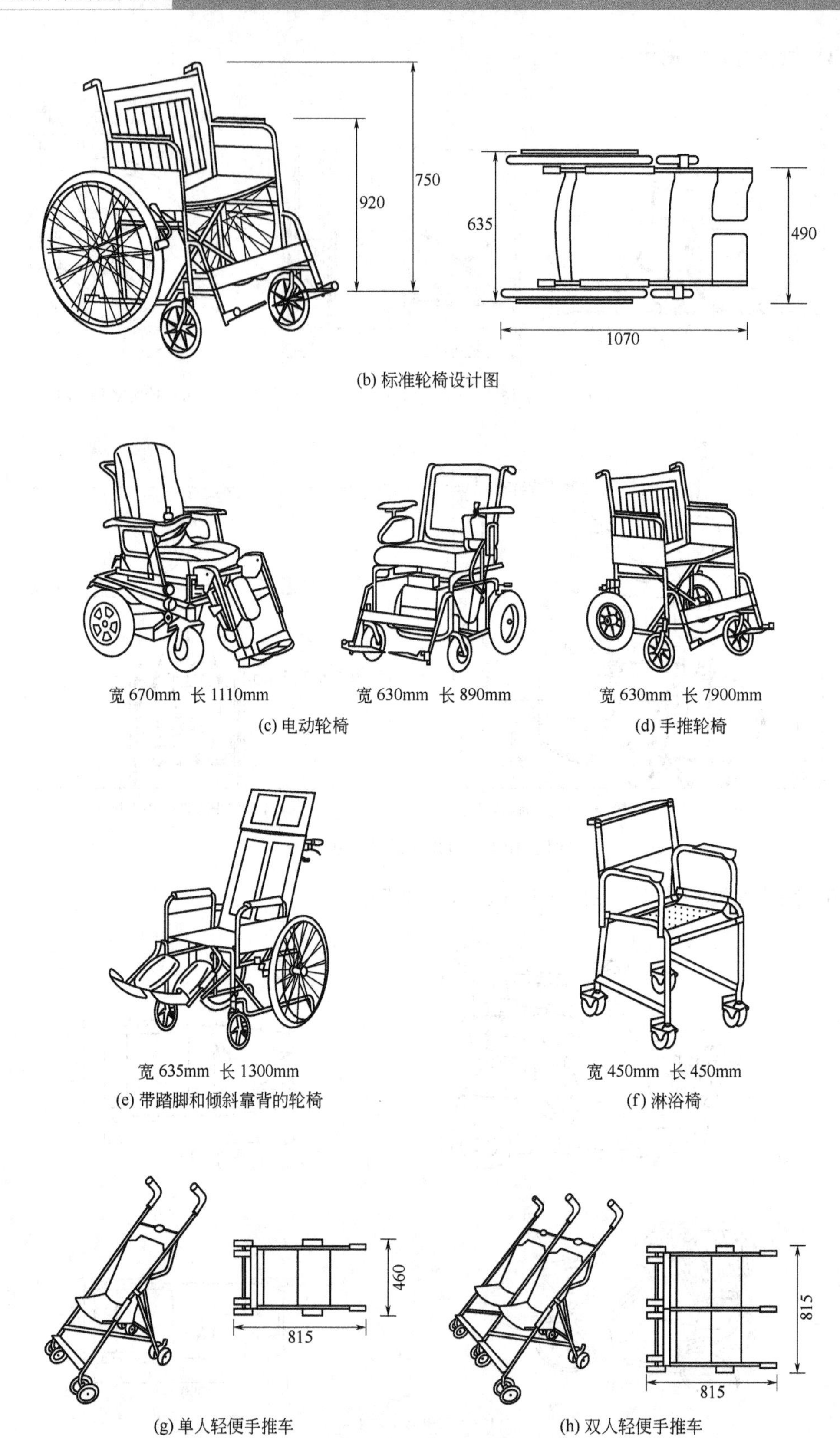

(b) 标准轮椅设计图

(c) 电动轮椅

(d) 手推轮椅

(e) 带踏脚和倾斜靠背的轮椅

(f) 淋浴椅

(g) 单人轻便手推车

(h) 双人轻便手推车

图 2-10-6 残疾人轮椅尺寸

(6) 残疾人家具尺寸（见图 2-10-7）

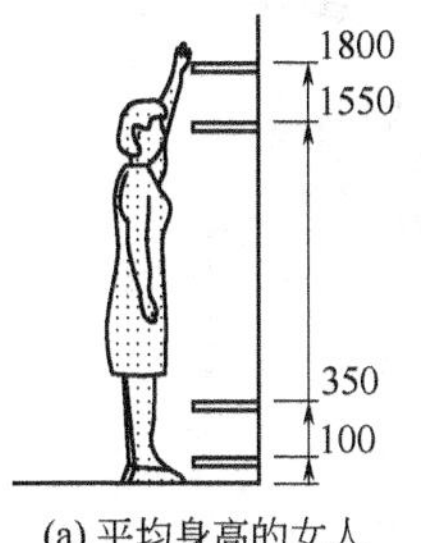

(a) 平均身高的女人

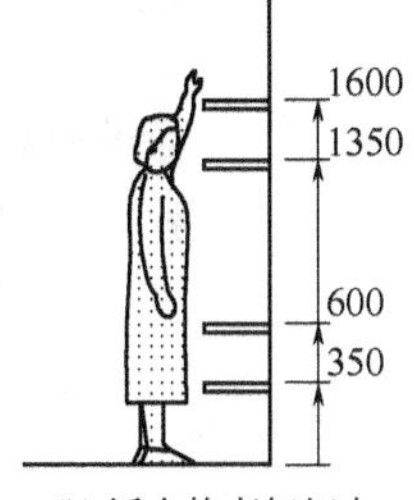

(b) 矮个的老年妇女

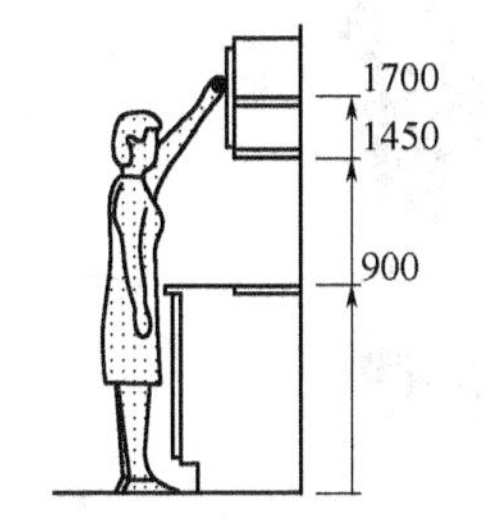

(c) 平均身高的女人，伸手可及橱柜上方的 600mm 宽的架子

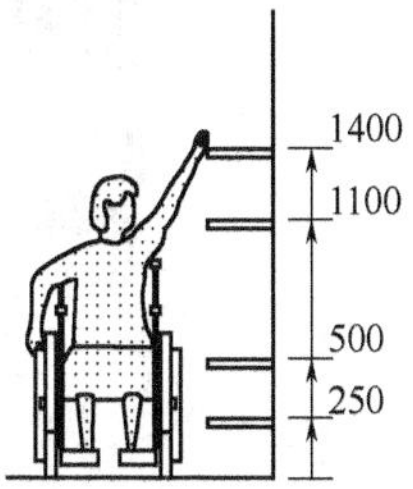

(d) 轮椅使用者侧伸

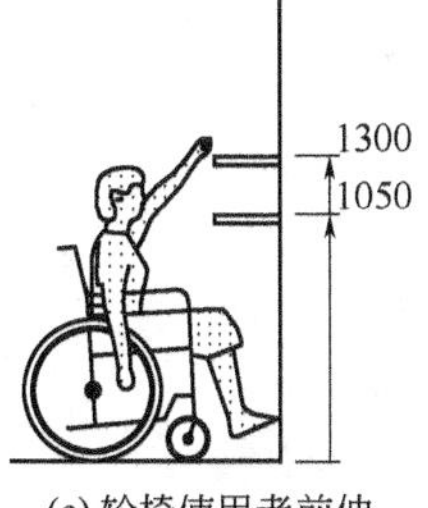

(e) 轮椅使用者前伸

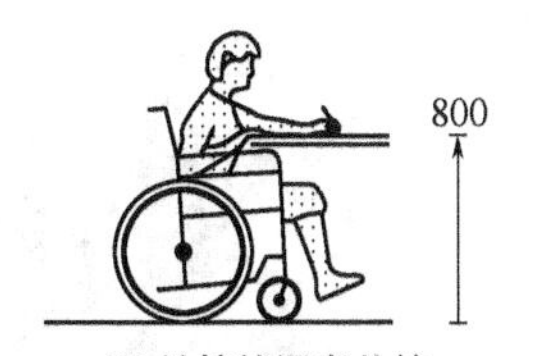

(f) 轮椅使用者从前面接近距地面 800mm 的工作面、工作桌

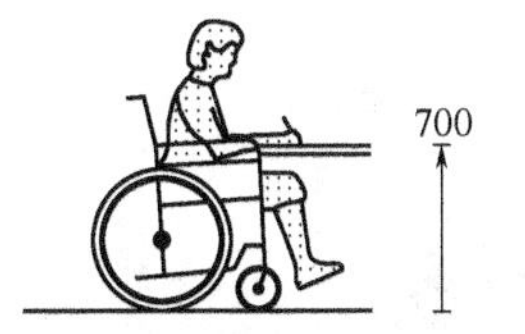

(g) 轮椅使用者从前面接近距地面 700mm 的工作面、工作桌

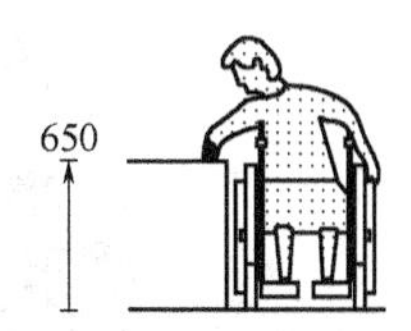

(h) 轮椅使用者从侧面接近高 650mm 的从正面不能接近的柜台、工作面

图 2-10-7 残疾人家具尺寸

2. 10. 3 残疾人家具图例（见图 2-10-8～图 2-10-19）

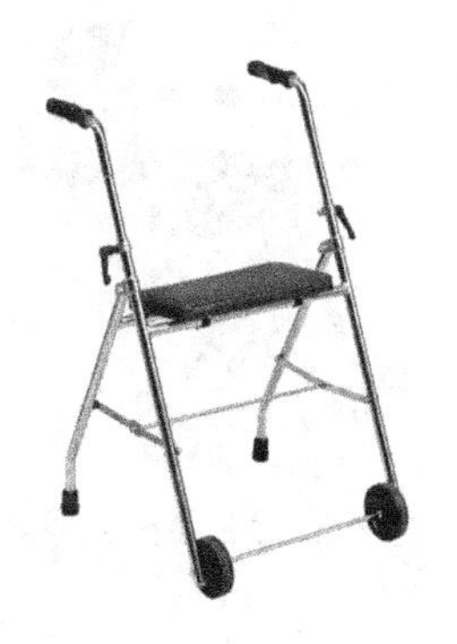
图 2-10-8 残疾人拐杖（1）

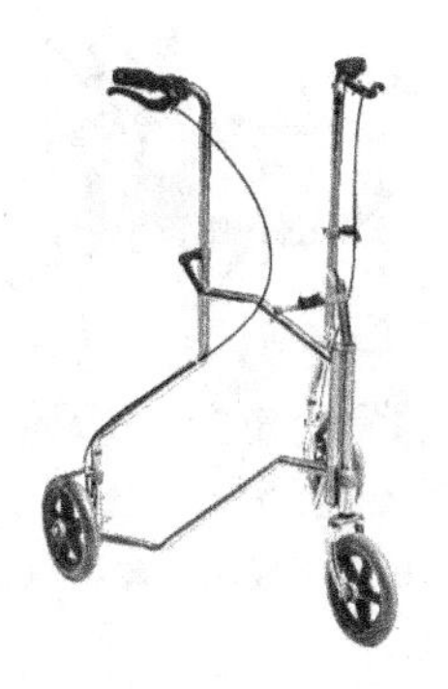
图 2-10-9 残疾人拐杖（2）

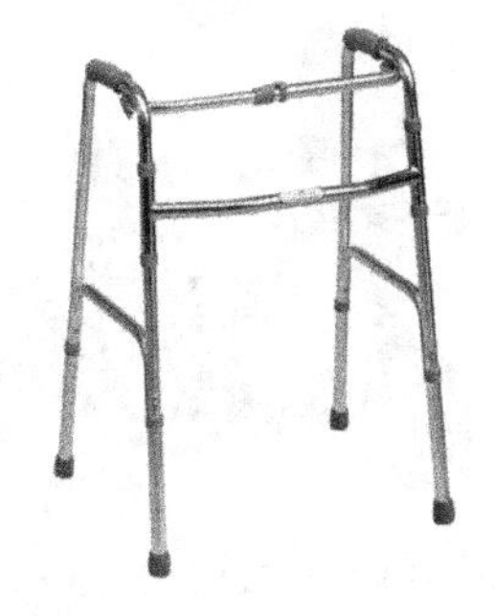
图 2-10-10 残疾人拐杖（3）

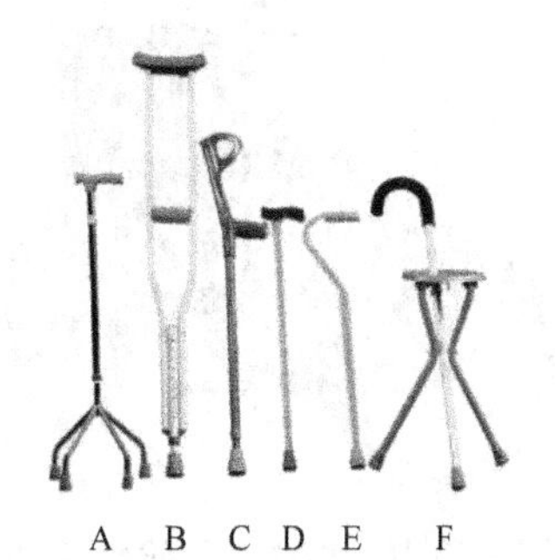

图 2-10-11 残疾人拐杖（4）

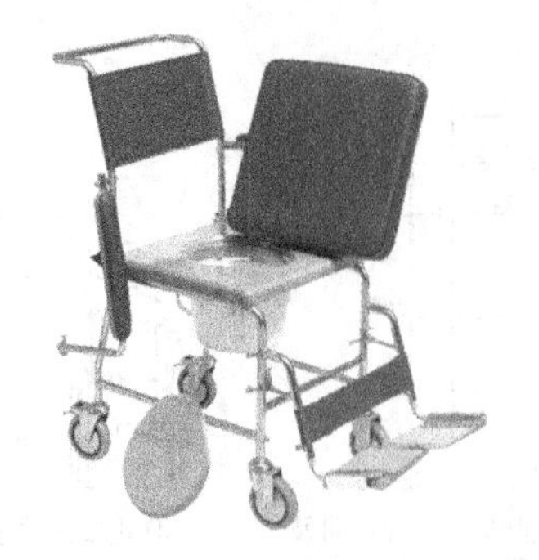

图 2-10-12　残疾人坐便椅（1）

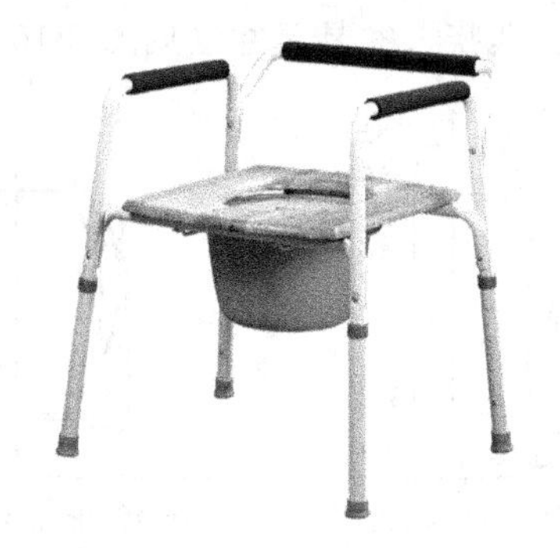

图 2-21-13　残疾人坐便椅（2）

图 2-10-14　残疾人购物车

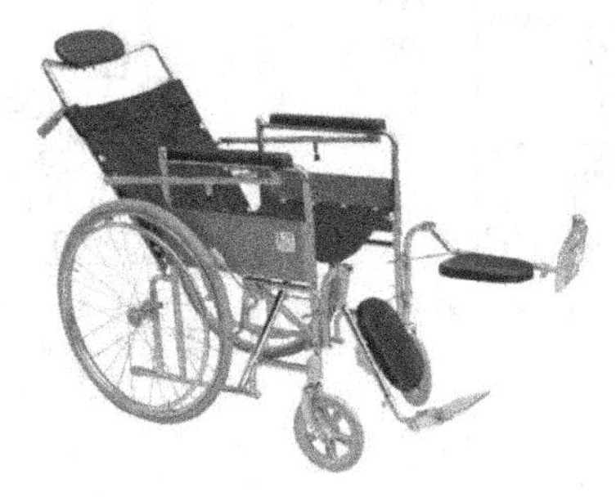

图 2-10-15　残疾人轮椅（1）

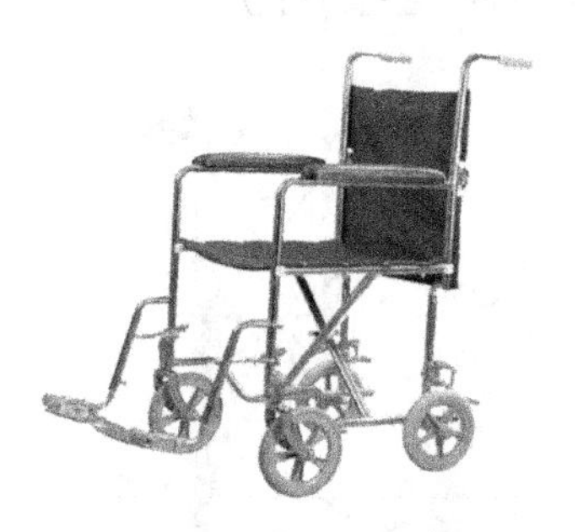

图 2-10-16　残疾人轮椅（2）

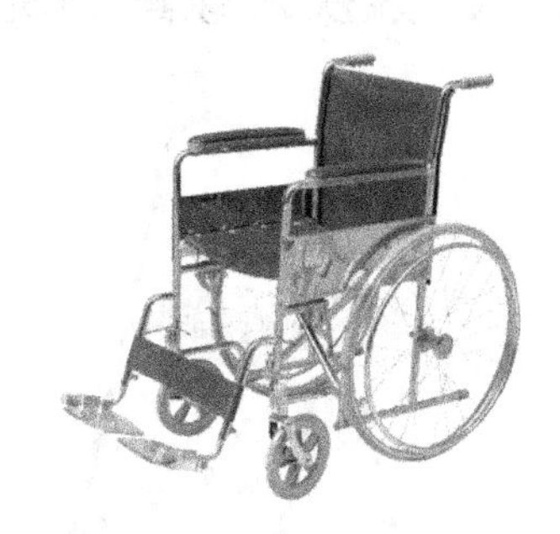

图 2-10-17　残疾人轮椅（3）

图 2-10-18　残疾人三轮椅（1）

图 2-10-19　残疾人三轮椅（2）

3 公共家具设计

3.1 办公家具设计

3.1.1 概述

办公家具根据办公的特点可分为办公室家具、绘图设计室家具、阅览室家具、资料室家具和会议室家具以及会议接待室家具等。

办公室家具根据工作特点、工作性质的不同可分为开敞式、半开敞式、封闭式家具。主要有办公桌、办公椅、文件柜和矮柜等品种，现代办公室桌椅类家具根据职员的职位、职别又可分为普通职员桌椅、小班台椅、中班台椅和大班台椅。

设计绘图家具主要有设计桌椅、资料柜和绘图桌椅电脑桌椅等，设计这类家具要考虑该工作的特点，结合绘图仪器、工具进行设计。

会议室以及接待室家具为现代家具的最常见的一种形式，应用场所也最多，主要品种有会议桌、会议椅、沙发、茶几、茶水柜等组成，设计时应根据不同需求区别对待。

阅览室家具将在图书馆家具章节中阐述。

3.1.2 办公室家具

(1) 办公室平面功能分析（见图 3-1-1）

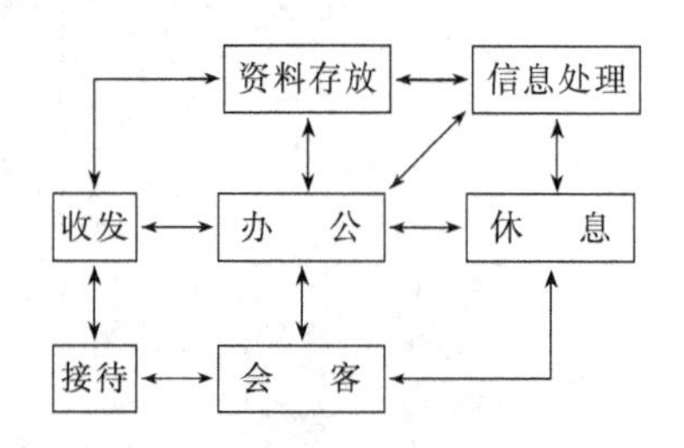

图 3-1-1　办公室平面功能分析

(2) 办公室家具与人的尺寸关系（见图 3-1-2～图 3-1-7）

视觉与隔断高度的关系：隔断高度（以下简称 g）为 110cm 时，坐着时人的视觉存在障碍；g 为 120cm 视觉与坐着时的视点大致相同，人站立时无视觉障碍；g 为 150cm 视觉与坐着时的视点大致相同，可以环顾四周对压迫减少；g 为 160cm 可视为与座位相适应的展示面；g 为 180～210cm 在视觉遮蔽人动作的同时，在意识上达到隔断来自外界的视线，保护个人隐私。如图 3-1-8 所示。

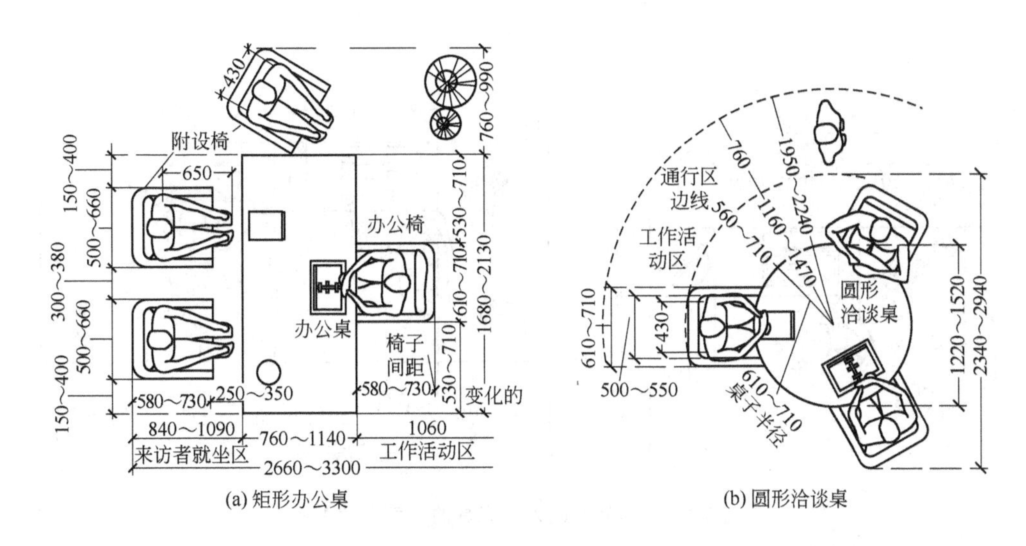

(a) 矩形办公桌 (b) 圆形洽谈桌

图 3-1-2 办公室家具与人的平面尺寸关系

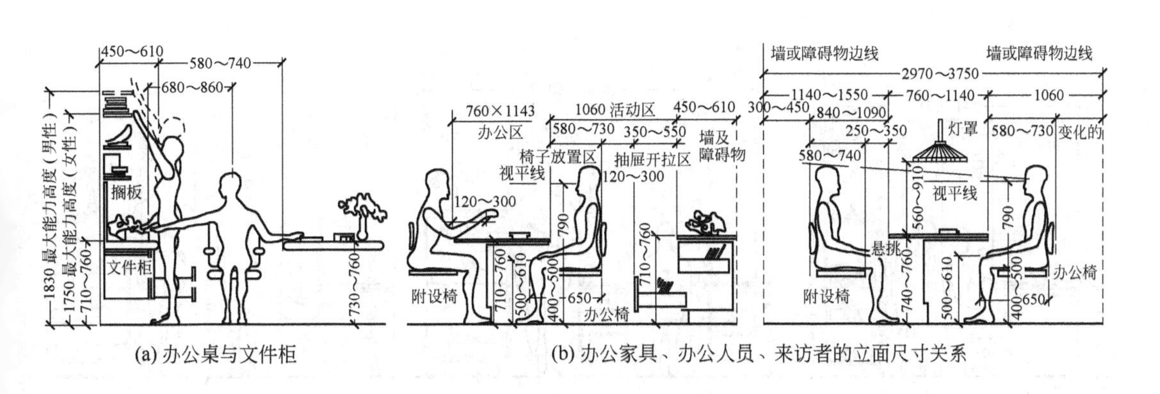

(a) 办公桌与文件柜 (b) 办公家具、办公人员、来访者的立面尺寸关系

图 3-1-3 封闭式办公室人与家具的立面尺寸关系

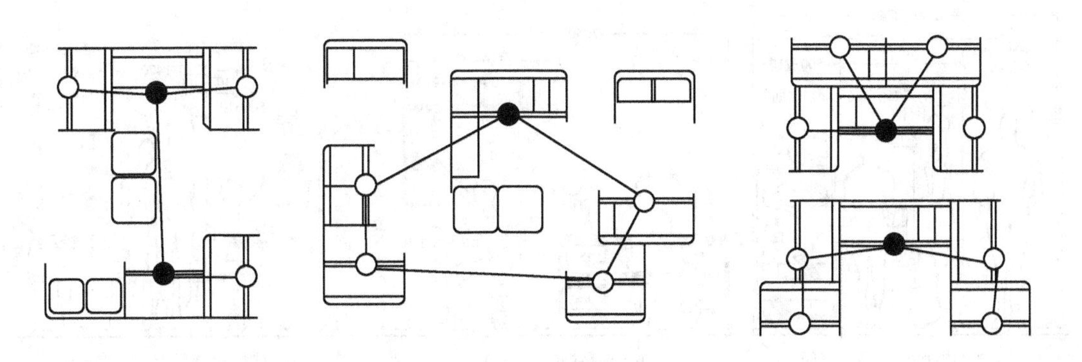

图 3-1-4 开敞式平面功能分析

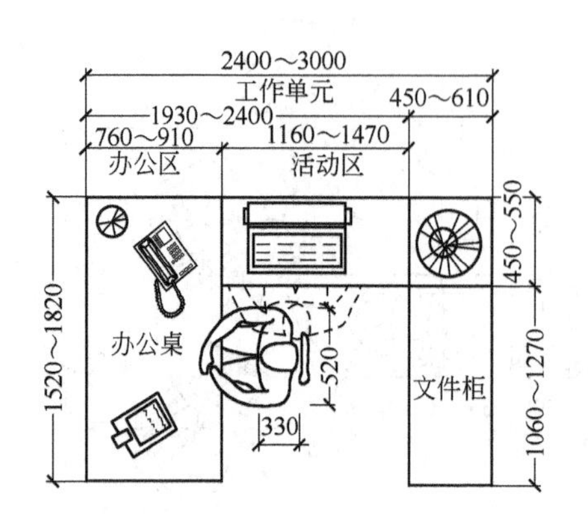

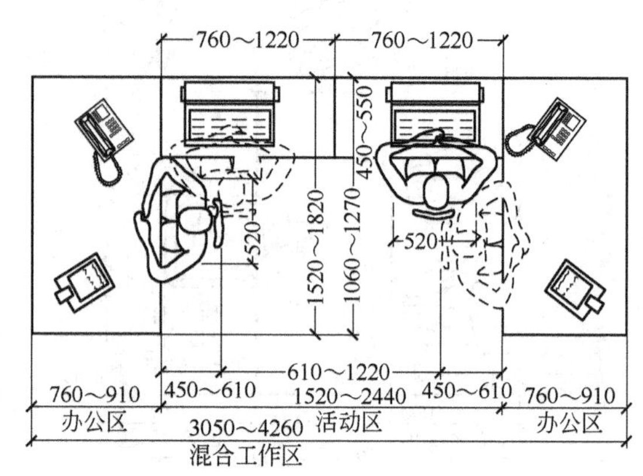

图 3-1-5　办公单元人与家具的平面尺寸关系

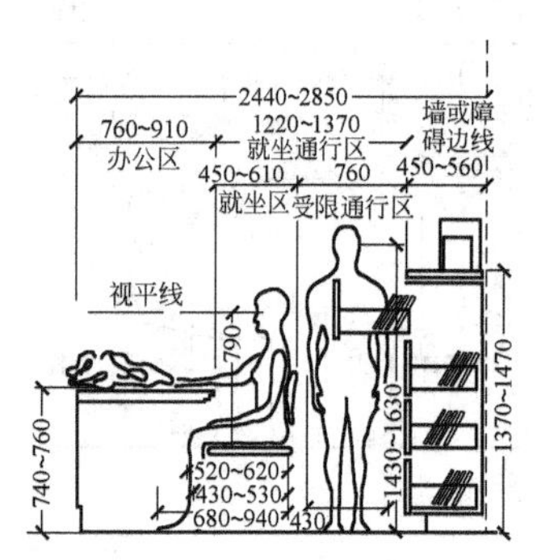

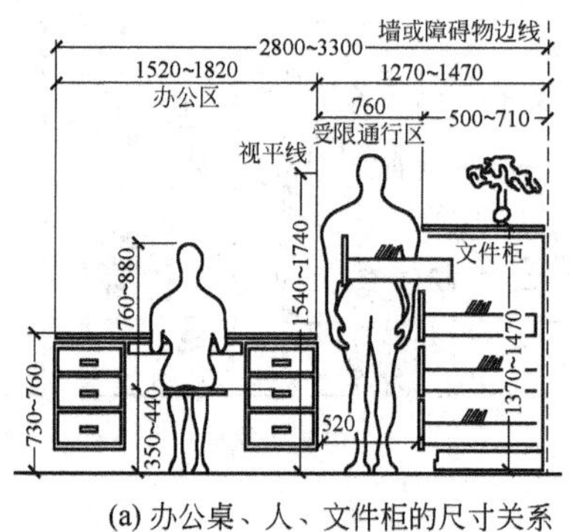

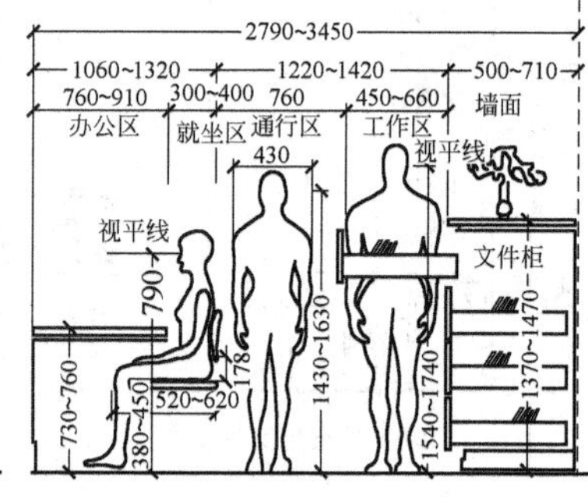

(a) 办公桌、人、文件柜的尺寸关系

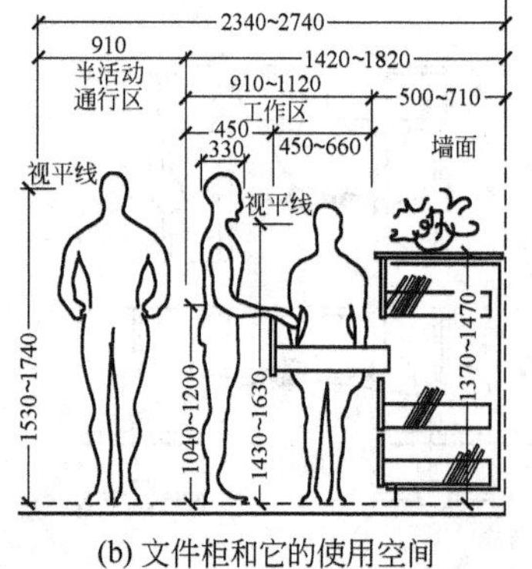

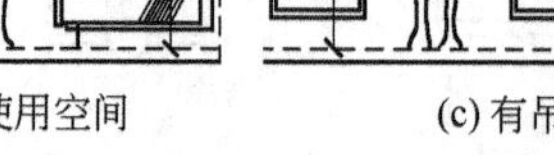

(b) 文件柜和它的使用空间

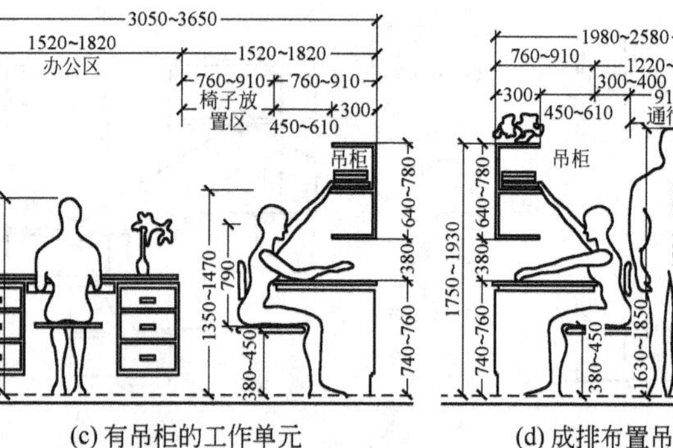

(c) 有吊柜的工作单元

(d) 成排布置吊柜的工作单元

图 3-1-6　半开敞式（带屏风）办公室人与家具的立面尺寸关系

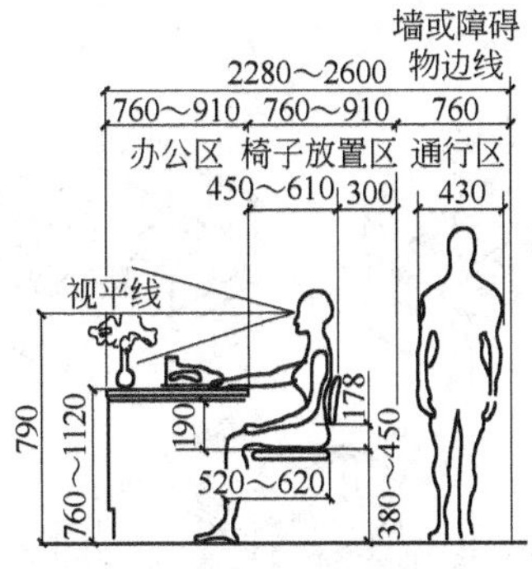

(a) 可通行的办公单元

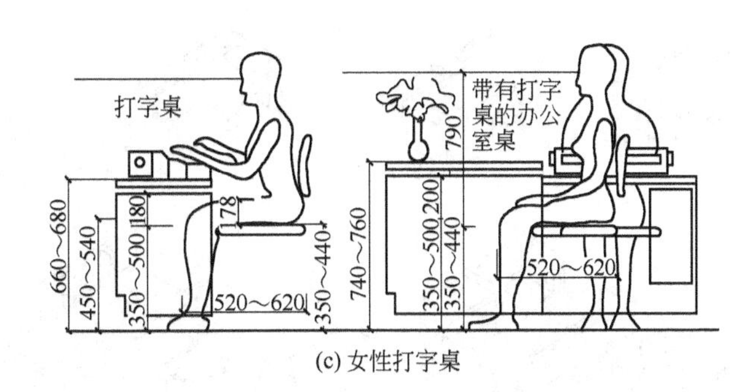

(c) 女性打字桌

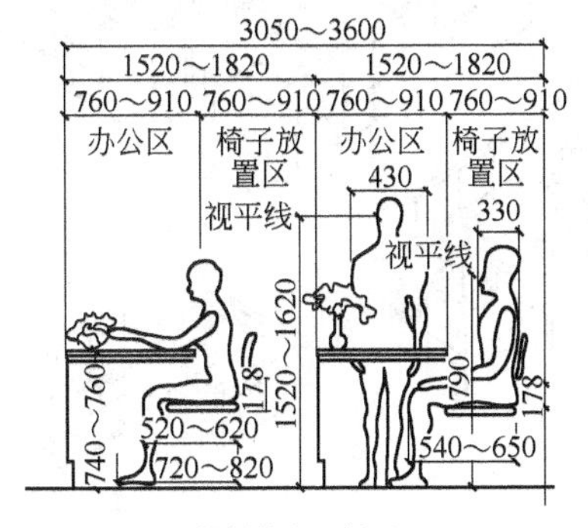

(b) 相邻的办公单元

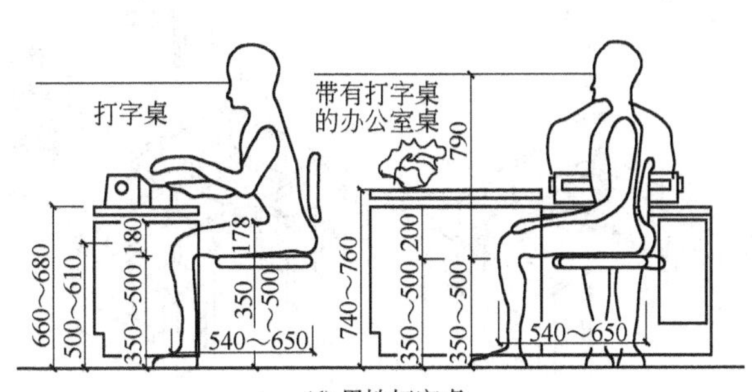

(d) 男性打字桌

图 3-1-7　开敞式办公室人与家具的立面尺寸关系

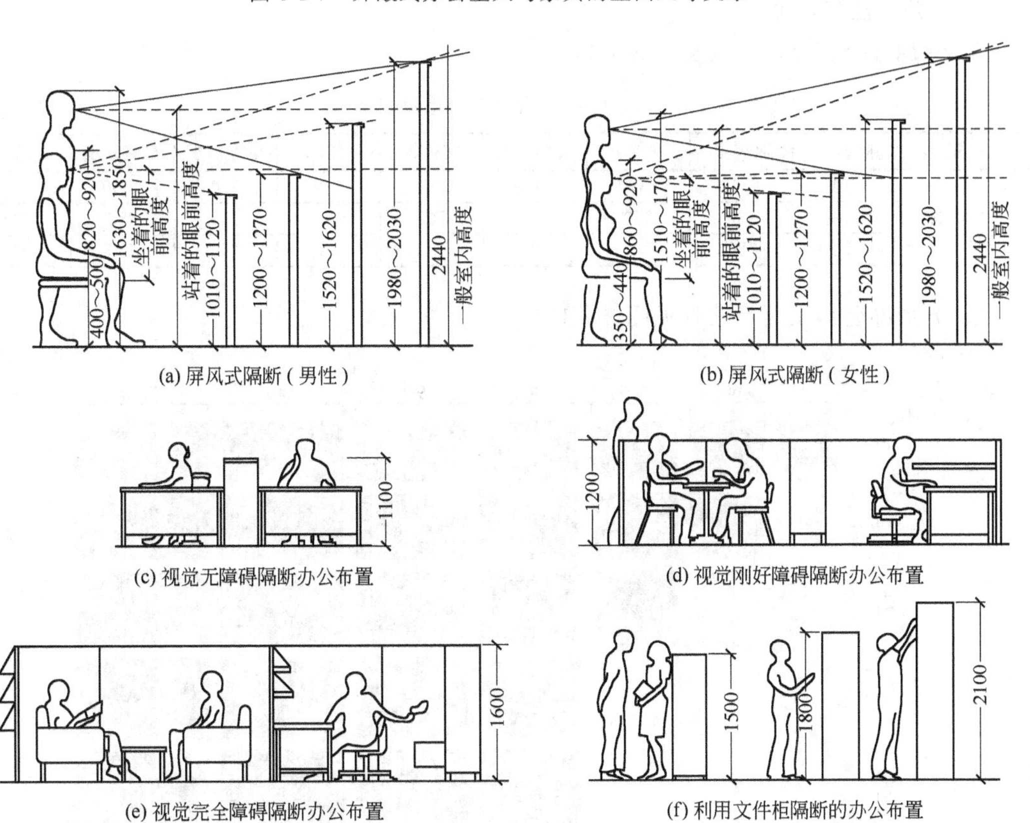

(a) 屏风式隔断（男性）

(b) 屏风式隔断（女性）

(c) 视觉无障碍隔断办公布置

(d) 视觉刚好障碍隔断办公布置

(e) 视觉完全障碍隔断办公布置

(f) 利用文件柜隔断的办公布置

图 3-1-8　办公隔断尺寸及与视线的关系

(3)（半）开敞式办公单元构成与组合（见图 3-1-9）

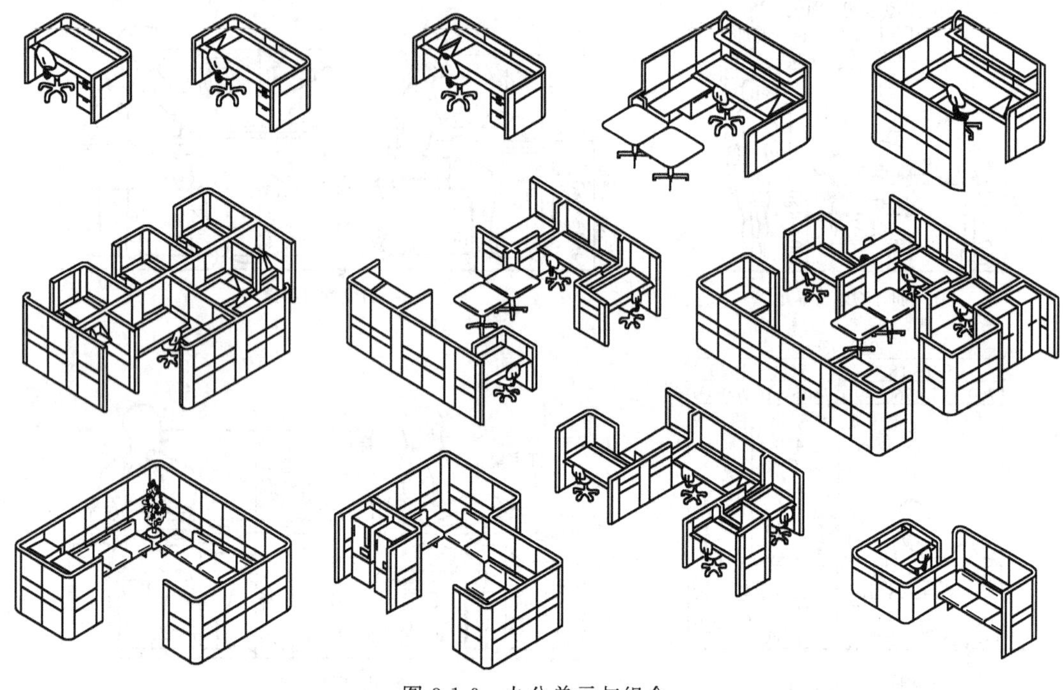

图 3-1-9　办公单元与组合

(4) 办公室家具尺寸

① 常用办公家具尺寸（见表 3-1-1）

表 3-1-1　常用办公家具尺寸

家具名称		双翼桌	单翼桌	大办公桌	文档柜	文书柜	单座沙发	双座沙发	三座沙发
尺寸名称	长度	1560	1300	1800	1200	910	800	1500	1900
	宽度	730	650	800	500	455	700	880	880
	高度	780	780	780	2000	1800	750	750	820

② 方形办公桌桌面尺寸（见图 3-1-10）

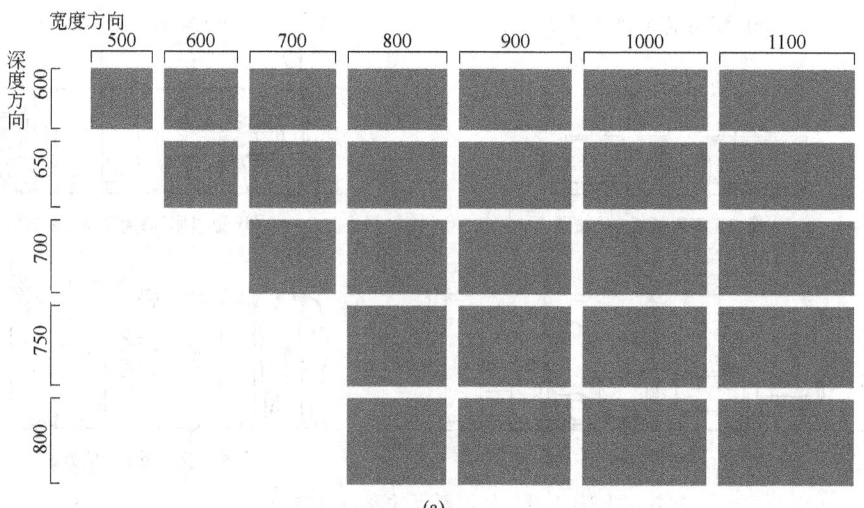

(a)

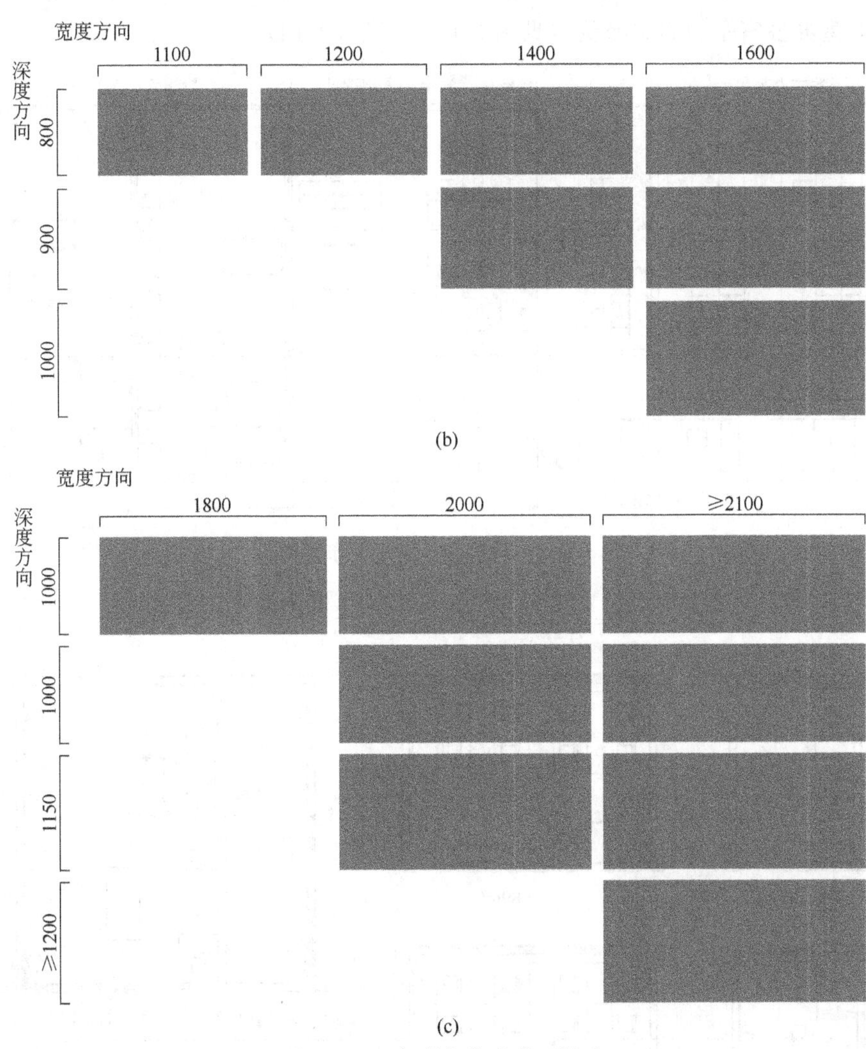

图 3-1-10 方形办公桌桌面尺寸

③ 圆桌面办公桌子尺寸（见图 3-1-11）

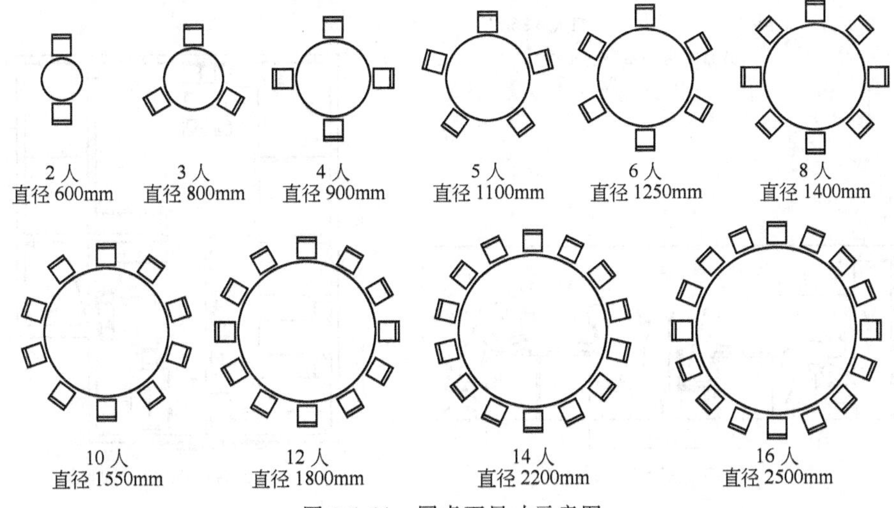

图 3-1-11 圆桌面尺寸示意图

(5) 典型办公室平面布置举例（见图 3-1-12、图 3-1-13）

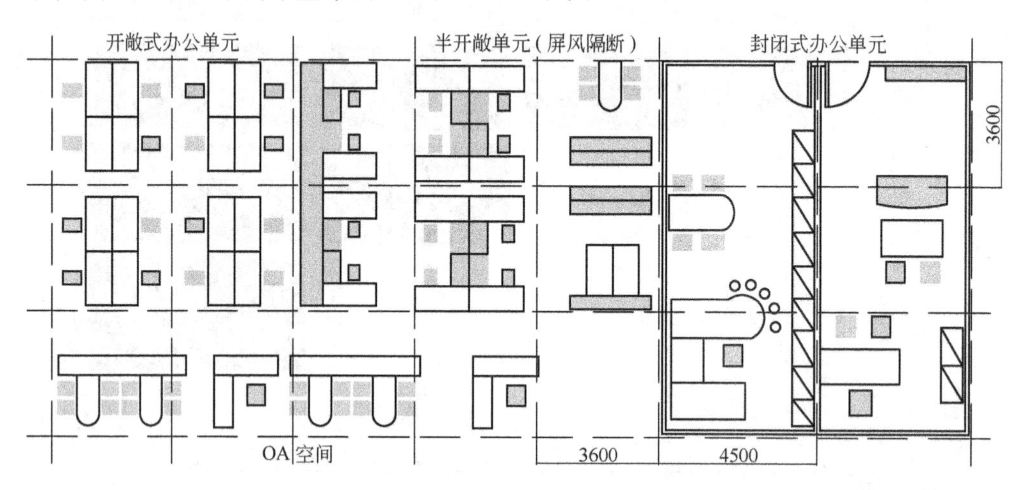

图 3-1-12　典型办公室平面布置图例

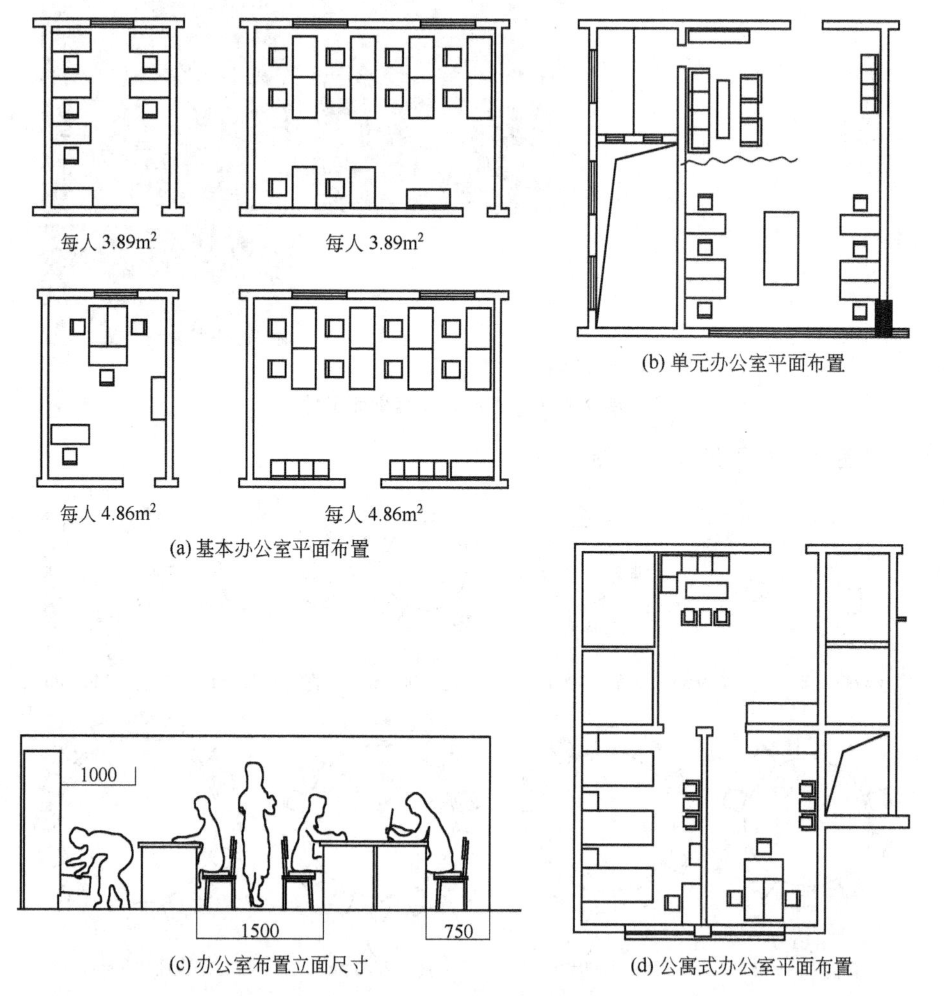

图 3-1-13　办公室平面图例

(6) 办公室家具图例（见图 3-1-14～图 3-1-40）

图 3-1-14 大班台组合家具（1）

图 3-1-15 大班台组合家具（2）

图 3-1-16 中班台组合家具

图 3-1-17 职员桌组合家具

图 3-1-18 现代办公台

图 3-1-19 玻璃台面的现代办公台

图 3-1-20 古典样式的办公家具组合

图 3-1-21 现代办公家具组合

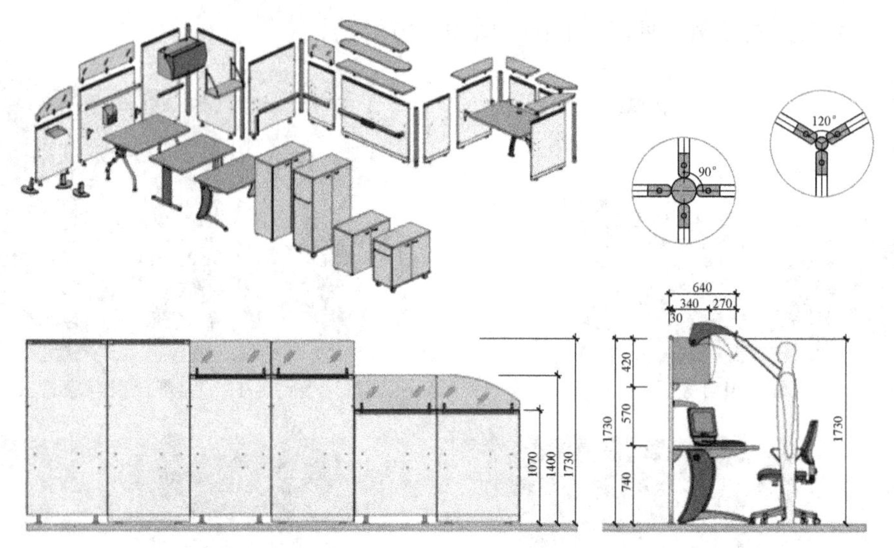

图 3-1-22　现代办公家具系统示意图

图 3-1-23　办公单元系统

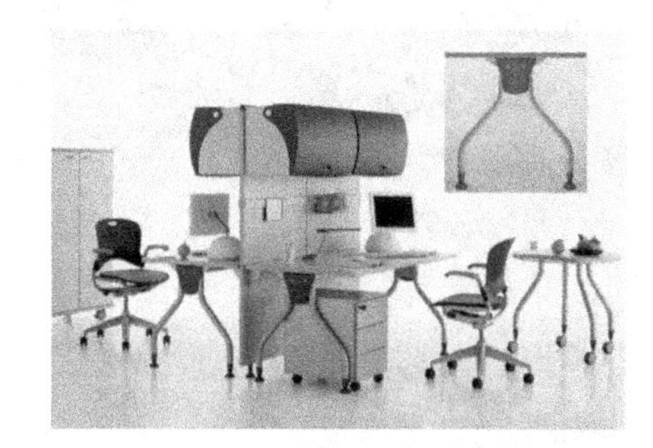

图 3-1-24　二单元办公家具（1）

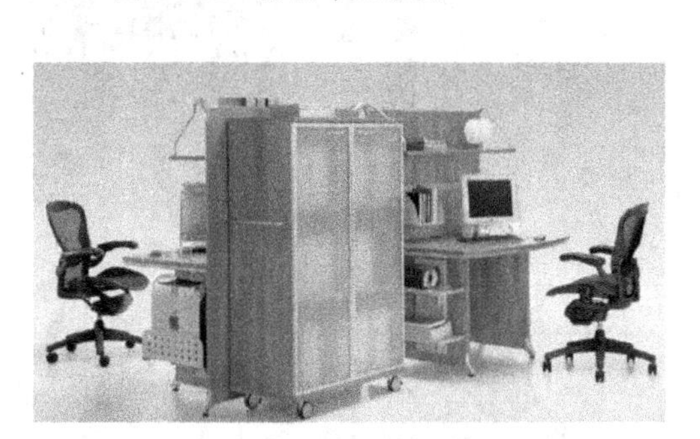

图 3-1-25　二单元办公家具（2）

图 3-1-26　三单元办公家具

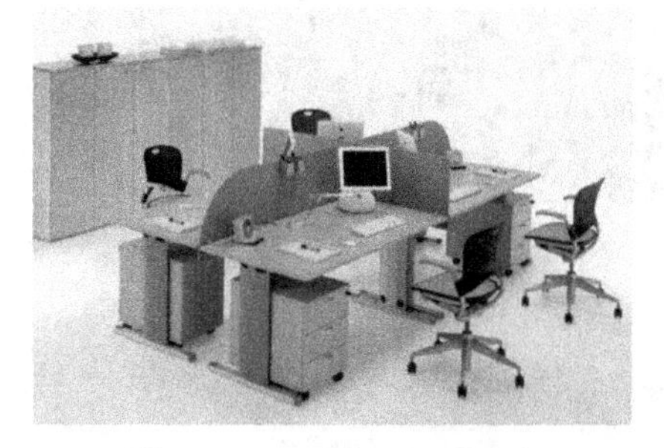

图 3-1-27　四单元办公家具

图 3-1-28　多人组合办公单元

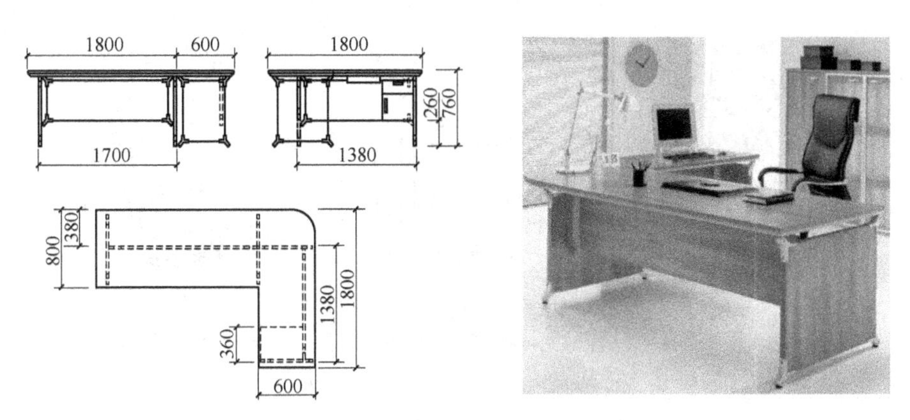

图 3-1-29 现代办公桌视图

图 3-1-30 办公沙发

(a) 单双人办公沙发

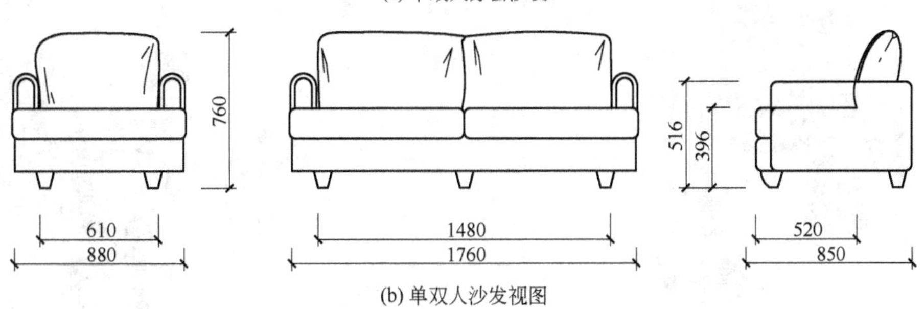

(b) 单双人沙发视图

图 3-1-31 单双人沙发

(a) 办公椅

620
680
1120～1240
460～580
660～780

(b) 三视图

图 3-1-32　经理办公椅

图 3-1-33　办公椅

图 3-1-34　职员椅

图 3-1-35　玻璃钢钢架办公椅

图 3-1-36　多功能式轻便办公椅

图 3-1-37　电脑桌

图 3-1-38　SOHO 办公系统（1）

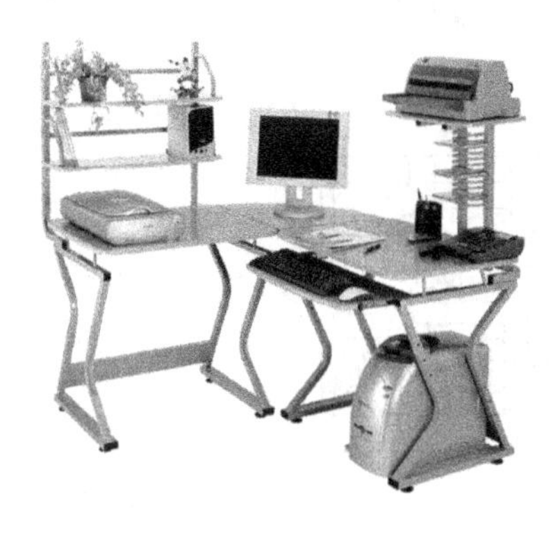

图 3-1-39 SOHO 办公系统（2）

图 3-1-40 SOHO 办公系统（3）

3.1.3 设计绘图室和资料室办公家具

(1) 设计室常用家具尺寸（见图 3-1-41、图 3-1-42）

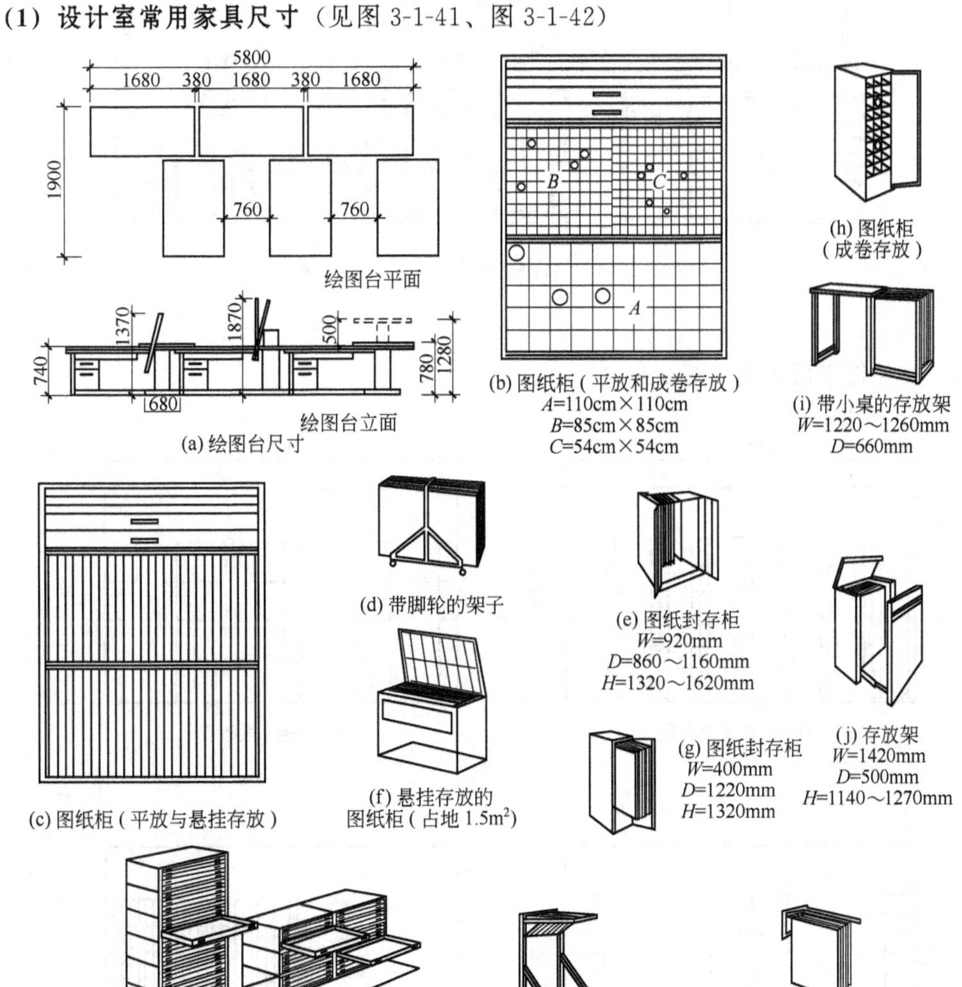

图 3-1-41 绘图室家具尺寸

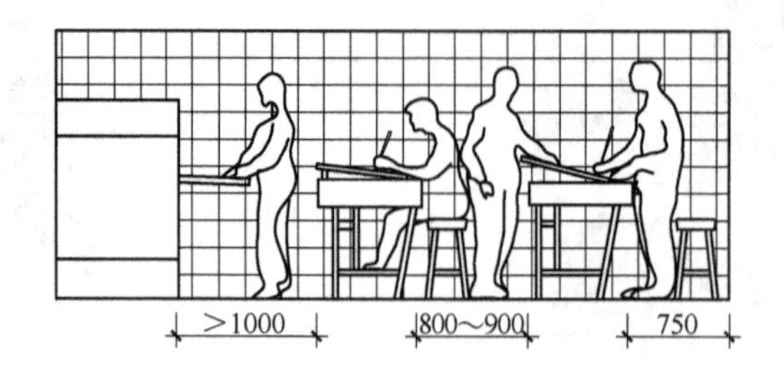

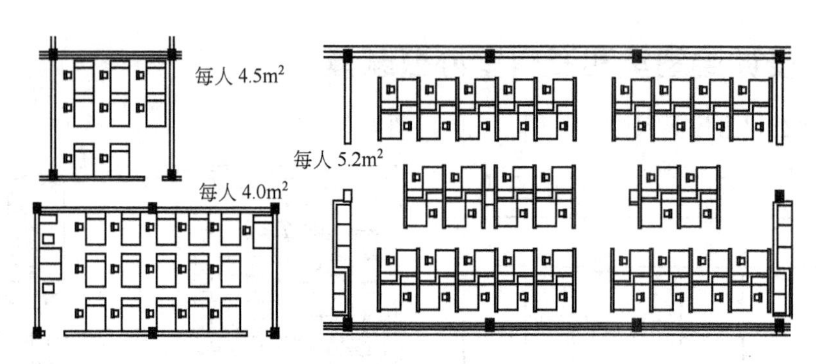

图 3-1-42　绘图室家具尺寸与人的关系

(2) 文件柜平面布置（图 3-1-43）

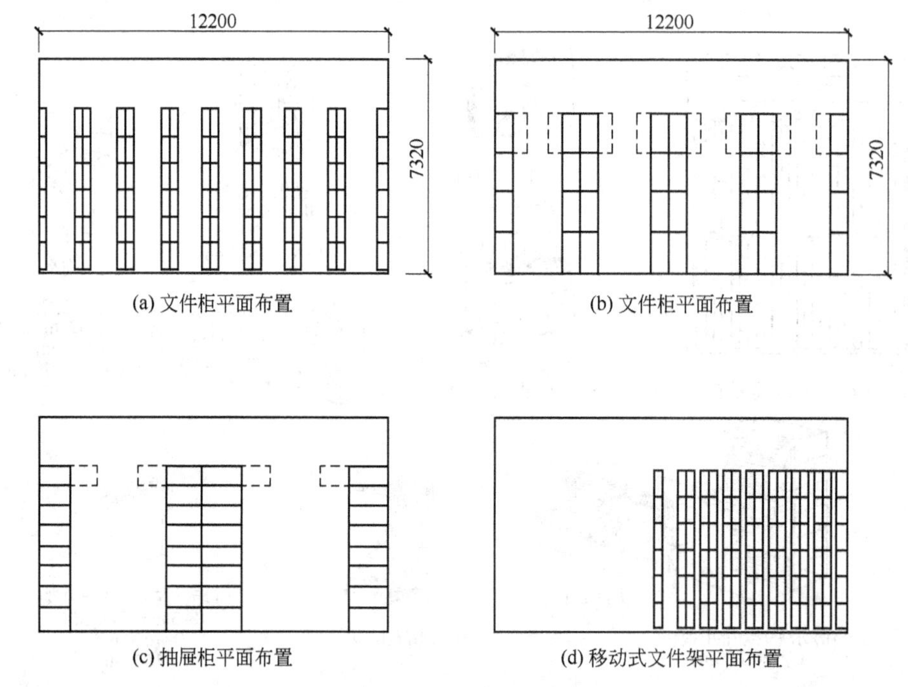

图 3-1-43　文件柜平面布置

(3) 资料室家具类型和尺寸（见图 3-1-44）

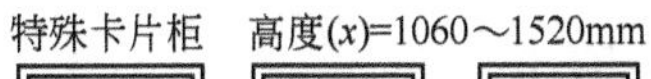

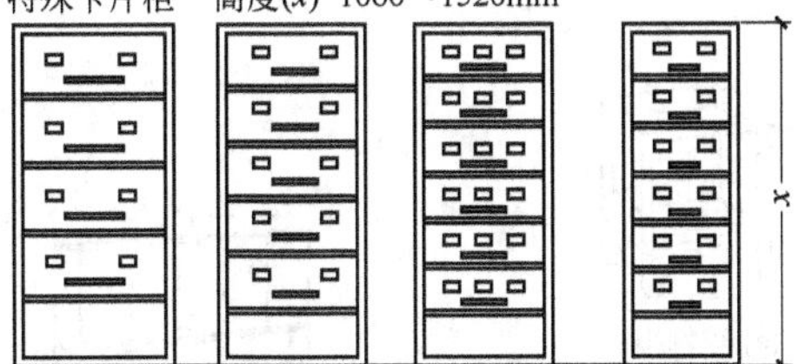

(a) 特殊卡片柜尺寸

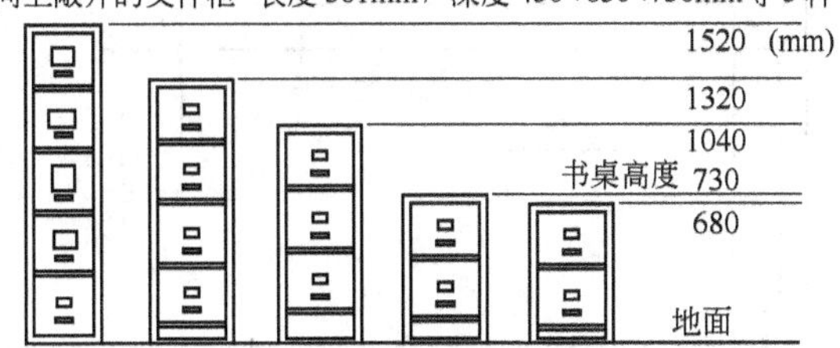

(b) 向上敞开的文件柜尺寸

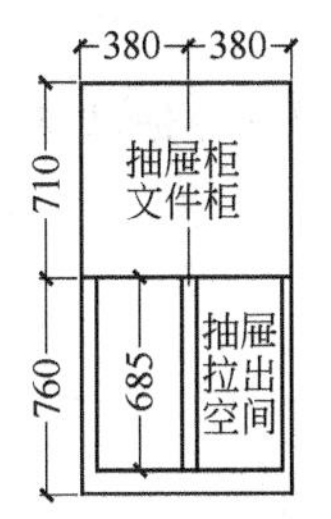

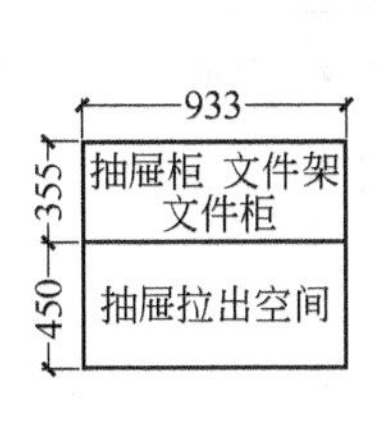

(c) 抽屉式文件柜尺寸

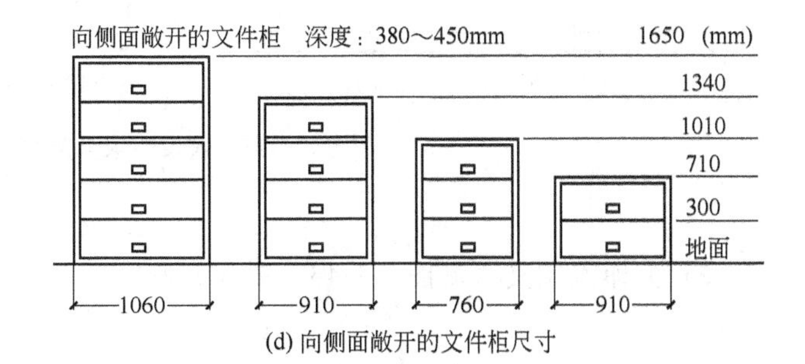

(d) 向侧面敞开的文件柜尺寸

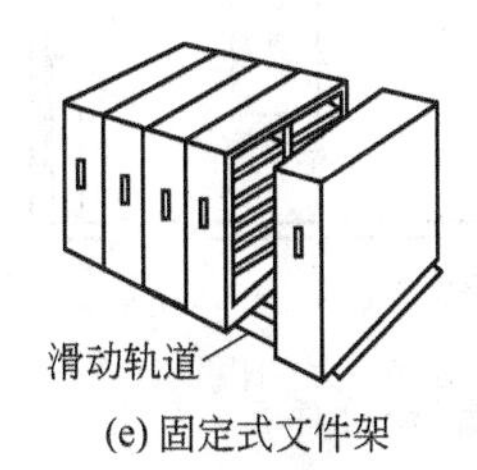

(e) 固定式文件架

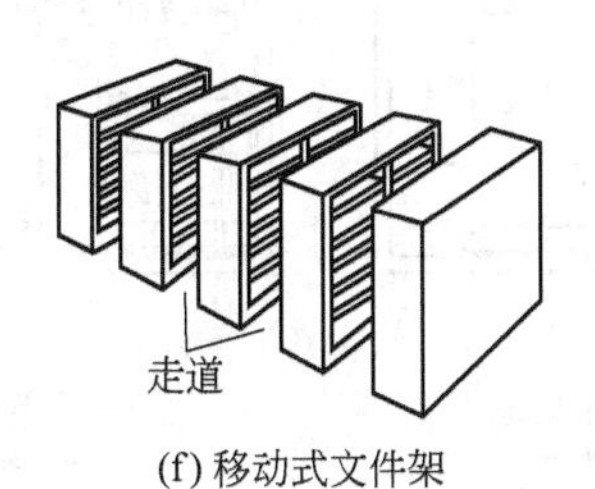

(f) 移动式文件架

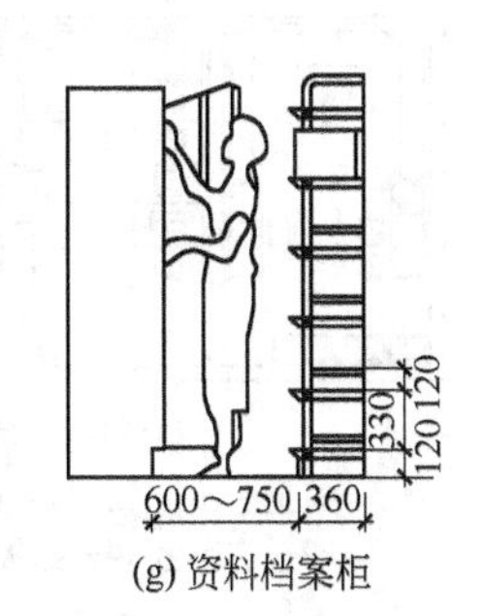

(g) 资料档案柜

图 3-1-44 文件柜类型与尺寸

(4) 收发室家具类型和尺寸（见图 3-1-45）

(a) 包裹台

(b) 邮件小车

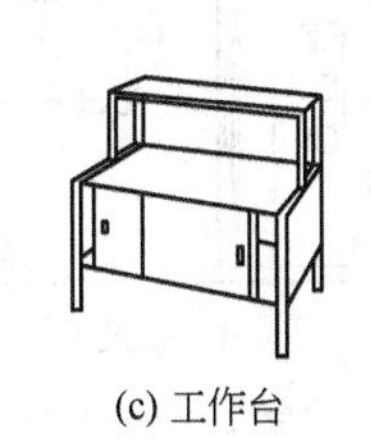

(c) 工作台

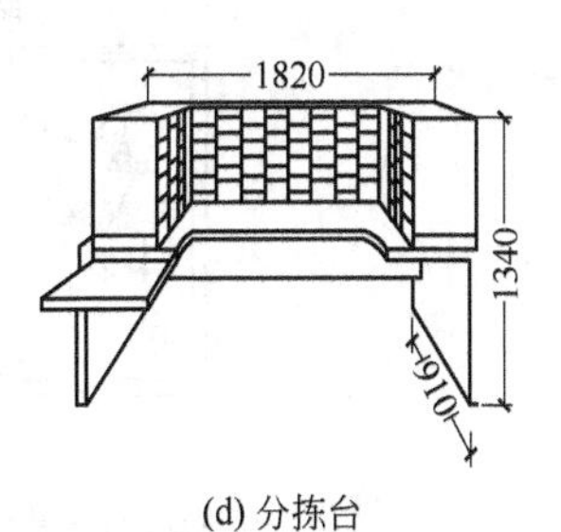

(d) 分拣台

图 3-1-45

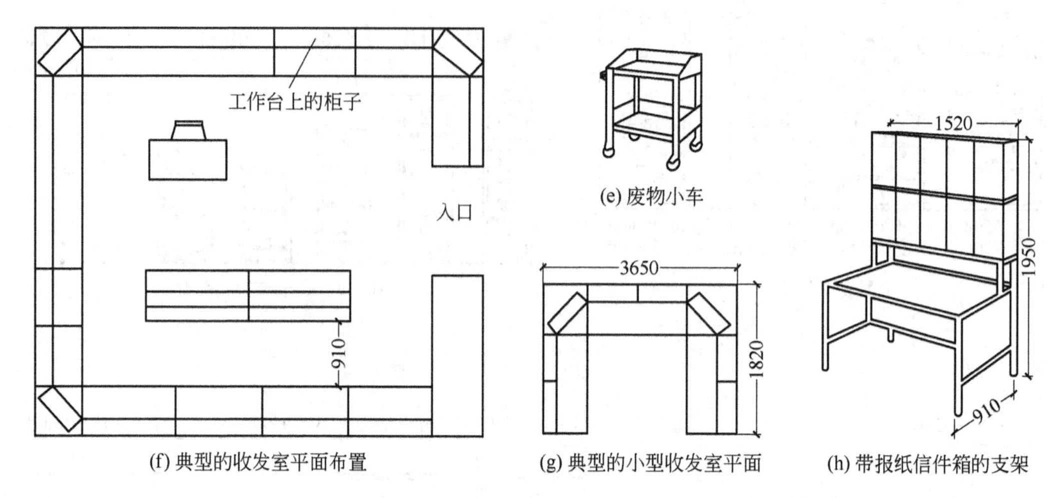

(f) 典型的收发室平面布置　(g) 典型的小型收发室平面　(h) 带报纸信件箱的支架

图 3-1-45　收发室家具类型与尺寸

(5) 文印室家具（见图 3-1-46、图 3-1-47）

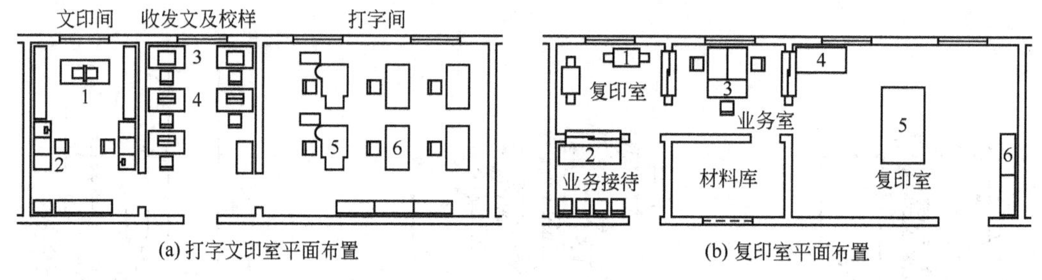

(a) 打字文印室平面布置

1—文印机；3—校对台；5—铅字打字桌；
2—文印台；4—蜡板台；6—电脑打字桌

(b) 复印室平面布置

1—小复印机；3—办公桌；5—大复印机；
2—桌子；4—整理台；6—备件柜

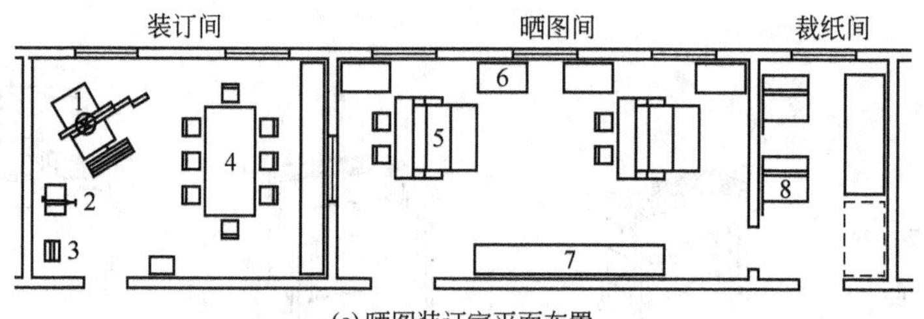

(c) 晒图装订室平面布置

1—裁纸机；2—装订机；3—烫金机；4—装订台；5—晒图机；6—桌子；7—图纸柜；8—裁纸台

图 3-1-46　文印室平面布置

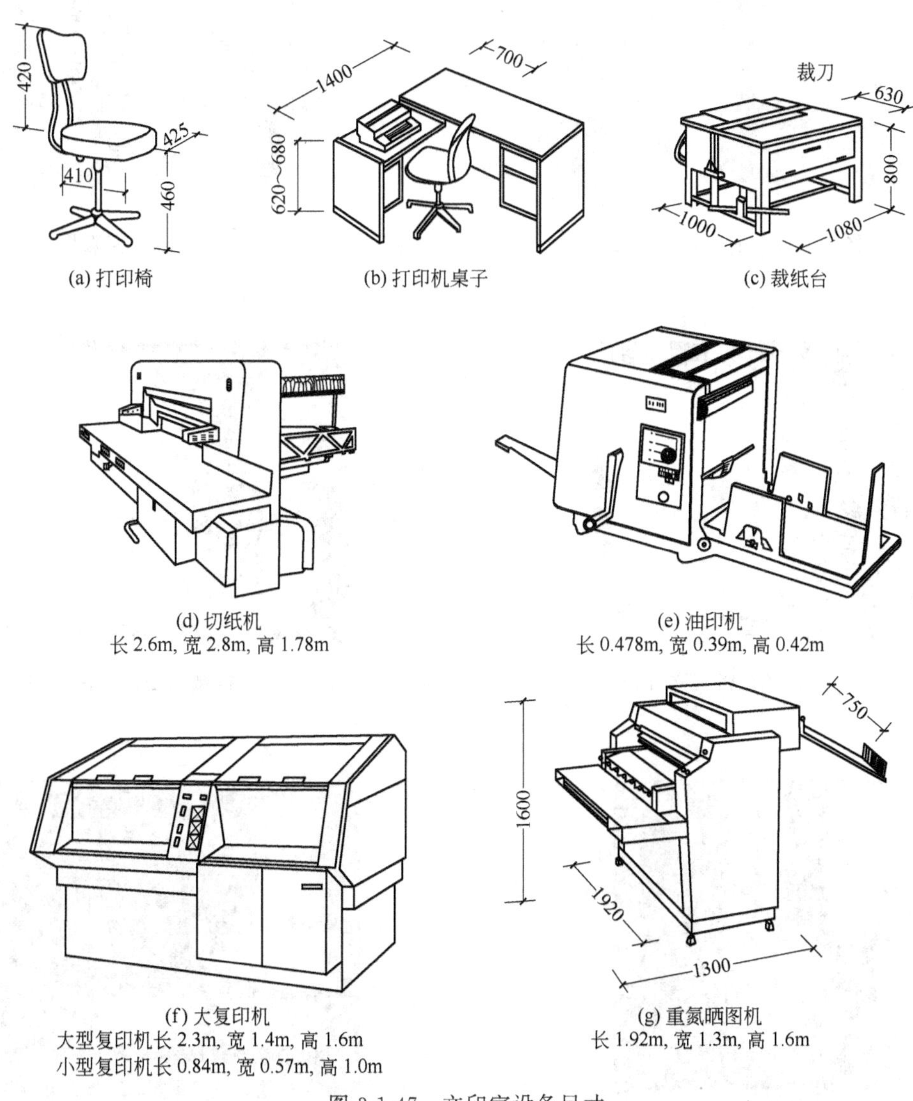

(a) 打印椅　(b) 打印机桌子　(c) 裁纸台

(d) 切纸机
长 2.6m, 宽 2.8m, 高 1.78m

(e) 油印机
长 0.478m, 宽 0.39m, 高 0.42m

(f) 大复印机
大型复印机长 2.3m, 宽 1.4m, 高 1.6m
小型复印机长 0.84m, 宽 0.57m, 高 1.0m

(g) 重氮晒图机
长 1.92m, 宽 1.3m, 高 1.6m

图 3-1-47　文印室设备尺寸

(6) 资料室家具图例（图 3-1-48～图 3-1-65）

图 3-1-48　板式木质文件柜

图 3-1-49　文件柜

图 3-1-50　抽屉式文件柜

图 3-1-51　保险柜

图 3-1-52　机械式密集文件柜

图 3-1-53　机械式密集文件柜储物柜

图 3-1-54　储物柜（1）

图 3-1-55　储物柜（2）

图 3-1-56　洽谈室家具

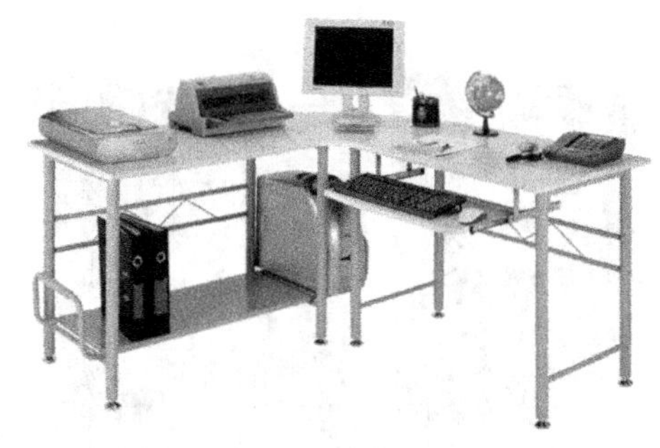

图 3-1-57　SOHO 设计室电脑设计单元

图 3-1-58　图纸柜（1）

图 3-1-59　图纸柜（2）

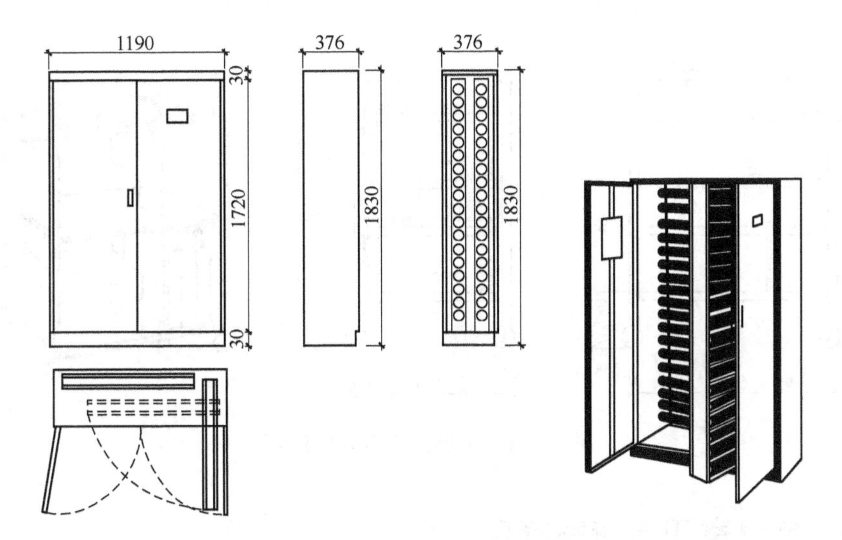

图 3-1-60　图纸柜三视图和透视图

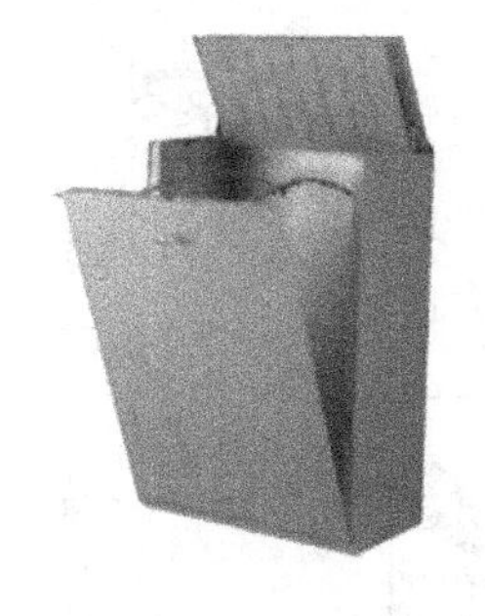

图 3-1-61　图纸柜（3）

图 3-1-62　光管拷贝台

图 3-1-63　拷贝桌

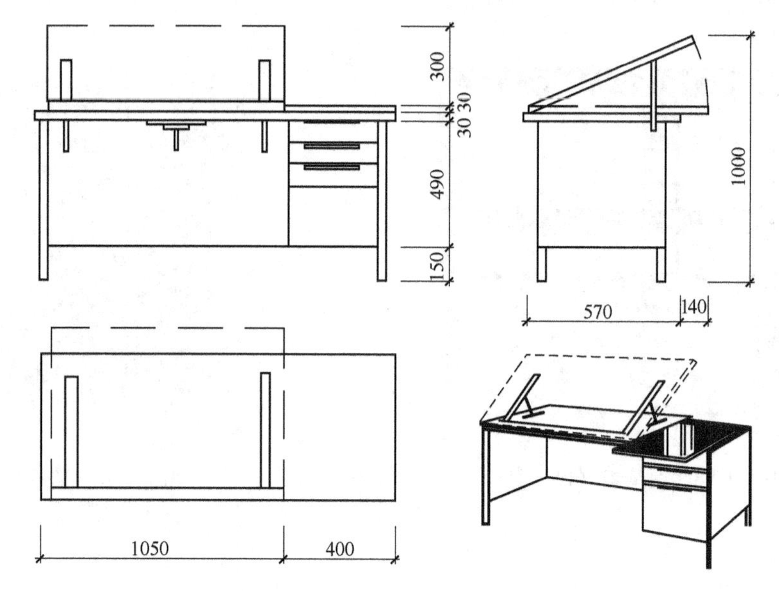

图 3-1-64　可活动画板绘图桌三视图和透视图

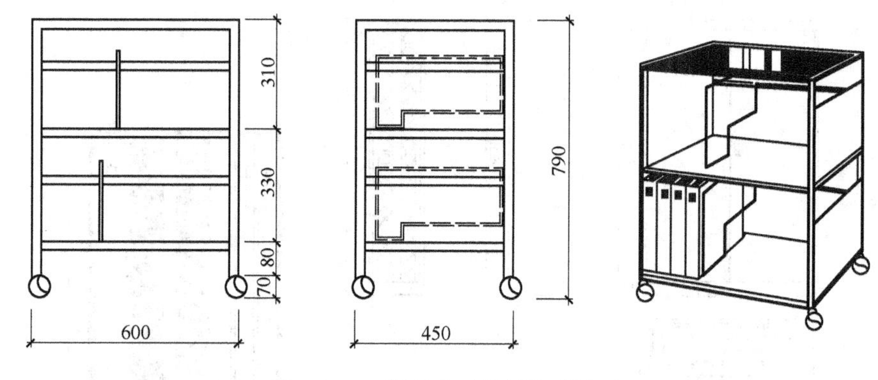

图 3-1-65　资料盒三视图和透视图

3.1.4 会议室和接待室家具

(1) 会议室家具与人的关系（见图 3-1-66）

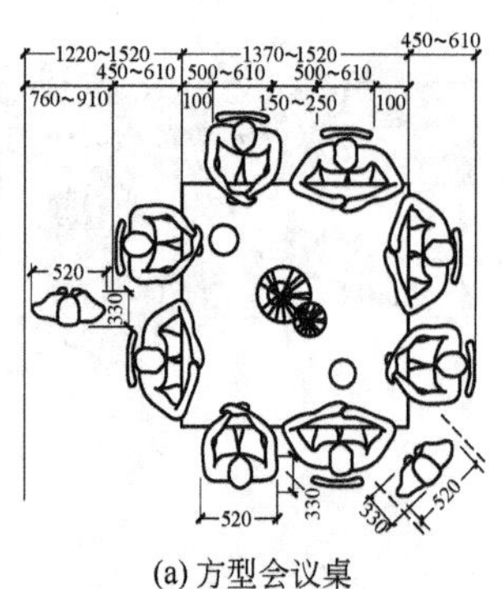

(a) 方型会议桌
人与家具(8 人)

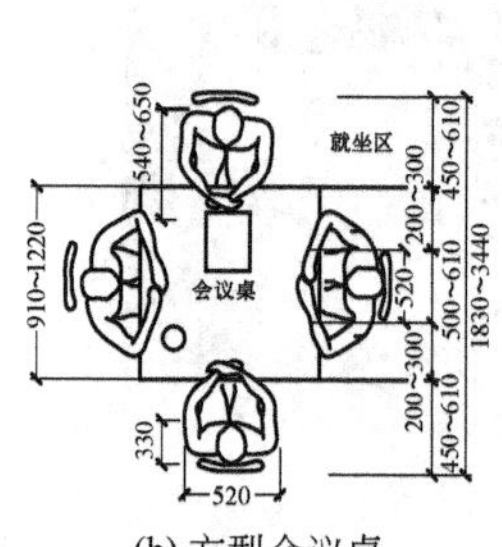

(b) 方型会议桌
人与家具(4 人)

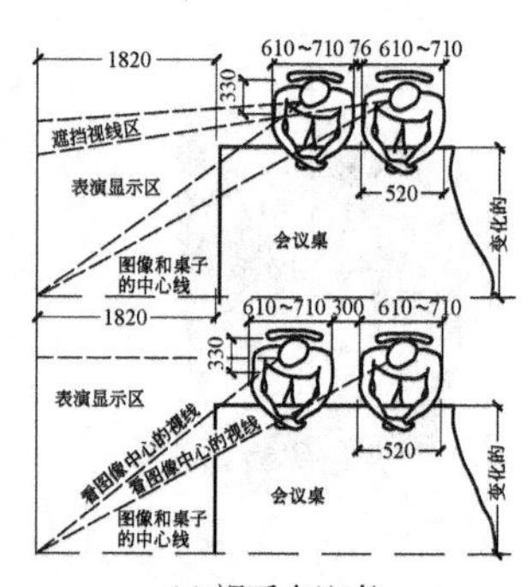

(c) 视听会议桌
人与家具、视线

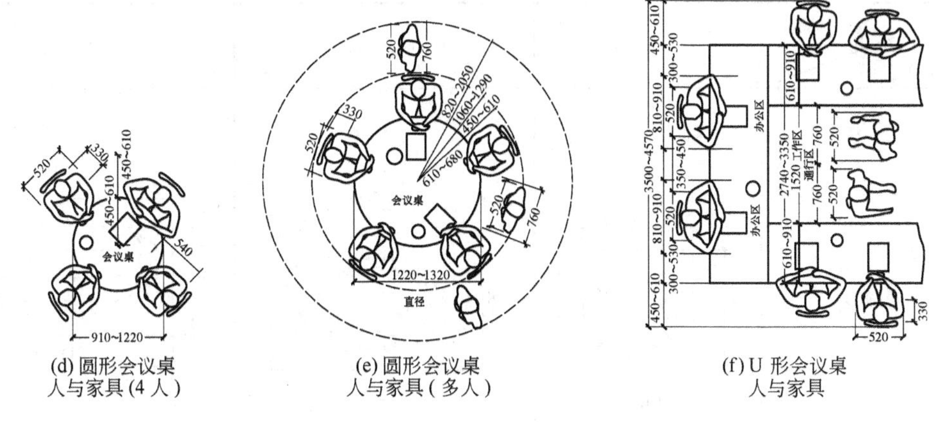

(d) 圆形会议桌
人与家具(4人)

(e) 圆形会议桌
人与家具(多人)

(f) U形会议桌
人与家具

图 3-1-66 会议室家具与人的平面关系

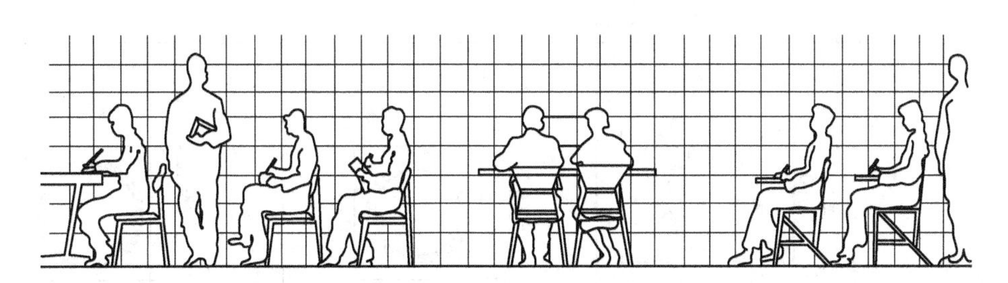

图 3-1-67 会议室家具布置间距（方格之间的间距为 250mm）

(2) 会议室桌椅尺寸（见图 3-1-68）

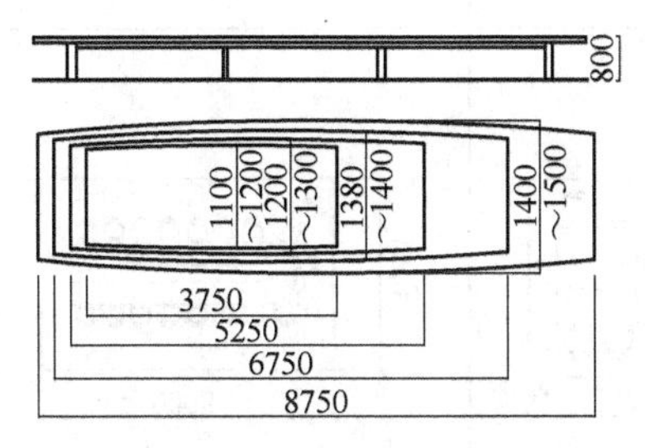

图 3-1-68 会议室桌椅尺寸

(3) 会议室规模和布局（见表 3-1-2）

表 3-1-2 会议室规模和布局

人数 / 会议桌布置形式	2～8(人)	9～18(人)	19～32(人)
矩形	4800 4200 20m²	8400 4800 42m²	10200 7200 73m²

续表

人数 / 会议桌布置形式	2～8(人)	9～18(人)	19～32(人)
椭圆形	4800 4200 20m²	5400 4600 45m²	5400 11998 64m²
圆形	5100 6500 23m²	6500 5900 40m²	9000 8400 77m²
U形	5400 6200 34m²	5400 8000 45m²	7200 11600 86m²
并排	6900 5450 38m²	6650 5740 46m²	9050 6900 63m²

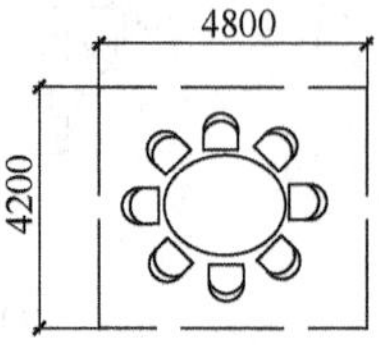

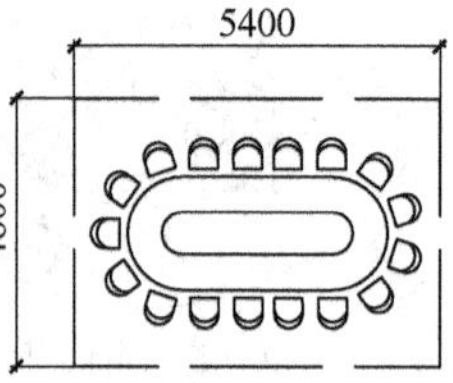

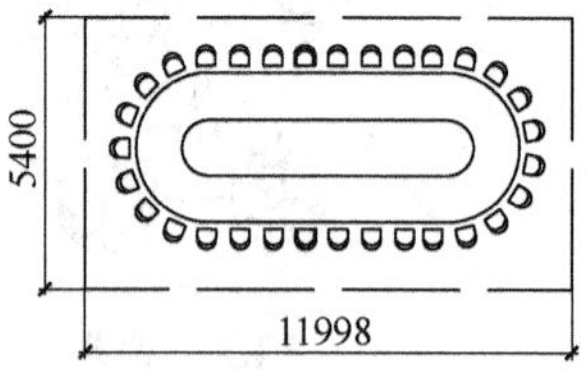

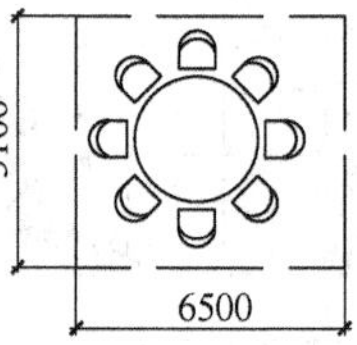

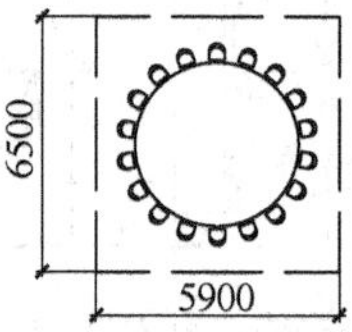

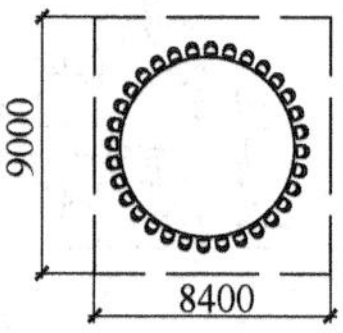

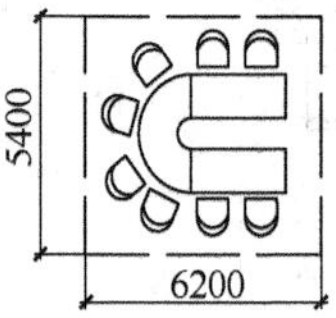

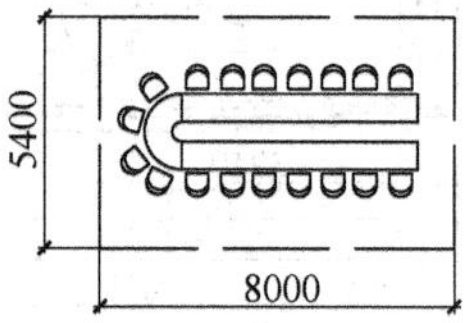

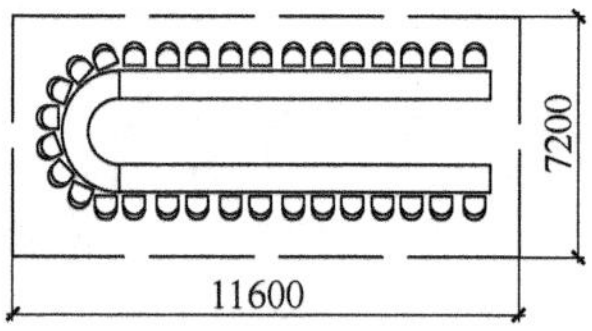

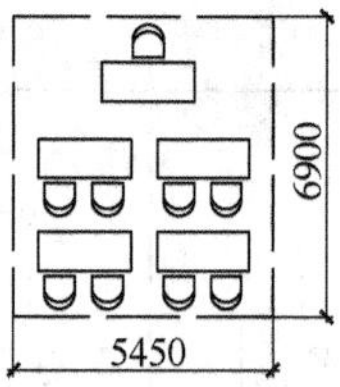

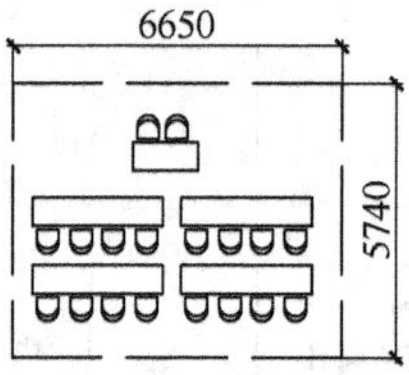

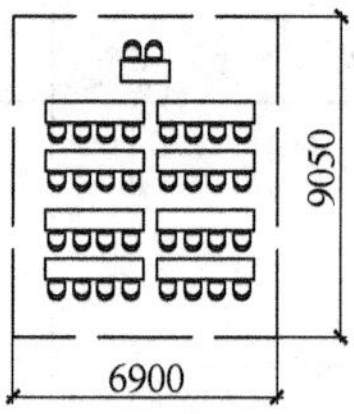

(4) 会议室平面布置示例（见图 3-1-69）

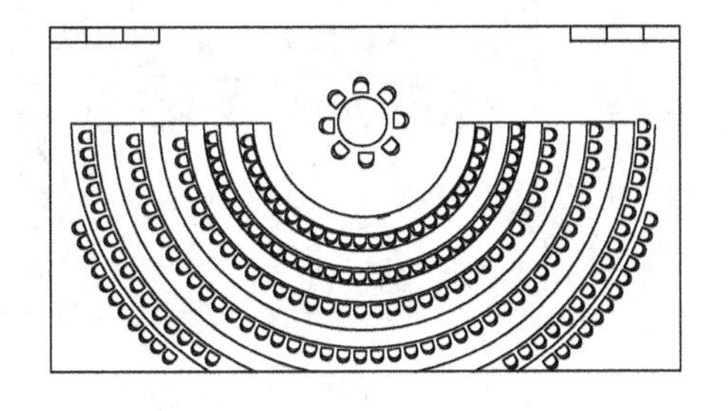

(a) 半圆形布置

(b) 圆形布置

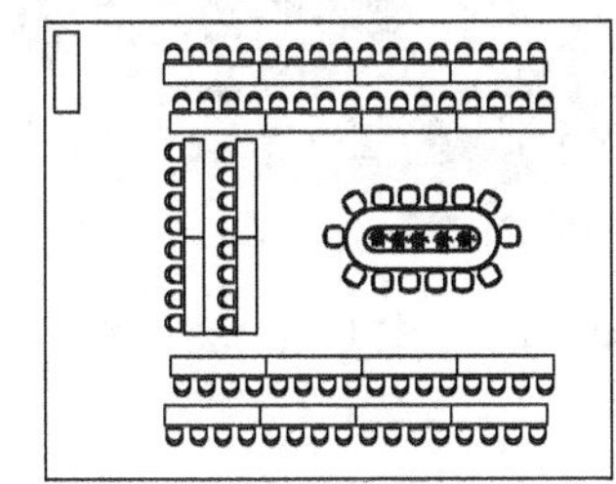

(c) 大U形布置

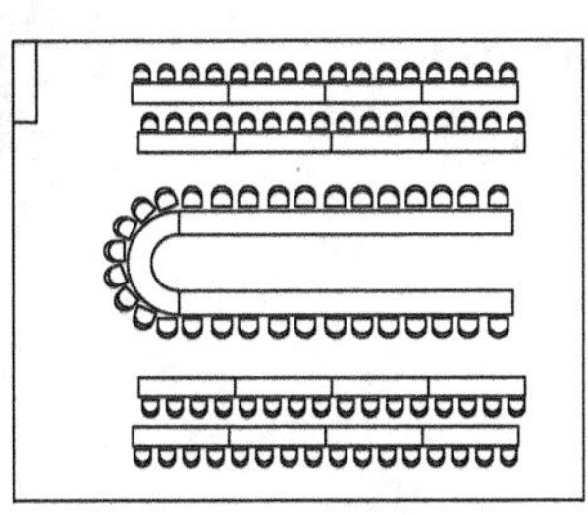

(d) 大U形布置

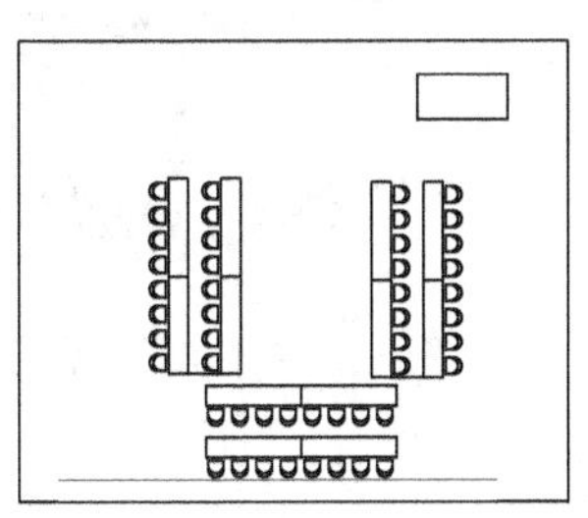

(e) 小U形布置

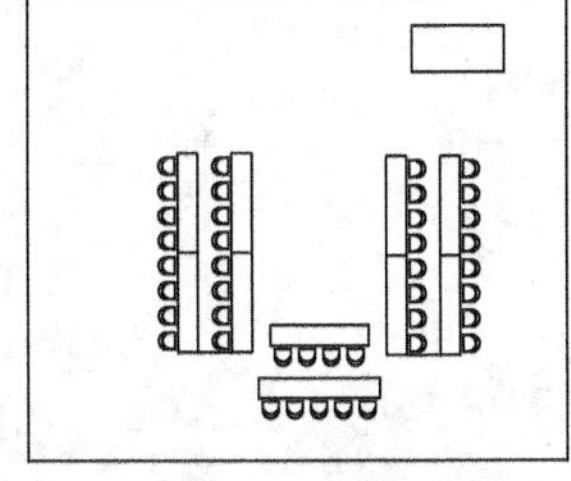

(f) 小U形布置

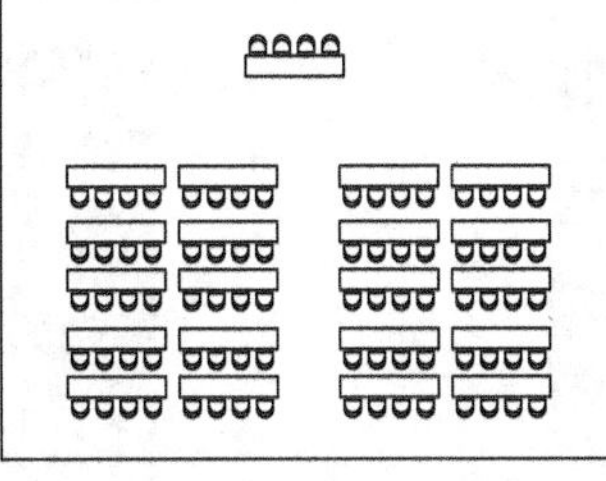

(g) 排状布置

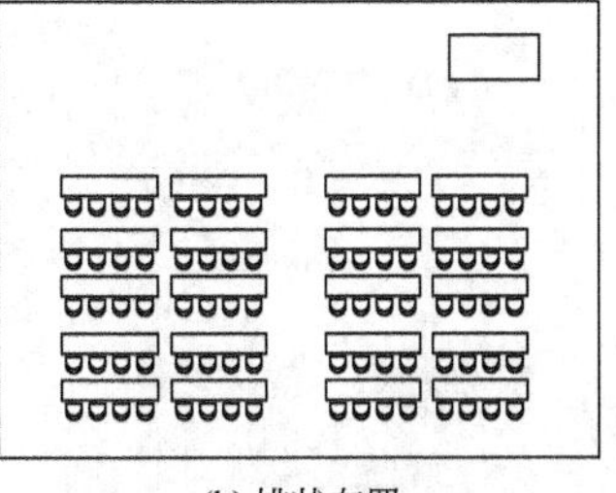

(h) 排状布置

图 3-1-69 会议室家具布置示例

(5) 会议室家具图例（见图 3-1-70～图 3-1-92）

图 3-1-70 三角形洽谈室

图 3-1-71 小型会议室

图 3-1-72　中小型会议室

图 3-1-73　圆形组合会议室

图 3-1-74　方形组合会议室

图 3-1-75　梯形组合会议室

图 3-1-76　大型会议室（1）

图 3-1-77　大型会议室（2）

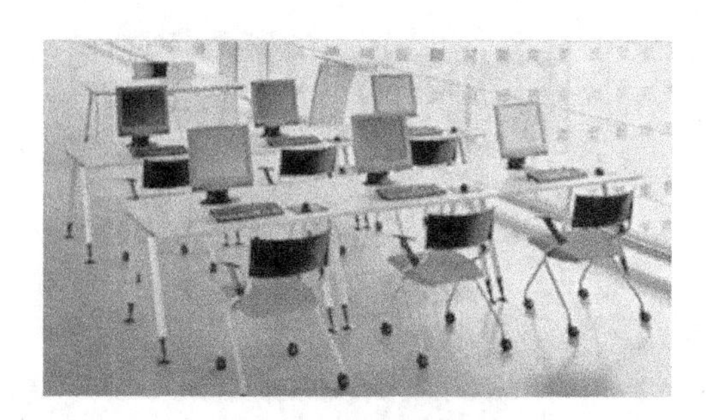

图 3-1-78　视频会议室

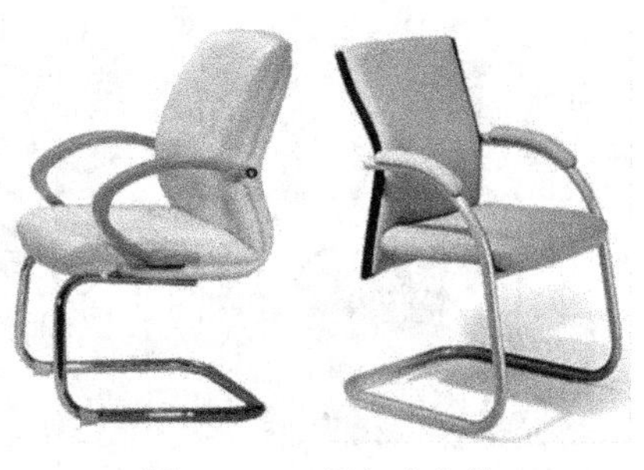

图 3-1-79　钢架会议椅

图 3-1-80 豪华会议椅

图 3-1-81 欧式会议椅

图 3-1-82 大型会议室排椅

图 3-1-83 中小型会议室桌椅（1）

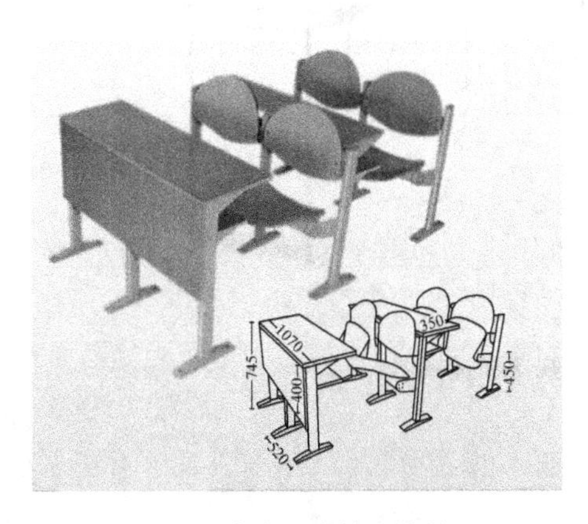

图 3-1-84 中小型会议室桌椅（2）

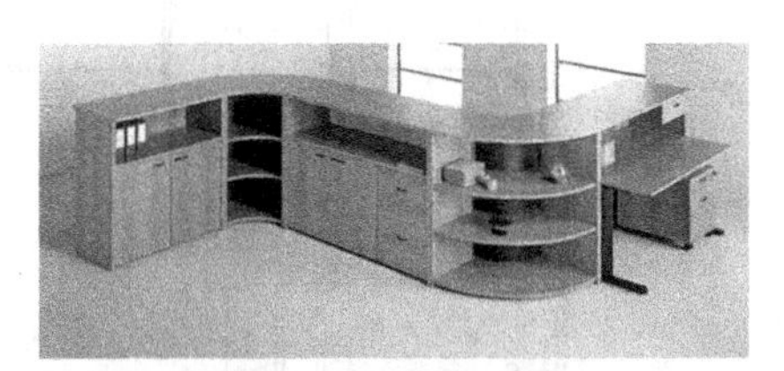

图 3-1-85 会议接待柜

图 3-1-86 会议茶水柜

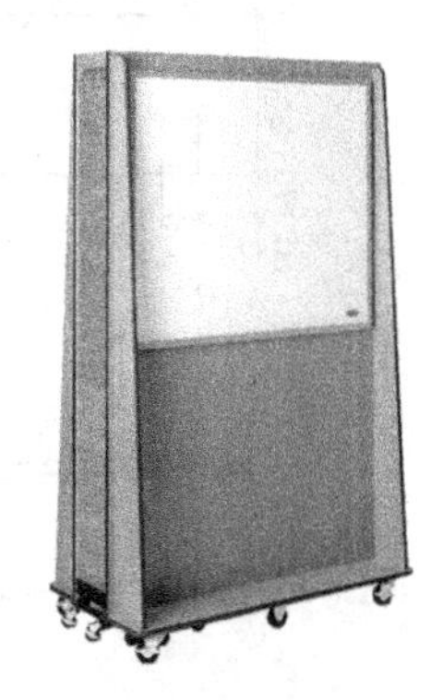

图 3-1-87 会议室可移动白板

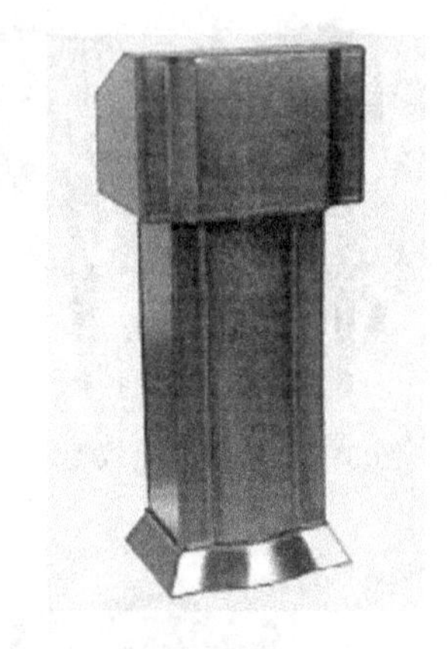

图 3-1-88　会议室演讲台（1）

图 3-1-89　会议室演讲台（2）

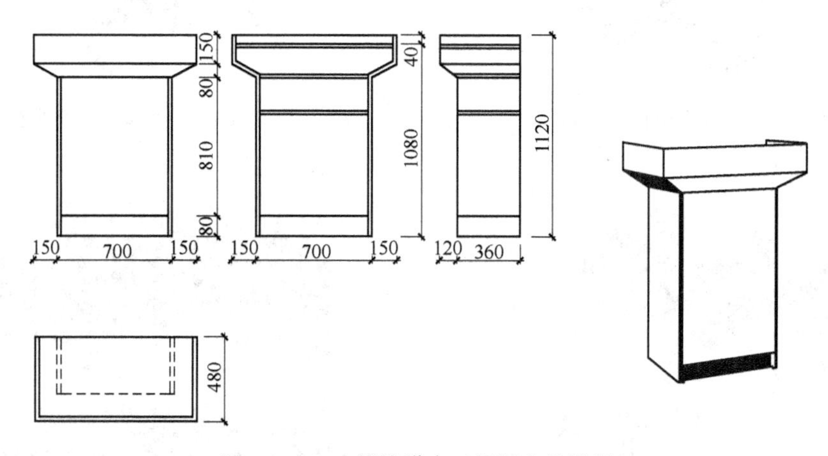

图 3-1-90　会议演讲台三视图和透视图

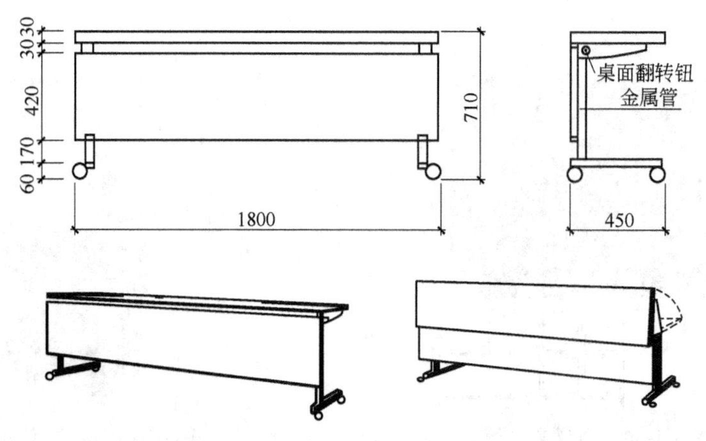

图 3-1-91　钢木会议桌三视图和透视图

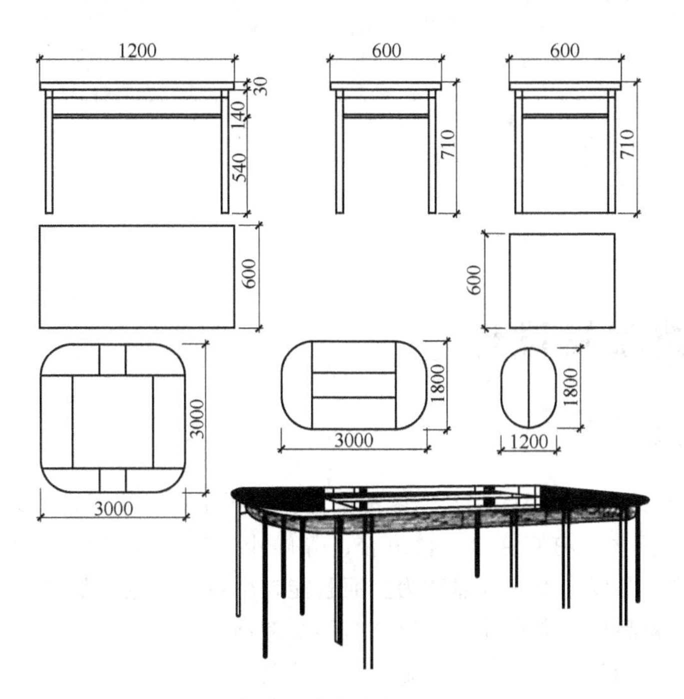

图 3-1-92 板式组合会议桌三视图和透视图

3.2 宾馆家具设计

3.2.1 概述

① 宾馆家具主要有宾馆门厅家具、客房家具、餐厅家具、休闲娱乐家具等构成。

② 宾馆门厅家具主要有服务台、值班台、等候沙发等。门厅家具的服务台设计应考虑宾馆门厅的各功能，等候沙发以低靠背为宜而且能自由组合为主。如果门厅还有附带商务功能的，如旅行社、精品店和电话厅等，设计时不要忽略。

③ 客房家具主要有床、床头柜、梳妆台、矮柜、嵌入式衣柜、沙发、茶几、花架等。设计时注重人体的使用功能，应尽量满足使用舒适的要求，家具一般应趋于简洁，便于卫生整理。

④ 宾馆床的底部设计以便于卫生整理为宜，床头柜的设计应考虑各种电器开关的设置，矮柜和梳妆柜的设计可与墙固定，也可独立设计，但风格格调应和室内的整体风格一致。沙发和茶几应根据宾馆的等级选用。

⑤ 宾馆餐厅家具主要有餐桌、餐椅、陈列柜、食品器皿柜、活动推车等。设计时应该根据餐厅的种类、等级进行设计，家具的风格和室内保持统一。

⑥ 宾馆休闲娱乐家具的种类和宾馆设置的娱乐服务品种有关，也和宾馆的星级有关，不同星级的宾馆服务都不太一样，应根据星级的具体要求进行设计。

3.2.2 宾馆门厅家具

(1) 宾馆门厅功能分析（见表 3-2-1、图 3-2-1）

表 3-2-1 宾馆门厅各功能区构成

门厅入口	旅馆主入口以及大宴会厅、康乐设施和商店等辅助入口
宾馆服务台	登记、问讯、结账、银行、邮电、旅行社、代办、贵重物品存放、商务中心及行李房
公共交通	去总服务台、客梯厅、休息厅、餐厅、宴会厅、康乐中心、酒吧和商店等交通空间
休息	休息座位、绿化、雕塑、喷水池、饮料供应（门厅、酒吧）
商店	报刊、礼品、花店、珠宝店、服装店和百货店等
辅助设施	卫生间、衣帽间、旅馆指南、电话及门厅经理台

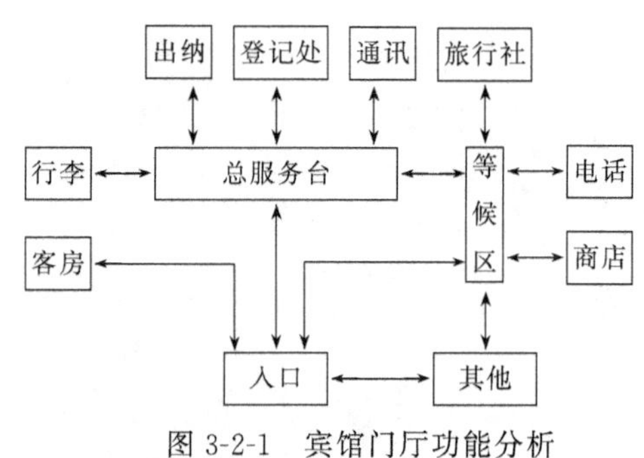

图 3-2-1 宾馆门厅功能分析

(2) 门厅家具与人的尺度关系（见图 3-2-2）

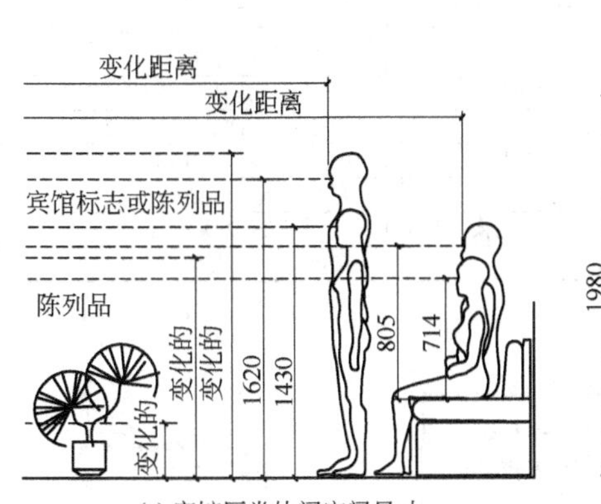

(a) 宾馆厅堂休闲空间尺寸

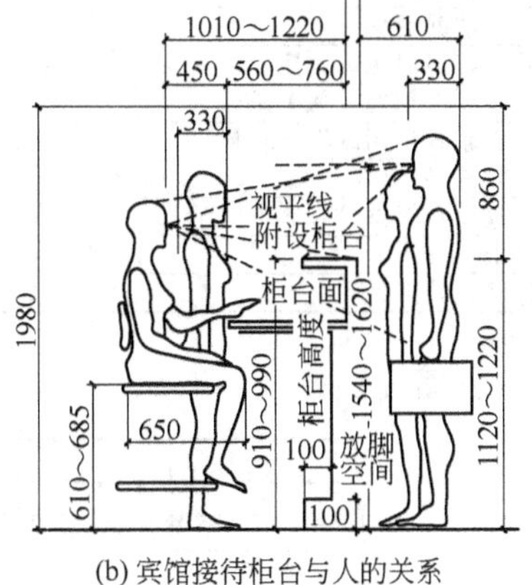

(b) 宾馆接待柜台与人的关系

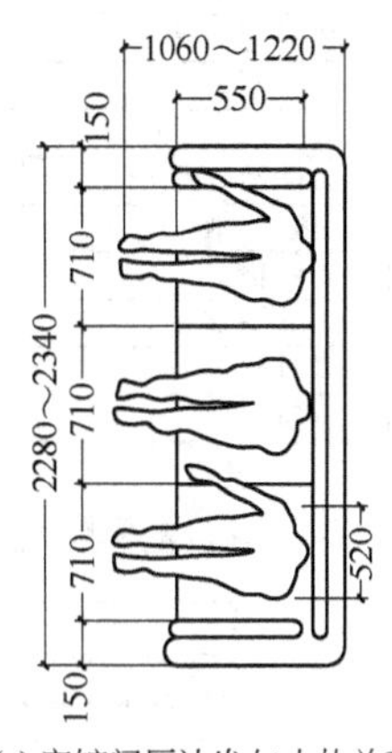

(c) 宾馆门厅沙发与人的关系

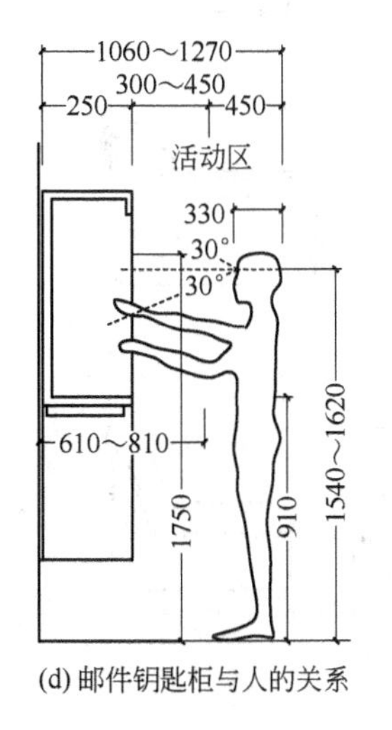

(d) 邮件钥匙柜与人的关系

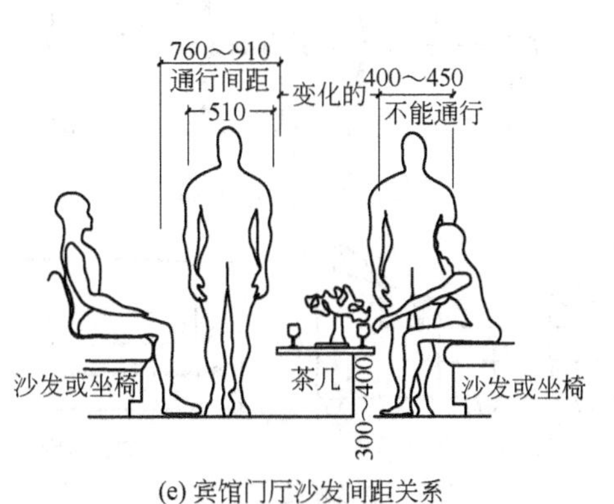

(e) 宾馆门厅沙发间距关系

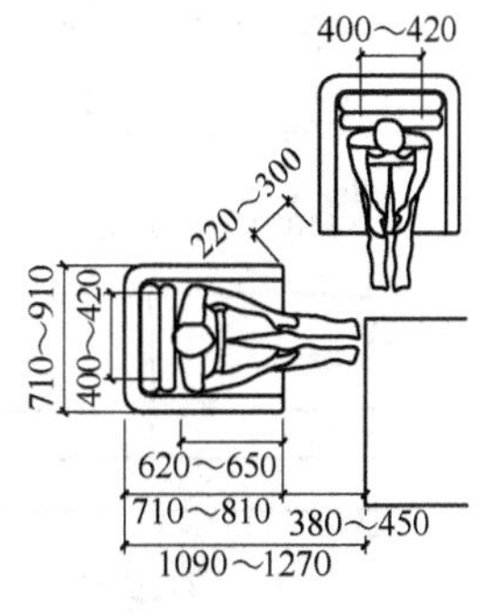

(f) 宾馆门厅沙发布置

图 3-2-2 宾馆门厅家具与人的关系

(3) 服务台设备及家具尺寸（见表 3-2-2、表 3-2-3）

服务台是旅馆大堂内用来接待客人住宿和结账的设施。服务台的长度根据旅馆等级和规模确定，一般长度为：客房数在 200 间以下，取 0.05m²/间；客房在 600 间以下，取 0.03m²/间；客房在 600 间以上，取 0.02 m²/间。

总服务台可以设置行李房，行李房应该靠近大堂入口。服务台的构造形式有两种，一是固定式，一是家具活动式。但不管哪一种的家具设计时，应该考虑服务台的电源插座、照明灯具、通讯接线盒结合服务台暗铺的孔位位置。

表 3-2-2 总服务台的尺寸标准

客房数(间)		50	200	400	500
柜台长度	m(ft)	3.5(11)	10(30)	16(50)	22(65)
服务台面积	m²(ft²)	6(60)	20(210)	45(500)	90(980)

表 3-2-3 总服务台常用设备

	设备名称	功能		设备名称	功能
登记部分	客房记录架	显示客房出租情况	结算部分	现金记账机	结算与记录旅客支付的费用
	资料架	旅客情况资料存放		出纳银柜	用于现金或其他项目的存入
	电脑	显示客房出租或预定		架子	发票、账册存放
	邮件及钥匙箱	用来存放钥匙及旅客邮件		发票收据盘	结账后依房间号归档，好查
	钥匙存放	接受旅客租用的客房钥匙		电话记录仪	记录电话次数，且转至账上
	文件柜	存放资料、盘片		安全储存柜	存放旅客贵重物品
	报纸图册架	存放免费提供给顾客的宣传品		保险柜	存放现金、票证
	簿册架	登记等使用		各种货币兑换牌价表	方便旅客兑换结账
	杂项	各种办公文具		杂项	文具、办公用具

(4) 其他家具尺寸（见图 3-2-3）

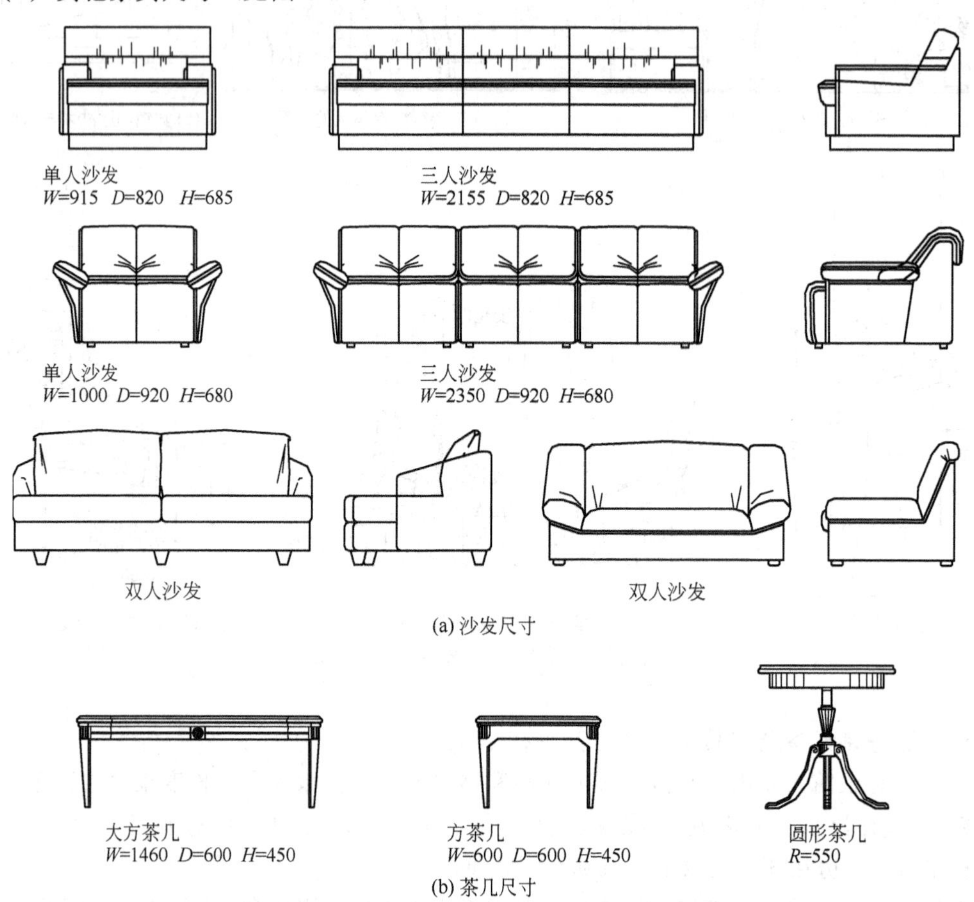

图 3-2-3 宾馆门厅沙发尺寸举例

(5) 门厅家具图例（见图 3-2-4～图 3-2-15）

图 3-2-4 宾馆服务台

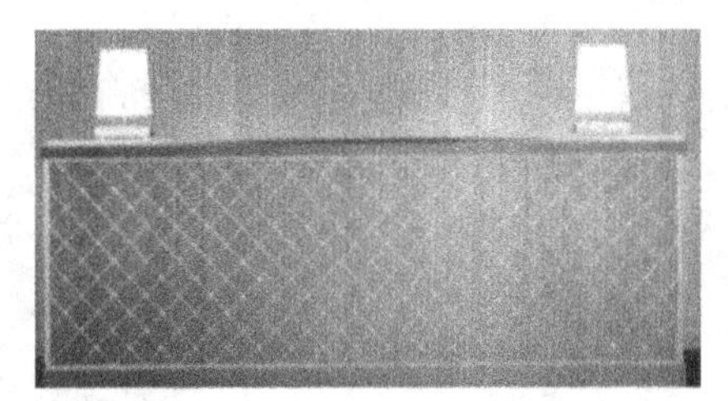

(a) 宾馆服务台设计效果图

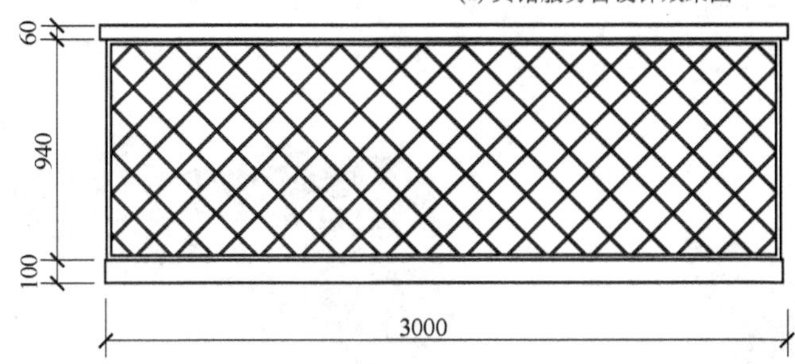

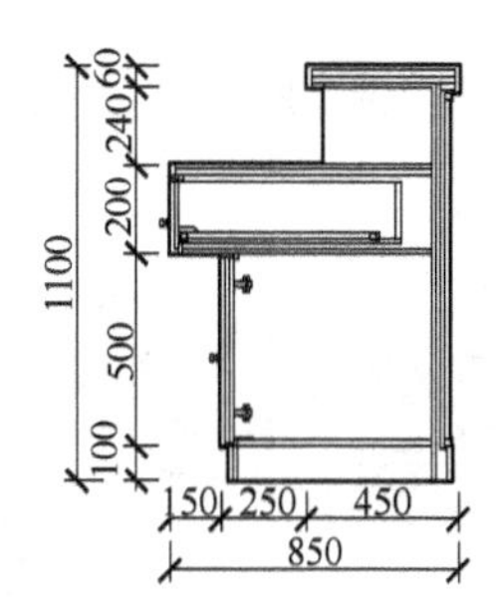

(b) 宾馆服务台三视图

图 3-2-5 宾馆服务台设计效果图和三视图

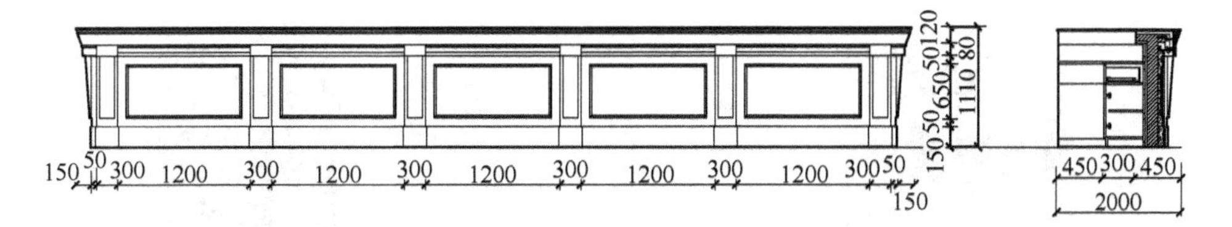

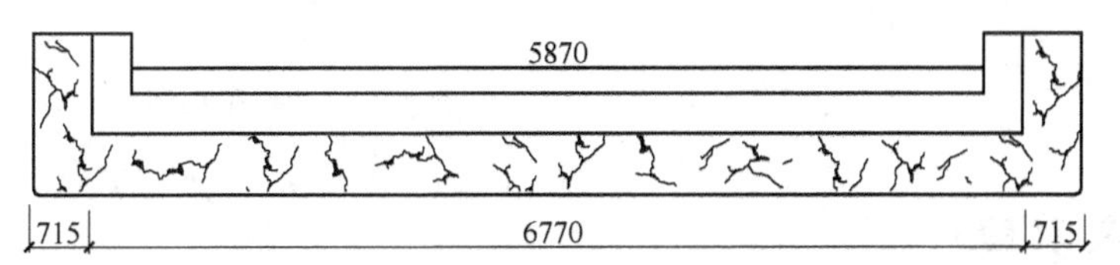

图 3-2-6 宾馆门厅服务台三视图

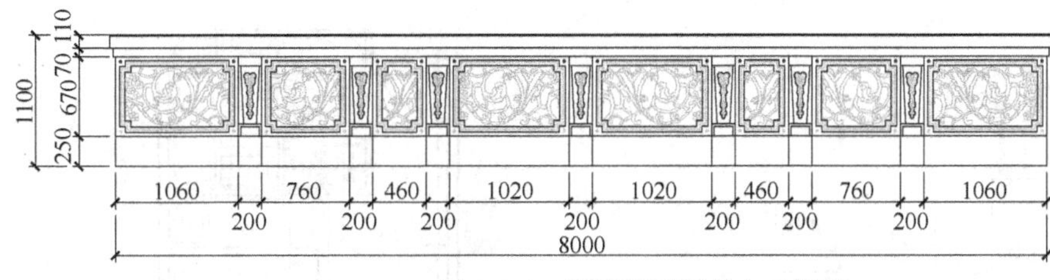

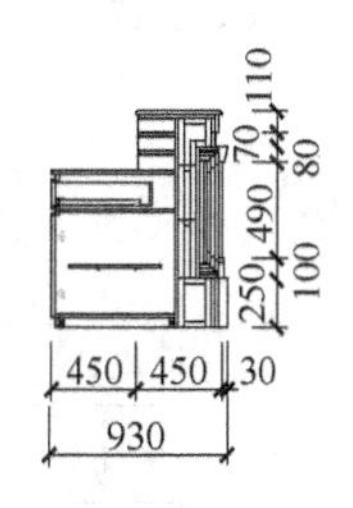

图 3-2-7 宾馆门厅服务台三视图

图 3-2-8 门厅单人沙发

图 3-2-9 门厅双人沙发

图 3-2-10　门厅三人沙发（1）

图 3-2-11　门厅三人沙发（2）

图 3-2-12　宾馆沙发组合（1）

图 3-2-13　宾馆沙发组合（2）

图 3-2-14　宾馆钥匙柜（1）

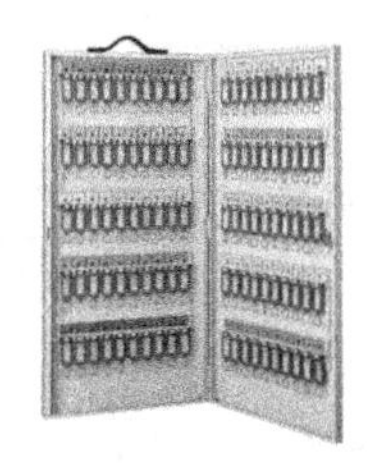

图 3-2-15　宾馆钥匙柜（2）

3.2.3 宾馆客房家具

（1）宾馆客房功能分析（见图 3-2-16、图 3-2-17）

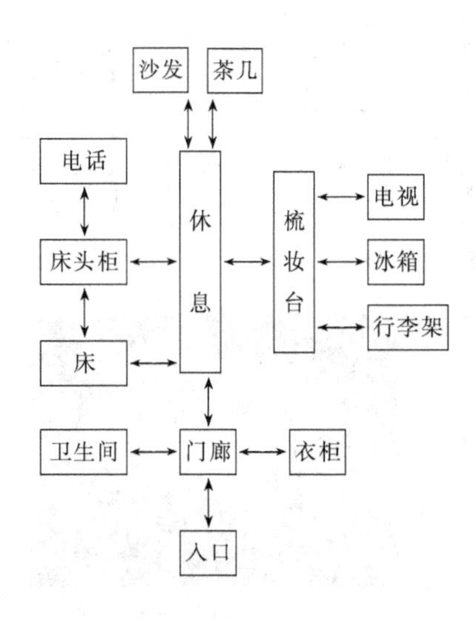

图 3-2-16　宾馆客房功能分析图

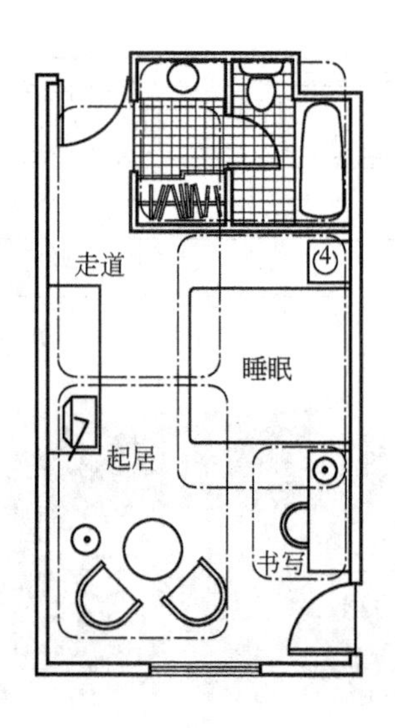

图 3-2-17　宾馆客房活动区域分析

(2) 宾馆客房组成(见表 3-2-4、表 3-2-5)

表 3-2-4 宾馆客房标准

客房种类	客房床位	使用设备状况
低标准客房	2～4	客房不附设卫生间,集中使用公共卫生设备
一般标准客	2	客房附设卫生间,有一至二件卫生洁具,集中使用公共浴室
标准较高客房	2	壁柜、客房卫生间三件卫生洁具

表 3-2-5 宾馆客房组成

客房种类及名称	使用状况特点	使用对象
单人间(单床间)	面积＞9m²,为旅馆中最小客房。设置单人床,设施齐全,要求经济实用	一人
多床间	用于低档次旅馆及招待所	不多于四床
双床间(标准间)	面积 16～38m²,为旅馆常用的客房类型。放置两张单人床	一至二人
双人床间	放置一张双人床,此类客房适合家庭旅客使用	家庭
两个双人床间	设置两个双人床或两个大单人床	二至四人
灵活套间	用隔断分隔,面积经济的套间。需要时将客房分成两个使用空间,必要时拉开隔断整间使用	可用于家庭及办公等
跃层式套间	起居室和卧室分别在上下层,私密性强。两者由客房室内楼梯连接	同上
两套间(普通套间)	卧室可以为双床间或双人床间,起居室用于起居、休息、会客,也可附有用餐空间,并有盥洗室	同上
三套间	由起居室、餐厅、卧室三间组成,配有客用备餐、盥洗、厕所	同上
总统套间豪华套间	一般由五间以上客房组成的套间。大多布置于走廊尽端。空间布局灵活,采用别墅、公寓风格。配有专用电梯、保安、秘书、高级卫生间等	国家总统高级商住

(3) 家具与人的尺寸关系(见图 3-2-18)

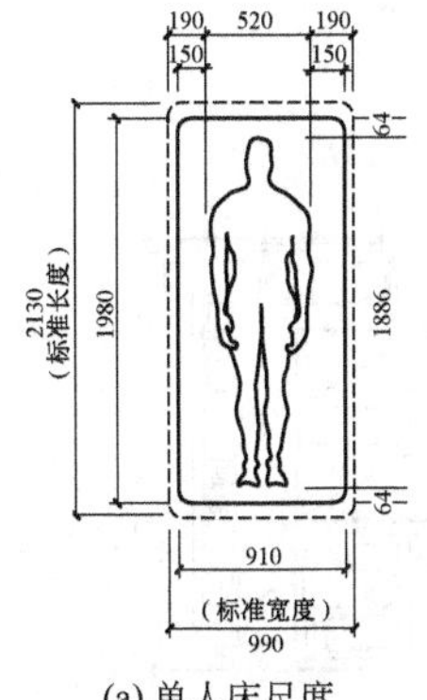

(a) 单人床尺度

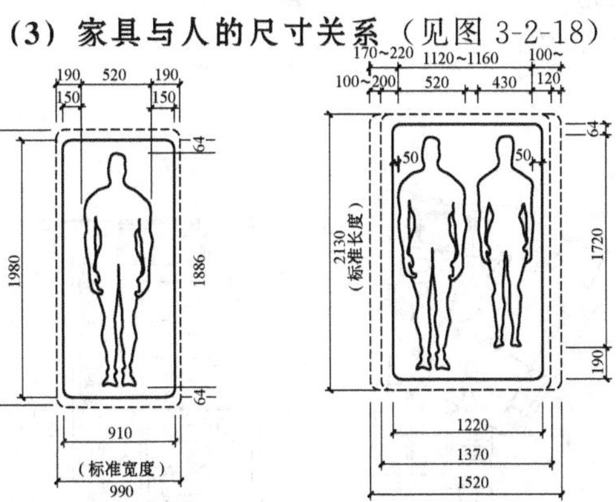

(b) 双人床尺度

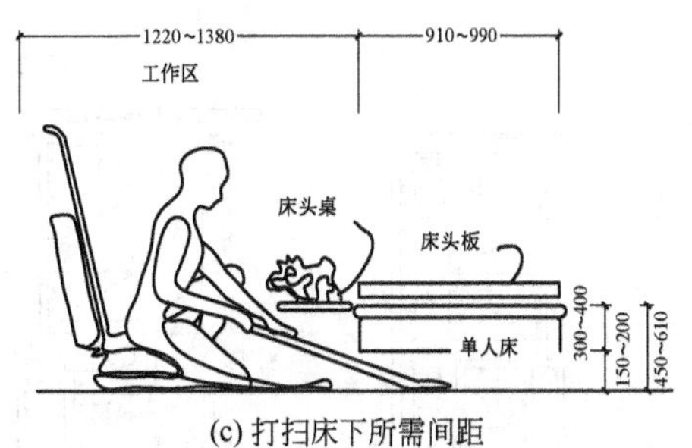

(c) 打扫床下所需间距

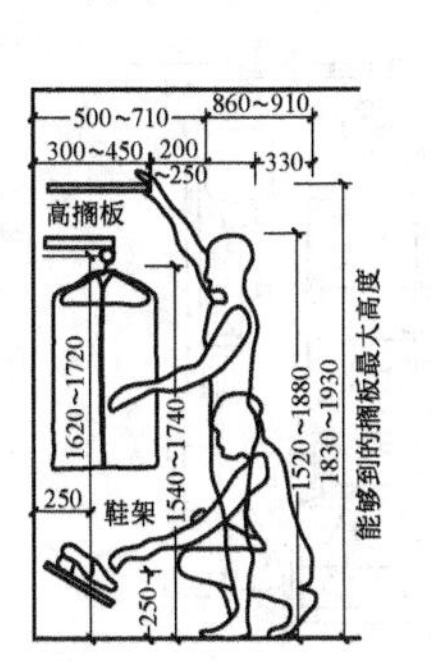

(d) 顾客使用的壁橱和储存设施尺度

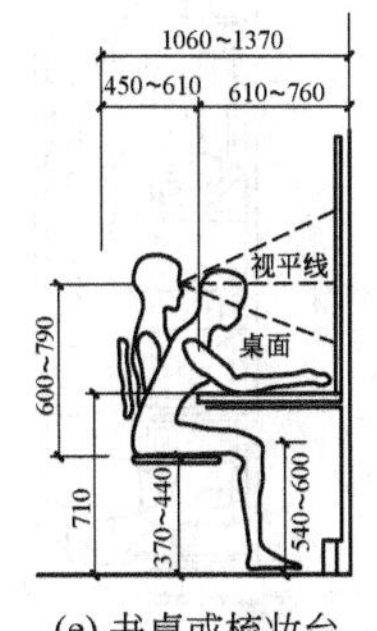

(e) 书桌或梳妆台与人的尺度

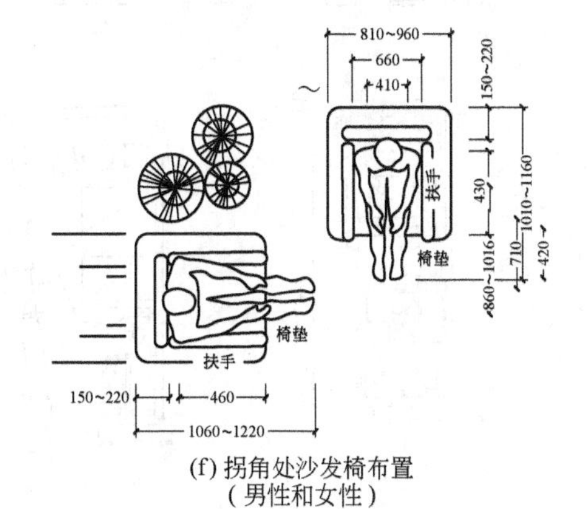

(f) 拐角处沙发椅布置(男性和女性)

图 3-2-18 宾馆客房家具与人的关系

(4) 宾馆客房经典平面（见图 3-2-19、图 3-2-20）

① 单人间

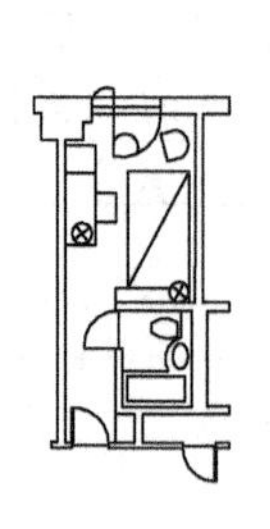
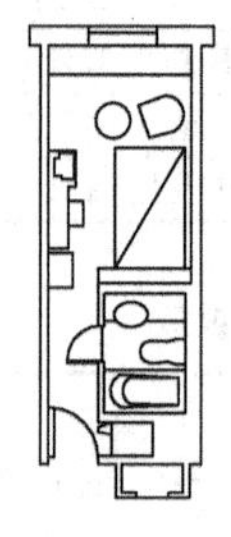
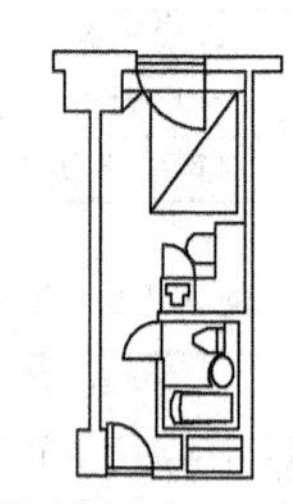
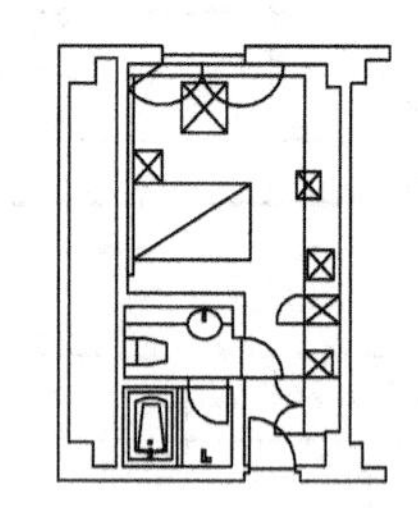

(a) 宾馆单人间客房

② 双人床间

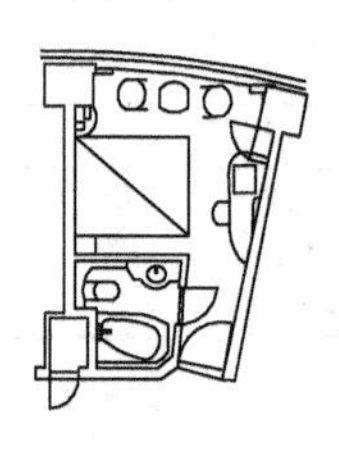
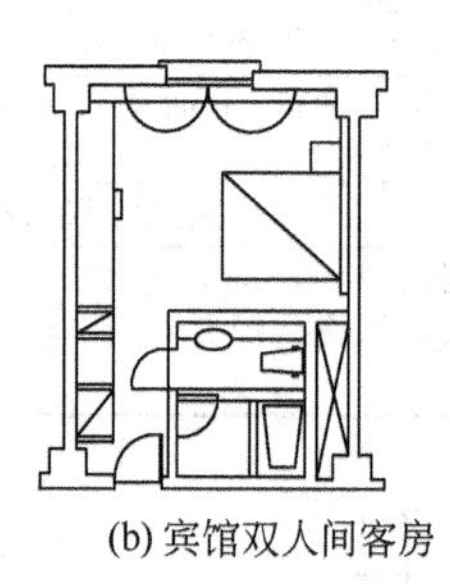
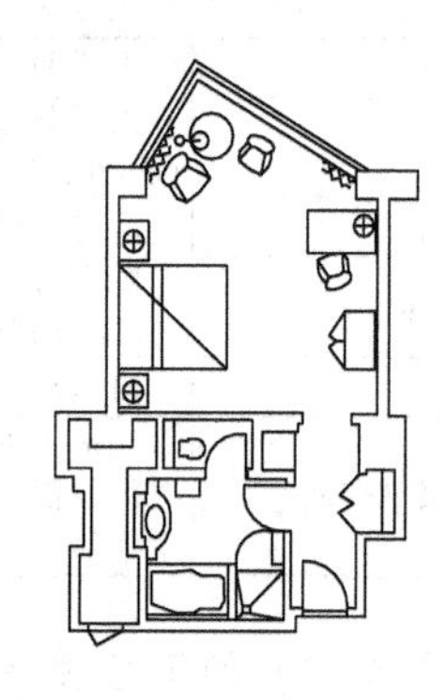

(b) 宾馆双人间客房

③ 标准双人间

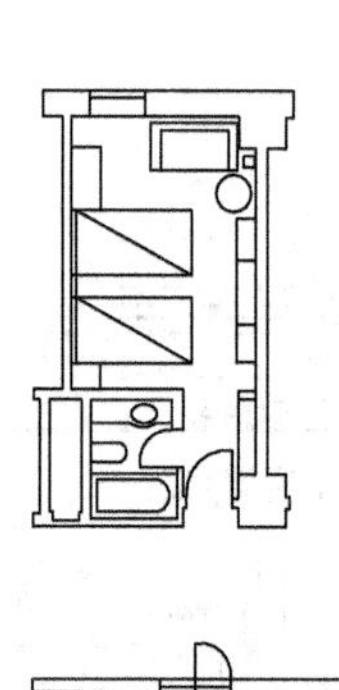
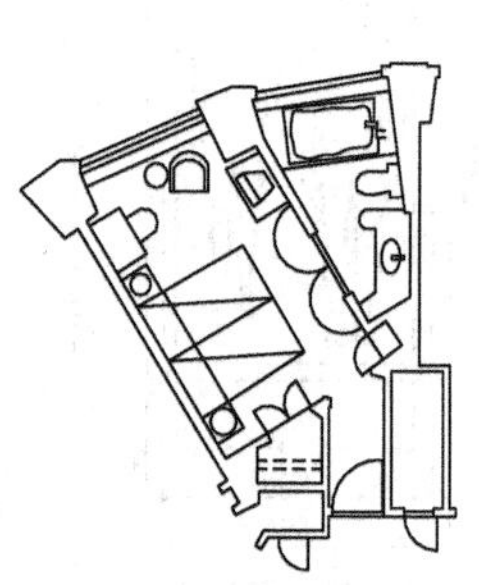
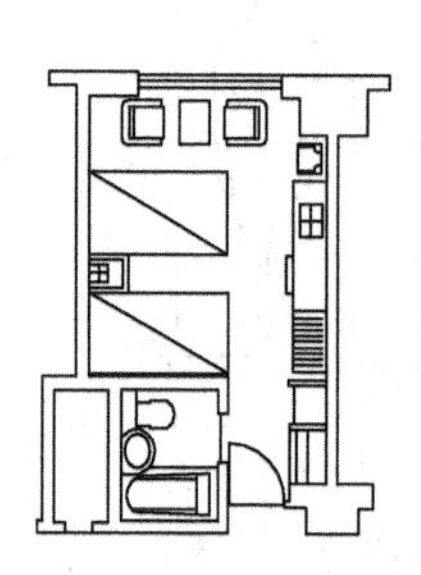
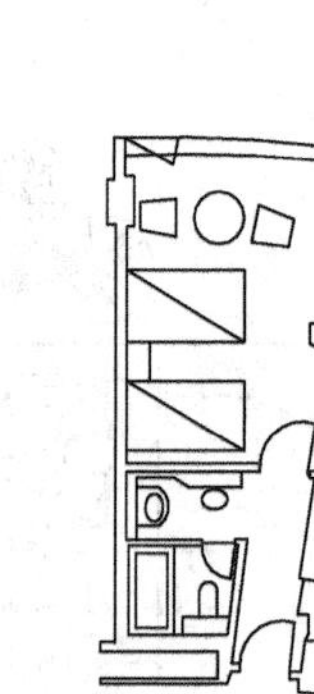
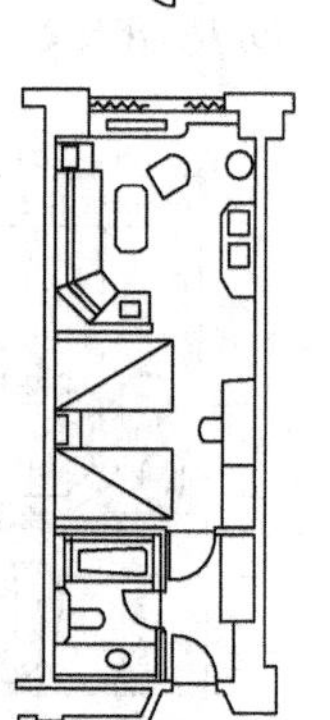

(c) 宾馆双人标间

图 3-2-19　宾馆标准间平面举例

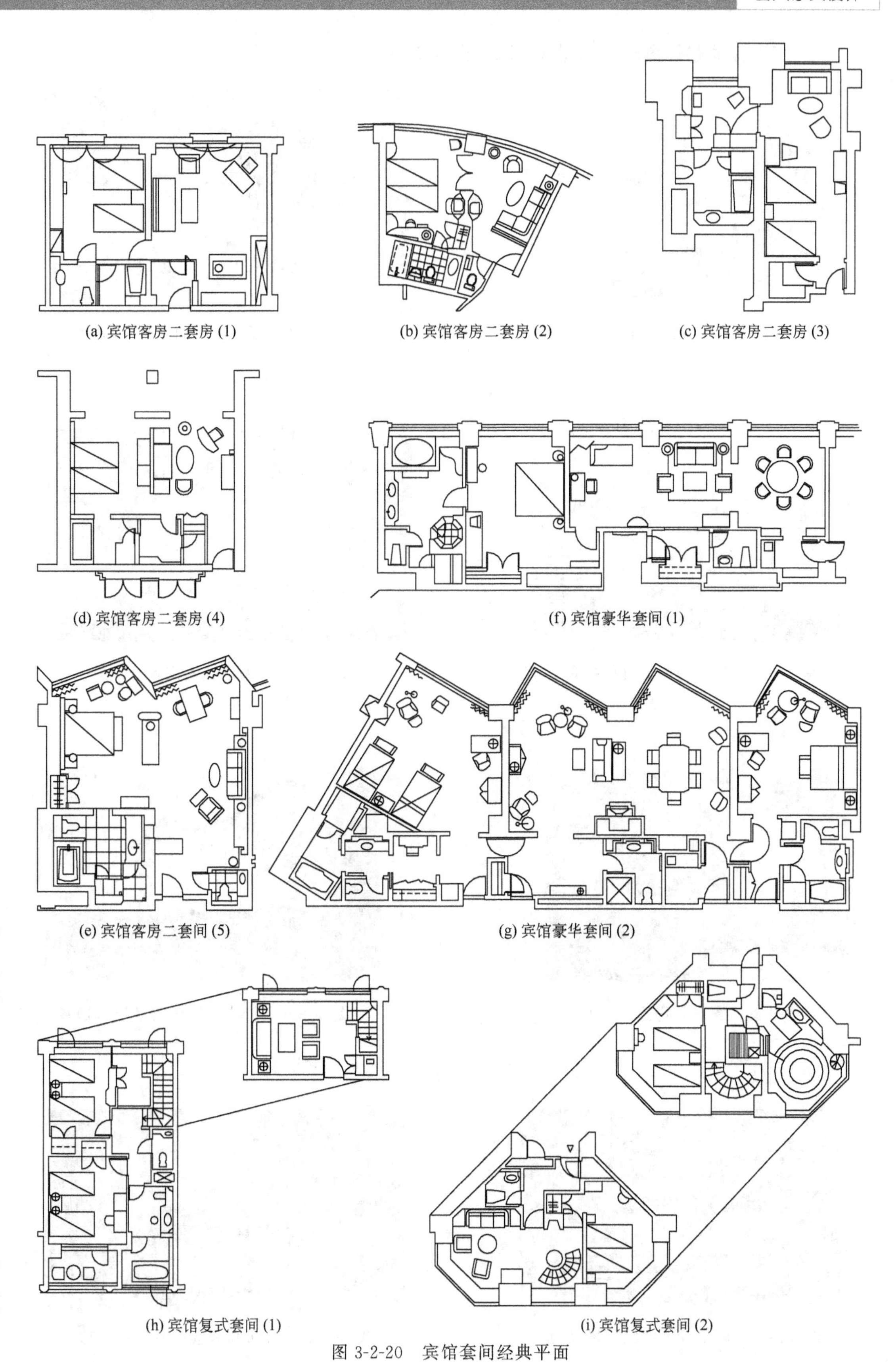

图 3-2-20　宾馆套间经典平面

(5) 宾馆客房家具图例（见图 3-2-21～图 3-2-39）

图 3-2-21　客房标准间家具（1）

图 3-2-22　客房标准间家具（2）

图 3-2-23　客房藤制标准间家具

图 3-2-24　豪华客房家具（1）

图 3-2-25　豪华客房家具（2）

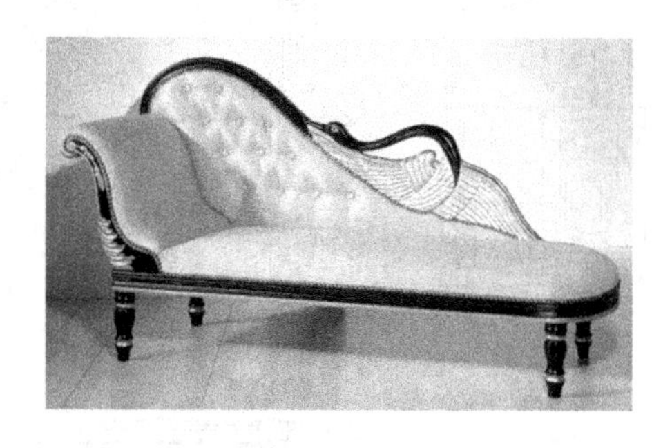

图 3-2-26　豪华客房休闲躺椅（1）

图 3-2-27　豪华客房休闲躺椅（2）

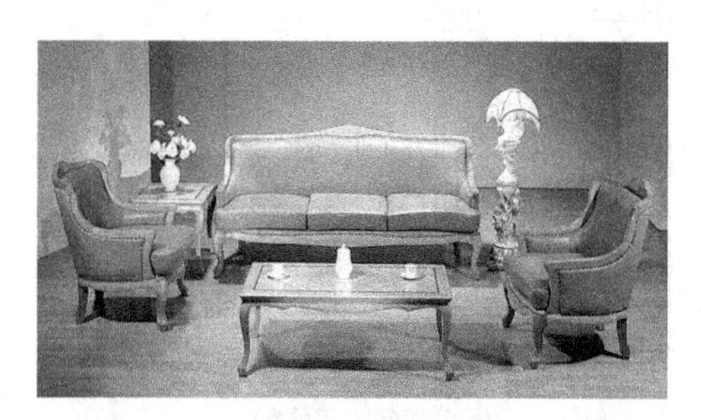

图 3-2-28　客房套间会客室家具（1）

图 3-2-29 客房套间会客室家具（2）

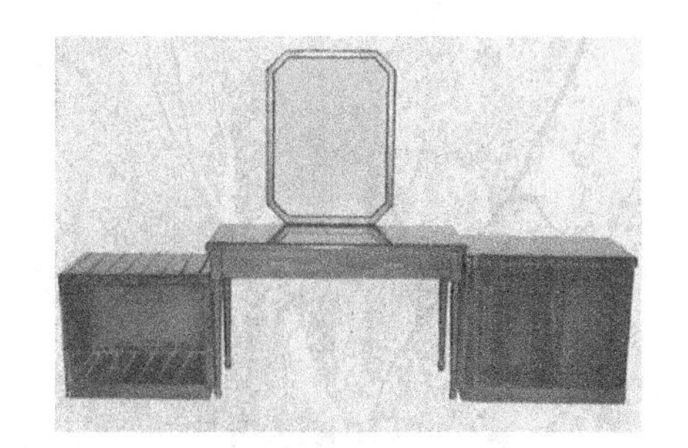

图 3-2-30 客房梳妆台及储物柜

图 3-2-31 客房休闲椅

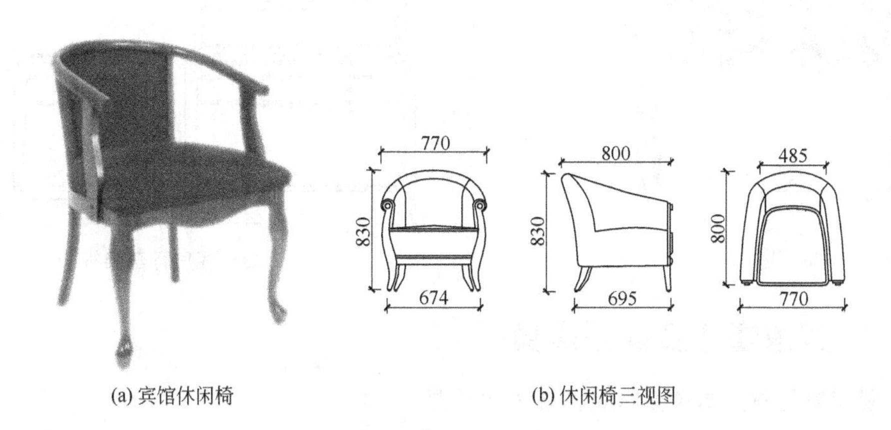

图 3-2-32 宾馆休闲椅

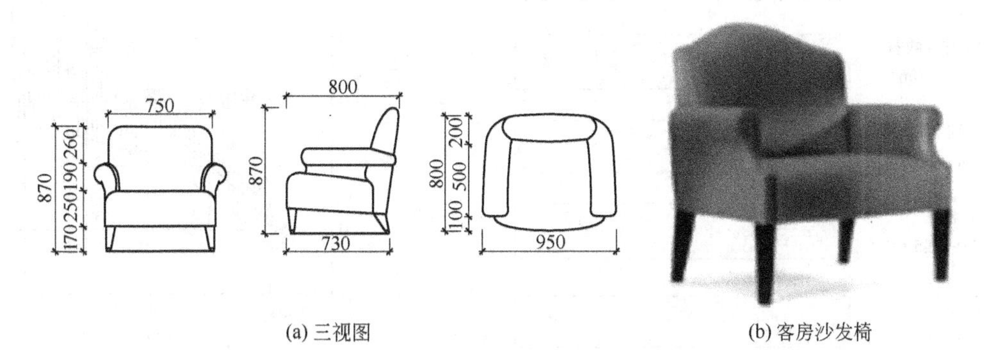

图 3-2-33 宾馆沙发椅

图 3-2-34　客房扶手椅

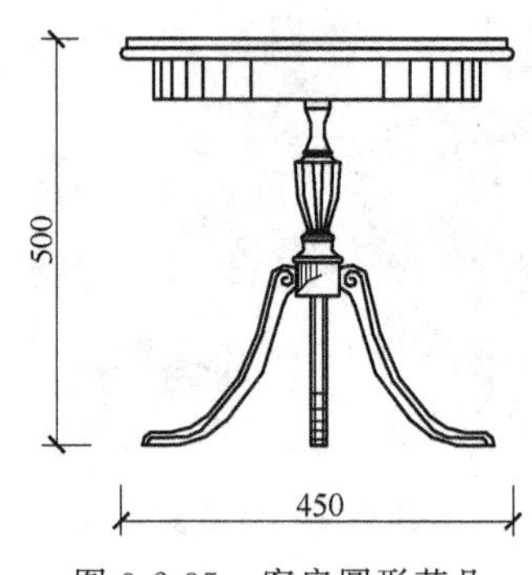

图 3-2-35　客房圆形茶几

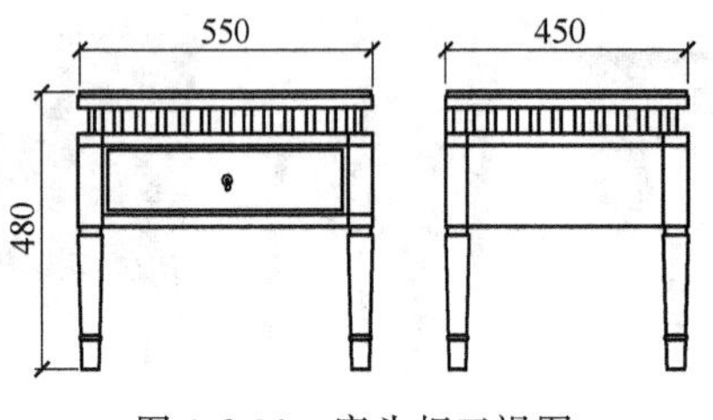

图 3-2-36　床头柜三视图

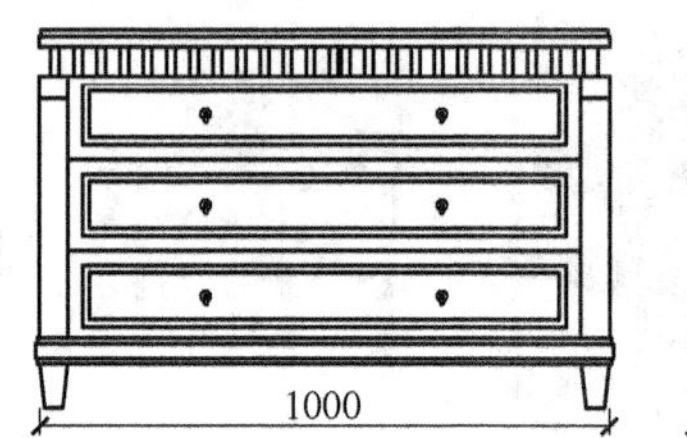

图 3-2-37　电视柜视图

图 3-2-38　客房写字台

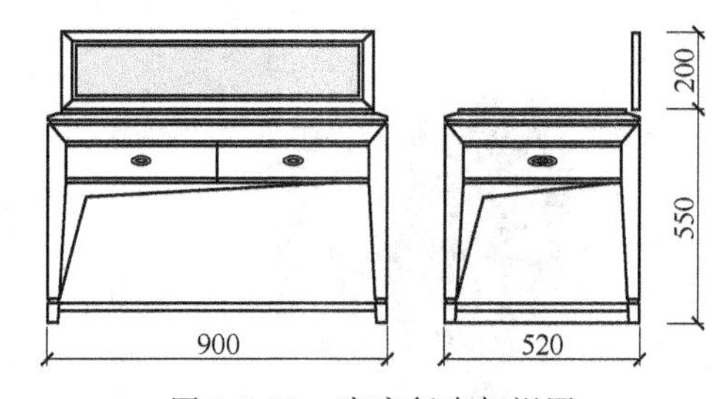

图 3-2-39　客房行李架视图

3.2.4 宾馆餐厅及娱乐家具

(1) 餐厅家具与人的关系（见图 3-2-40～图 3-2-43）

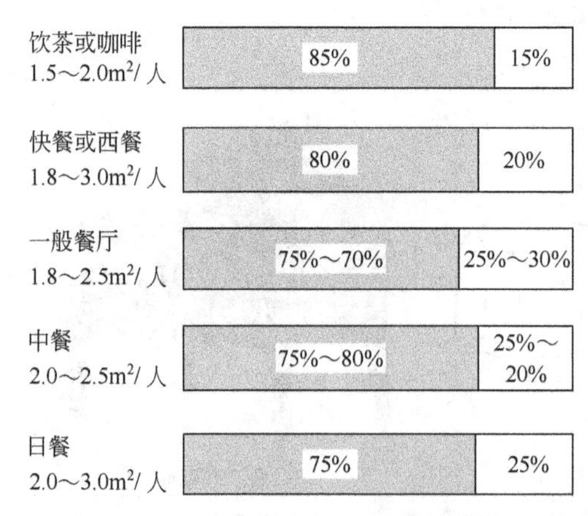

图 3-2-40　各种餐厅与面积的比例

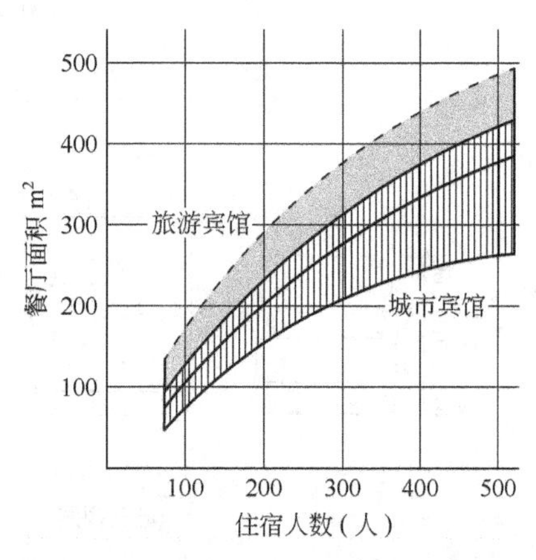

图 3-2-41　住宿人数与主餐厅面积图例

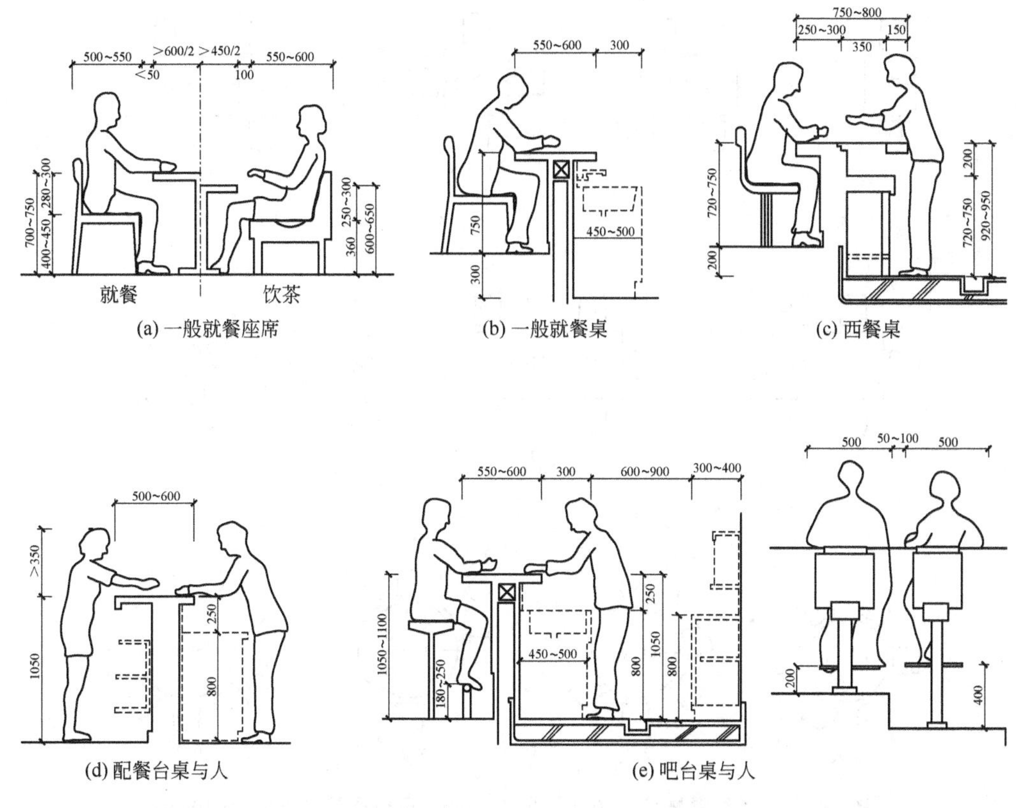

(a) 一般就餐座席　(b) 一般就餐桌　(c) 西餐桌

(d) 配餐台桌与人　(e) 吧台桌与人

图 3-2-42　餐厅家具与就餐人的尺寸关系

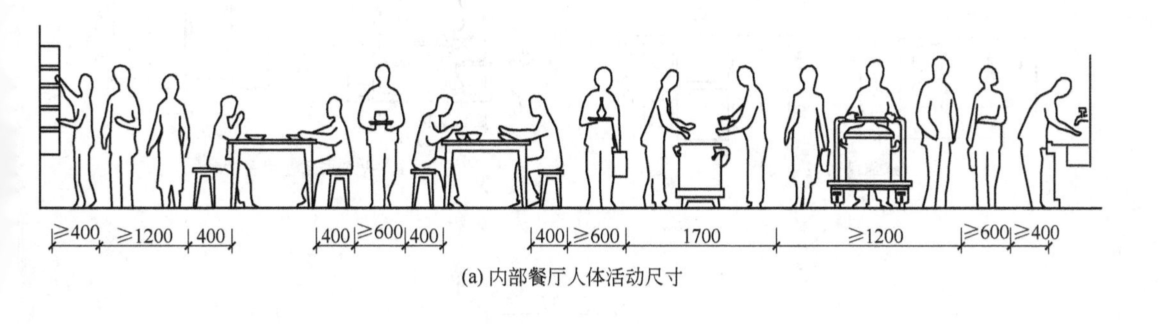

(a) 内部餐厅人体活动尺寸

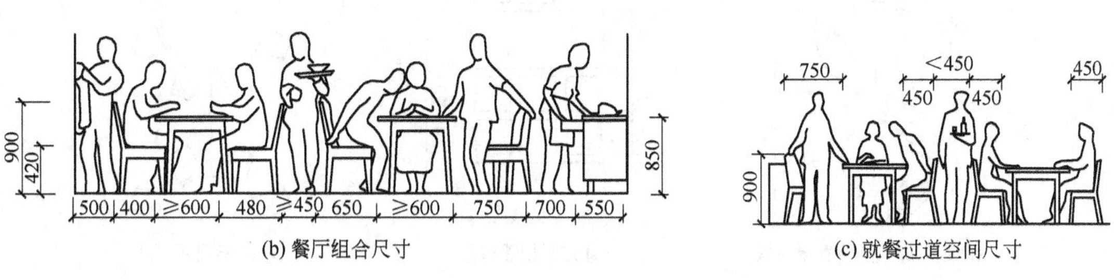

(b) 餐厅组合尺寸　(c) 就餐过道空间尺寸

图 3-2-43　餐厅家具与就餐人的尺寸关系

(2) 餐厅家具尺寸（见图 3-2-44～图 3-2-46）

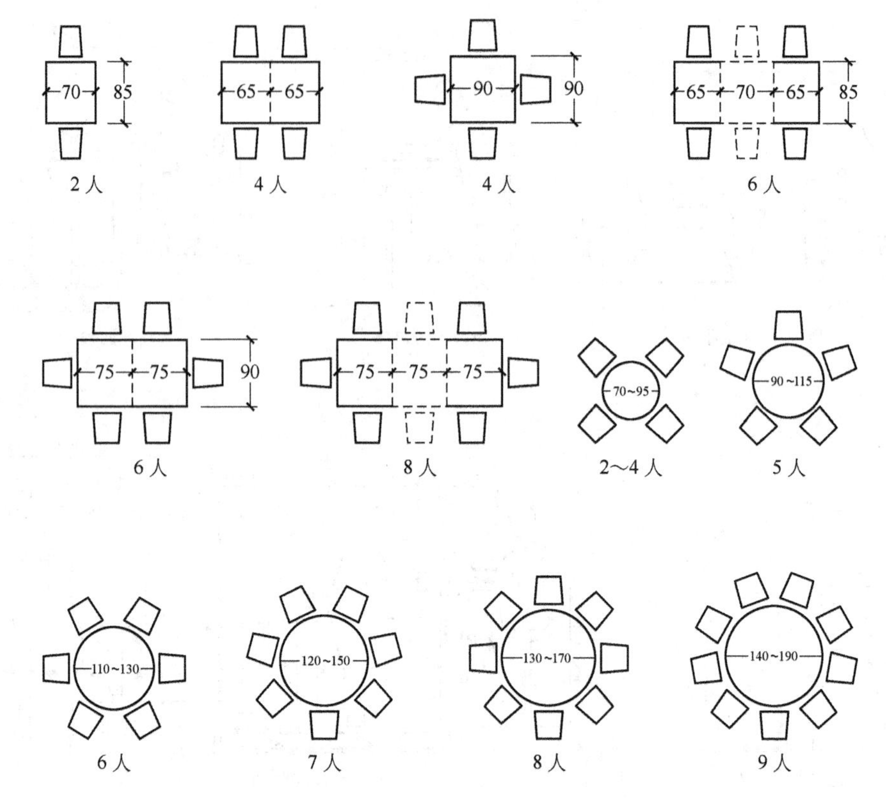

图 3-2-44　餐厅餐桌尺寸（图中单位为 cm，可根据需要增减 5～10cm）

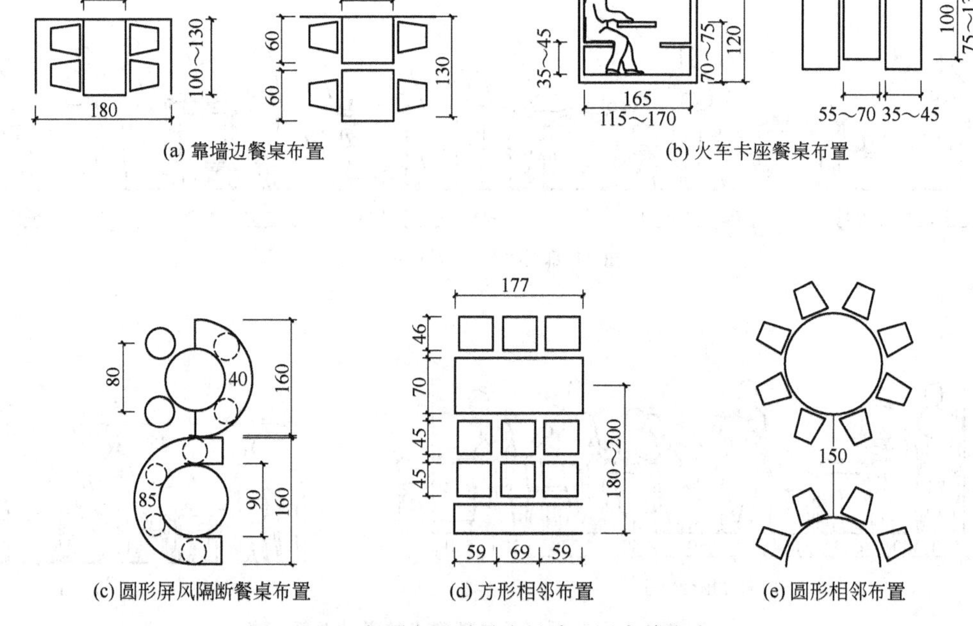

图 3-2-45　餐厅布置时最小尺寸（图中单位为 cm）

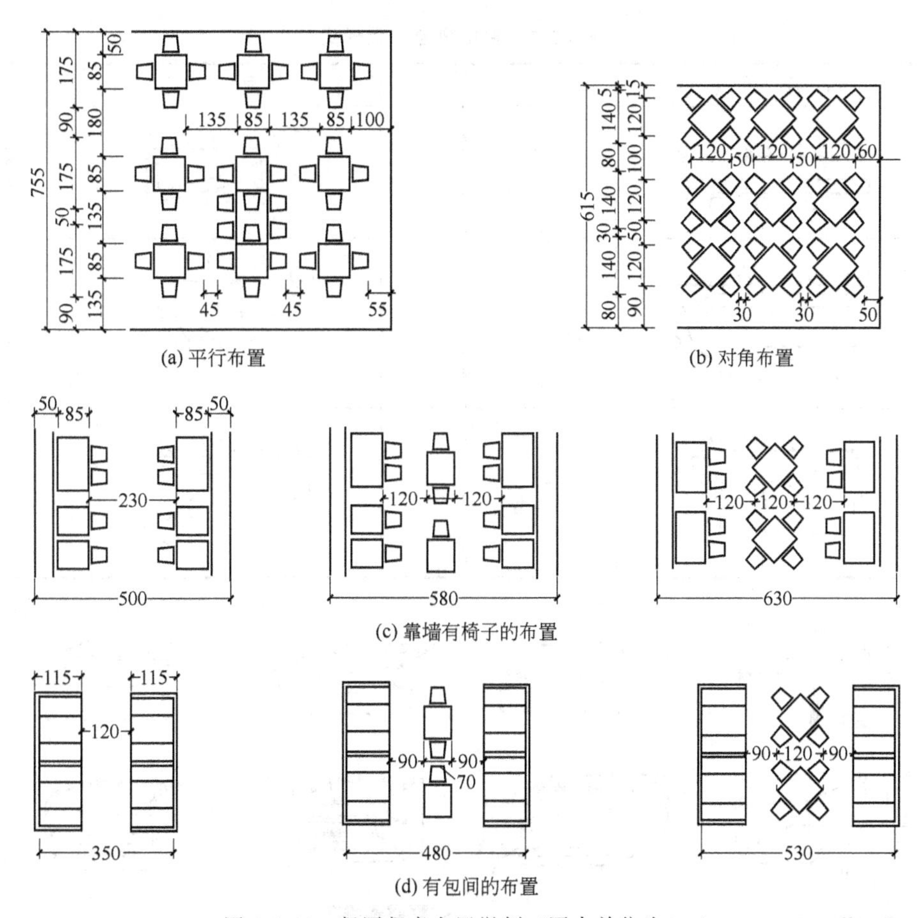

图 3-2-46 餐厅餐桌布置举例（图中单位为 cm）

(3) 吧台的尺寸（见表 3-2-6、表 3-2-7、图 3-2-47、图 3-2-48）

吧台是服务台的一种，是旅馆酒吧或咖啡厅内的核心服务设施，吧台的服务内容从调制花式香槟，加工冷热饮料，配制冷盆、糕点到供应苏打水，应有尽有。吧台的上翼台面兼作散席顾客放置酒具之用。

吧台的功能按延长面可划分为：加工区、贮藏区和清洗区。吧台上方应有集中照明，照度一般取 100～150lx，照明灯具应有遮光措施，防止眩光。

吧台的尺寸根据酒吧或咖啡厅的规模而定，设计时应考虑避免光反射，便于辨别酒液纯度。选择耐磨、抗冲击、易清洁的材料，台面颜色宜选深色。

表 3-2-6 吧台常见设备表

设备		功能	设备		功能
加工区	制冰机	加工冰块	贮藏区	杯子盘	搁置各式杯子
	微波炉	加热饮料、面包、爆米花		贮藏柜	放置果盘、碟
	烤箱	烤制面包片		酒瓶架	平或斜搁架
	榨汁机	榨制水果汁		水果架	水果存放
	热水龙头	冲泡热饮		扎啤机	用来装生啤
	饮料器	存放加工好的饮料	清洗区	不锈钢水盆	清洗杯碟等器皿
贮藏区	冰柜、冰箱	贮藏冷盆、糕点、饮料		消毒柜	消毒、盛放酒及饮料的器皿
	筷、匙屉	放置洁净的筷、匙		洗涤用品柜	各种洗涤用品存放

表 3-2-7　常见吧台布置形式

类型	简　图	特点	类型	简　图	特点
直线形		简洁 平面紧凑	弓形		聚焦 印象强烈
U 字形		聚焦 富有变化	椭圆形		对称 平面紧凑
S 字形		流畅 服务区节省	混合形		以散席为 核心布置

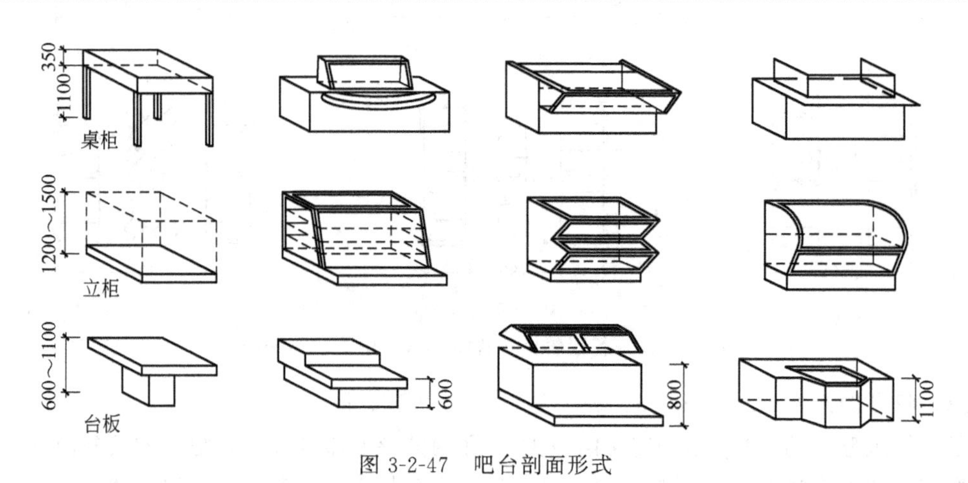

图 3-2-47　吧台剖面形式

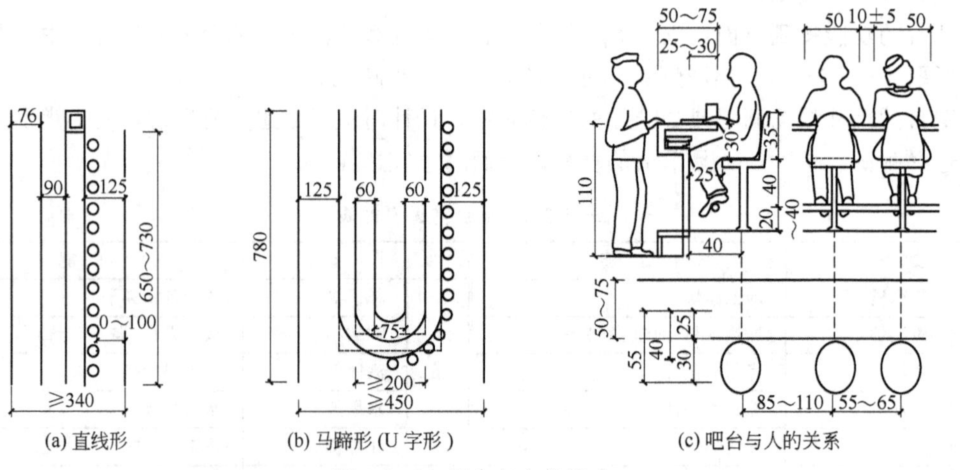

(a) 直线形　(b) 马蹄形（U 字形）　(c) 吧台与人的关系

图 3-2-48　吧台与人的尺寸

注：一个服务员可为 12 个客人服务，所以柜台长度以 600～750cm 为一个单位（图中单位为 cm）

(4) 宴会厅（见图 3-2-49）

宴会厅的主要功能：举行婚礼宴会、一般宴会（各种纪念酒会、校友会、年会、圣诞酒会）、会议（各种企业团体会议、研修会、股东全会）、展示会、产品发布会、宾馆自身的活动等。

表 3-2-8 宴会厅的面积与人数

使用目的 \ 面积	$500m^2$ 左右	$200m^2$ 左右	$100m^2$ 左右	$50m^2$ 左右
举行婚礼宴会	300～350 人（1.5m^2/人）	100～130 人（1.5～1.8m^2/人）	40～50 人（2.0～2.5m^2/人）	2.5～3.0m^2/人
会议	700～750 人（0.7m^2/人）	200～250 人（0.7m^2/人）	100 人（1.0m^2/人）	1.5m^2/人
举行自助餐	500 人（1.0m^2/人）	170～200 人（1.0～1.2m^2/人）	60～80 人（1.2～1.50m^2/人）	1.5～2.0m^2/人

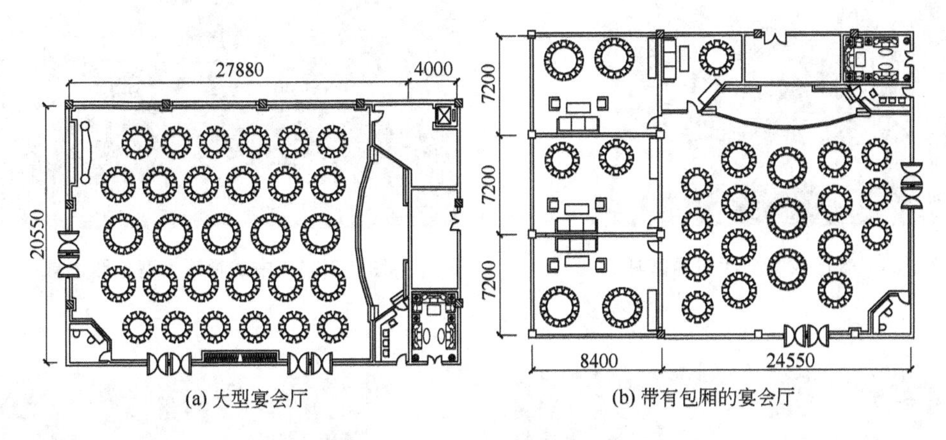

(a) 大型宴会厅　　(b) 带有包厢的宴会厅

图 3-2-49 宴会厅平面布置图

(5) 宾馆餐厅及娱乐家具图例（见图 3-2-50～图 3-2-89）

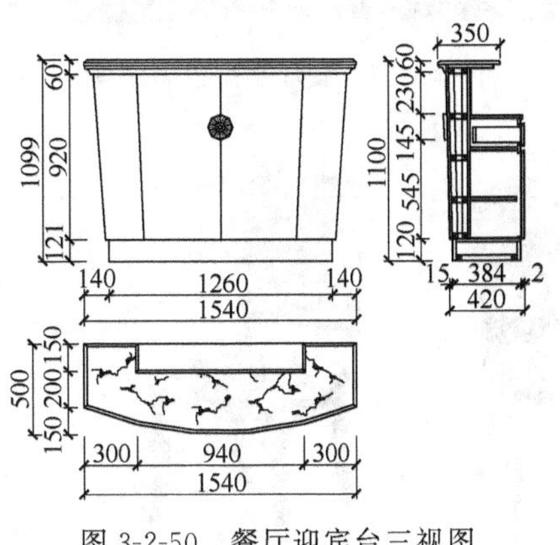

图 3-2-50 餐厅迎宾台三视图

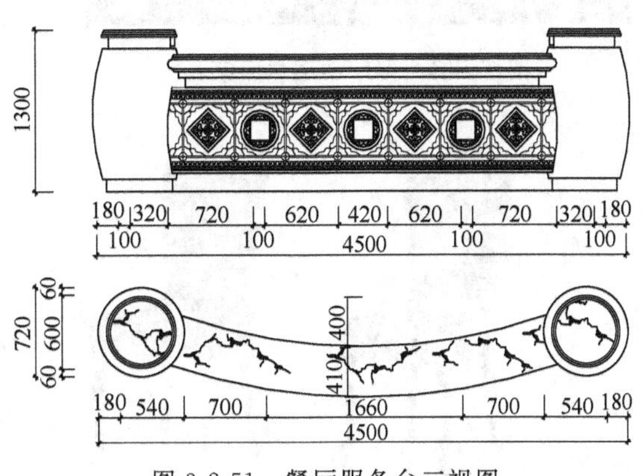

图 3-2-51 餐厅服务台三视图

图 3-2-52　吧台与吧凳（1）

图 3-2-53　吧台与吧凳（2）

图 3-2-54　餐厅或宴会厅包厢家具

图 3-2-55　中式餐厅大型包厢家具

图 3-2-56　餐厅中型包厢家具

图 3-2-57　餐厅小型包厢家具

图 3-2-58　餐厅靠背椅

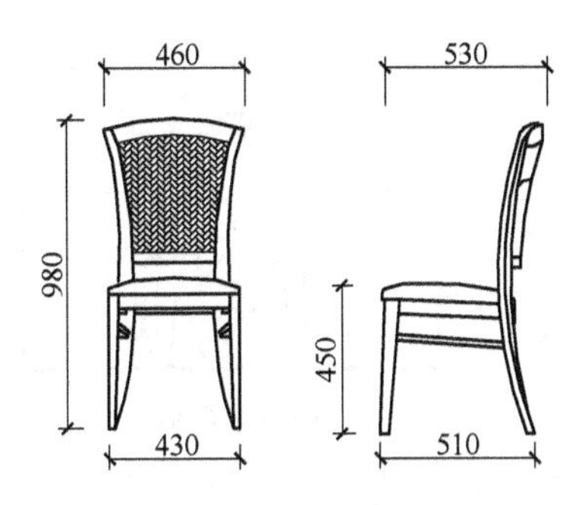

图 3-2-59 餐厅靠背椅三视图（1）

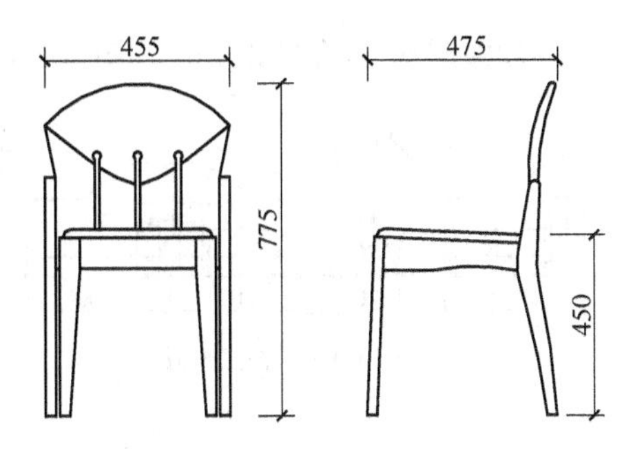

图 3-2-60 餐厅靠背椅三视图（2）

图 3-2-61 吧台吧凳

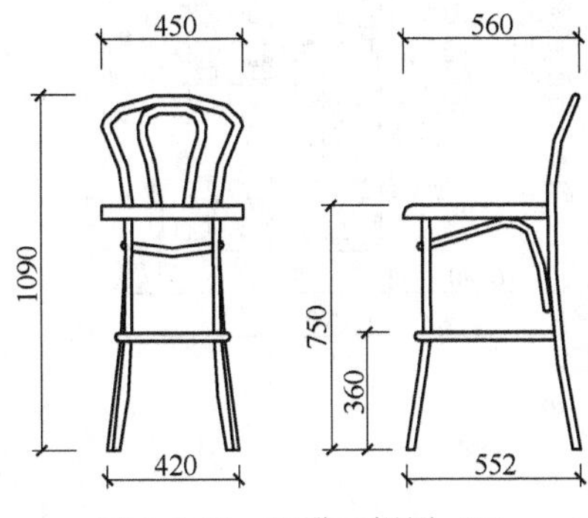

图 3-2-62 吧凳三视图（1）

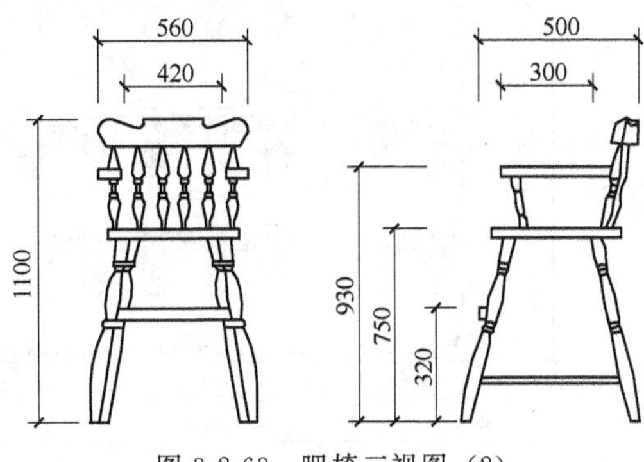

图 3-2-63 吧椅三视图（2）

3.2.5 洗浴家具

(1) 公共浴房（见图 3-2-64～图 3-2-68）

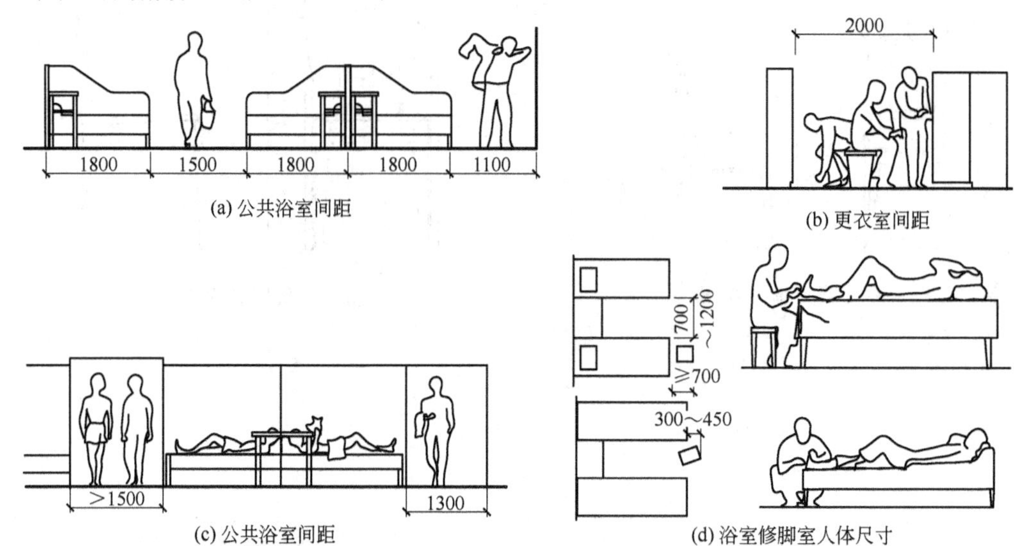

图 3-2-64　公共浴室家具与人体关系

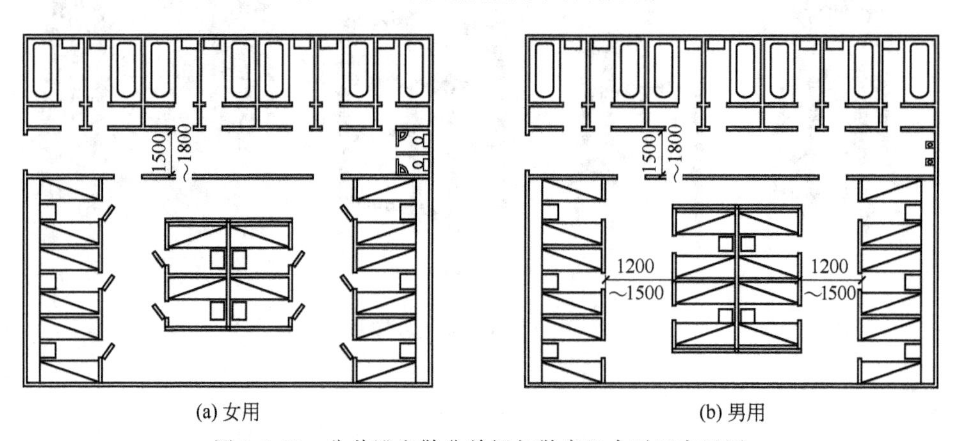

图 3-2-65　公共浴室散盆单间与散床组合平面布置图

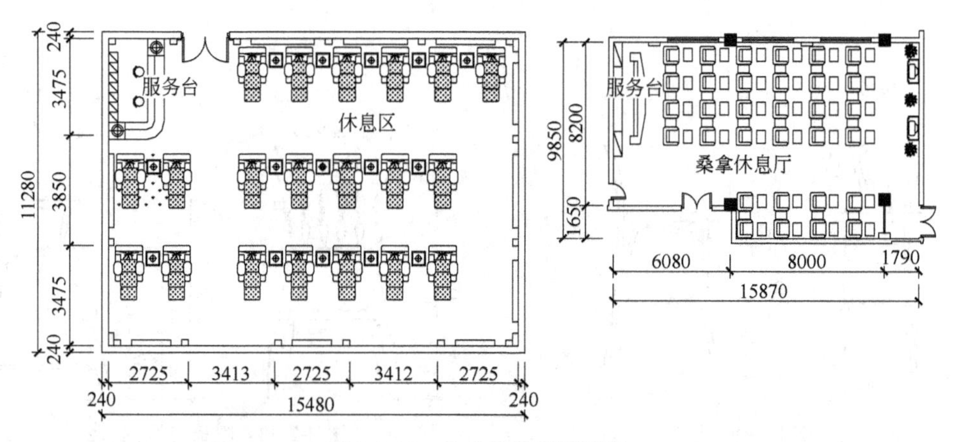

图 3-2-66　桑拿休息室平面图

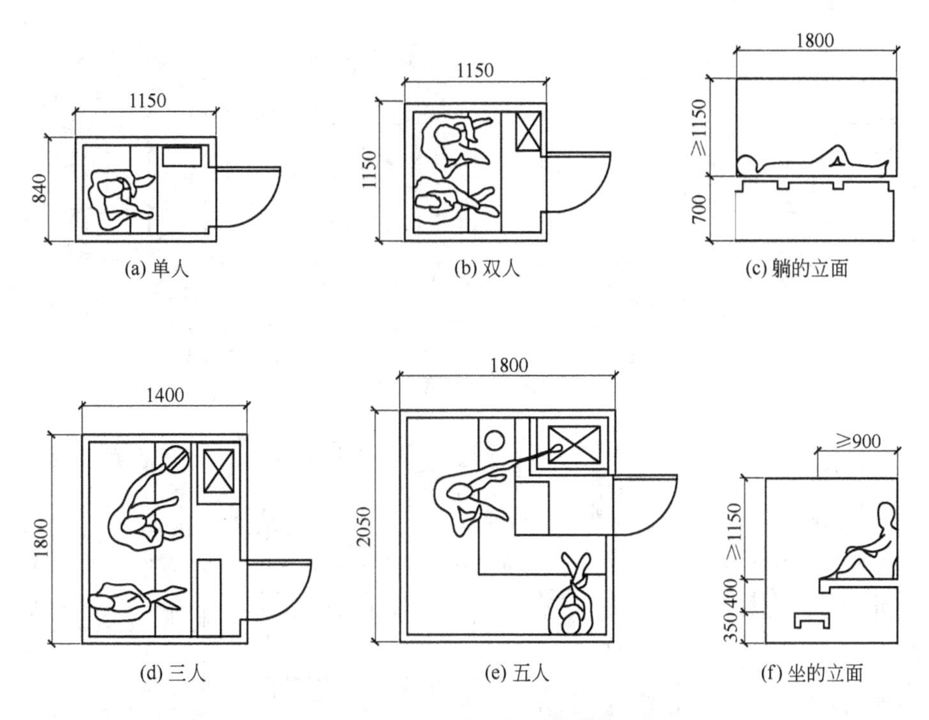

(a) 单人 (b) 双人 (c) 躺的立面

(d) 三人 (e) 五人 (f) 坐的立面

图 3-2-67 桑拿房与人体关系

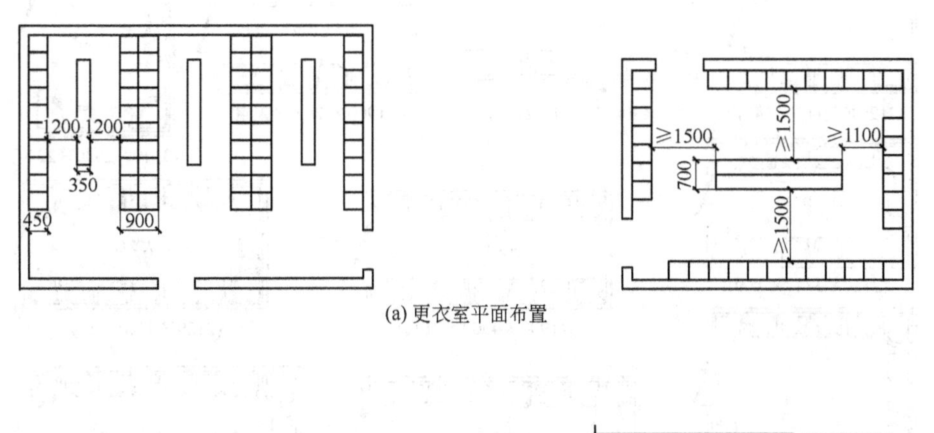

(a) 更衣室平面布置

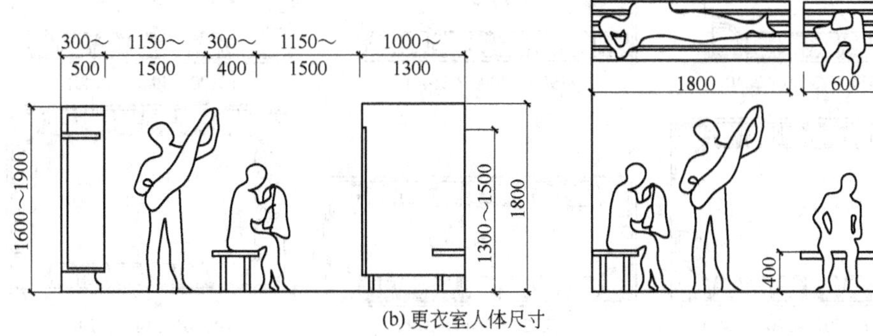

(b) 更衣室人体尺寸

图 3-2-68 更衣室布置与人体尺寸

(2)蒸汽浴房(见图 3-2-69、图 3-2-70)

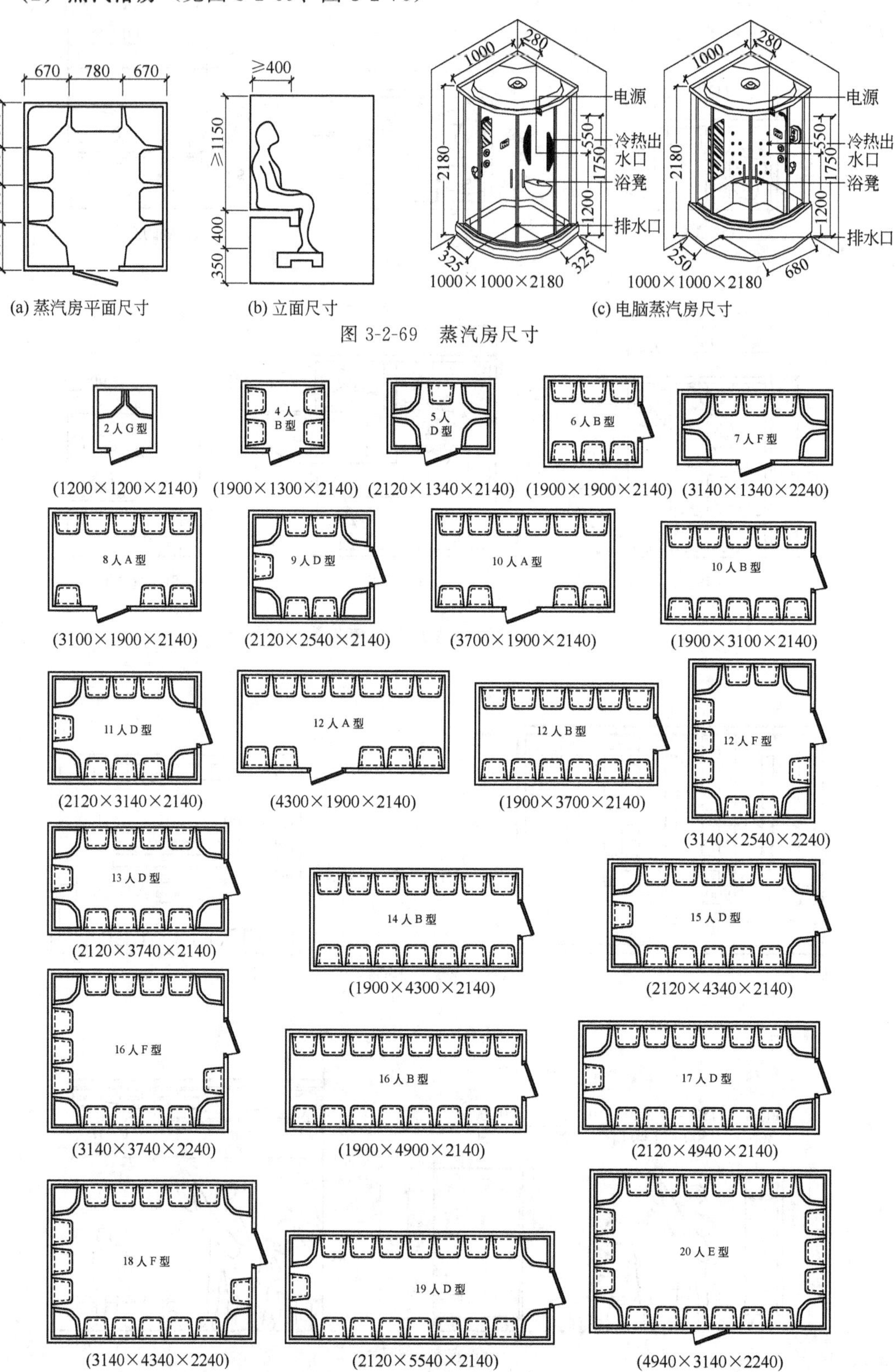

(a) 蒸汽房平面尺寸　(b) 立面尺寸　(c) 电脑蒸汽房尺寸

图 3-2-69　蒸汽房尺寸

图 3-2-70　2～20 人成品蒸汽浴房平面布置

(3) 桑拿浴房（图 3-2-71～图 3-2-75）

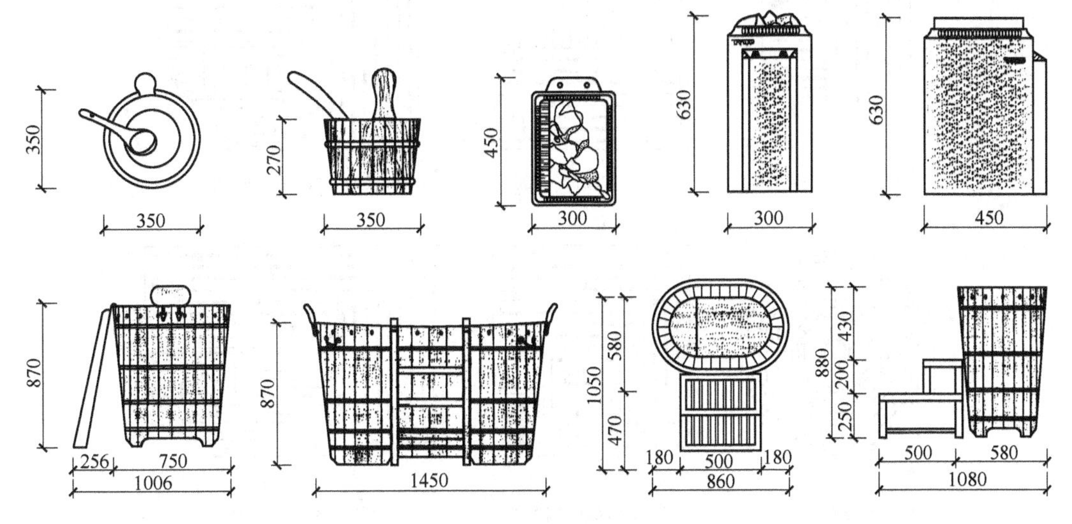

图 3-2-71　桑拿房物品尺寸

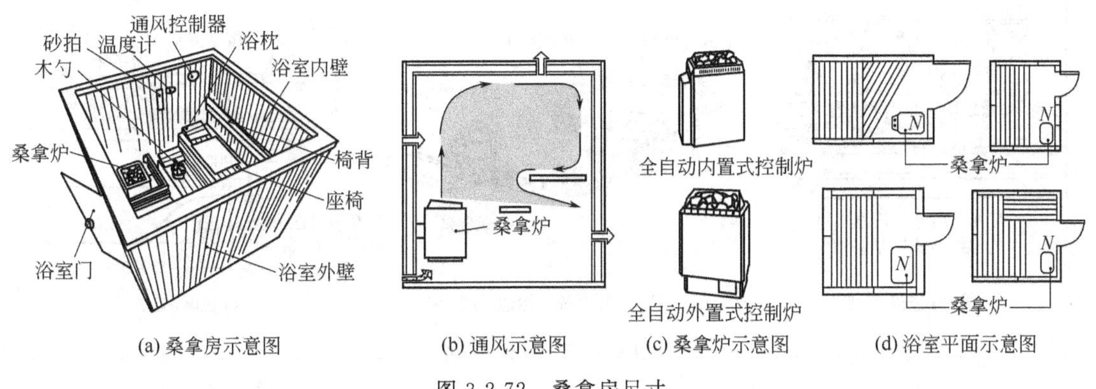

图 3-2-72　桑拿房尺寸

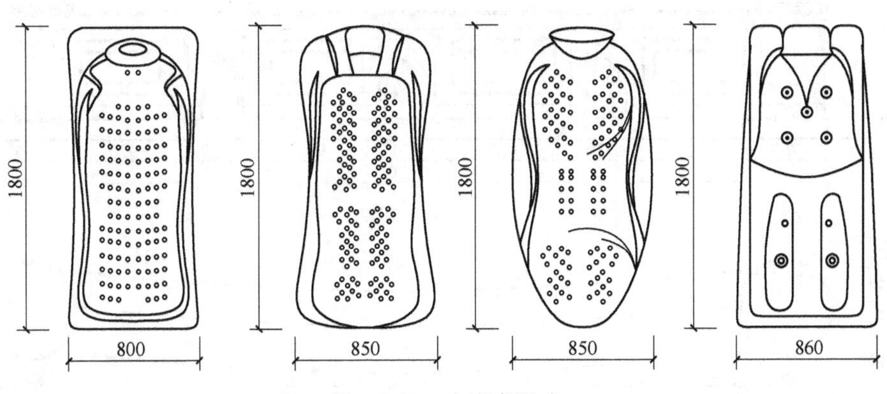

图 3-2-73　水疗床尺寸

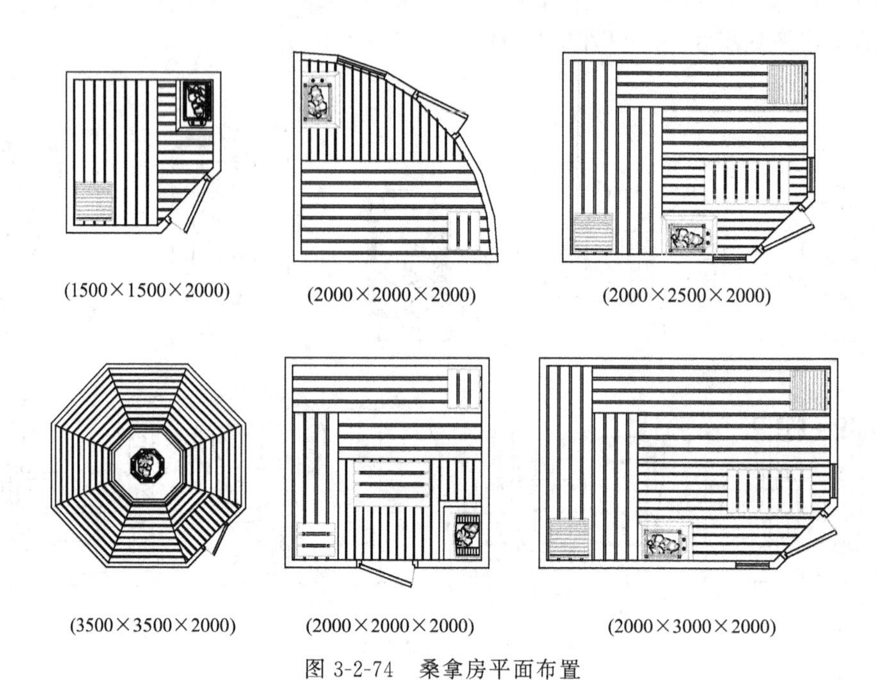

图 3-2-74 桑拿房平面布置

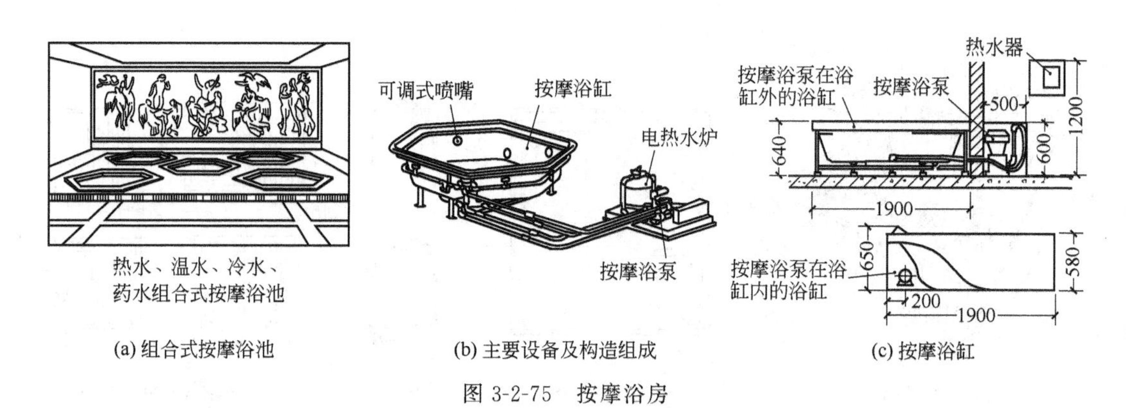

图 3-2-75 按摩浴房

(4) 洗浴家具图例（见图 3-2-76～图 3-2-89）

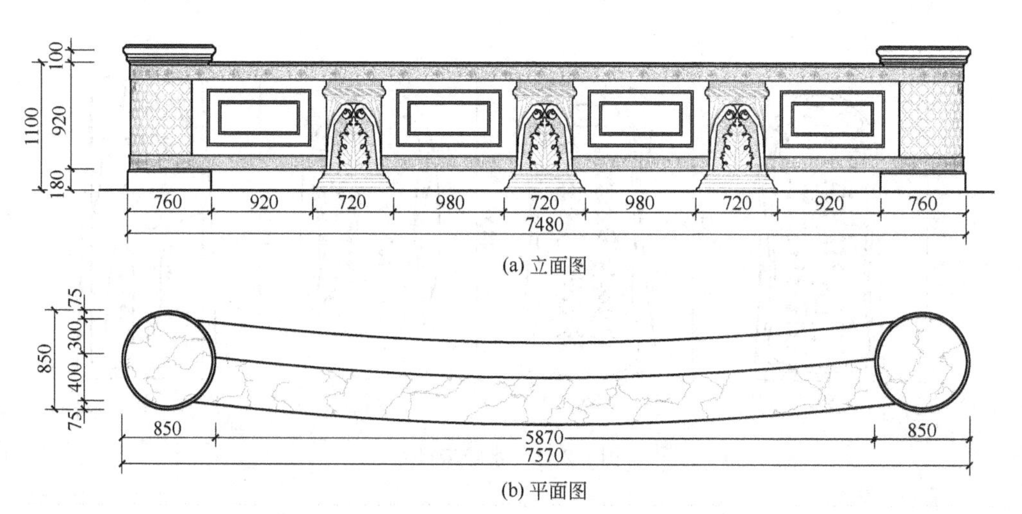

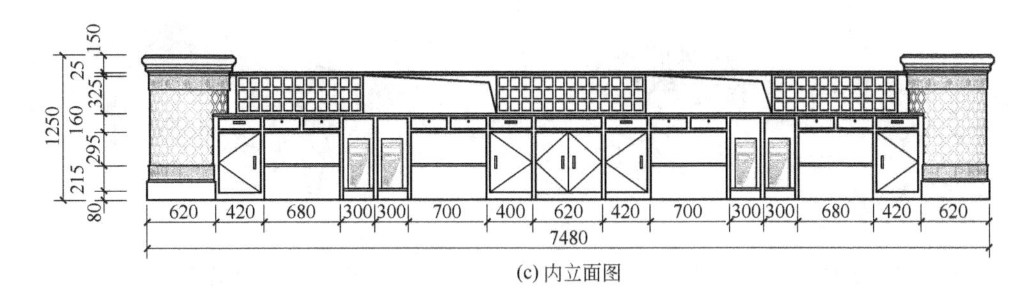

(c) 内立面图

图 3-2-76 洗浴中心接待台三视图

图 3-2-77 洗浴接待台

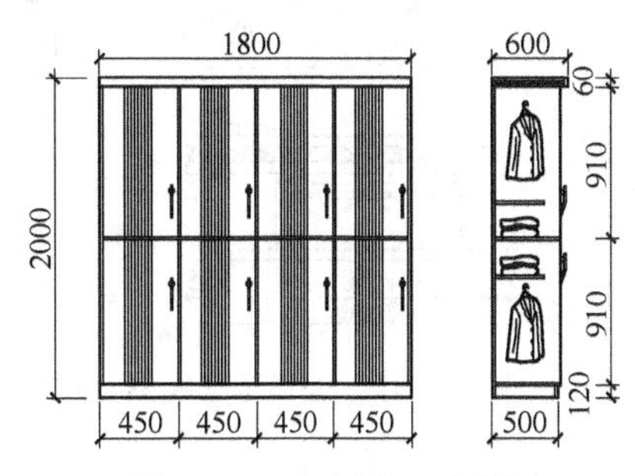

图 3-2-78 更衣柜三视图

图 3-2-79 更衣柜（1）

图 3-2-80 更衣柜（2）

图 3-2-81 更衣柜（3）

图 3-2-82 带按摩功能的休息沙发

图 3-2-83 休息沙发床

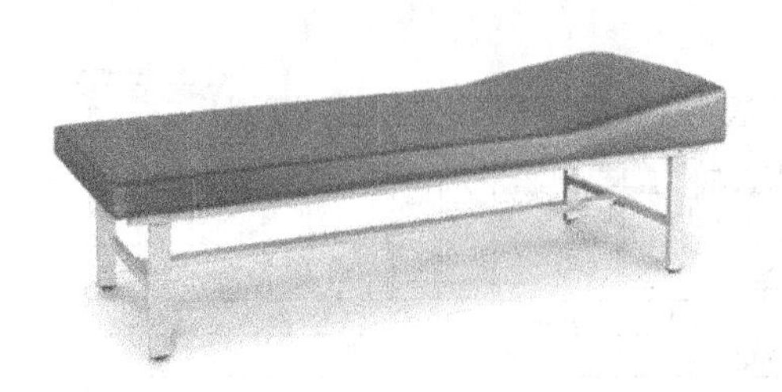

图 3-2-84　搓背床（1）

图 3-2-85　搓背床（2）

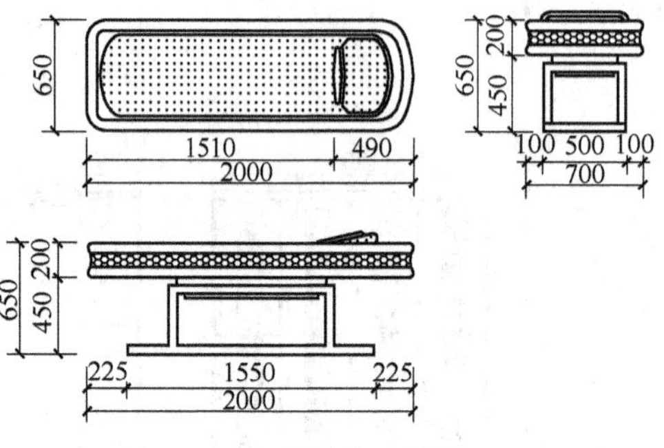

图 3-2-86　搓背床三视图（1）

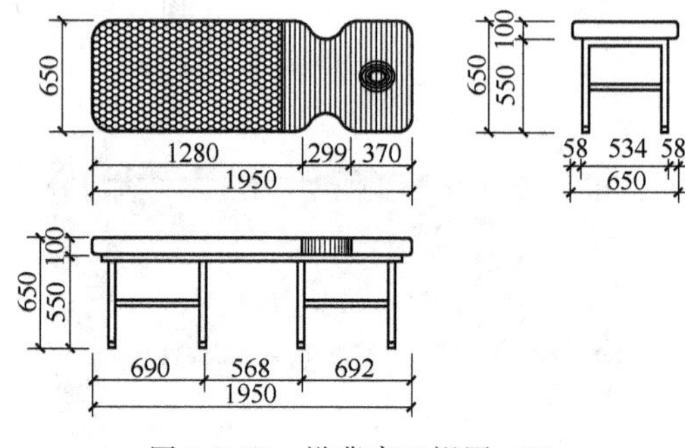

图 3-2-87　搓背床三视图（2）

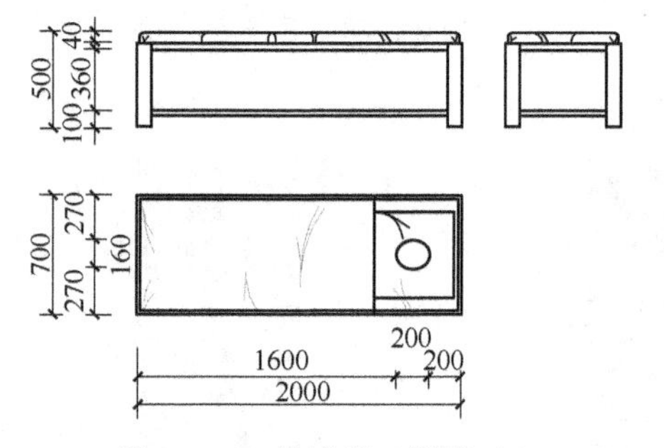

图 3-2-88　按摩床三视图（1）

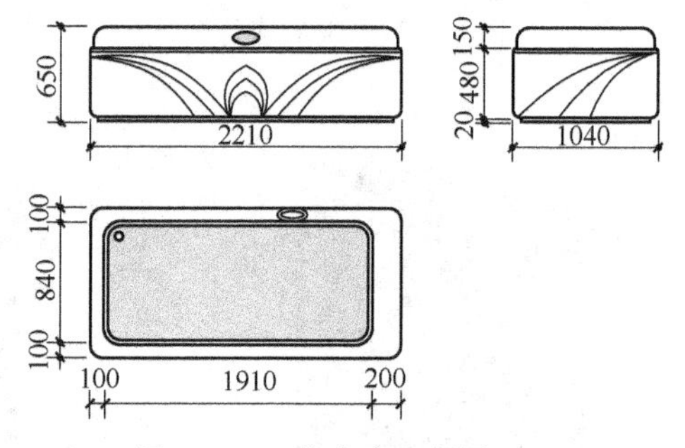

图 3-2-89　按摩床三视图（2）

3.3 商场家具设计

3.3.1 概述

商场家具主要包括陈列柜、陈列架、陈列台、收银台以及休息座椅、简易沙发等。设计时要考虑：

① 确定不同商品的具体尺寸，并以此为依据确定陈列柜或陈列架的尺寸和样式；

② 休息座椅、简易沙发应充分满足人体工程学原理；

③ 商场家具的布置应充分考虑商场内人流分布情况和人体活动尺寸；

④ 商场家具的设计应与整个室内环境相协调，要重视灯光的配备。

3.3.2 商场家具尺寸

(1) 商场的平面布置（见图 3-3-1）

根据商场家具在室内空间中的布置情况，可以分为封闭式、半开敞式、开敞式和综合式

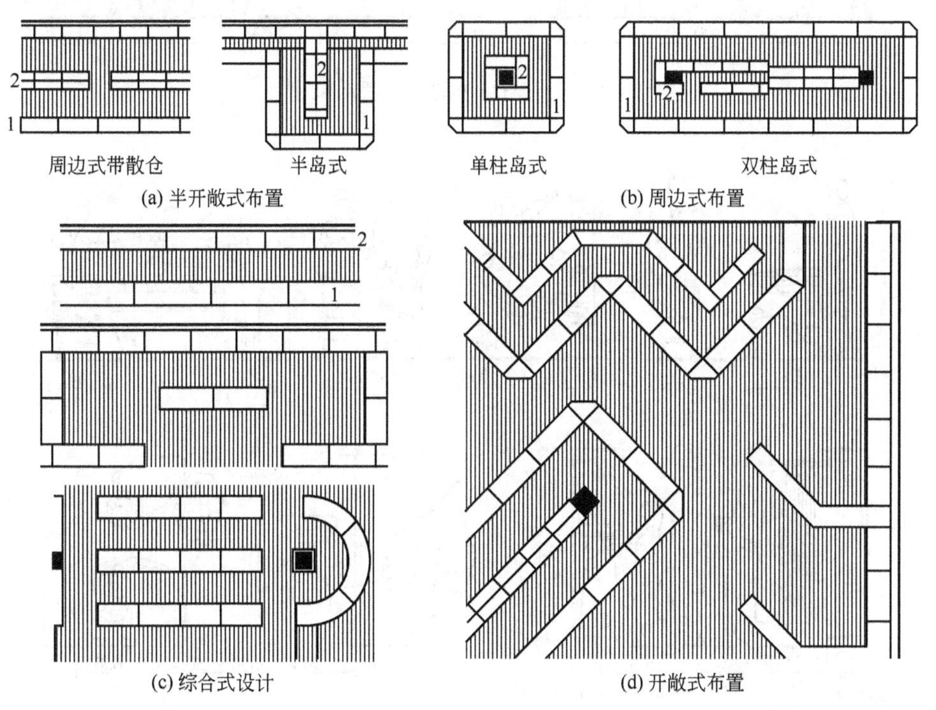

图 3-3-1 商场的平面布置
1—柜台；2—货架

四种。

(2) 商场家具与人、建筑室内的尺度（见图 3-3-2、图 3-3-3）

在布置商场家具时，需要充分考虑人体在商场中的活动尺度。

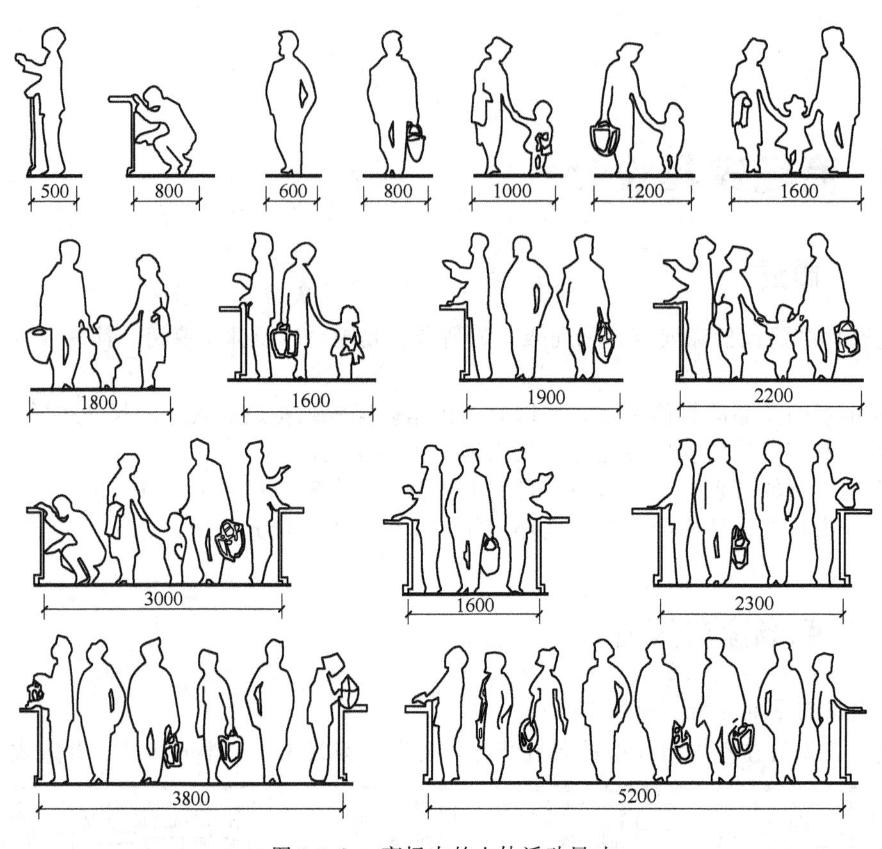

图 3-3-2　商场中的人体活动尺寸

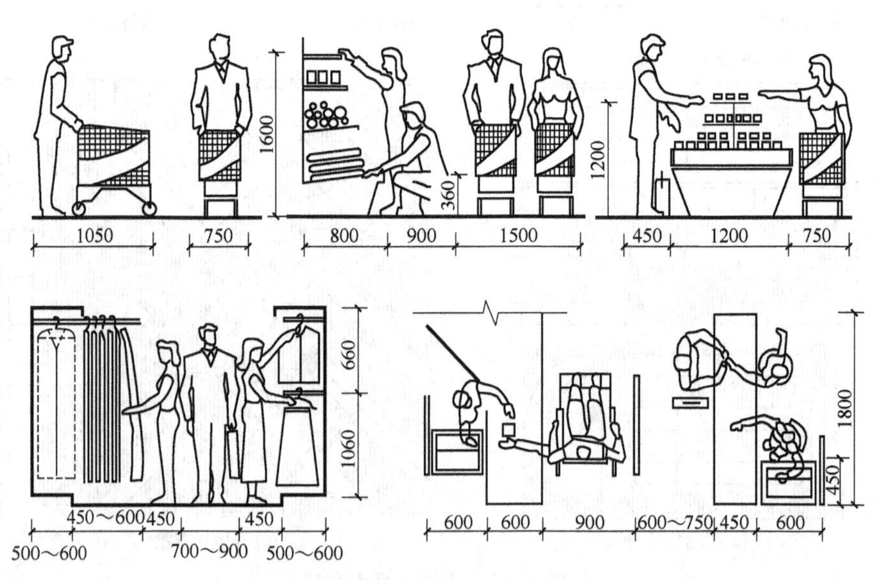

图 3-3-3　商场家具与人体尺寸

(3) 商场主要商品尺寸

① 服装店（见图 3-3-5）

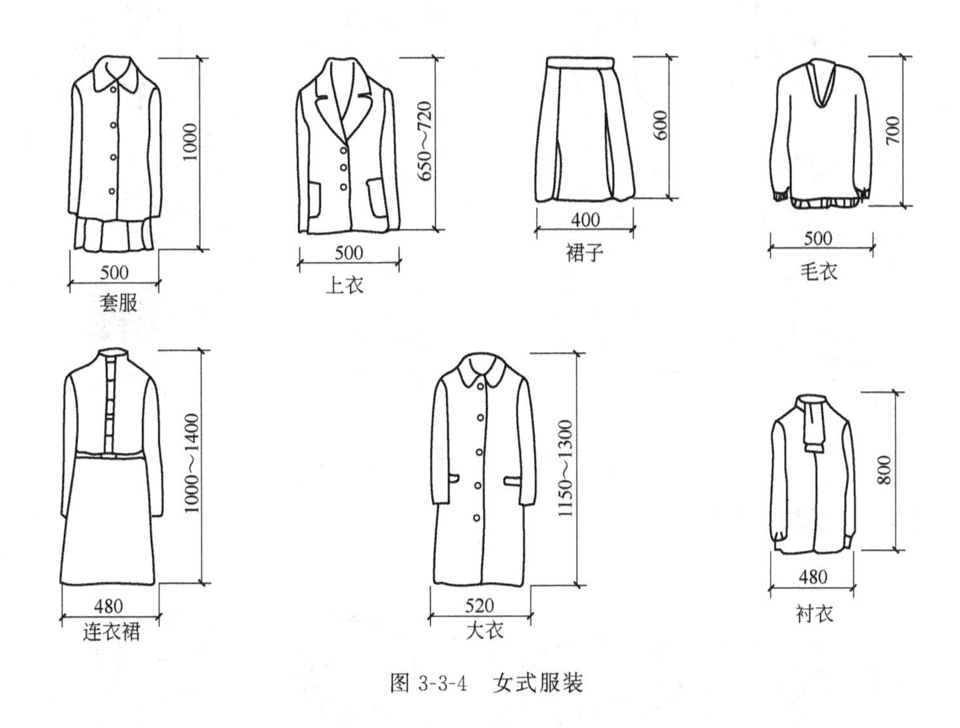

图 3-3-4 女式服装

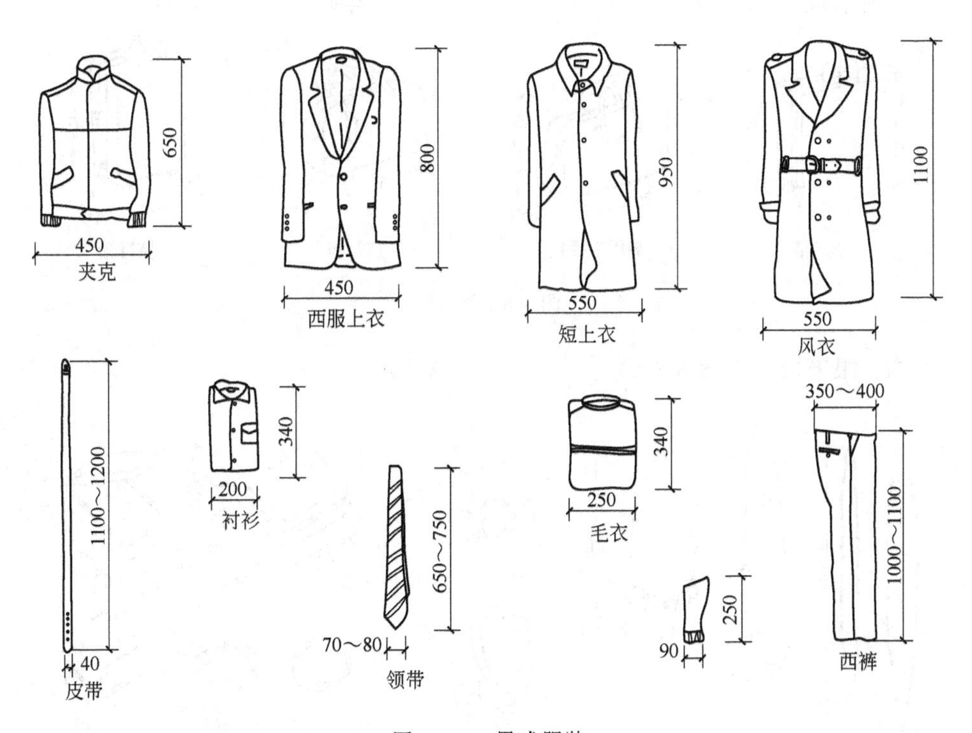

图 3-3-5 男式服装

② 鞋帽店（见图 3-3-6）

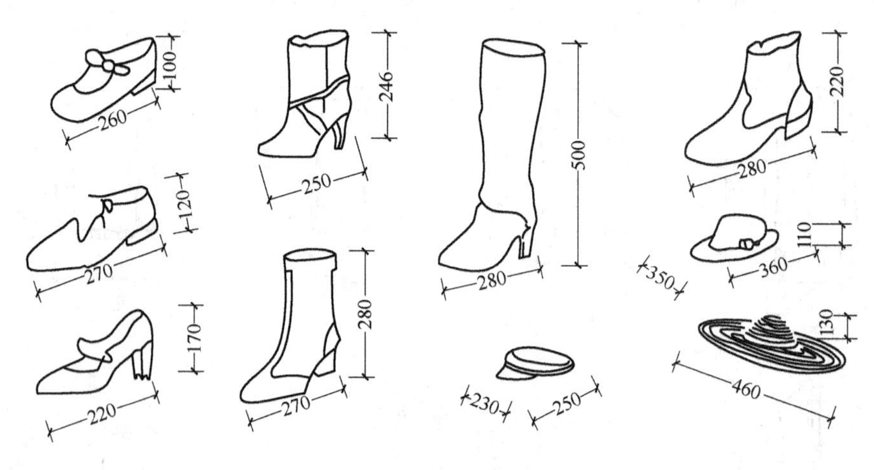

图 3-3-6　鞋帽

③ 箱包店（见图 3-3-7）

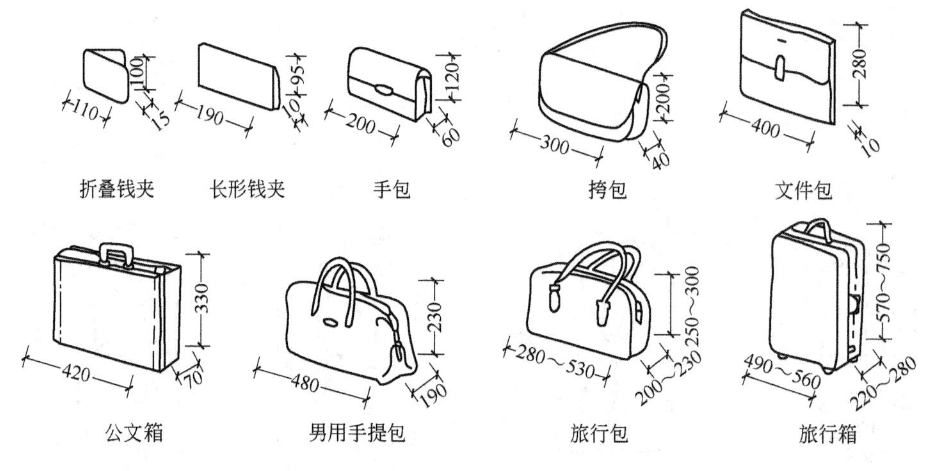

图 3-3-7　箱包

④ 首饰、眼镜店（见图 3-3-8）

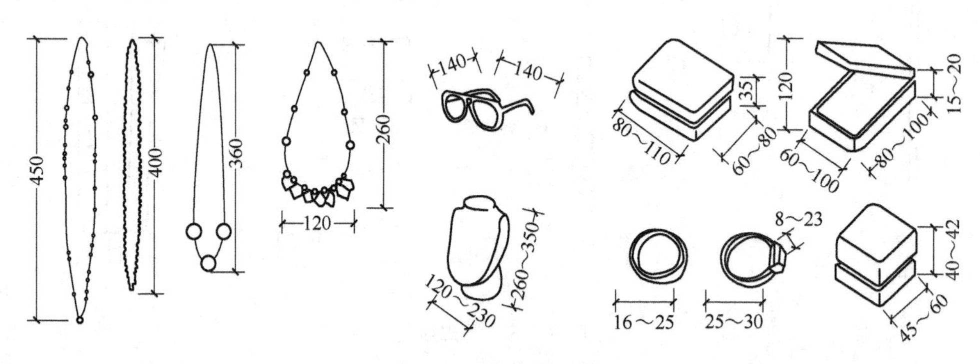

图 3-3-8　首饰和眼镜

3.3.3 商场家具的常见尺寸（见表 3-3-1）

表 3-3-1 商场家具的常见尺寸

名称	尺寸	数值	名称	尺寸	数值
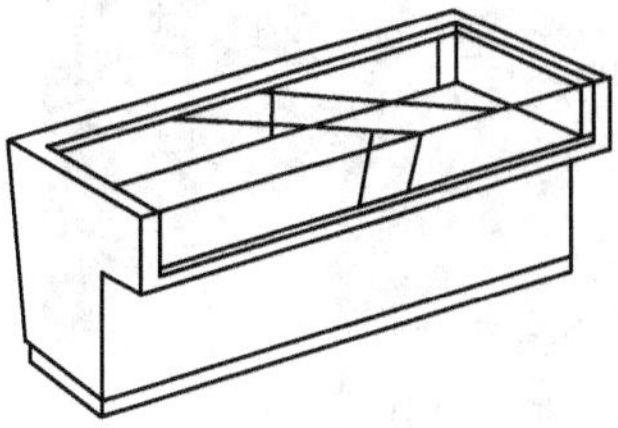 陈列柜	长	1200～1800	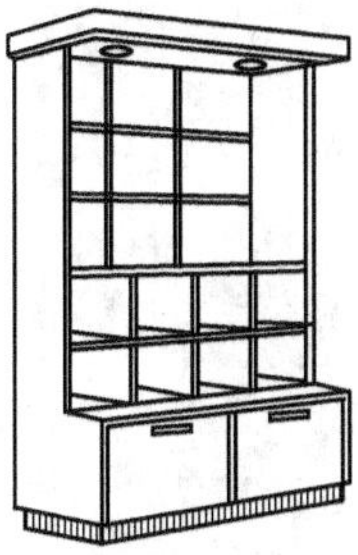 壁式陈列柜	长	900～1800
	宽	500～600		宽	500～600
	高	800～1000		高	1800～2200
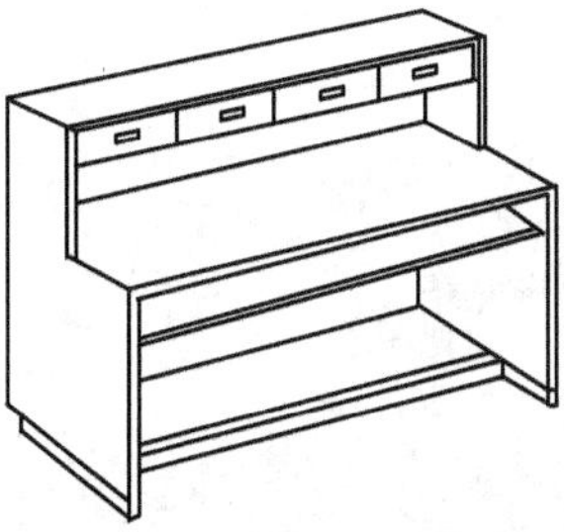 收银台	长	1000～1800	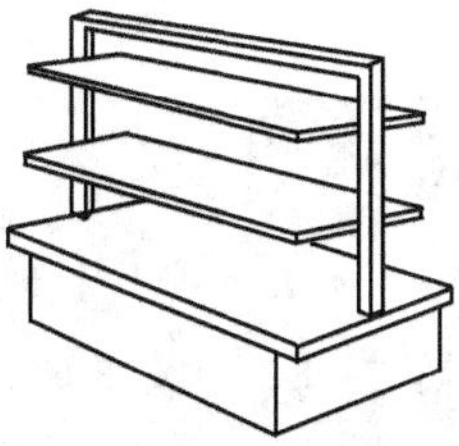 陈列架	长	1000～1800
	宽	500～600		宽	300～450（单面）700～900（双面）
	高	900～1200		高	1200～1800
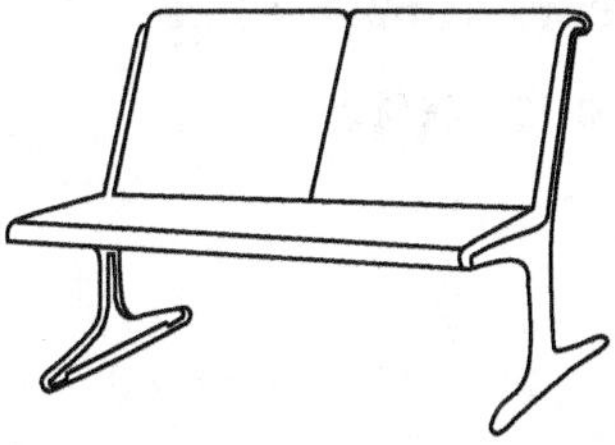 休息椅	座宽	1100～1800	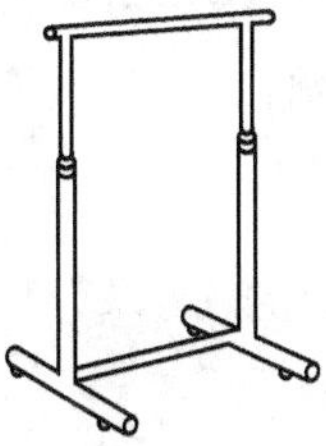 挂衣架	长	600、900、1200
	座深	400～450		宽	450、600
	座高	350～400		高	950～1500
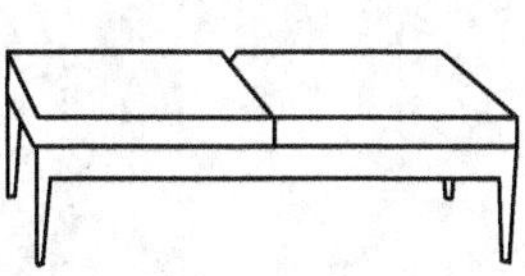 休息凳	座宽	1100～2100	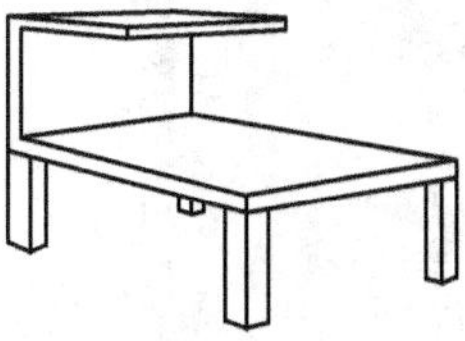 陈列台	长	1000～1500
	座深	300～500（单面）600～1000（双向）		宽	900～1200
	座高	350～400		高	400～1200

注：陈列柜和陈列架中，搁板的间距由商品尺寸确定。

3.3.4 商场家具图例（见图 3-3-9～图 3-3-34）

图 3-3-9 陈列柜（1）

图 3-3-10 陈列柜（2）

图 3-3-11 陈列柜（3）

图 3-3-12 陈列架（1）

图 3-3-13 陈列架（2）

图 3-3-14 陈列台

图 3-3-15 玻璃陈列柜

图 3-3-16 商场组合家具（1）

图 3-3-17 商场组合家具（2）

图 3-3-18 商场组合家具（3）

图 3-3-19 商场组合家具（4）

图 3-3-20 商场组合家具（5）

图 3-3-21 商场组合家具（6）

图 3-3-22 商场组合家具（7）

图 3-3-23 商场组合家具（8）

图 3-3-24 商场组合家具（9）

图 3-3-25 商场组合家具（10）

图 3-3-26 商场组合家具（11）

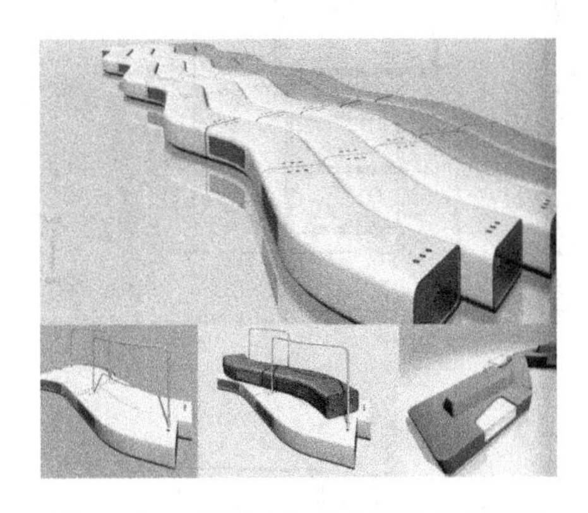

图 3-3-27　陈列台与挂衣架的组合设计

图 3-3-28　陈列架的组合设计

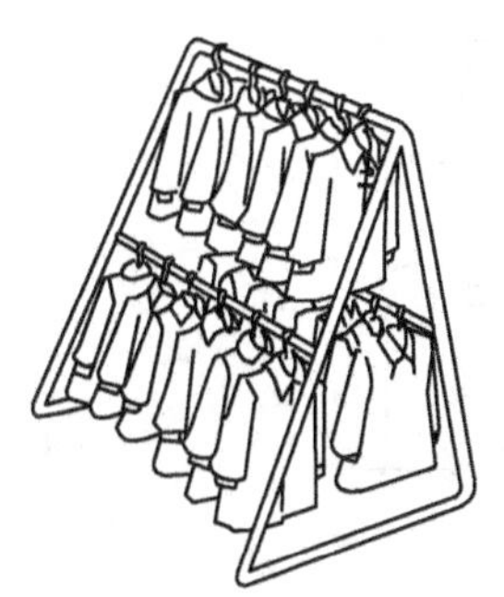

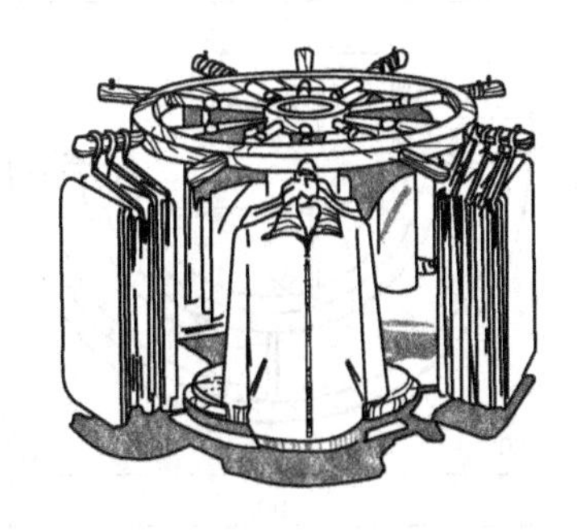

图 3-3-29　挂衣架

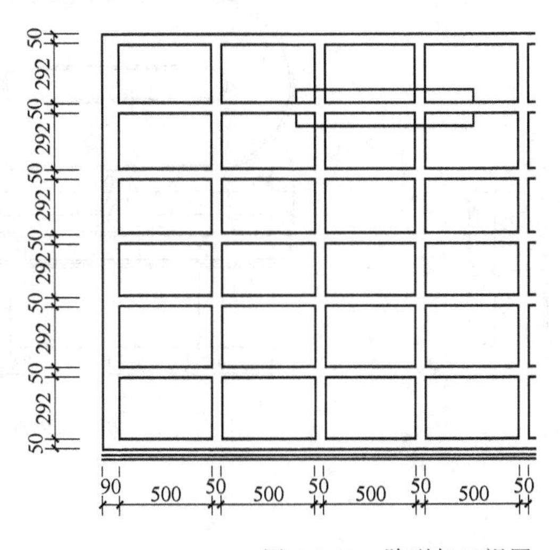

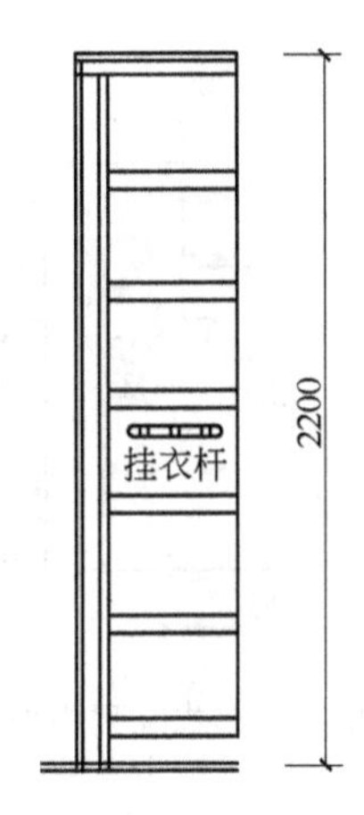

图 3-3-30　陈列架三视图

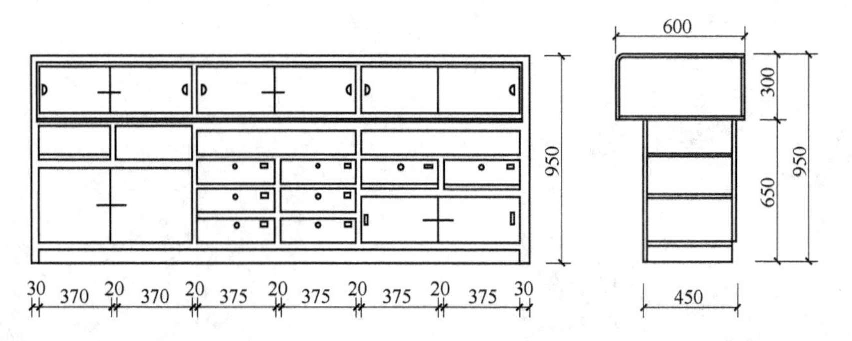

图 3-3-31　长方形陈列柜三视图

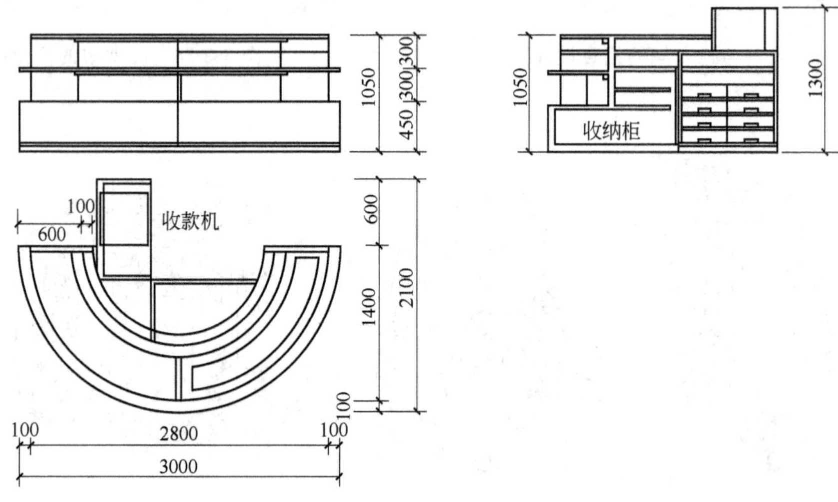

图 3-3-32　半圆形收银台三视图

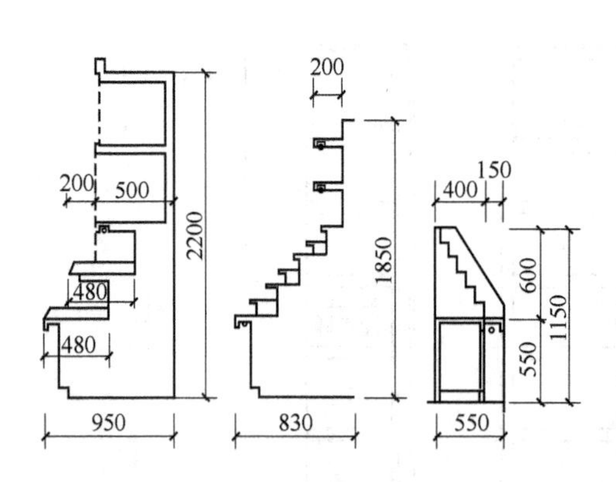

图 3-3-33　阶梯式陈列柜剖面

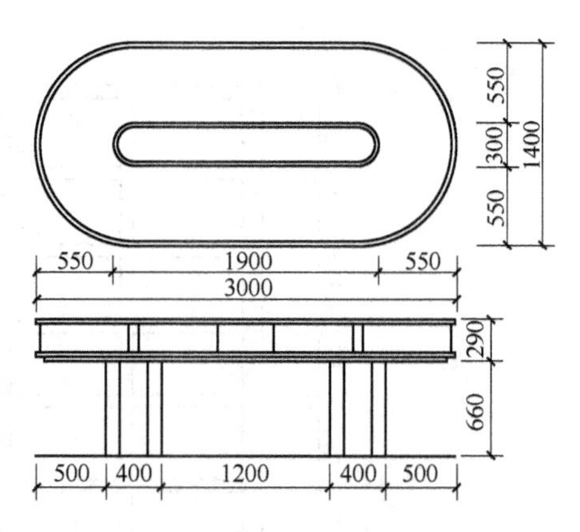

图 3-3-34　椭圆形陈列柜三视图

3.4 图书馆家具设计

3.4.1 概述

图书馆家具从其用途来看，包含借阅厅家具、出纳室家具、阅览室家具、卡片目录查阅室家具、书库家具、报告厅家具及辅助办公的家具等。

图书馆借阅厅是图书馆的重要组成部分，主要的家具类型是借阅台、等候椅和寄物柜等。借阅台的构造有组合式和固定式两种，过去的借阅台要考虑的功能更多，如保管台、工作台等，现代的借阅台一般考虑的是借书和还书的功能。出纳室家具有出纳台、出纳椅、工作台推车、索取柜等，设计时应根据出纳工作的不同要求设计产品。推车可采用钢木结合结构。

卡片目录查阅室有目录柜、目录台、椅，现代图书馆还备有电脑目录查阅机，因此要配有现代化的查阅台及活动椅。

书库家具设计主要考虑书籍存放的储藏量，通风要求及结构的合理。

阅览室家具有阅览桌椅、存列架、期刊架、书架等，设计时桌、椅的规格尺寸要符合人类工效学的科学原理。期刊架、书架尺寸既要考虑书籍、画刊、杂志放得下，又要满足人体的使用舒适要求。阅览桌的桌面要根据采光的科学依据加以设计。阅览椅的座位倾斜角一般较直，后背以垫腰较为适宜。

报告厅家具和辅助办公家具均在办公家具中阐述，请参考 3.1 办公家具设计。

3.4.2 门厅及出纳室家具

(1) 图书馆门厅平面功能分析（见图 3-4-1）

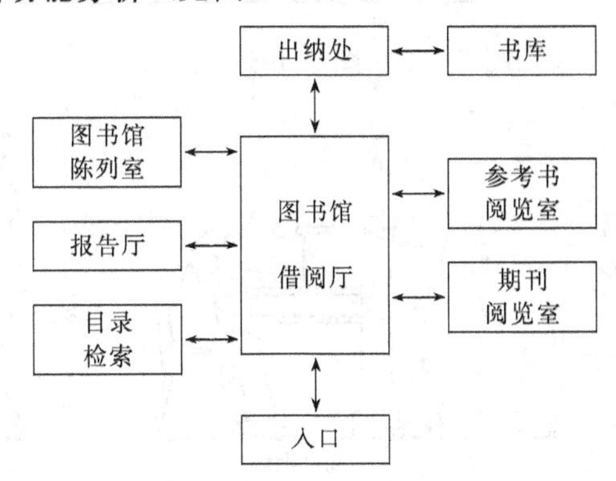

图 3-4-1　图书馆门厅平面功能分析

(2) 借阅台尺寸（见表 3-4-1、表 3-4-2）

表 3-4-1 组合式借阅台管理台尺寸

名称	服务对象	尺寸/mm		
		长	宽	高
出纳台	成人	1000	700	800＋350
	少儿	1000	600	780
管理台	成人	1000	700	800
	少儿	1000	600	780

表 3-4-2 借阅台组合形式

借阅台类型	借阅台形式简图	借阅台类型	借阅台形式简图
一字式		转角式	
曲线式		岛式	
U字式			

(3) 出纳台与人的关系（见图 3-4-2、图 3-4-3）

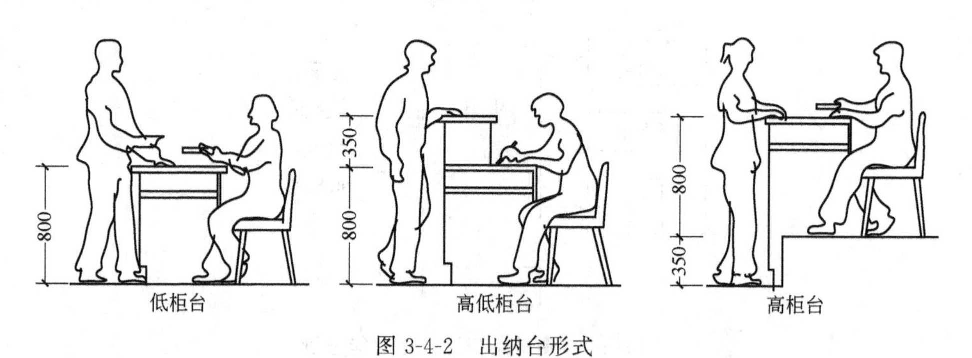

图 3-4-2 出纳台形式

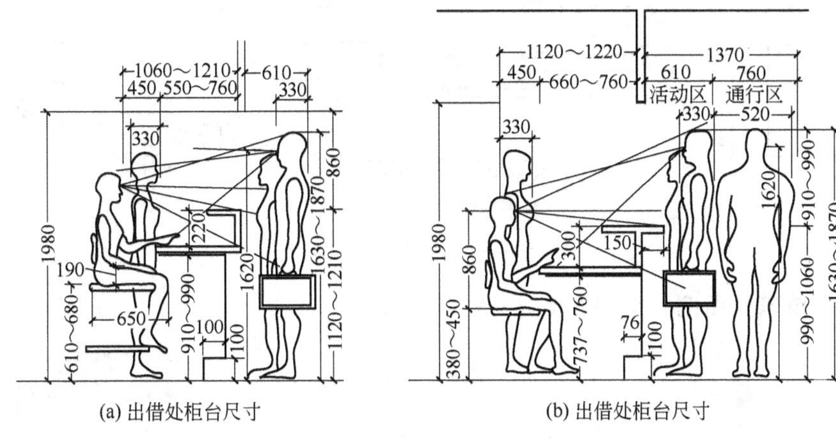

(a) 出借处柜台尺寸　　(b) 出借处柜台尺寸

图 3-4-3　出纳台与人的关系

(4) 目录卡片柜（见表 3-4-3、表 3-4-4、图 3-4-5）

表 3-4-3　普通单面目录柜的容量指标

每屉最大容纳卡片数	每纵列抽屉数	每纵列最大容纳卡片数	每纵列设计容纳卡片张数（按 75%计）	每纵列卡片的书籍总数（2～5 卡/每种书）	容量指标（m/10000 种书）
1000	3	3000	2250	1125～450	1.3～3.3
	5	5000	3750	1875～750	1.3～2.0
	10	10000	7500	3750～1500	0.4～1.0

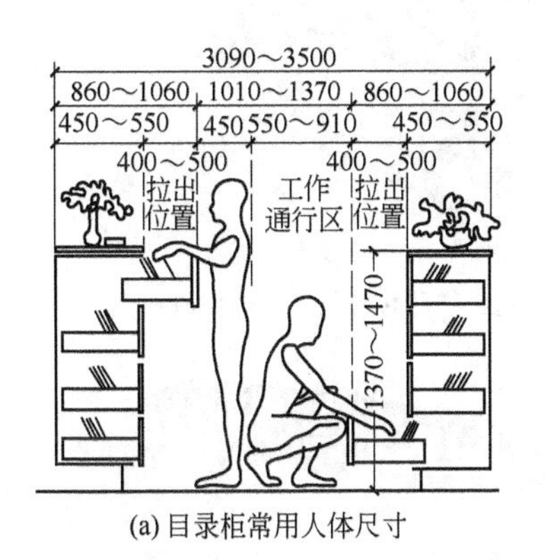

(a) 目录柜常用人体尺寸

(b) 目录柜常用人体尺寸

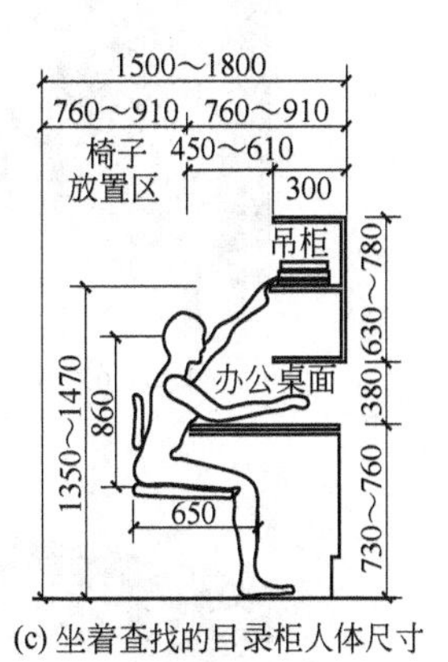

(c) 坐着查找的目录柜人体尺寸

图 3-4-4　目录柜与人的关系

表 3-4-4　目录柜尺寸

型　号	屉　数	外形尺寸/mm		
		宽	深	高
台式目录盒	5	80	650	850
台式目录盒	7	1800	1000	850
3×3 屉目录柜	9	500	450	350
5×3 屉目录柜	15	800	450	350
5×4 屉目录框	20	800	450	450
5×5 屉目录柜	25	800	450	550
5×6 屉目录柜	30	800	450	650

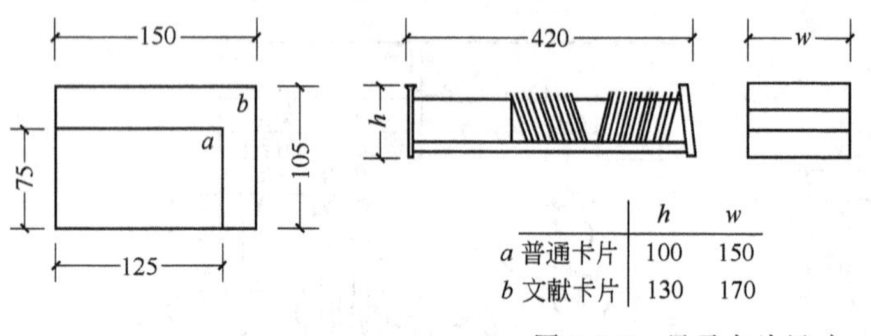

图 3-4-5 目录卡片尺寸

(5) 图书馆家具图例（见图 3-4-6～图 3-4-20）

图 3-4-6 平板出纳车

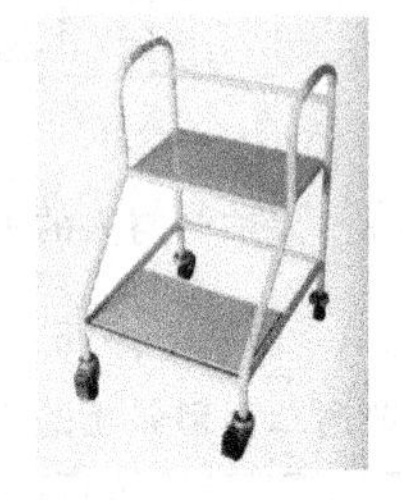

图 3-4-7 钢制出纳车

图 3-4-8 斜板出纳车

图 3-4-9 图书目录柜

图 3-4-10 图书目录柜结构分解

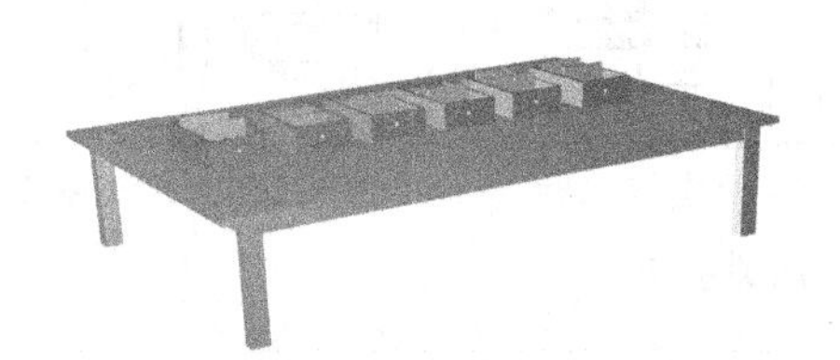

图 3-4-11 目录查询台

图 3-4-12 单面桌式 6 屉目录查询台

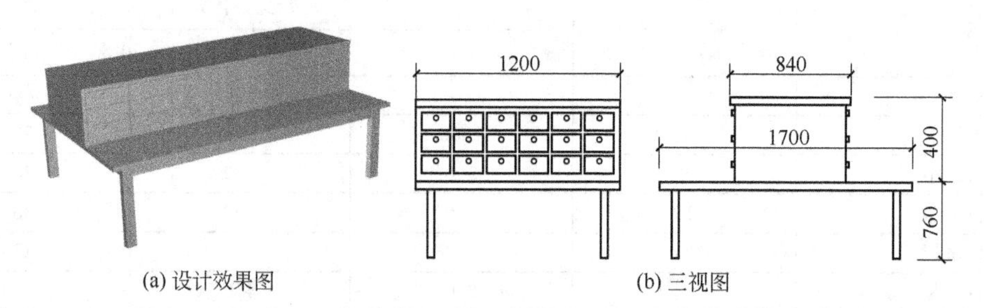

(a) 设计效果图 (b) 三视图

图 3-4-13 桌式双面目录柜

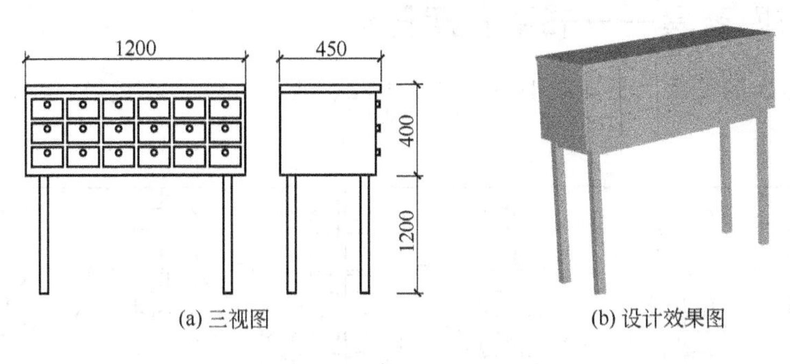

图 3-4-14　单面 18 屉目录柜

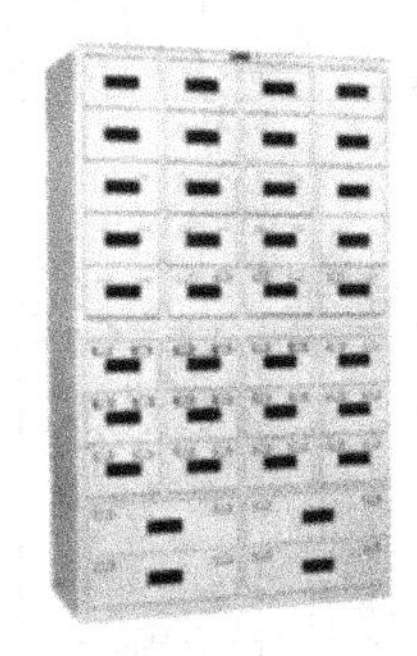

图 3-4-15　钢制目录柜

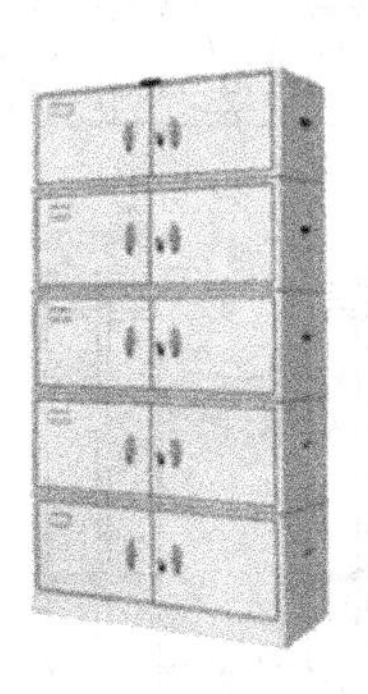

图 3-4-16　储物柜

图 3-4-17　图书出纳台（1）

图 3-4-18　图书出纳台（2）

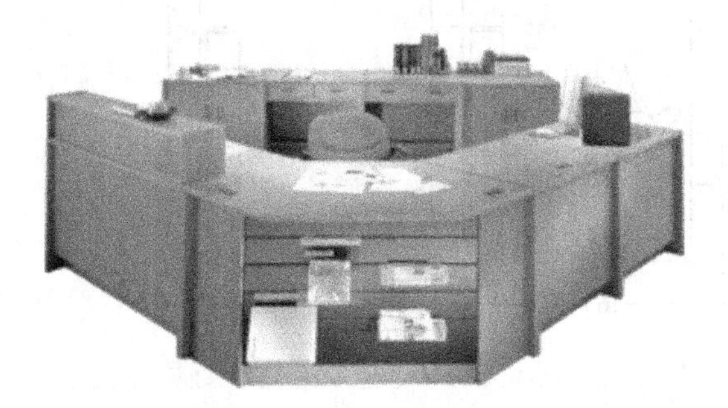

图 3-4-19　图书出纳台（3）

图 3-4-20　图书出纳台（4）

3.4.3 书库家具——书架和期刊架

（1）家具与人的关系（见图 3-4-21、图 3-4-22、表 3-4-5）

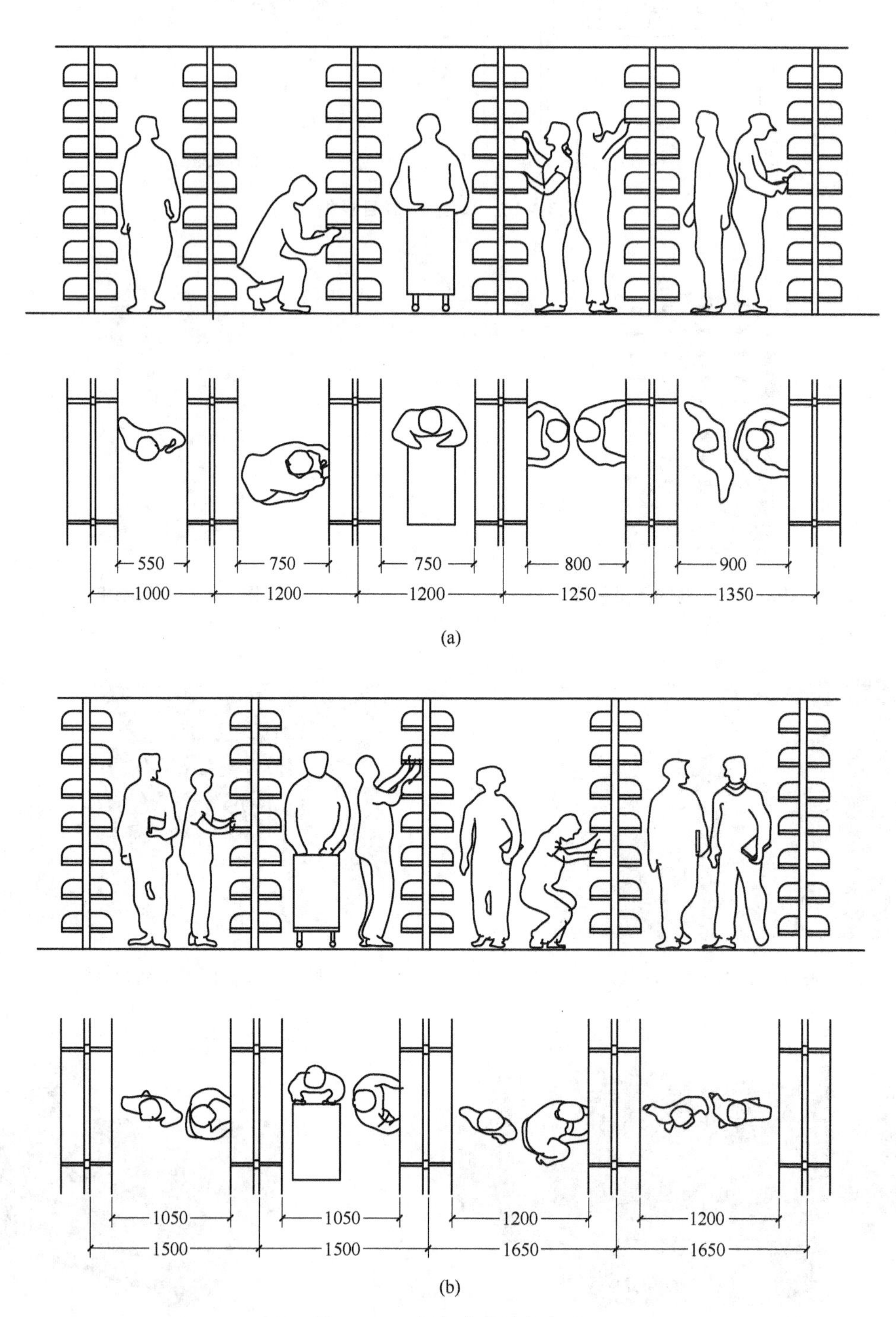

图 3-4-21　闭架书库书架与人

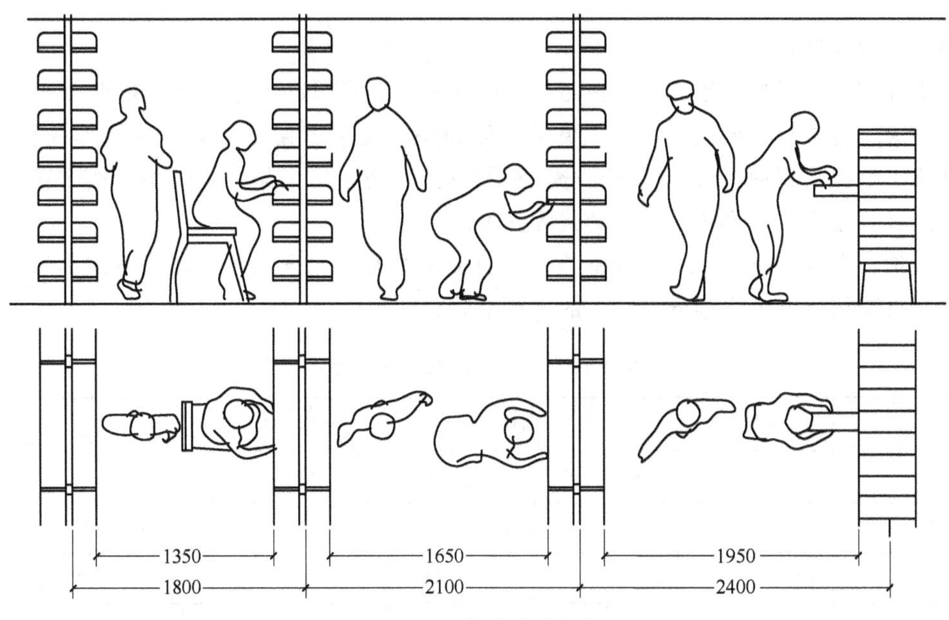

图 3-4-22 开架书库书架与人

表 3-4-5 书库容书量参考指标

出版物类型	每 m 搁板容书量/册	每米长单面书架容书量/册		容书量指标[①]/(册/m²)
		最终容量	工作容量	
线装书	90	540	450	500[②]
中文图书	85	600	400	450
外文图书	50	350	230	250
期刊合订本	25	150	110	120
平均				300～450

①容书量按单位书库建筑面积上有单面书架长 1.1m 计算。考虑书籍厚度不同可取中文书 45 册/m、英文书 40 册/m、俄文书 6040 册/m。

② 按线装书立放搁板上计算容书量。平放而采用宽行距（行道宽 800mm）时，容书量指标与此相仿。平放而采用窄行距（行道宽 600mm）时，可按下述密架度藏法计算容量。

(2) 书的尺寸（见表 3-4-6）

表 3-4-6 书的一般尺寸规格

外文书籍的一般规格/mm					
相当于中文书的开本	俄文书（宽×高）	英文书(高)	德文书（宽×高）	日文书（宽×高）	中文书（宽×高）
32 开	135×210 150×225	150～250	148×210	128×182	130×185 140×203
16 开	175×270 225×300	250～300	210×297	148×210 182×257	185×260 210×285
8 开	270×350	＞300	297×420	210×297	260×368 285×420

380 260～285 185～200 100～110
8 开 16 开 32 开 60 开
书籍的规格(mm)

b a
线装书规格

线装书规格尺寸	大本	中本	小本
a	270 270 330	100 120 125 130 150 170 210 240	70 75
b	300 380 490	170 175 180 200 260 290 300 340	95 115

(3) 书架（见表 3-4-7、图 3-4-23）

由支柱与搁板或书斗组成，支柱与搁板的连接方式有固定式与活动式两种。书架材料要耐久、防火、自重轻，构造要坚固、灵活、体积小、安装方便。书架按支柱形式分，有板式、柱式、框架式三种；按所用材料分，有钢书架、薄壁钢书架、木书架；按布置方式分，有固定式、独立式、密排式、可移动式等几种。

一般地，书的上空留 20～30mm 空隙，方便取书和满足通风要求，而通常小于 16 开的书居多，书架可分 7 个格划分，特大的书可平放。

表 3-4-7　常用书库书架外形尺寸

名　称	外形尺寸/mm			层间尺寸/mm			层数	自重/kg		备　注
	长	宽(深)	高	长	宽	高		主架	副架	
单面书架	1000	250	2150	950	200	290	7	45	35	活动钢书架，可调式搁板
双面书架	1000	450	2150	950	450	290	7	70	65	活动钢书架，可调式搁板
二阶积层书架	1000	450	4400	950	450	290	14	240		钢甲板、钢梯、钢书架承重，可调式搁板
三档五联密集书架	2850	2500	2400	750	500	300	7～8	1950		分电动、手动两类，轨道长 3.5m
线装书架	1000	500	2000	950	500	300	6			木制书架
善本书架	1000	400	1800	950	400	330	5			带玻璃门木制书架
单面报架	200	450	2150	150	400	200	10			钢架或木架
双面报架	1200	850	2150	1150	850	200	10			钢架或木架
缩微资料柜	800	600	1400	750	600	150	8			应采用非燃烧材料制作
声像资料柜	900	500	1800	950	500	200	8			存放盒式录音带、录像带，用材同上
画卷柜	200	900	1400	1150	900	140	9			带门木柜
双面儿童书架	1000	400	1800	950	400	230	7			钢架或木架
双面连环画架	1000	350	1800	950	350	150	10			钢架或木架
盲文书架	1000	380	2140	950	350	380	5			钢架或木架

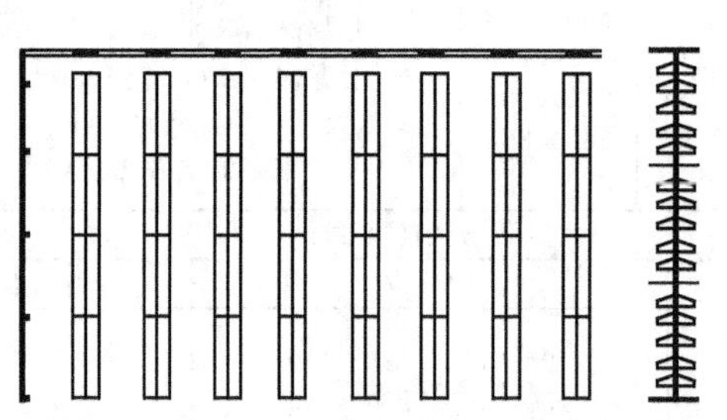

(a) 叠架式：将书库竖向划分成数阶，书架支柱兼作房屋结构支柱，承受书库全部荷载。用甲板代替楼板，甲板由书架支承，可降低建筑层高，阶数最多至 3 层

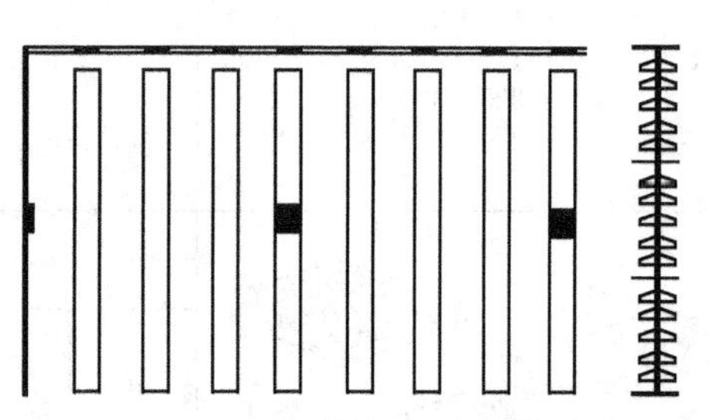

(b) 层架式：书架放在楼板上，由楼板承受书架、书籍及一切荷载。由于每 2.5m 左右高度设一楼板层，书库具有良好的高度和灵活布置书架的优点

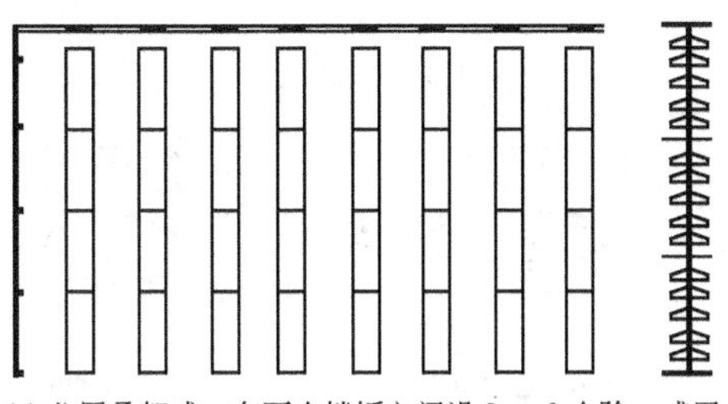

(c) 分层叠架式：在两个楼板之间设 2～3 个阶，或甲板与楼板相间设置，可取得适当降低建筑层高和获得一定高度，具有叠架式和层架式的优点，可用于大型书库，一般宜取一个结构层内设两个阶

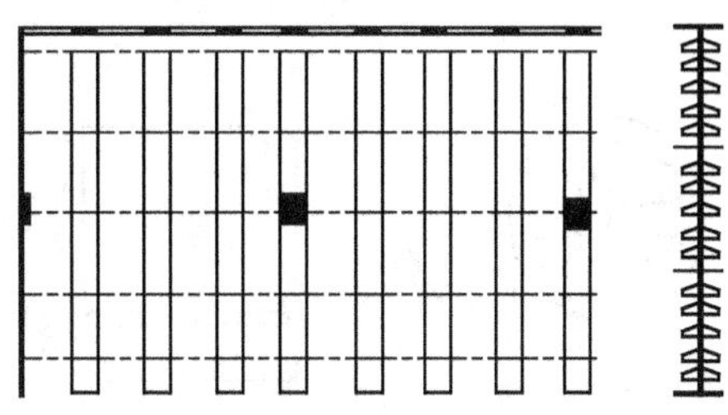

(d) 悬挂式：各阶书架及甲板的荷载均通过型钢或钢管悬挂在屋盖或楼板结构上，再通过柱子传给基础，充分利用钢材抗拉强度高的特点，减少结构断面和自重

图 3-4-23　书架型式

(4) 期刊架（见表 3-4-8、表 3-4-9、图 3-4-24）

表 3-4-8　期刊的尺寸

书　型	刊物高度/mm	百分比/%			
		中　文	东方语言	西　文	俄　文
微型和小型	＜220	15	30	15	5
中型开本	230～270	80	65	50	85
大型开本	280～320	4	4	30	7
特大开本	＞320	1	1	5	3

表 3-4-9　报纸的尺寸

报 纸 种 类	尺　寸	简　图
中文报纸(对开)	550×390	
中文报纸(四开)	390×375	
外文报纸(对开)	550×415	
外文报纸(对开)	585×430	
外文报纸(对开)	646×440	

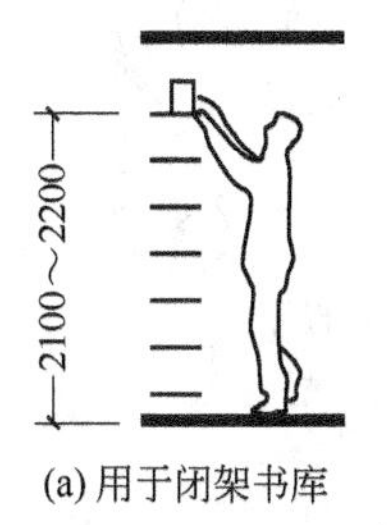

(a) 用于闭架书库

(b) 按妇女身高考虑

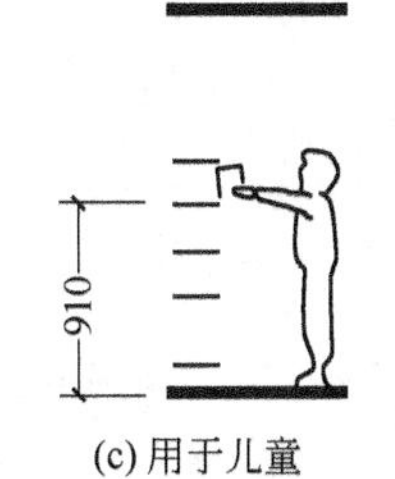

(c) 用于儿童

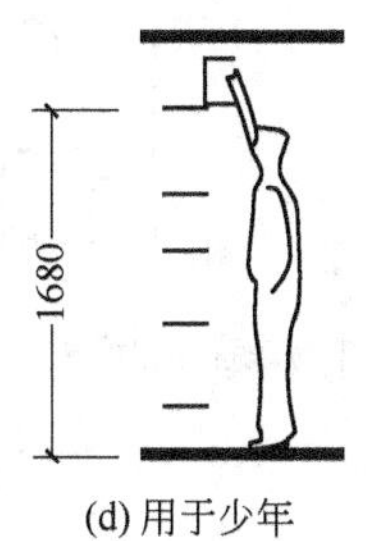

(d) 用于少年

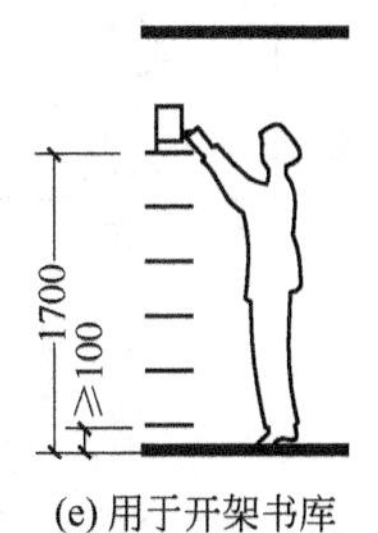

(e) 用于开架书库

图 3-4-24　书架格数与高度

(5) 缩微物品尺寸（见图 3-4-25～图 3-4-30）

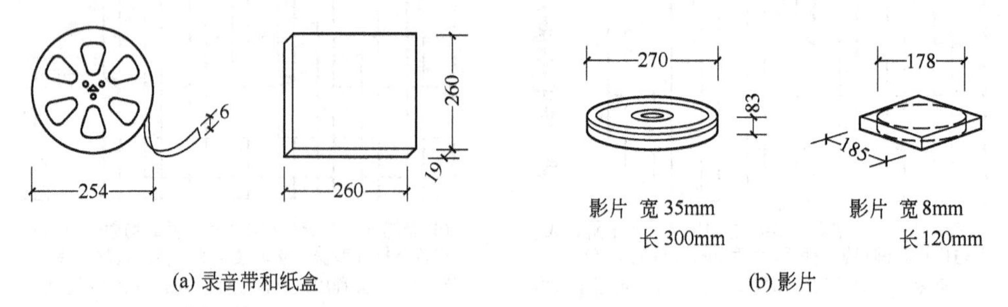

(a) 录音带和纸盒　　(b) 影片

图 3-4-25　视物品尺寸

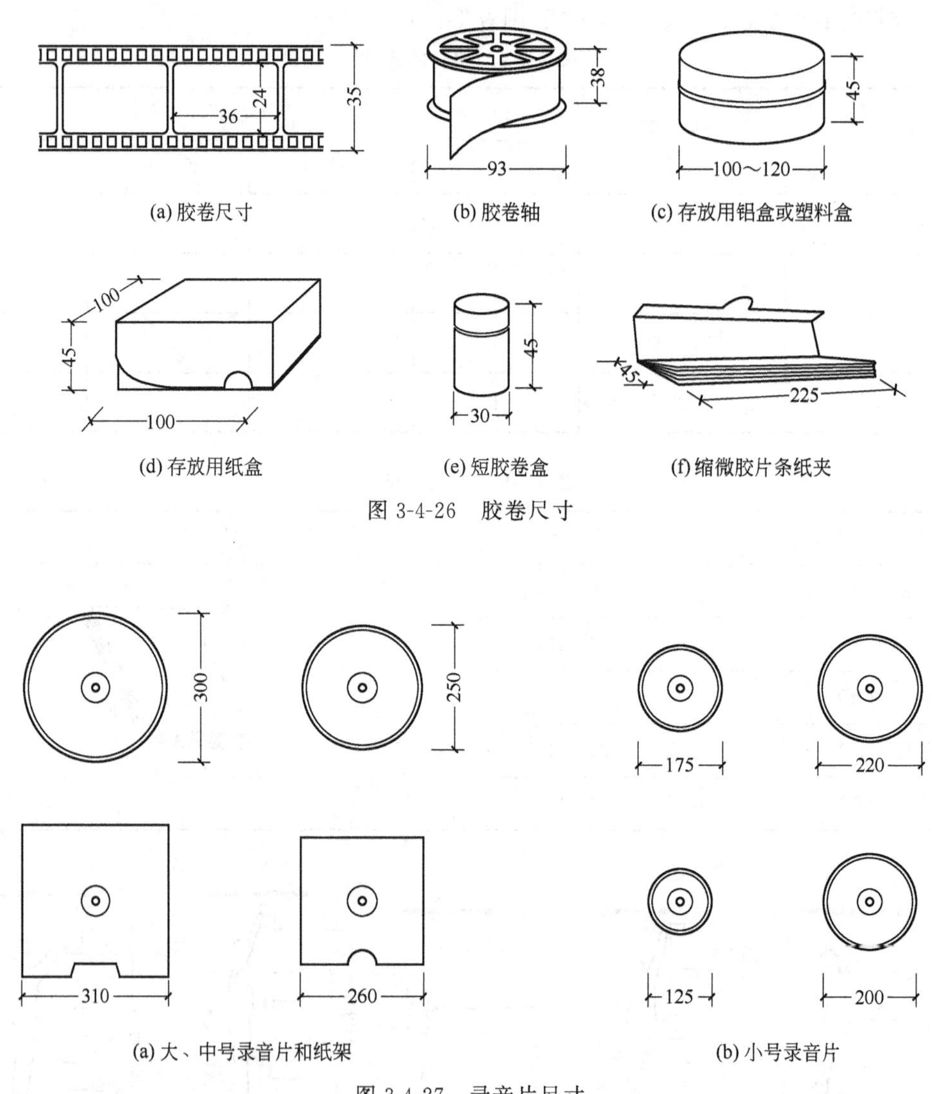

(a) 胶卷尺寸　　(b) 胶卷轴　　(c) 存放用铝盒或塑料盒

(d) 存放用纸盒　　(e) 短胶卷盒　　(f) 缩微胶片条纸夹

图 3-4-26　胶卷尺寸

(a) 大、中号录音片和纸架　　(b) 小号录音片

图 3-4-27　录音片尺寸

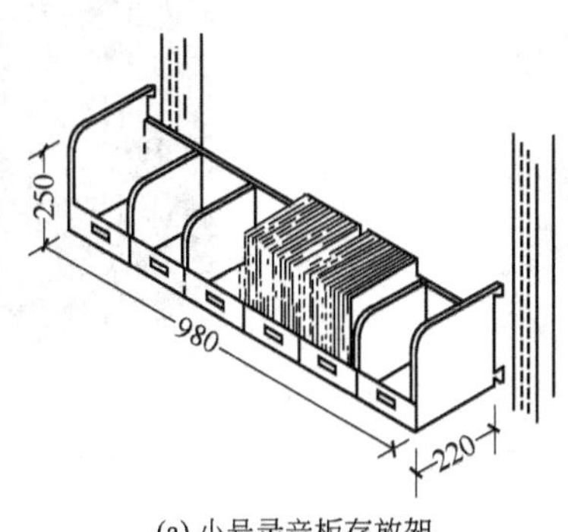

(a) 小号录音板存放架　　(b) 大、中号录音板存放架

图 3-4-28　挂式录音板存放架尺寸

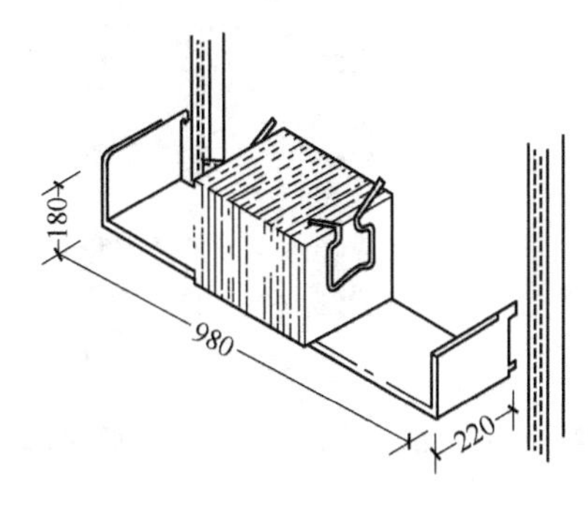

图 3-4-29　挂式录音带存放架

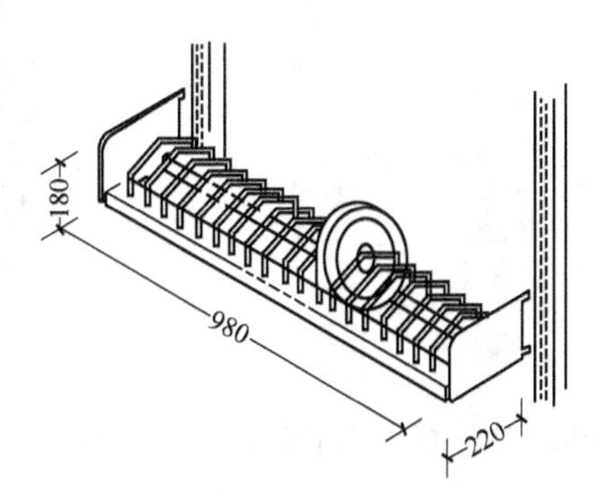

图 3-4-30　挂式影片带存放架

(6) 书库家具图例（见图 3-4-31～图 3-4-56）

图 3-4-31　板式钢木书架

图 3-4-32　双面框式书架

图 3-4-33　板式钢木矮书架

图 3-4-34　斗式书架

图 3-4-35　栏子式书架

图 3-4-36　图书馆密集书架

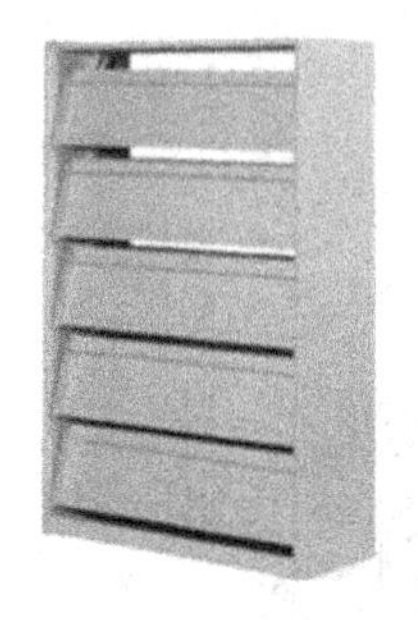

图 3-4-37　钢木板式双面刊架

图 3-4-38　钢制光盘柜

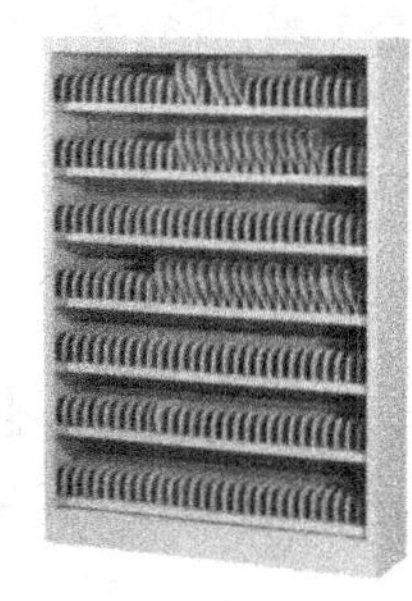

图 3-4-39　板式木质光盘架

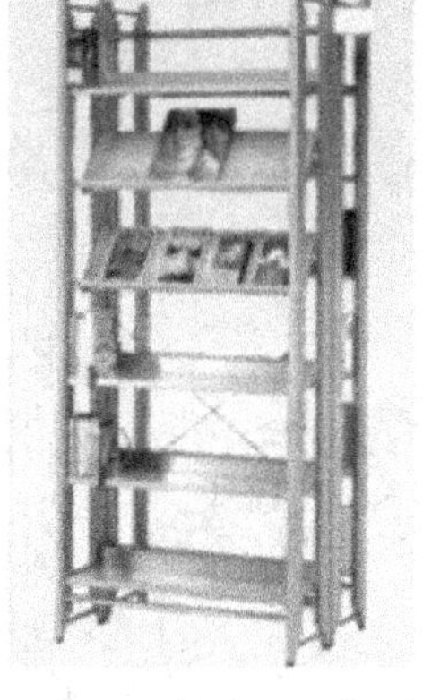

图 3-4-40　框式双面期刊架

图 3-4-41　板式双面期刊架

图 3-4-42　板式单面期刊架

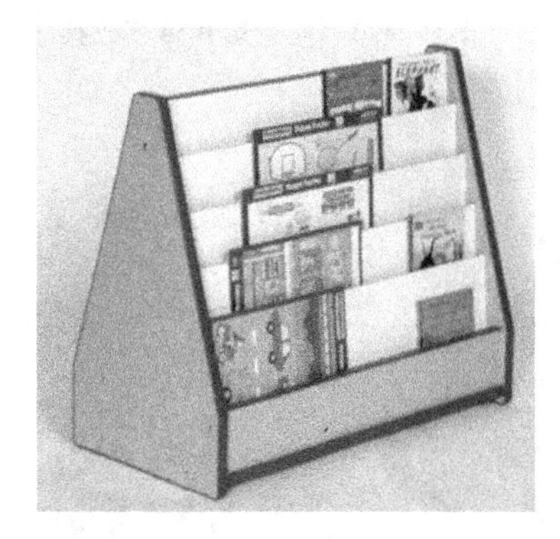

图 3-4-43　图书馆期刊架

图 3-4-44　报纸架（1）

图 3-4-45　报纸架（2）

图 3-4-46　密集底图柜

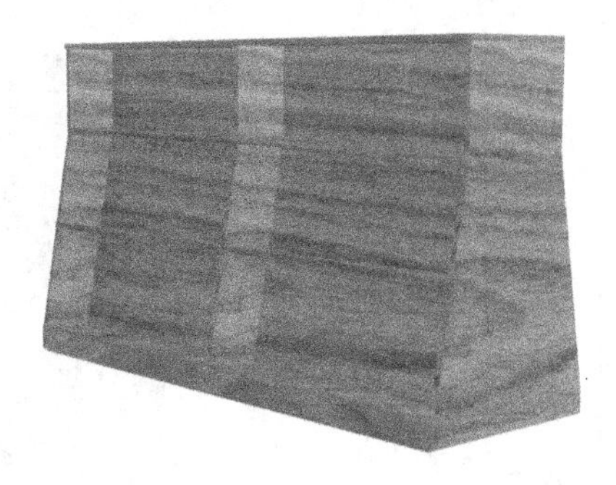

(a) 设计效果图

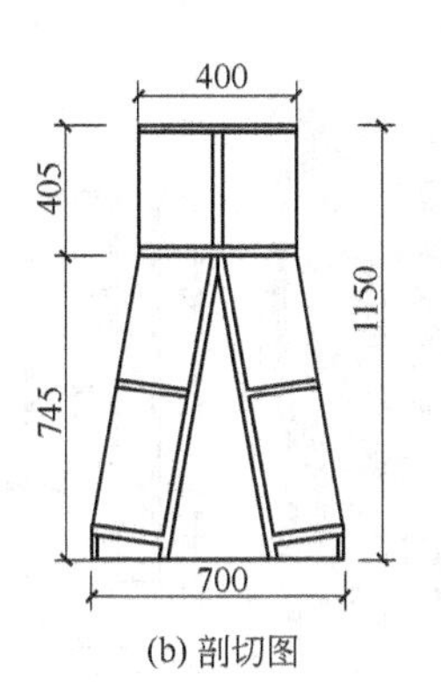

(b) 剖切图

图 3-4-47 板式倾斜低木书架

(a) 设计效果图

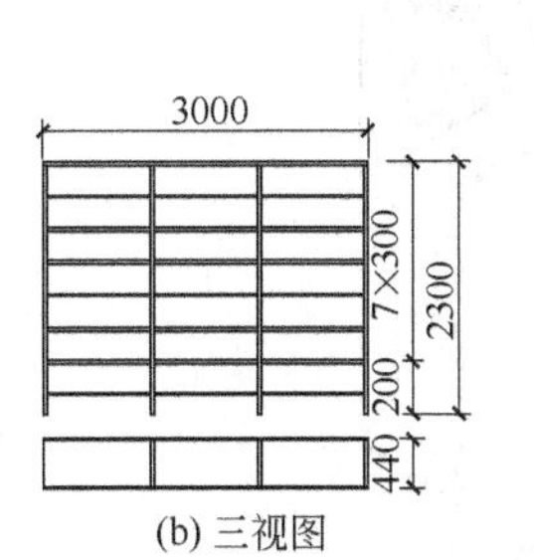

(b) 三视图

图 3-4-48 成排木书架设计图

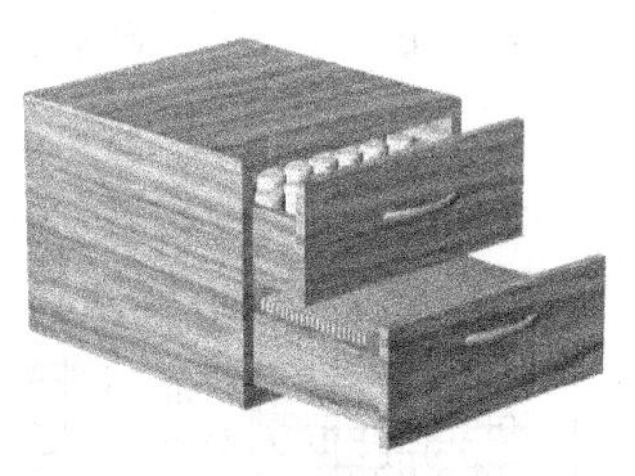

(a) 设计效果图

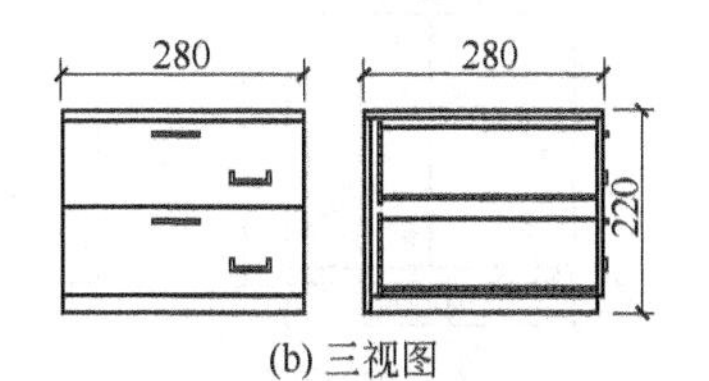

(b) 三视图

图 3-4-49 胶片盒和胶片条存放柜

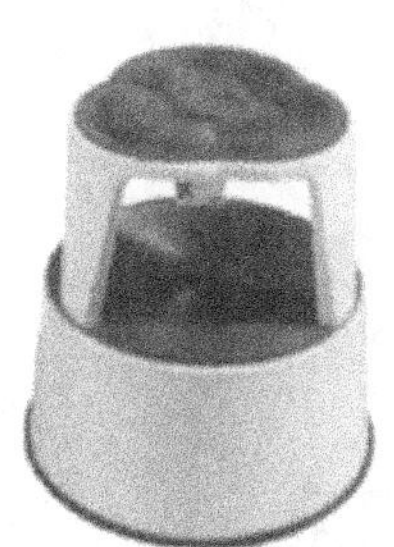

图 3-4-50 图书馆书架脚垫

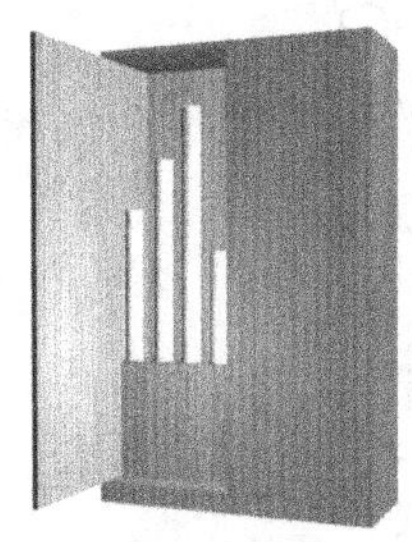

(a) 设计效果图

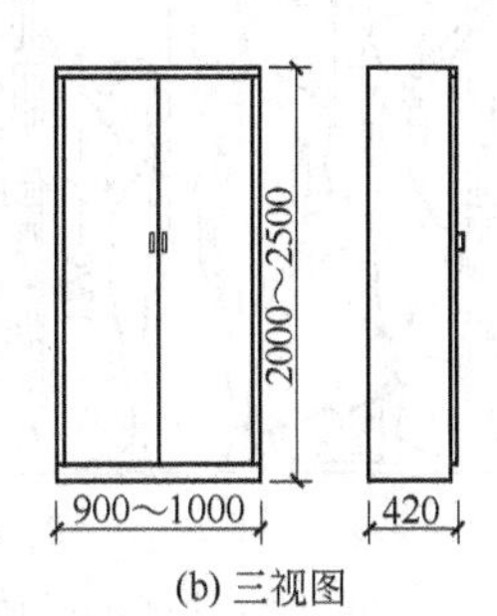

(b) 三视图

图 3-4-51 典图存放柜

图 3-4-52 典图存放架

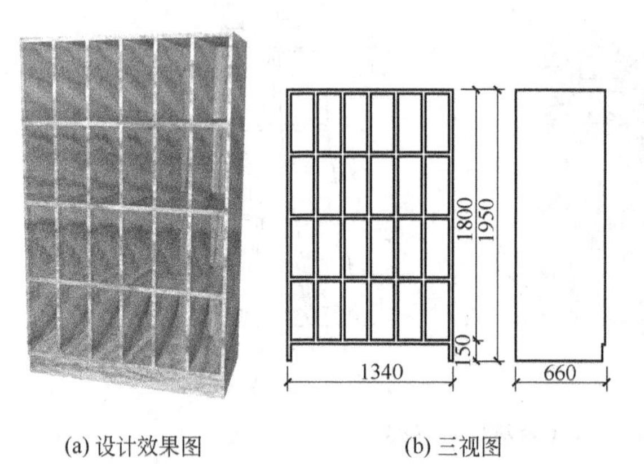

(a) 设计效果图　　(b) 三视图

图 3-4-53　录音片存放架（立放）

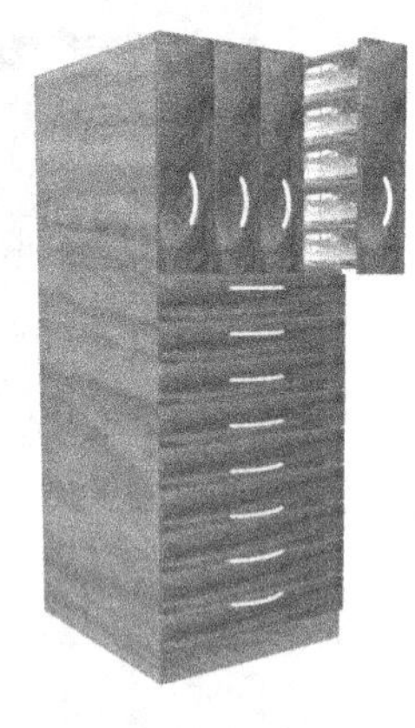

图 3-4-54　胶卷存放柜

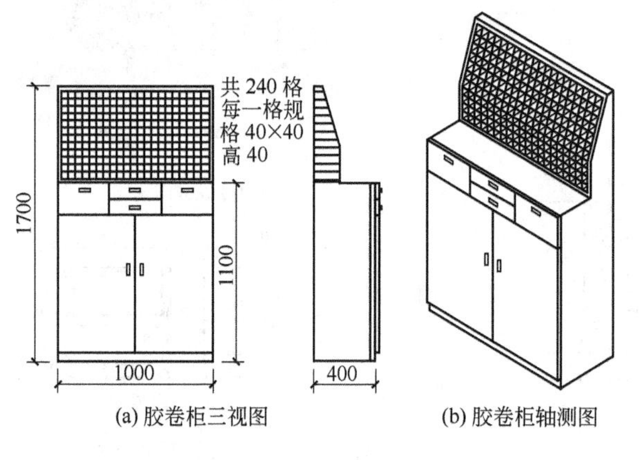

(a) 胶卷柜三视图　　(b) 胶卷柜轴测图

图 3-4-55　陈列式胶卷柜

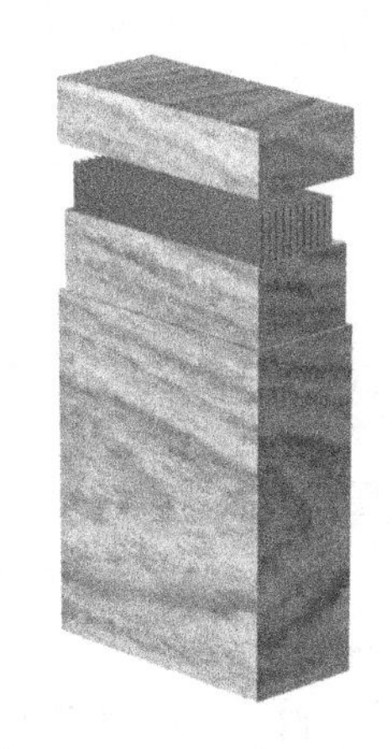

图 3-4-56　缩微印刷卡片盒

3.4.4 阅览室家具

(1) 家具与人的关系（见图 3-4-57、图 3-4-58）

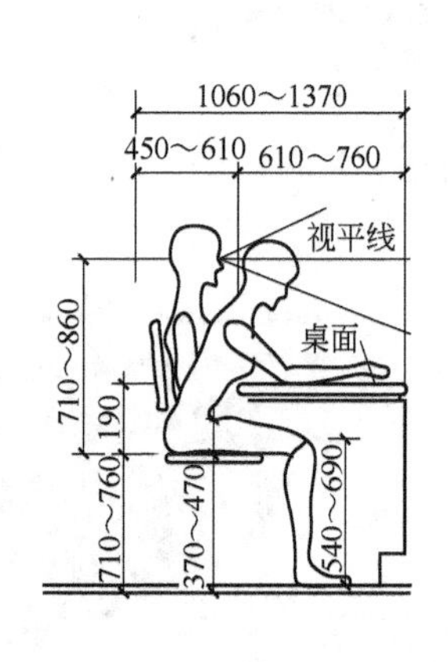

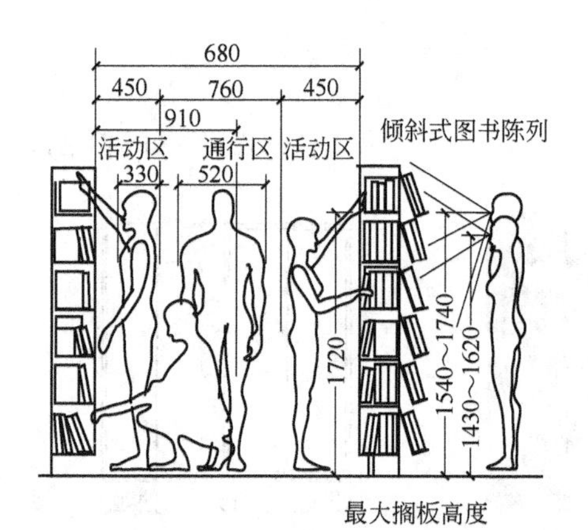

(a) 阅览桌椅与人的关系　　(b) 书架、期刊架与人的关系

图 3-4-57　书架、期刊架、阅览桌与人的关系

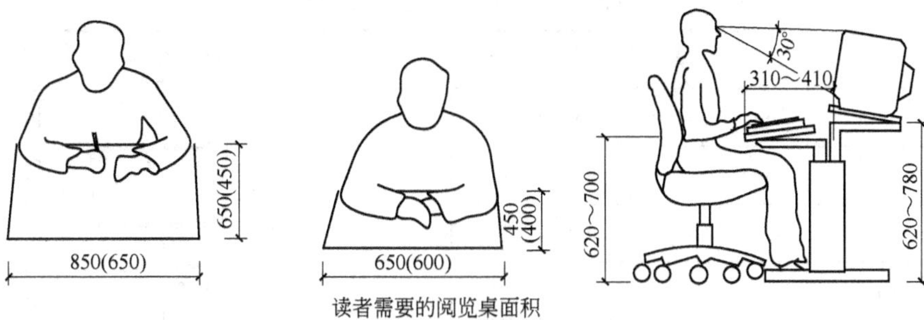

读者需要的阅览桌面积
（括弧内尺寸为儿童读者的要求）

(a) 写笔记时平面尺寸　(b) 读书时平面尺寸　(c) 电脑查阅台立面尺寸

图 3-4-58　阅览桌面与人的关系

(2) 阅览桌、椅尺寸（见表 3-4-10）

表 3-4-10　不同读者使用的阅览桌最小尺寸

读者分类	阅览桌/mm								阅览椅/mm	
	桌面高	桌面宽		桌面长					椅面高	椅面宽
		单面	双面	单面单人	单面双人	单面三人	双面四人	双面六人		
成人	780、800	600	1000	800	1500	2100	1500	2100	460	450
少年	750、780	500	900	700	1400	2000	1400	2000	380、430	380
小学高年级	650、750	500	900	600	1400	1800	1400	1800	360、380	340
小学低年级	600、650	500	800		1200	1600	1200	1600	320、350	340
幼儿	450、530、600	450	700		1000	1500	1000	1500	250、290、320	320

(3) 专业阅览桌尺寸（见表 3-4-11、表 3-4-12）

表 3-4-11　专业阅览室家具最小尺寸

家具名称		绘图阅览室绘图台	绘图阅览室描图台	报刊阅览室阅报台	报刊阅览室阅报台
外形尺寸	长	2300	1400	1650(双人位)	1650(双人位)
	宽	1600	1000	550	500
	高	800	850/950	800/1200	1100/1580
备注			斜面、磨砂玻璃桌面，下设荧光灯及开关	台面 30°倾斜，单面或对面排列(坐式)	台面 45°倾斜，单面或对面排列(站式)
家具名称		缩微阅览桌	专业阅览室研究用桌	盲文阅览室读书桌	视听阅览室读书桌
外形尺寸	长	1200	900　1200	1000	650(单人) 1300(双人)
	宽	750	650　750	650	500
	高	750	800	800	800
备注		台面或附近应设电源插座	桌上附设书架 250×500(宽×高)，长与书桌同	桌上设收录机插座	单录机及耳机固定桌面上，并可锁闭。双人中间应有隔板

表 3-4-12　阅览桌布置最小参数

条件	a	b	c	d
一般步行	1500	1100	600	500
半侧行	1300	900	500	400
侧行	1200	800	400	300
推一推椅背可通行	1100	700		
需挪动椅子才能通行	1050	600		
不能通行	1000			

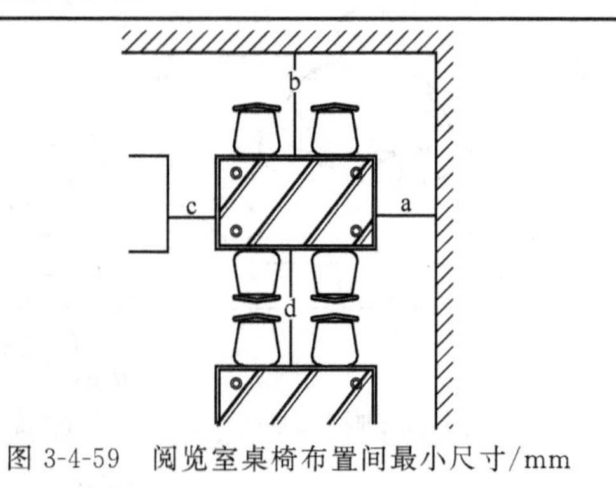

图 3-4-59　阅览室桌椅布置间最小尺寸/mm

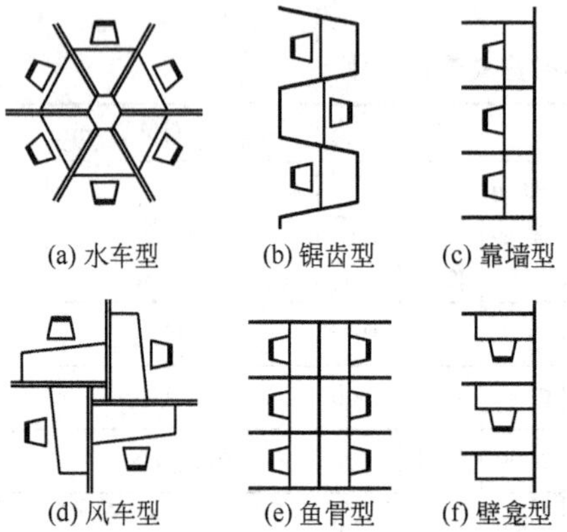

(a) 水车型　(b) 锯齿型　(c) 靠墙型
(d) 风车型　(e) 鱼骨型　(f) 壁龛型

图 3-4-60　视听阅览室布置形式

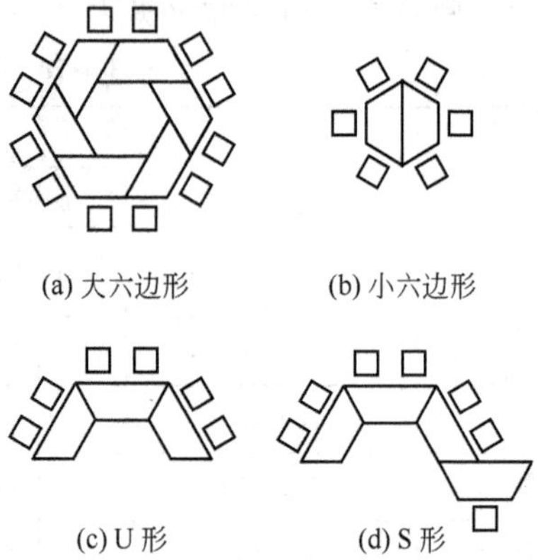

(a) 大六边形　(b) 小六边形
(c) U 形　(d) S 形

图 3-4-61　梯形儿童阅览桌布置形式

(4) 阅览桌布置参数（见表 3-4-13、图 3-4-62、图 3-4-63）

表 3-4-13　阅览桌布置参数

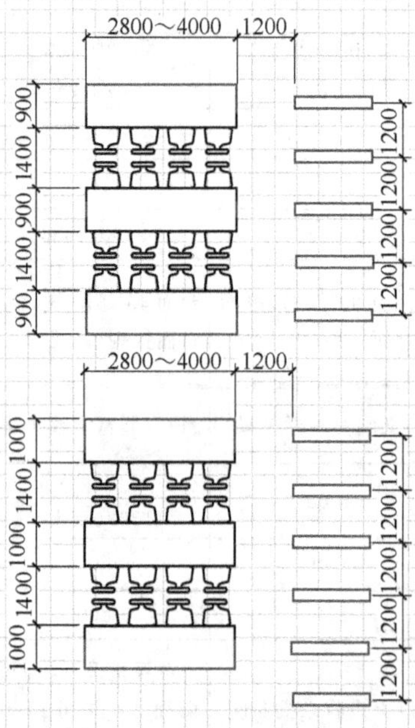

图 3-4-62　阅览桌布置示意图

名　称	说　明		平面指标
一般阅览室	值班人员办公面积	100 座以上 100 座以下	5.0～10.0m^2 2.0～4.0 m^2
	阅览室位置	单座阅览桌 2～3 单面阅览桌 4～6 双面阅览桌 8～12 双面阅览桌	2.5～3.5 m^2/人 2.0～3.0 m^2/人 1.8～2.5 m^2/人 1.7～2.2 m^2/人
研究室	6～10 人 1～2 人		3.0～4.0m^2/人 8.0～15.0m^2/间
书库单间阅览室			1.2～1.5 m^2/间
儿童阅览室			1.8～2.5 m^2/人

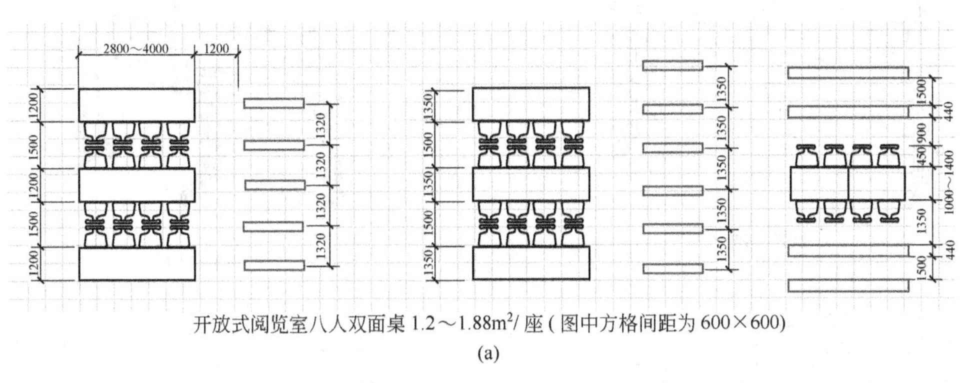

(a)

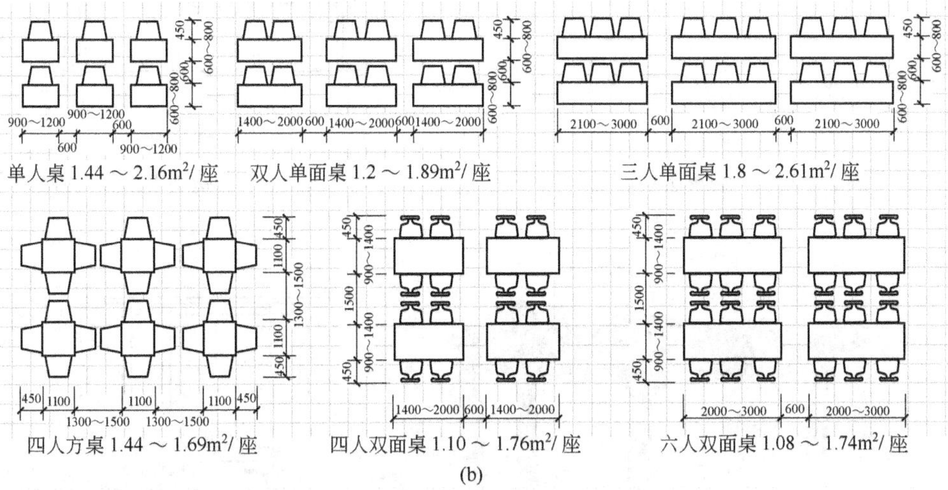

(b)

图 3-4-63 阅览室阅览桌布置示意图

(5) 阅览室家具图例（见图 3-4-64～图 3-4-83）

图 3-4-64 网络阅览桌（1）

图 3-4-65 网络阅览桌（2）

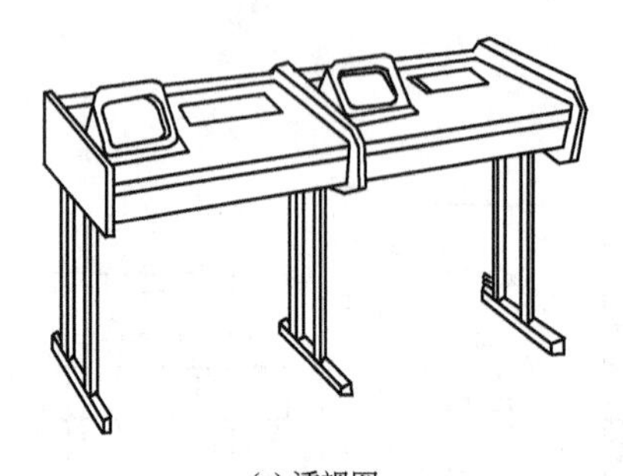

(a) 透视图

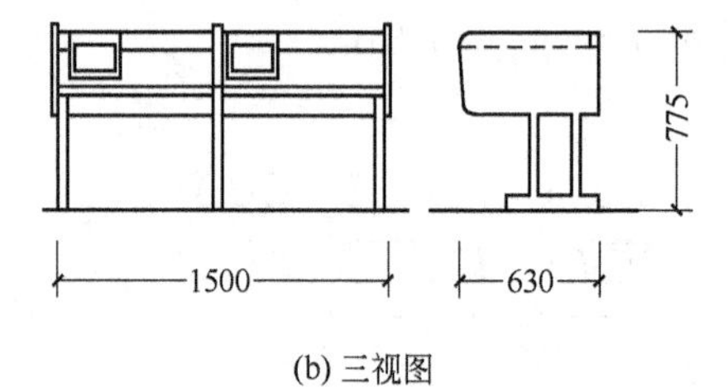

(b) 三视图

图 3-4-66　钢制视听桌

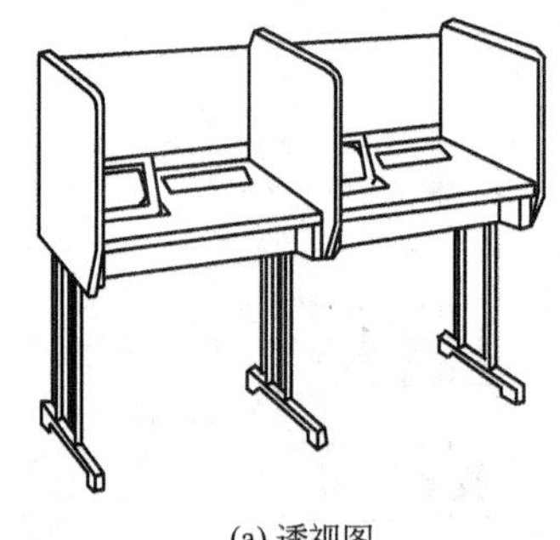

(a) 透视图

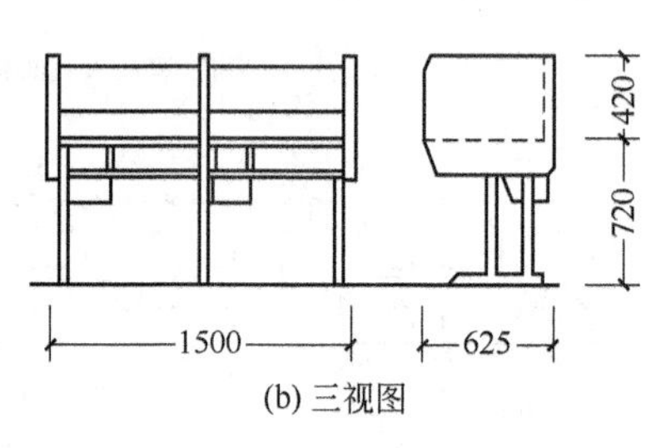

(b) 三视图

图 3-4-67　钢制带挡板视听桌

(a) 设计效果图

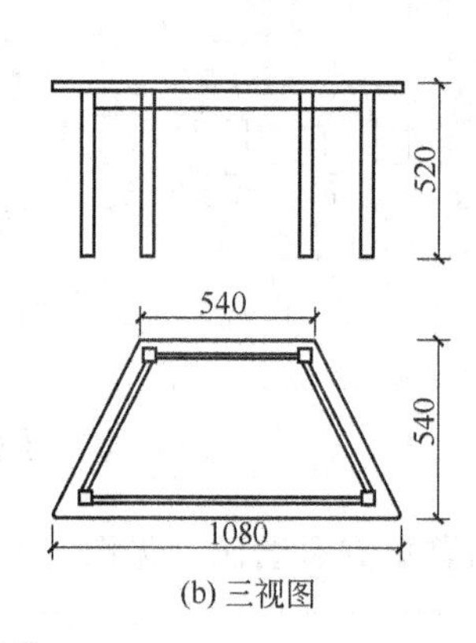

(b) 三视图

图 3-4-68　儿童梯形阅览桌

图 3-4-69　单人式阅览椅

图 3-4-70　阅报架

图 3-4-71 双人阅览桌（1）

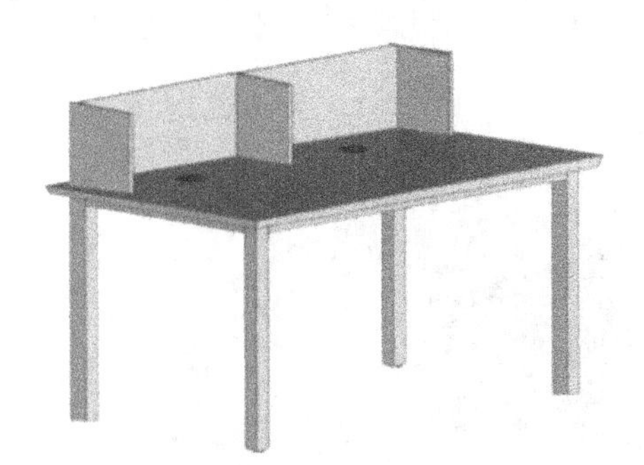

图 3-4-72 双人阅览桌（2）

图 3-4-73 双人双面阅览桌（1）

图 3-4-74 双人双面阅览桌（2）

图 3-4-75 三人阅览桌

图 3-4-76 三人双面阅览桌（1）

图 3-4-77 三人双面阅览桌（2）

图 3-4-78 四人阅览桌

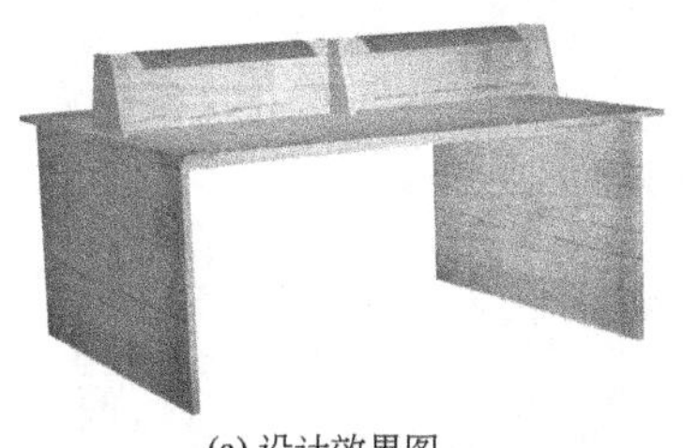

(a) 设计效果图

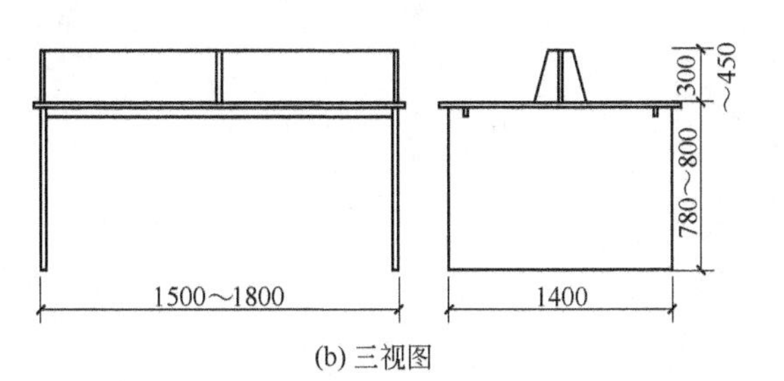

(b) 三视图

图 3-4-79 附设局部照明阅览桌

图 3-4-80　电子阅览桌

图 3-4-81　电子阅览椅家具

图 3-4-82　阅览桌、椅

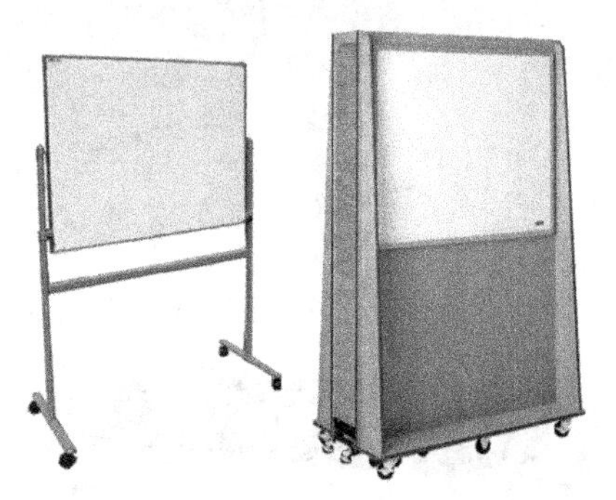

图 3-4-83　阅览室通知牌

3.5 医疗家具设计

3.5.1 概述

医院家具包括面较广，各科室家具均有它各自的特点。

医院门厅家具有候诊椅、休息座椅、问询台、挂号桌椅、病历卡存放柜等，设计时应结合医院的规模大小合理选用。候诊座椅倾斜角度不宜太大，一般在92°左右为宜。问询台规格尺度既要考虑到使用功能需要，又要符合卫生要求。病历卡存放柜可采用开放式的排列，也可采用抽屉式排列。

内外科家具设计应考虑到小巧多用，节约面积为主。内外科门诊病人较多，一位大夫的诊室面积约8～10m^2，两位大夫的诊室面积约12～15m^2。

中医门诊的家具应根据不同的需要设计不同的床、桌、椅等产品。一般有床、椅、推拿床、按摩床、气功椅、正骨手术凳等品种。

妇产科、儿科家具设计要考虑到孕妇行动不便，小孩不能自理的特点，应在舒适感上加以设计。小孩的检查床要适宜卧躺，利于家长扶抱，所以高度一般400mm左右，长度在1200～1500mm之间。

五官科包含眼科、口腔科、耳鼻喉科等，各科家具设计应结合不同的使用需要进行功能区的安排。

3.5.2 医院门厅及候诊室家具（含药房家具）

(1) 医院门厅与人的关系（见图3-5-1）

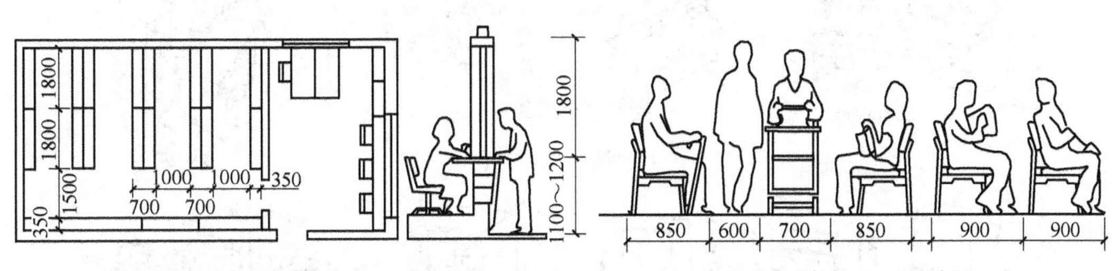

(a) 挂号、病例室家具平面布置及挂号窗口示意尺度　(b) 候诊室座椅排列及交通穿行尺寸

图3-5-1　医院门厅与人的关系

(2) 门厅平面举例（见图 3-5-2）

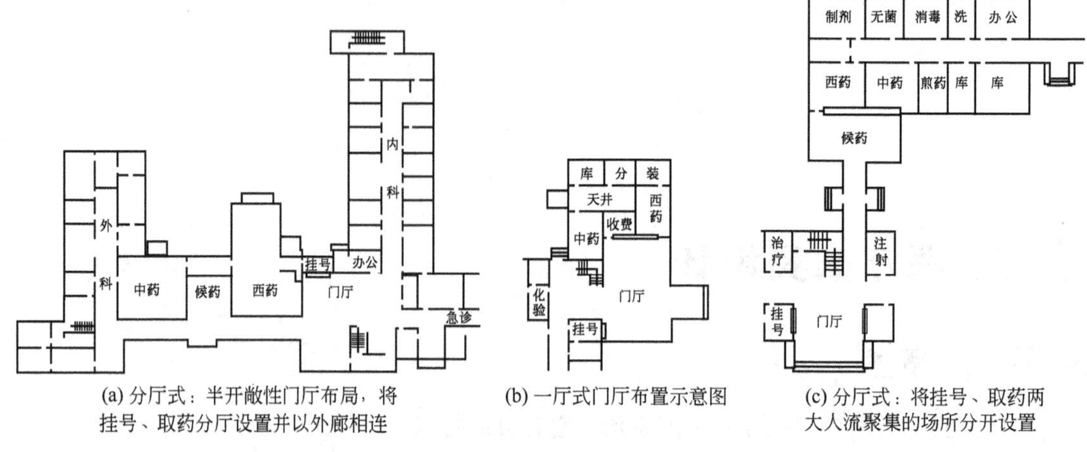

(a) 分厅式：半开敞性门厅布局，将挂号、取药分厅设置并以外廊相连

(b) 一厅式门厅布置示意图

(c) 分厅式：将挂号、取药两大人流聚集的场所分开设置

图 3-5-2 医院门厅举例

(3) 药房家具尺寸

① 药房家具与人的关系（见图 3-5-3）

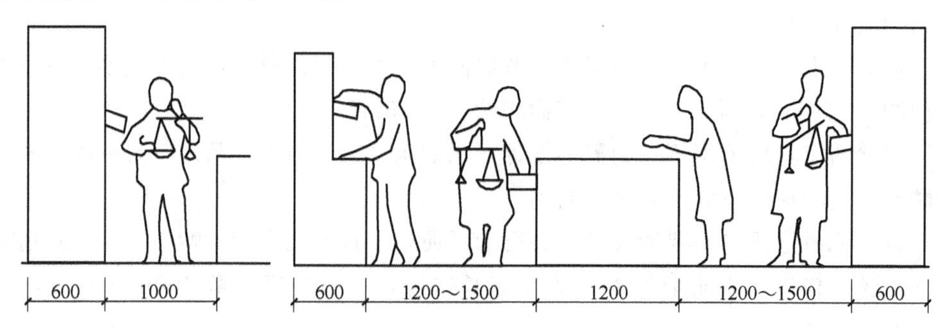

图 3-5-3 中药房家具与人的关系

② 药房家具尺寸（见图 3-5-4、图 3-5-6、表 3-5-1）

药房可分中药房、西药房和综合性药房。中药房一般有中药原材料药库与堆晒场、整理加工室、制作室、包装室、煎药室、成药库和调剂发药室等；西药房一般有调剂

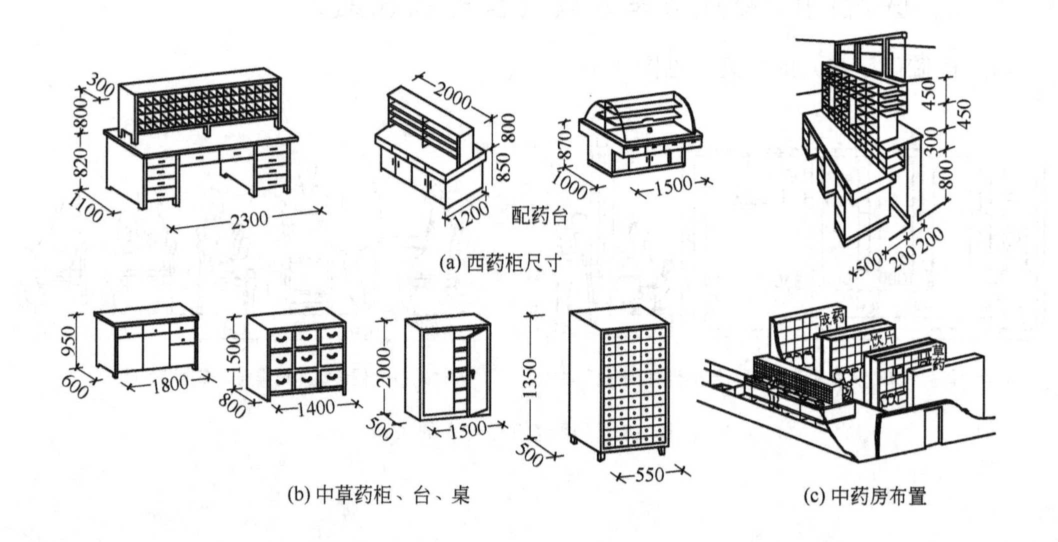

(a) 西药柜尺寸

(b) 中草药柜、台、桌

(c) 中药房布置

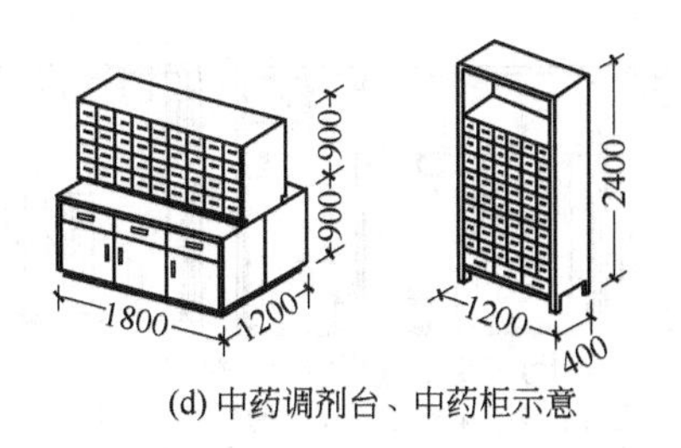

(d) 中药调剂台、中药柜示意

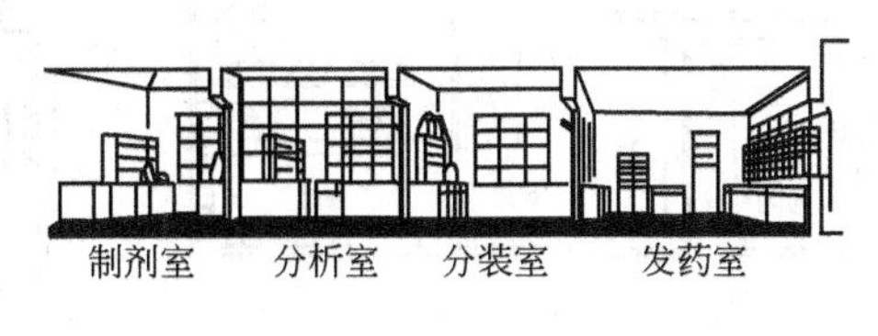

(e) 配药示意

图 3-5-4　药房家具尺寸

室、分析室、分装室、制剂室、药库等组成；综合性药房主要考虑将中西药存放合理分开，大型药库可用密集移动药柜存放。因此，药房家具设计时应该根据药房的性质进行合理设计。

移动式储物柜：移动式储物架为成品，可作药品、器械、敷料储藏架，也可为储藏柜。移动方式有电动、手动两种。该架可密集布置节约空间，又能做到密闭和安全，该架自重大宜在底层布置。架数、排数可按实际需要选用。

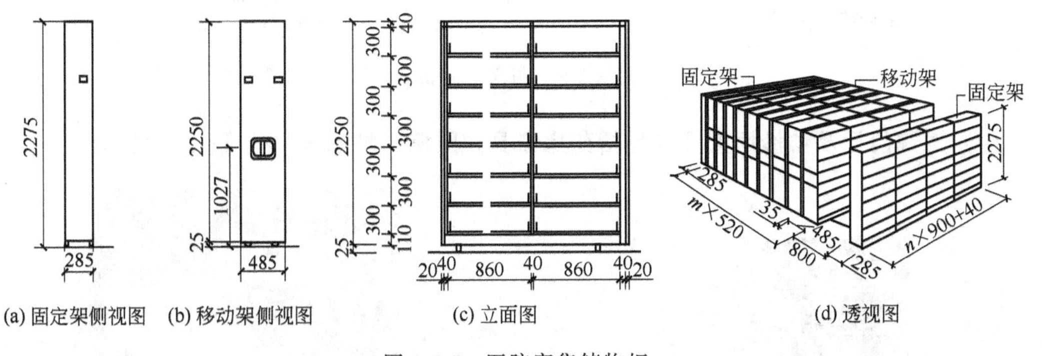

图 3-5-5　医院密集储物柜

表 3-5-1　更衣柜种类表

类型	人数	W	D	H
(a)	2 人用	600	515	1790
	3 人用	900	515	1790
(b)	6 人用	900	515	1790
	8 人用	1200	515	1790
(c)	9 人用	900	515	1790
	12 人用	1200	515	1790

H
W
D

(a) 单层型　(b) 双层型　(c) 三层型

图 3-5-6　医院更衣柜

③ 药房平面（见图 3-5-7）

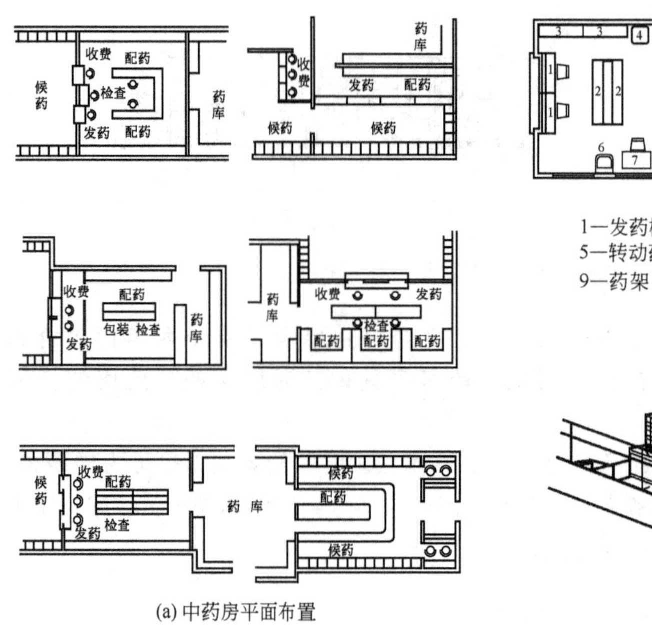

(a) 中药房平面布置

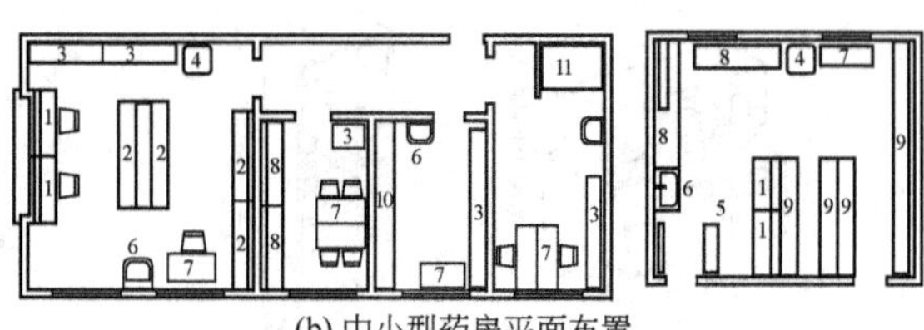

(b) 中小型药房平面布置

1—发药柜台； 2—调剂台； 3—药柜；4—冰箱；
5—转动药盘； 6—水池； 7—工作台；8—分析分装台；
9—药架；10—制剂操作台；11—值班床

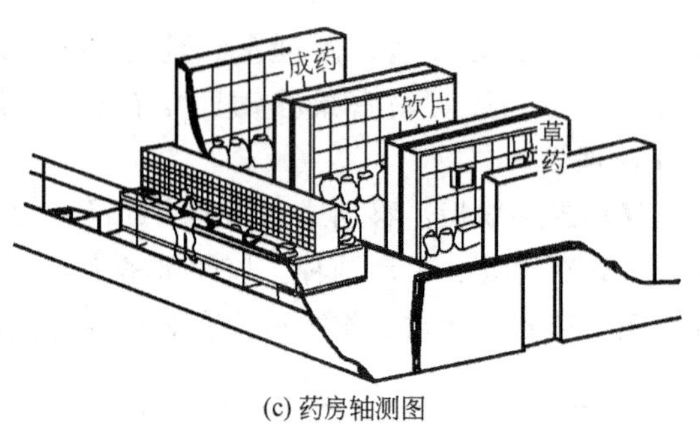

(c) 药房轴测图

图 3-5-7　药房平面布置

(4) 医院门厅及候诊厅家具（包括药房家具）图例 （见图 3-5-8～图 3-5-22）

(a) 木质医用更衣柜

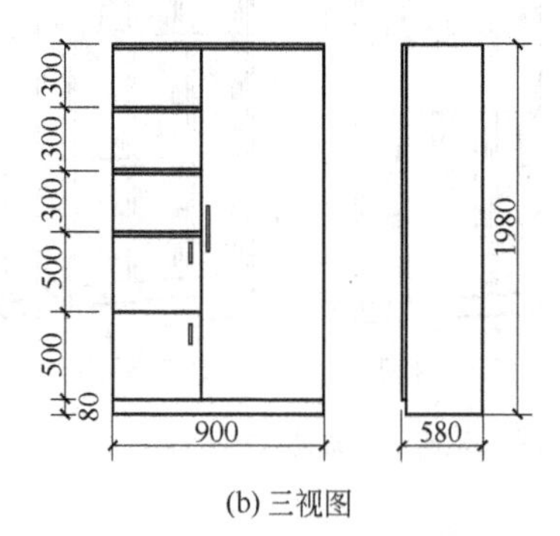

(b) 三视图

图 3-5-8　木质更衣柜

图 3-5-9　药柜

图 3-5-10　抽屉式药柜

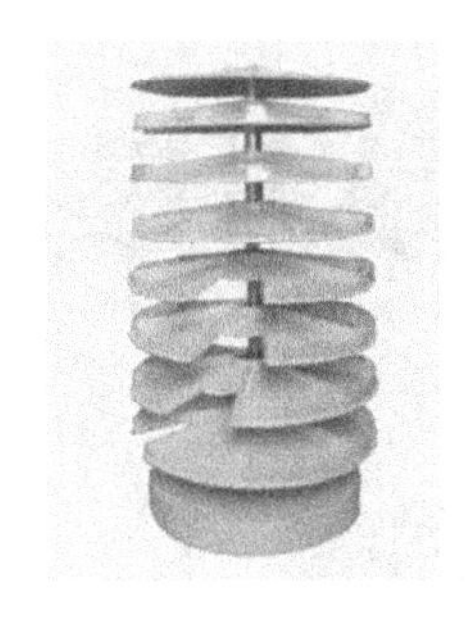

图 3-5-11 转盘式药架

图 3-5-12 架式药柜（1）

图 3-5-13 架式药柜（2）

图 3-5-14 木质板式药柜（1）

(a) 木质板式药柜

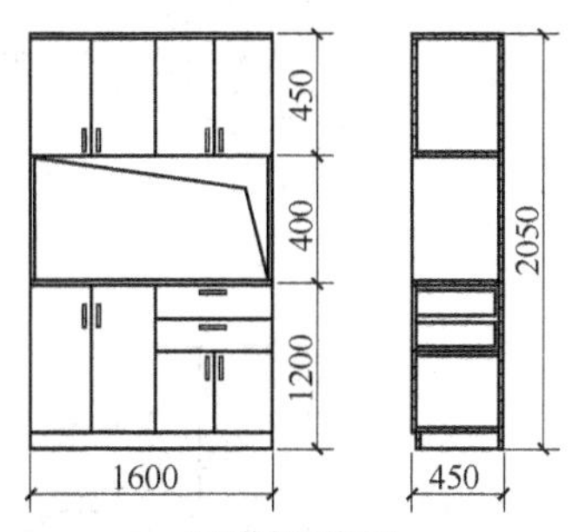

(b) 药柜三视图

图 3-5-15 木质板式药柜（2）

图 3-5-16 中药调剂台和中药柜

图 3-5-17 中药柜

图 3-5-18 密集药柜

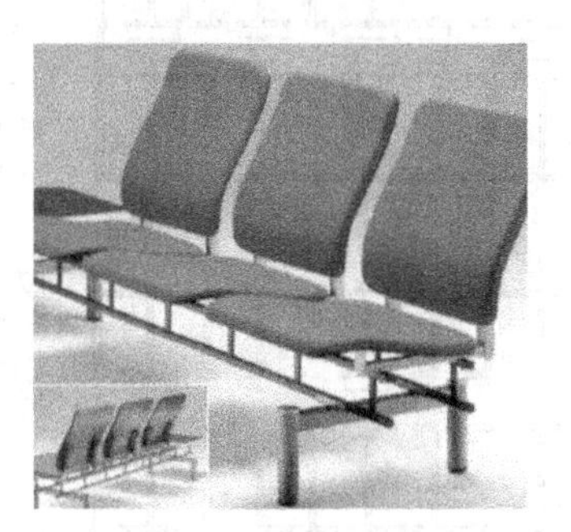

图 3-5-19 候诊椅（1）

图 3-5-20　候诊椅（2）

图 3-5-21　候诊椅（3）

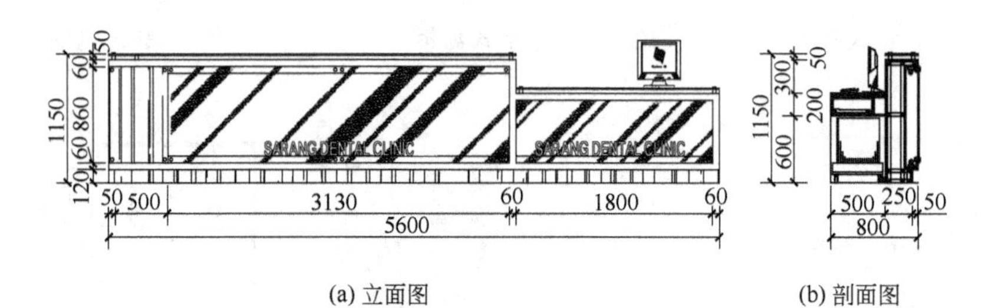

(a) 立面图　　(b) 剖面图

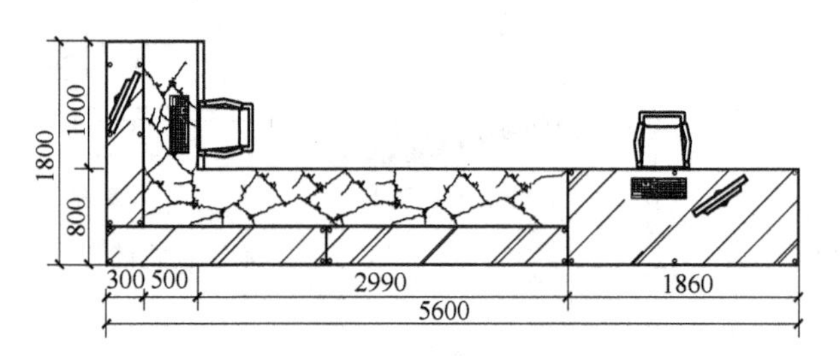

(c) 平面布置图

图 3-5-22　医院服务台视图

3.5.3 医院科室家具

(1) 候诊室与诊室的关系形式（见图 3-5-23）

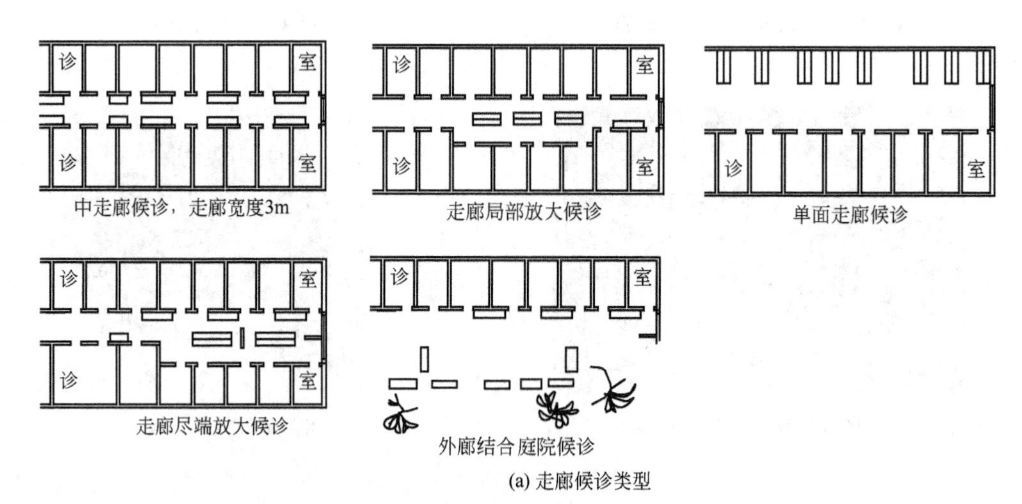

(a) 走廊候诊类型

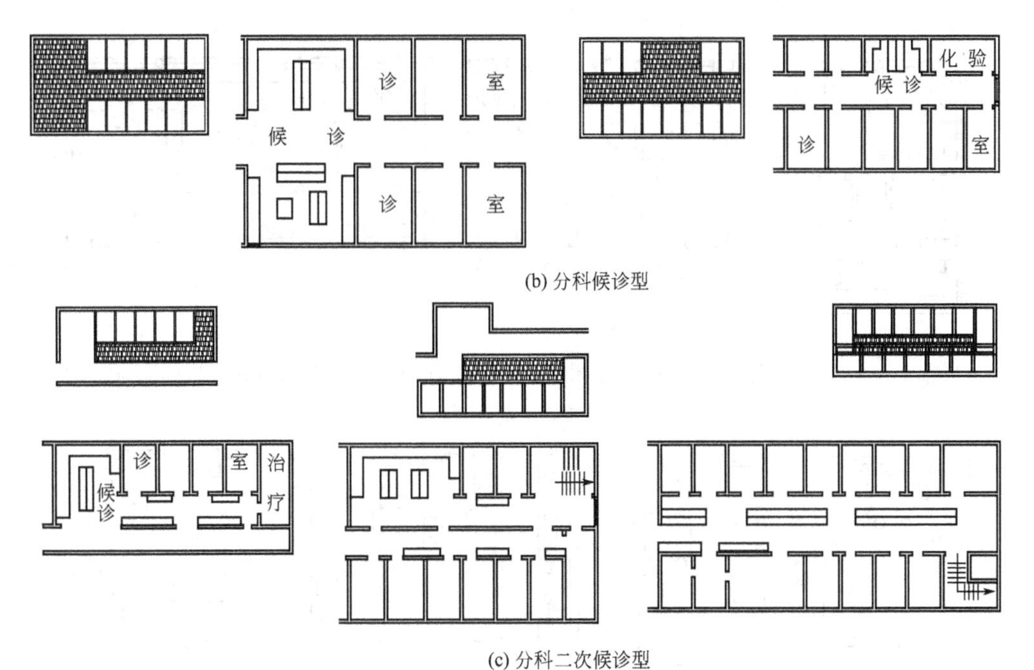

(c) 分科二次候诊型

图 3-5-23 医院诊室类型

(2) 诊室、候诊室与人的关系（见图 3-5-24）

(a) 诊室、候诊室家具与人　　(b) 走廊式门诊透视

图 3-5-24 诊室、候诊室家具与人的关系

(3) 内、外科诊室

内科病人在门诊病人中占比重较大，约为 30%左右。由于病人神疲行缓，诊室设在门诊大楼的底层并靠近入口处，一般自成一体，设有诊室、检查室和治疗室等，其家具种类简单，一般为医生办公桌椅、病人椅、检查床、储物柜和衣柜等。

外科门诊也应该设在门诊楼底层，有诊断室、换药室等。主要家具有医生办公桌椅、病人座、换药操作台、搁脚凳、换药床等。

内、外科诊室家具设计时应根据不同的需求而进行。

① 内科诊室平面（见图 3-5-25）

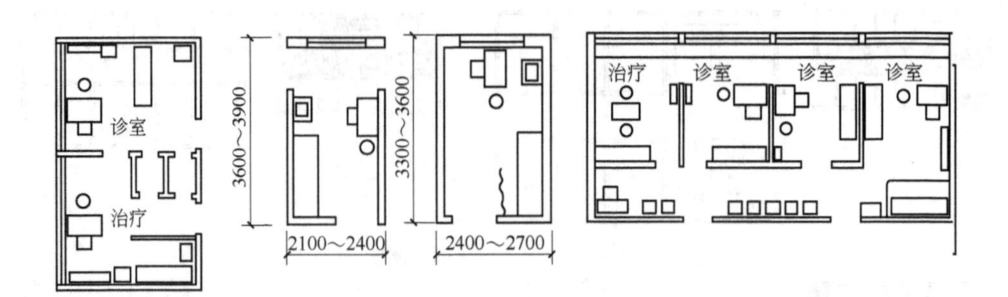

(a) 内科一位大夫的诊室家具布置　　(b) 内科一、两位大夫诊室家具平面布置示例

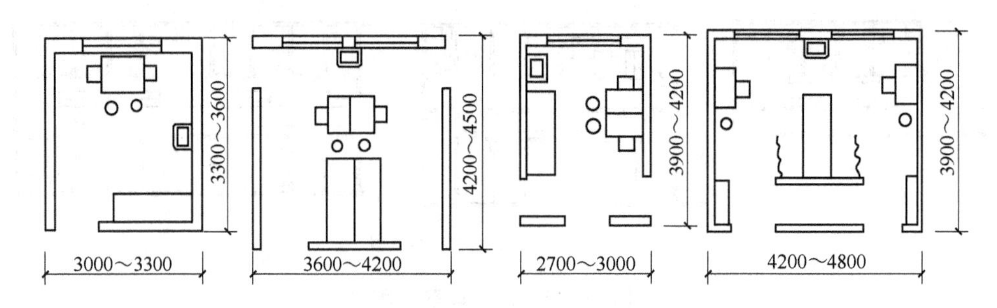

(c) 内科两位大夫的诊室家具布置

图 3-5-25　内科诊室平面布置

② 外科诊室平面（见图 3-5-26）

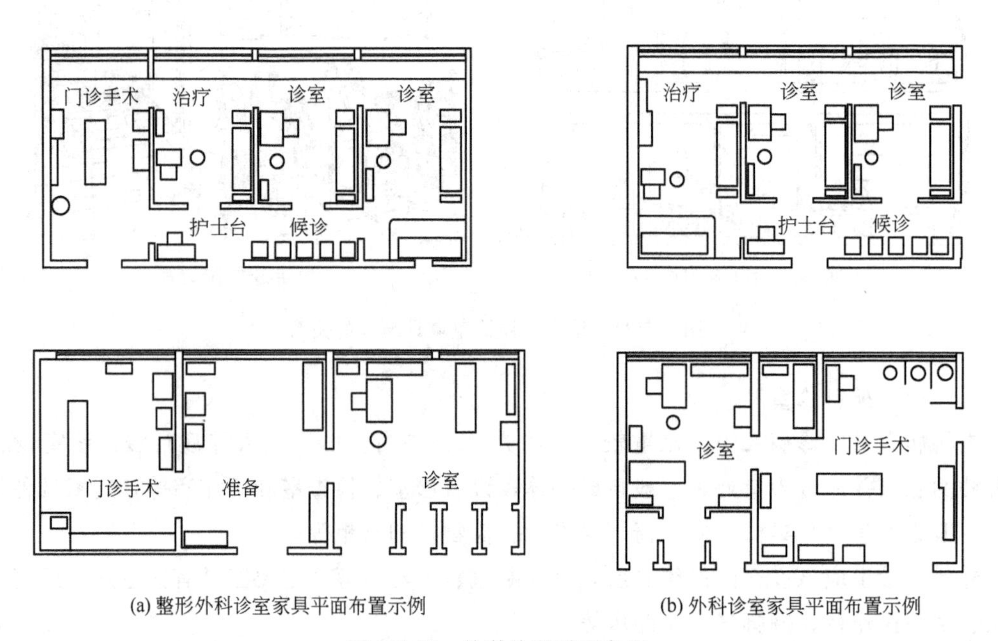

(a) 整形外科诊室家具平面布置示例　　(b) 外科诊室家具平面布置示例

图 3-5-26　外科诊室平面布置

③ 核机能诊室平面（见图 3-5-27）

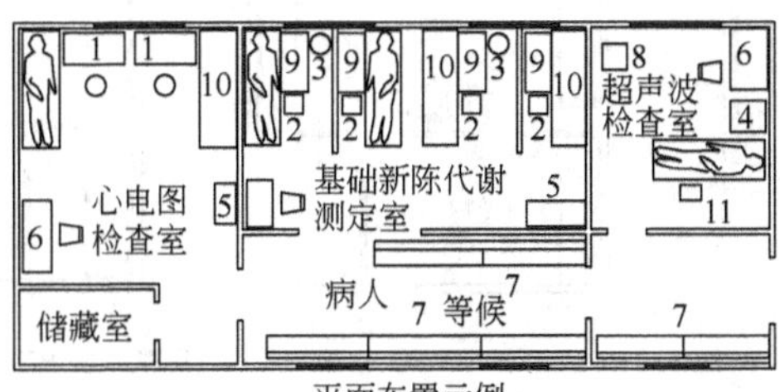

平面布置示例

1—心电图仪； 2—基础代谢仪； 3—氧气瓶； 4—超声波探测仪； 5—器械柜； 6—办公桌椅；
7—等候座椅； 8—洗手池； 9—方桌； 10—诊察室； 11—挂衣钩

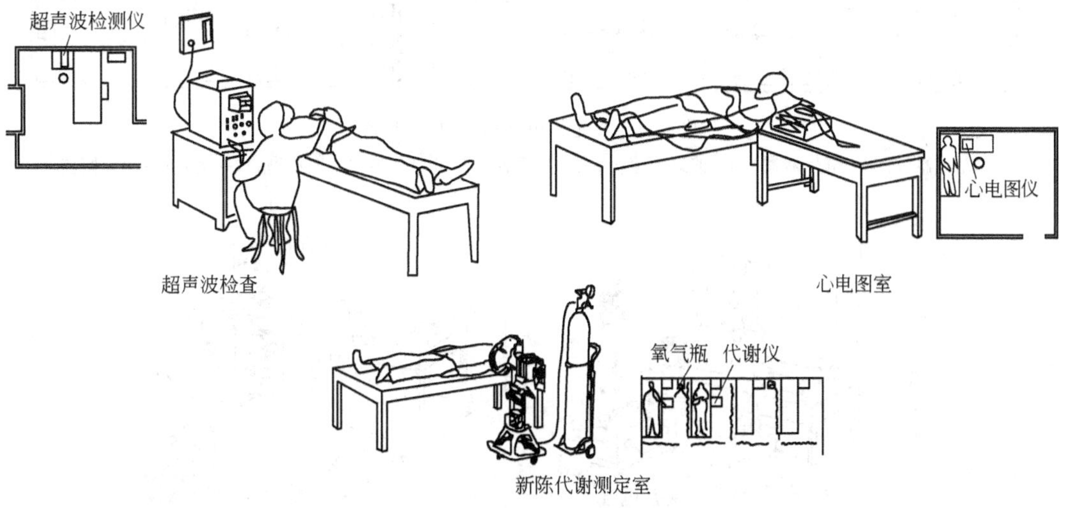

(a) 心电图、基础新陈代谢超声波检查室

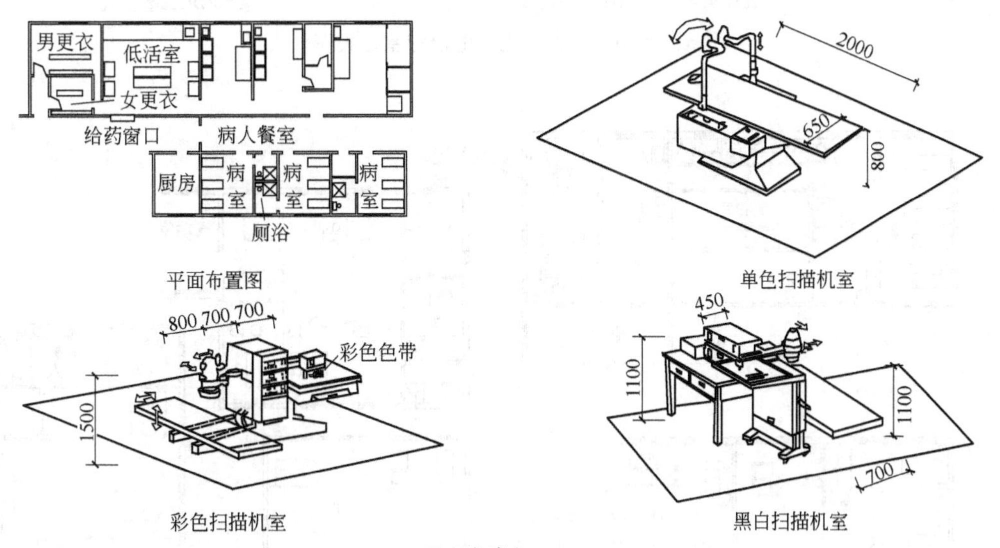

(b) 同位素室

图 3-5-27 核机能室平面、设备、家具与人的关系

④ 治疗室经典平面（见图 3-5-29～图 3-5-31）

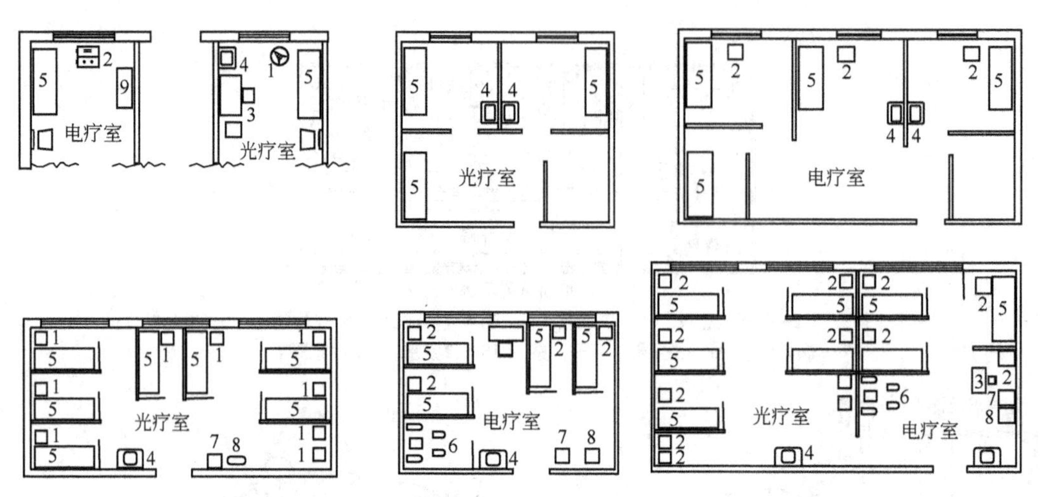

图 3-5-28　光、电治疗室平面布置

1—光疗器械；2—电疗器械；3—值班室桌椅；4—洗手盆；5—治疗床；6—四浴槽；7—消毒柜；8—橱柜

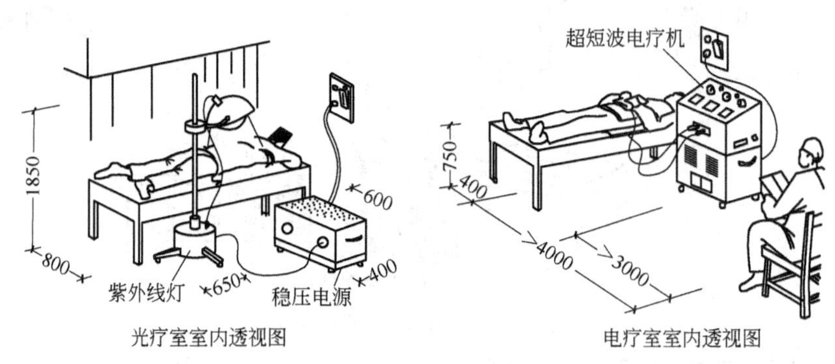

图 3-5-29　光、电治疗室透视图

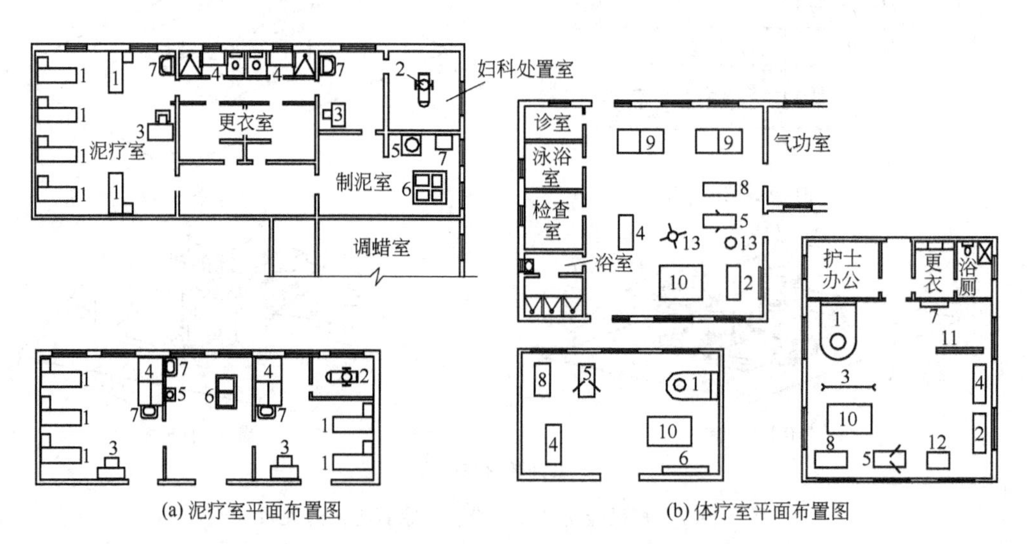

图 3-5-30　泥疗、体疗室平面布置

1—治疗床；2—妇科台；3—护士桌；4—淋浴；5—制泥锅；6—储泥池；7—水池

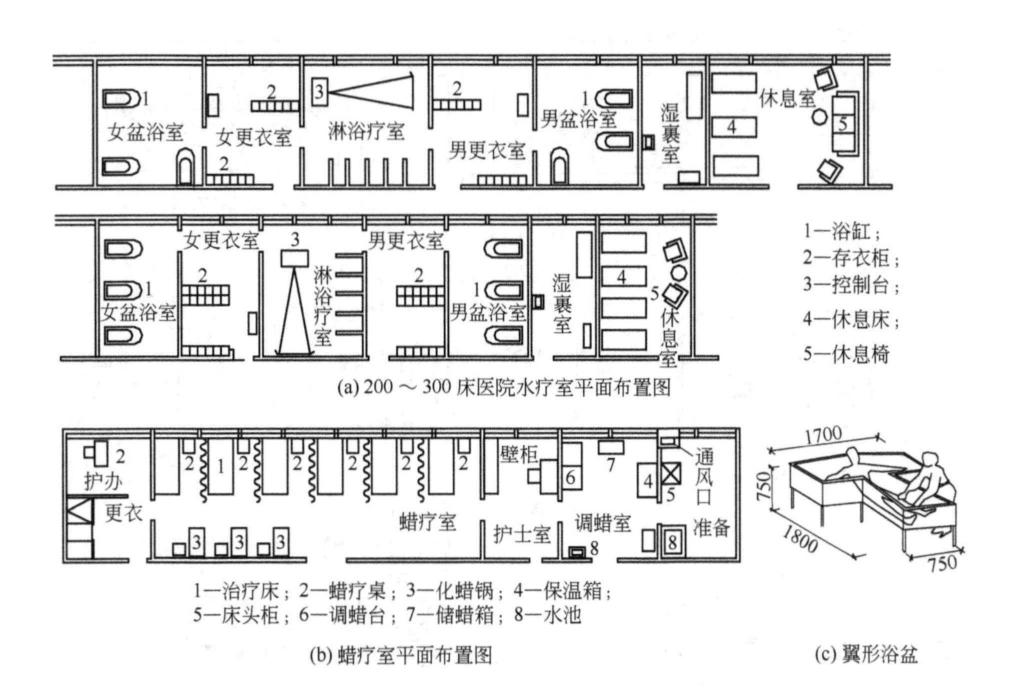

(a) 200～300 床医院水疗室平面布置图

(b) 蜡疗室平面布置图

(c) 翼形浴盆

图 3-5-31 水疗、蜡疗室平面布置

⑤ 治疗室家具尺寸（见图 3-5-32）

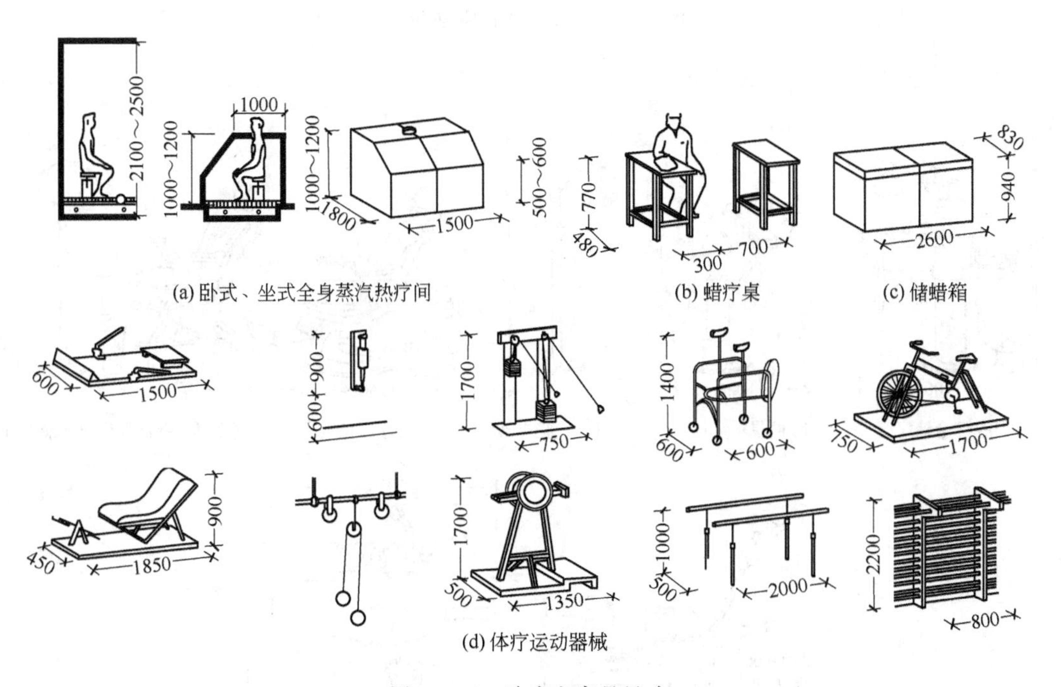

(a) 卧式、坐式全身蒸汽热疗间

(b) 蜡疗桌

(c) 储蜡箱

(d) 体疗运动器械

图 3-5-32 治疗室家具尺寸

(4) 五官科诊室

① 五官科平面（见图 3-5-33）

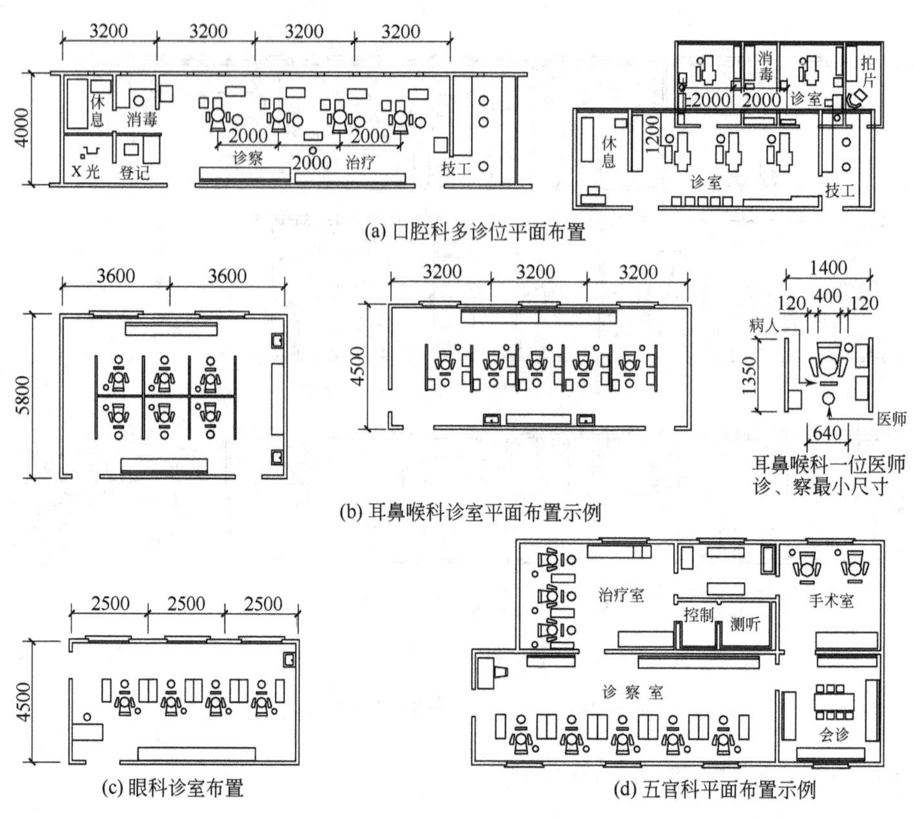

(a) 口腔科多诊位平面布置

(b) 耳鼻喉科诊室平面布置示例

(c) 眼科诊室布置

(d) 五官科平面布置示例

图 3-5-33　五官科科室平面布置

② 五官科家具尺寸（见图 3-5-34）

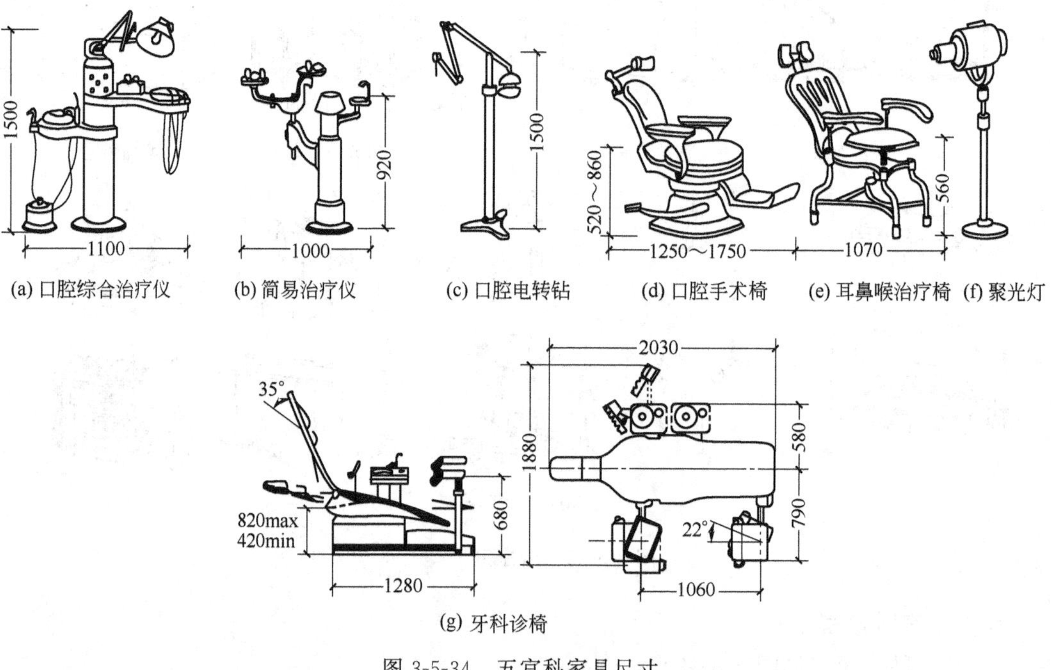

(a) 口腔综合治疗仪　(b) 简易治疗仪　(c) 口腔电转钻　(d) 口腔手术椅　(e) 耳鼻喉治疗椅　(f) 聚光灯

(g) 牙科诊椅

图 3-5-34　五官科家具尺寸

(5) 中医诊室

① 中医诊室平面（见图 3-5-35）

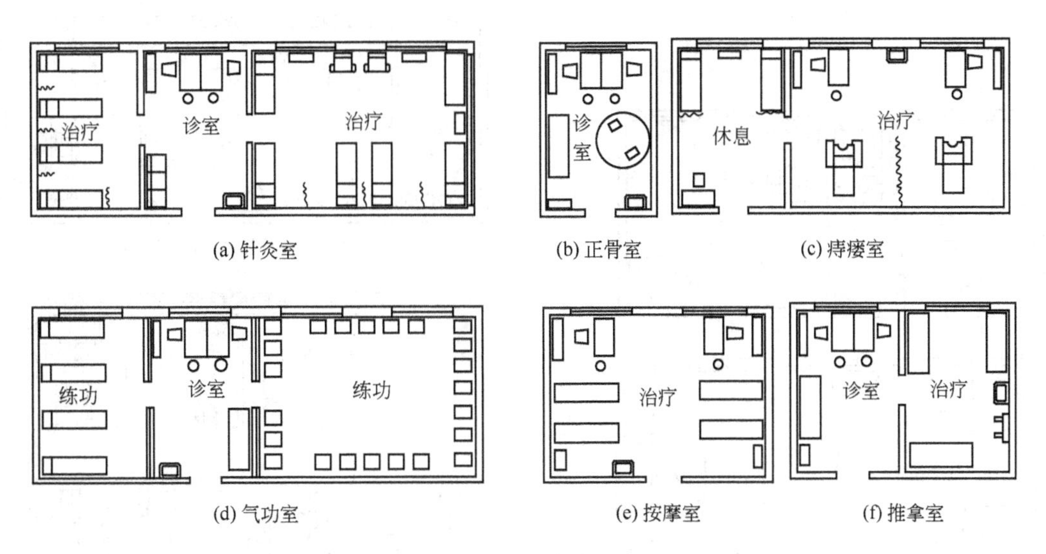

(a) 针灸室　(b) 正骨室　(c) 痔瘘室

(d) 气功室　(e) 按摩室　(f) 推拿室

图 3-5-35　中医各诊室布置

② 中医诊室和治疗室家具尺寸（见图 3-5-36）

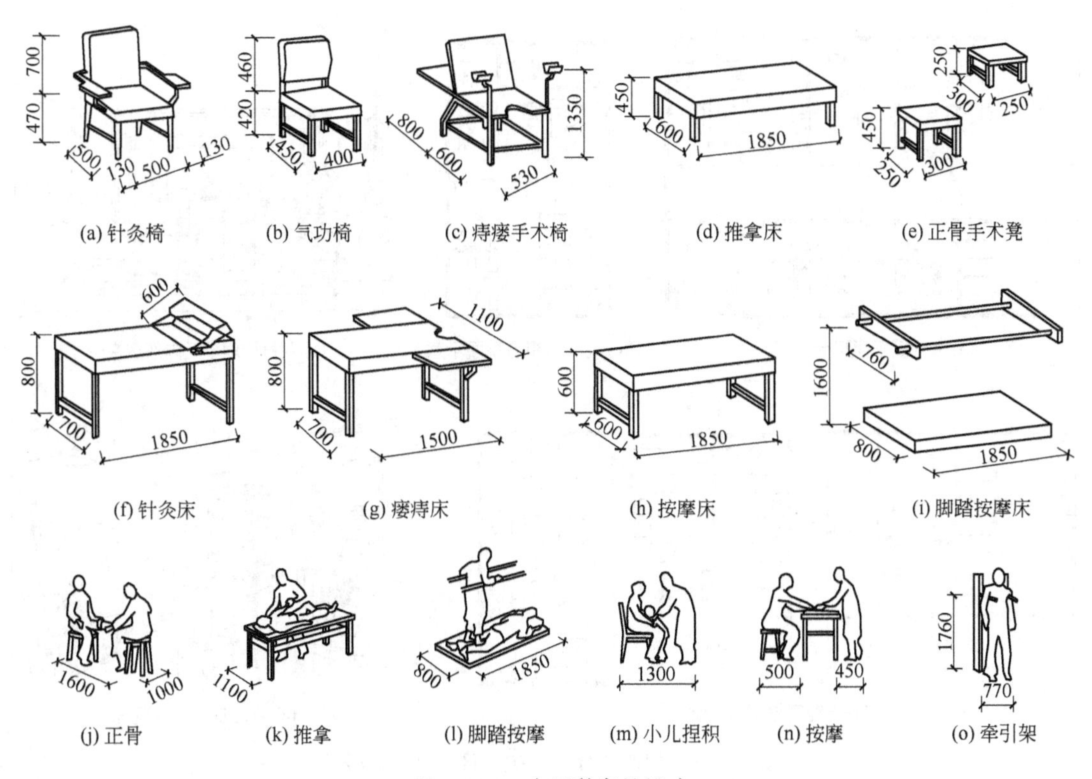

(a) 针灸椅　(b) 气功椅　(c) 痔瘘手术椅　(d) 推拿床　(e) 正骨手术凳

(f) 针灸床　(g) 瘘痔床　(h) 按摩床　(i) 脚踏按摩床

(j) 正骨　(k) 推拿　(l) 脚踏按摩　(m) 小儿捏积　(n) 按摩　(o) 牵引架

图 3-5-36　中医科家具尺寸

(6) 妇产科诊室

① 妇产科诊室平面（见图 3-5-37、图 3-5-38）

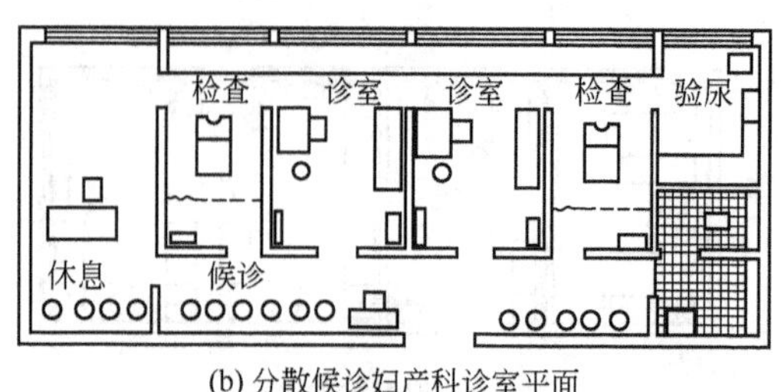

(b) 分散候诊妇产科诊室平面

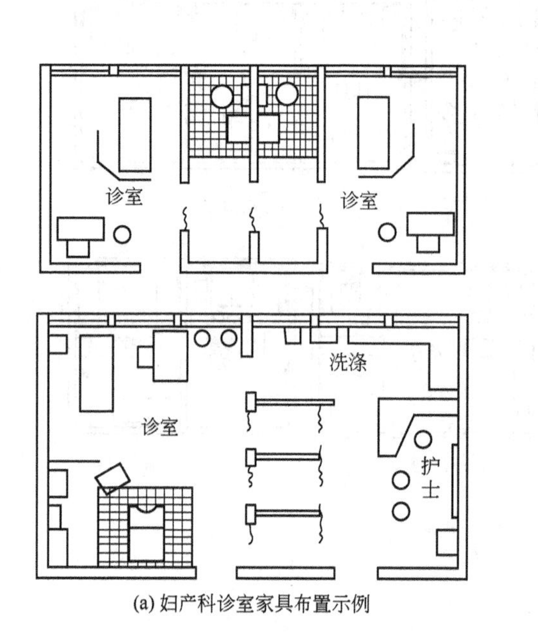

(a) 妇产科诊室家具布置示例

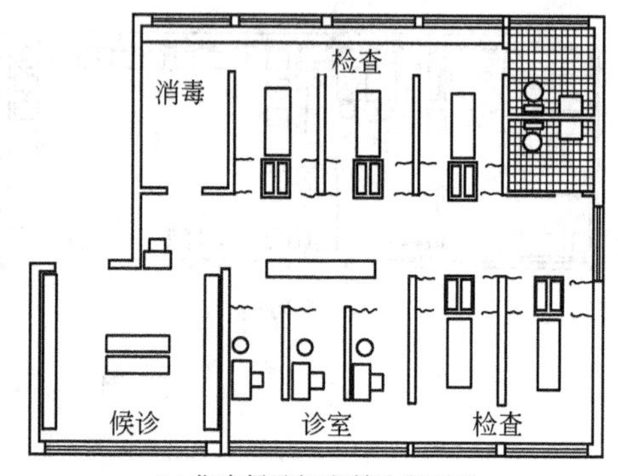

(c) 集中候诊妇产科诊室平面

图 3-5-37 妇产科诊室布置

(a) 分娩区平面组合示例　(b) 婴儿室组合平面示意　(c) 儿科护理单元内部透视图

(d) 母婴同室平面示意　(e) 婴儿监护室透视图

图 3-5-38 妇产科分娩、护理区平面及透视图

② 妇产科家具尺寸（见图 3-5-39）

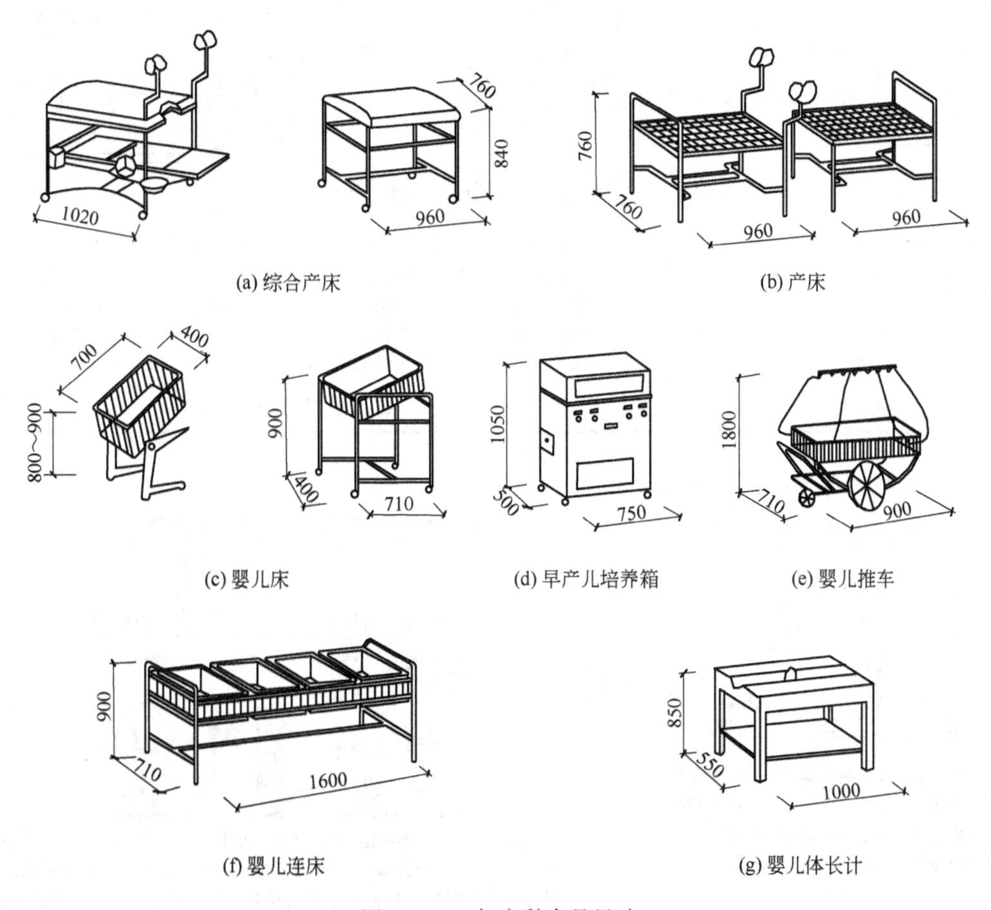

(a) 综合产床 (b) 产床

(c) 婴儿床 (d) 早产儿培养箱 (e) 婴儿推车

(f) 婴儿连床 (g) 婴儿体长计

图 3-5-39 妇产科家具尺寸

(7) 儿科诊室（见图 3-5-40）

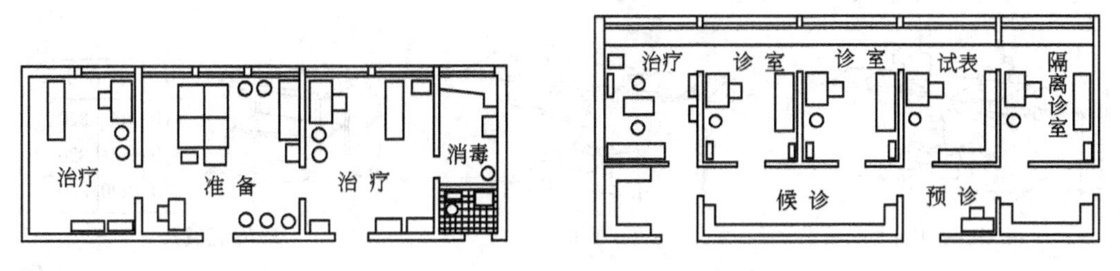

图 3-5-40 儿科诊室平面布置

(8) 手术室

① 手术室类型

手术室根据不同的科目性质不同，以房间的平面大小可分为不同的类型。它的类型及其尺寸如表 3-5-2 所示。

表 3-5-2　手术室类型

手术室	A×B×H/m
特大手术室	8.10×5.10×4.20
大手术室	5.40×5.10×3.90
中手术室	4.20×5.10×3.30
小手术室	3.30×4.80×3.00

消毒室　洗手室　B　H　A　900～1100　780～1040

(a) 手术室平面布置示意图　　(b) 手术室剖面示意图

1—手术台；　2—无影灯；　3—踏脚灯；　4—面盆架；
5—麻醉器组；　6—麻醉师坐凳；　7—麻醉品桌；　8—器械推车；
9—计时电钟；　10—污物桶；　11—吸引器；　12—开关插座；
13—X 光观片灯；14—观察玻璃窗；15—嵌墙器械柜；16—防爆有罩插座

图 3-5-41　手术室平面和剖面

② 手术室经典平面（见图 3-5-42）

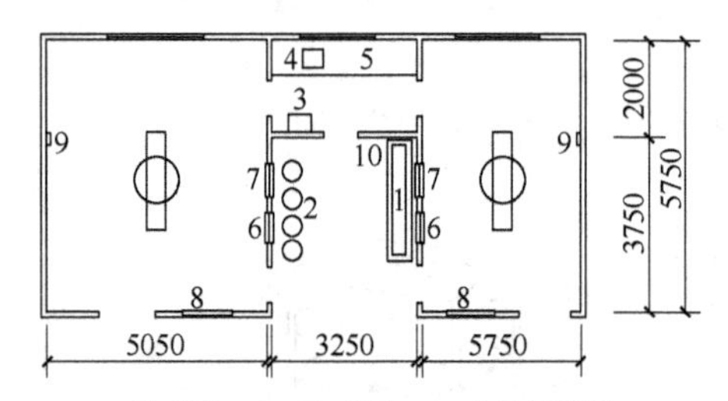

1—洗手池；2—泡手桶；3—煮沸消毒器；
4—器械洗涤池；5—工作台；6—观察窗；
7—X 光观片灯；8—嵌墙器具柜；
9—防爆有罩插销；10—气温表

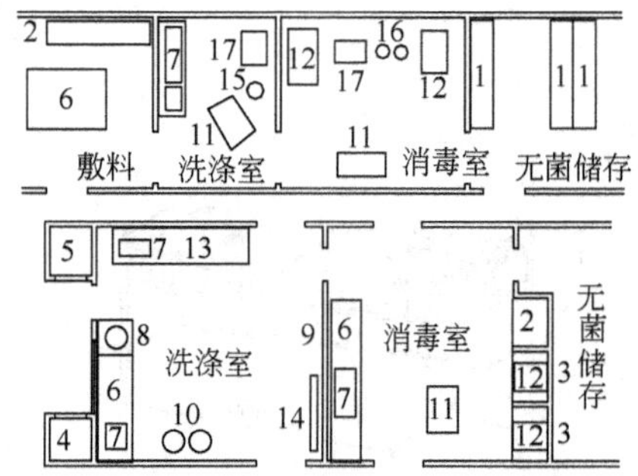

1—存放柜；2—器具柜；3—出入口嵌板；4—升降机；5—管道井；
6—工作台；7—洗涤池；8—水洗盆；9—手套钩；10—污物袋；
11—器械小推车；12—高压蒸汽消毒；13—橡皮布搁板（煮手套用）；
14—橡皮布篮子；15—已消毒手套（泡手套用）；16—开水锅；
17—煮沸消毒器

(a) 手术室与洗手室典型单元组合平面　　(b) 洗涤室、消毒室室内平面布置

图 3-5-42　手术室平面布置

③ 手术室常见家具尺寸（见图 3-5-43）

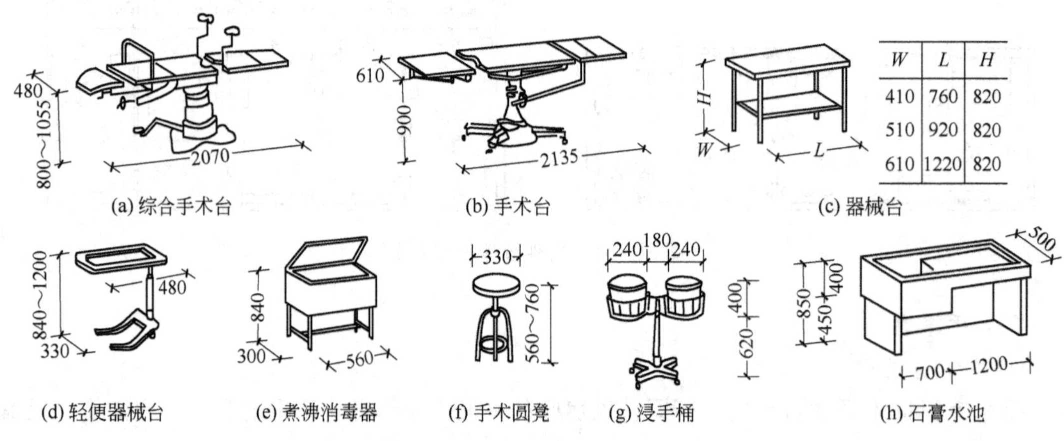

(a) 综合手术台　(b) 手术台　(c) 器械台

(d) 轻便器械台　(e) 煮沸消毒器　(f) 手术圆凳　(g) 浸手桶　(h) 石膏水池

图 3-5-43　手术室家具尺寸

(9) 化验室

① 化验室平面举例（见图 3-5-44、图 3-5-45）

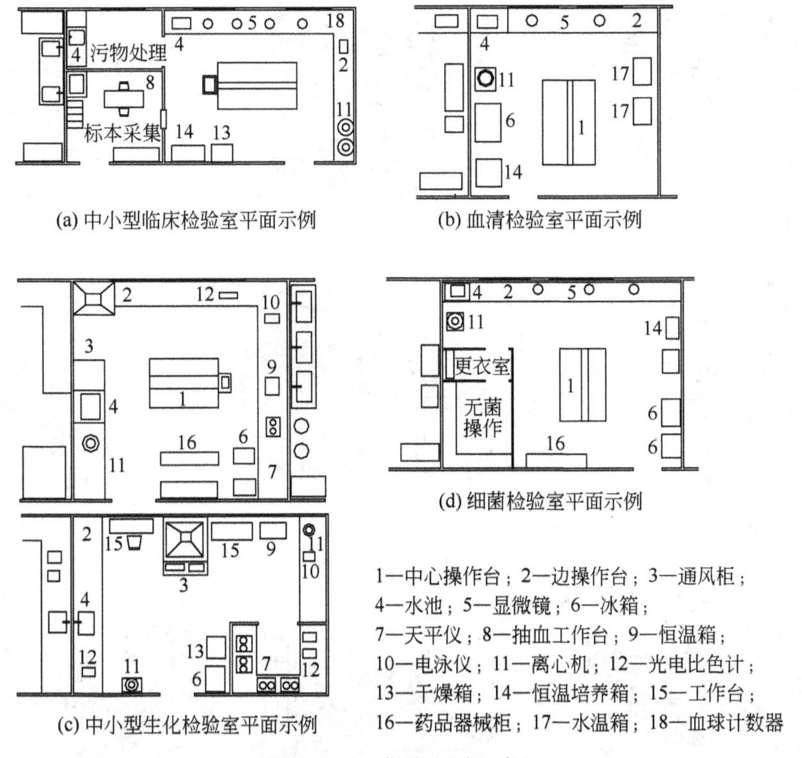

(a) 中小型临床检验室平面示例

(b) 血清检验室平面示例

(c) 中小型生化检验室平面示例

(d) 细菌检验室平面示例

1—中心操作台；2—边操作台；3—通风柜；4—水池；5—显微镜；6—冰箱；7—天平仪；8—抽血工作台；9—恒温箱；10—电泳仪；11—离心机；12—光电比色计；13—干燥箱；14—恒温培养箱；15—工作台；16—药品器械柜；17—水温箱；18—血球计数器

图 3-5-44 化验室平面布置

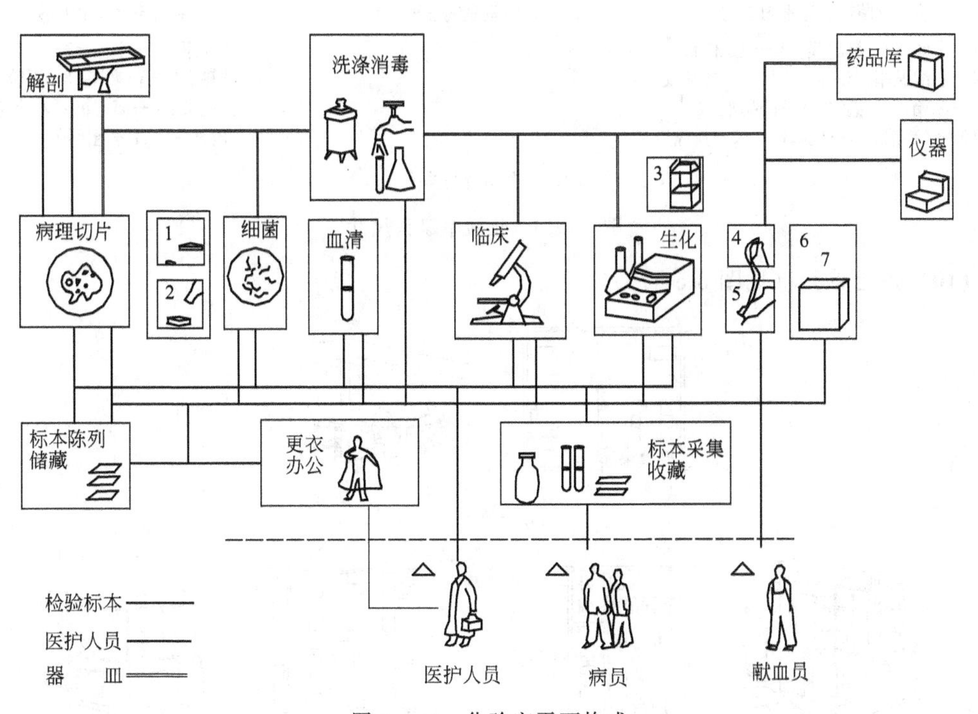

图 3-5-45 化验室平面构成

1—接种；2—培养基；3—毒气柜；4—采血；5—献血；6—配血；7—储血

② 化验室几种主要家具及其尺寸（见图 3-5-46）

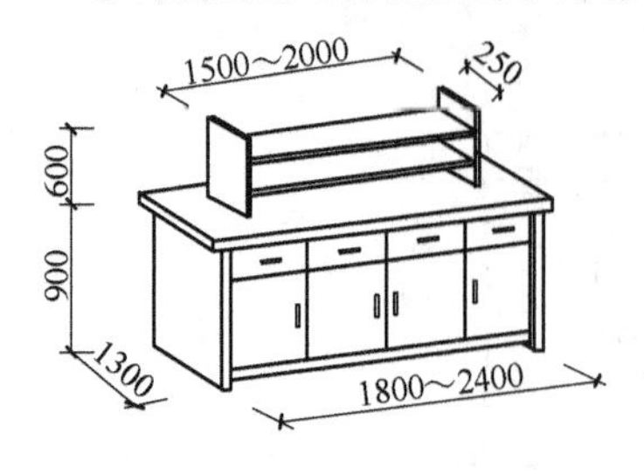

化验室化验台

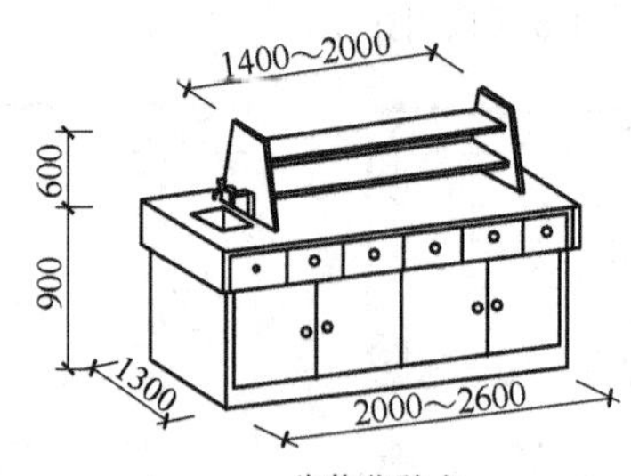

生物化验台

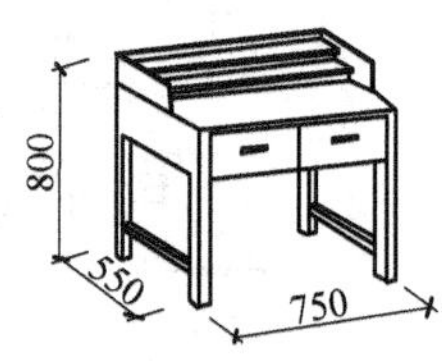

化验室小药桌

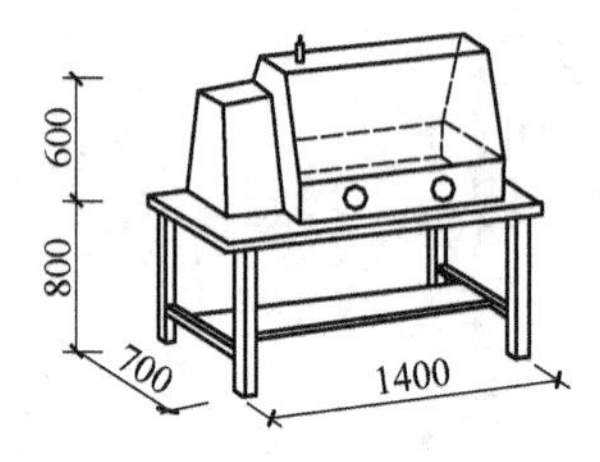

无菌接种台

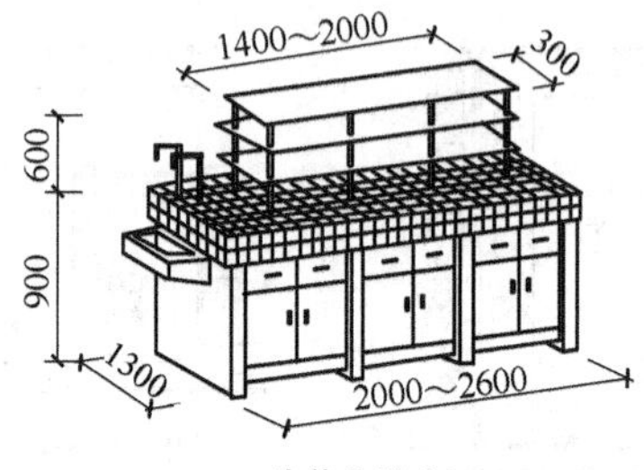

生物化验台

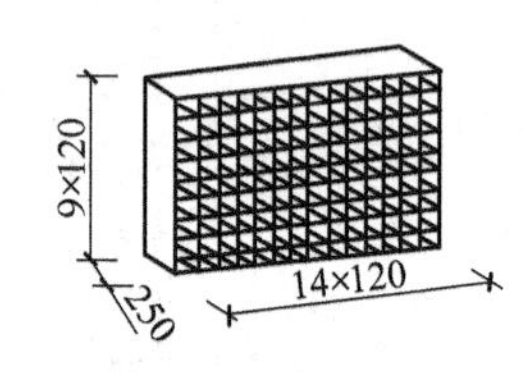

试管架

(a) 化验室家具尺寸

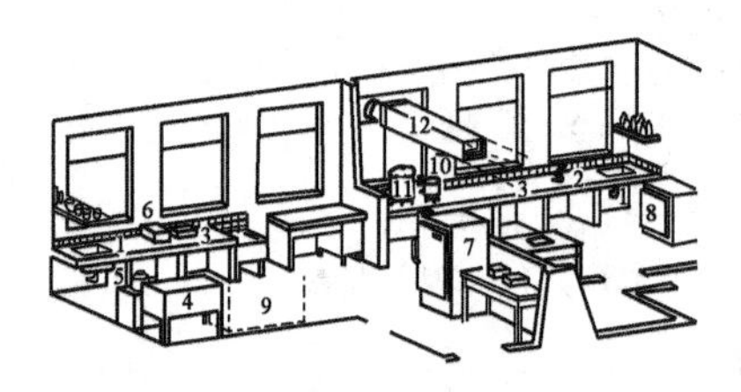

血清、细菌检验室室内透视

1—水池；2—显微镜；3—边操作台；
4—水浴温箱；5—离心机；6—电泳仪；
7—冰箱；8—温箱；9—药品柜；
10—煮沸锅；11—消毒锅；12—排风道

化验室室内透视

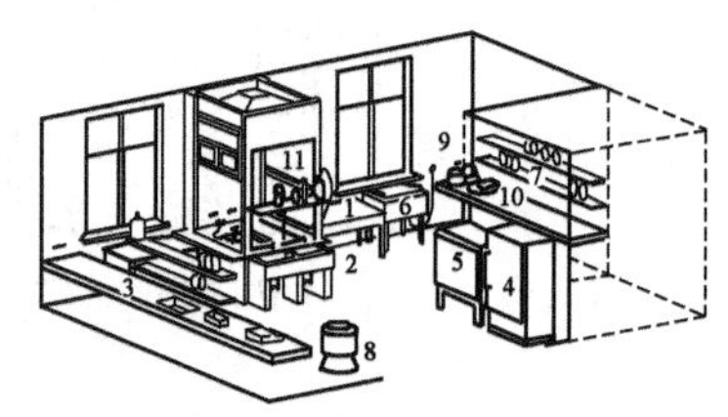

生化检验室室内透视

1—工作桌；2—水池；3—化验台；
4—冰箱；5—干燥箱；6—温箱；
7—试剂架；8—离心机；9—比色计；
10—电泳仪；11—通风柜

(b) 化验室透视关系

图 3-5-46 化验室家具尺寸

(10) 护士单元（见图 3-5-47）

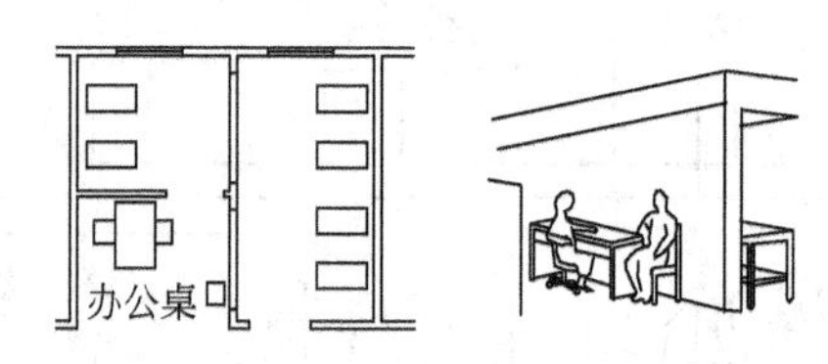

(a) 开敞式

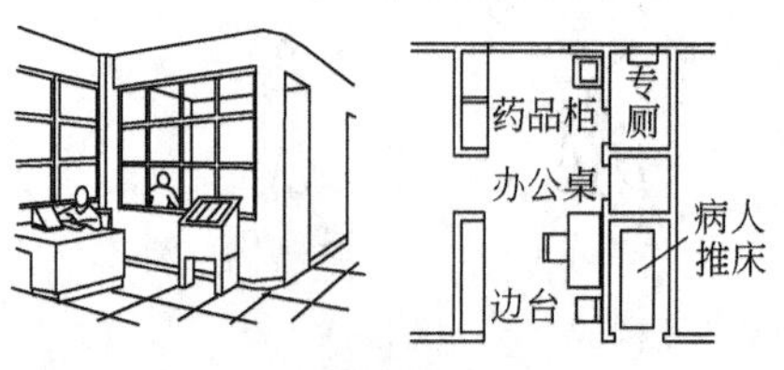

(b) 开敞式

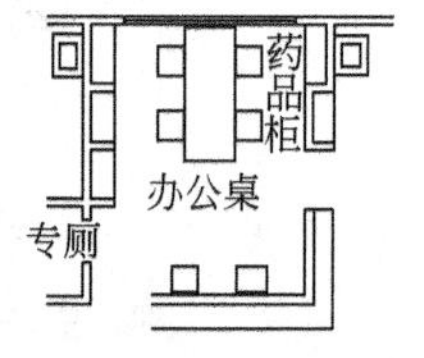

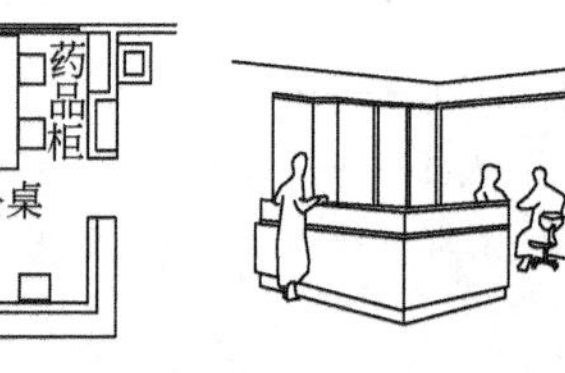

(c) 开敞式

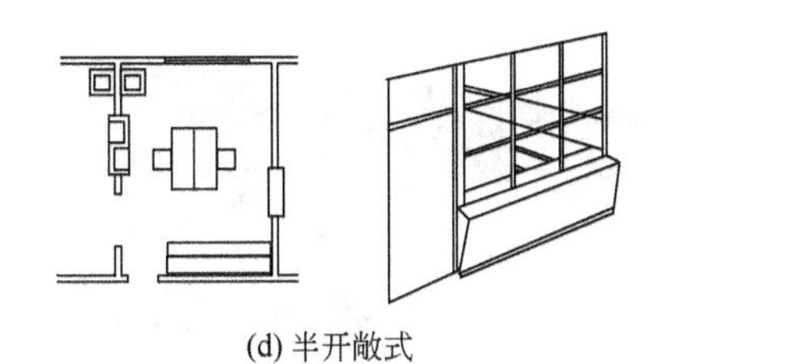

(d) 半开敞式

(e) 封闭式

图 3-5-47 护士单元平面形式

(11) 医院科室家具图例（见图 3-5-48～3-5-67）

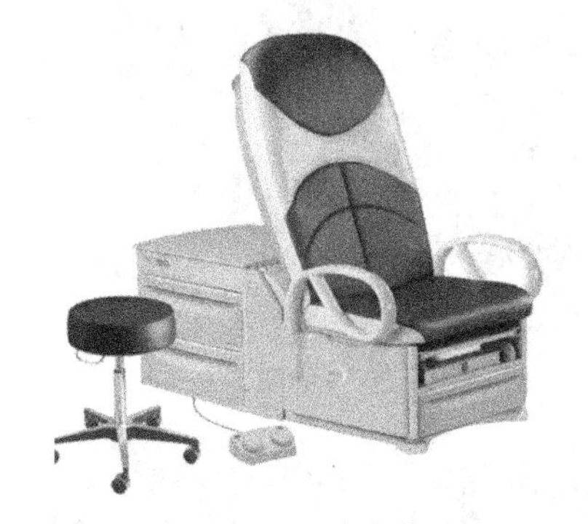

图 3-5-48 治疗椅

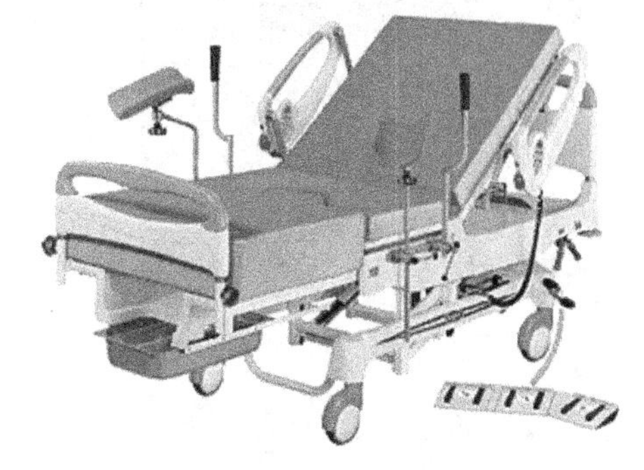

图 3-5-49 治疗床

图 3-5-50 医生工作台（1）

图 3-5-51 医生工作台（2）

图 3-5-52 医生工作台（3）

图 3-5-53 便盆椅

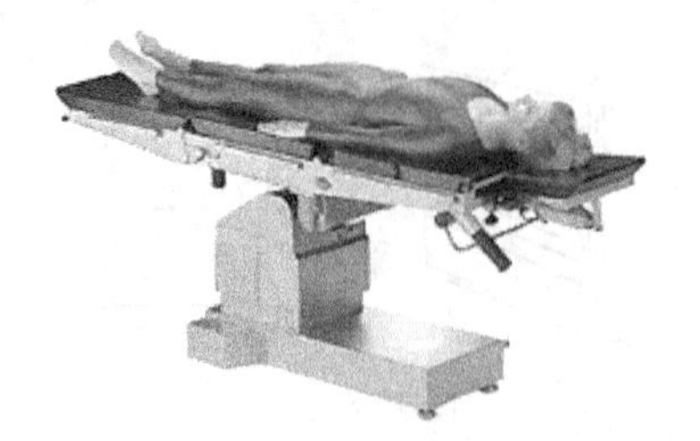

图 3-5-54 检验床

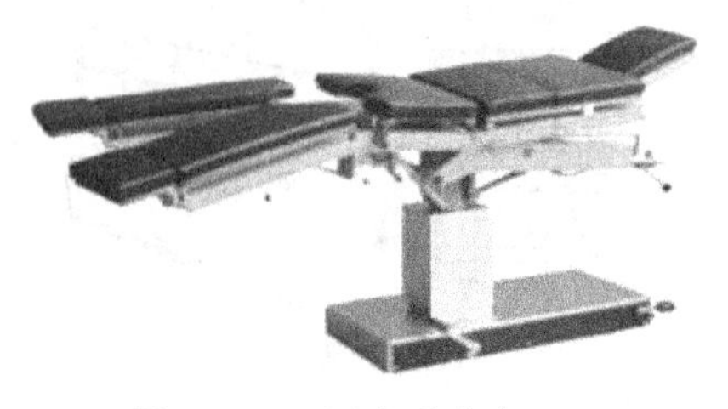

图 3-5-55 医疗手术床（1）

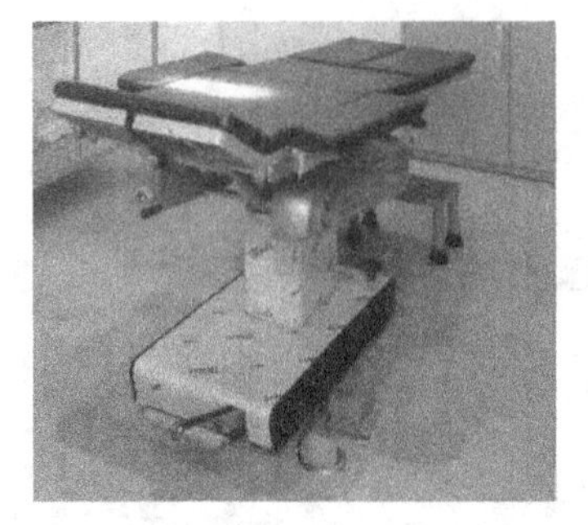

图 3-5-56 医疗手术床（2）

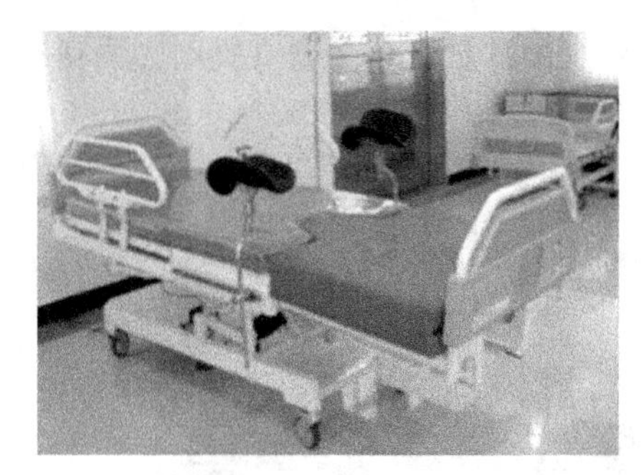

图 3-5-57 产床（1）

图 3-5-58 产床（2）

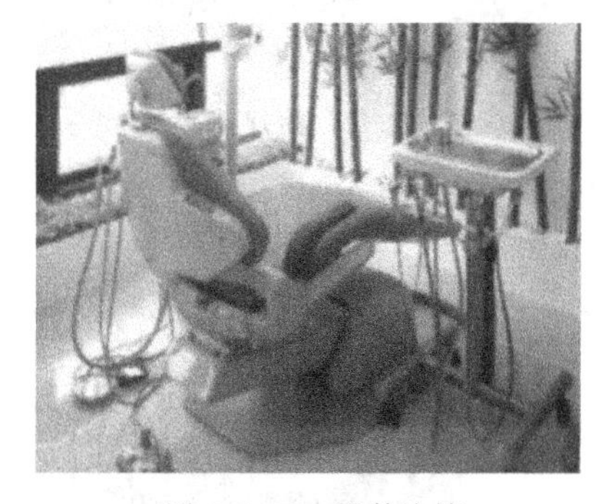

图 3-5-59 牙科诊椅

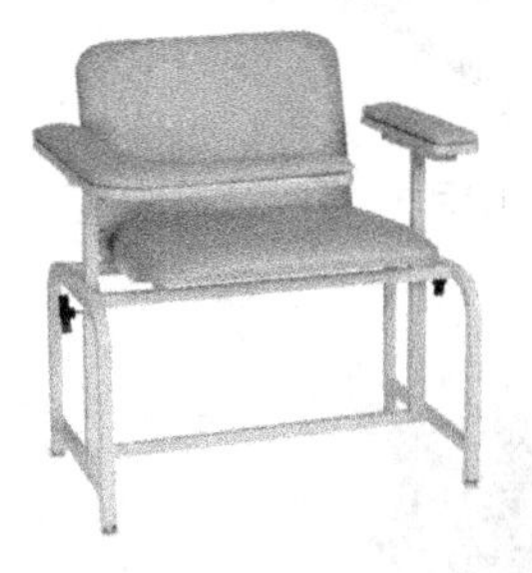

图 3-5-60 验血椅（1）

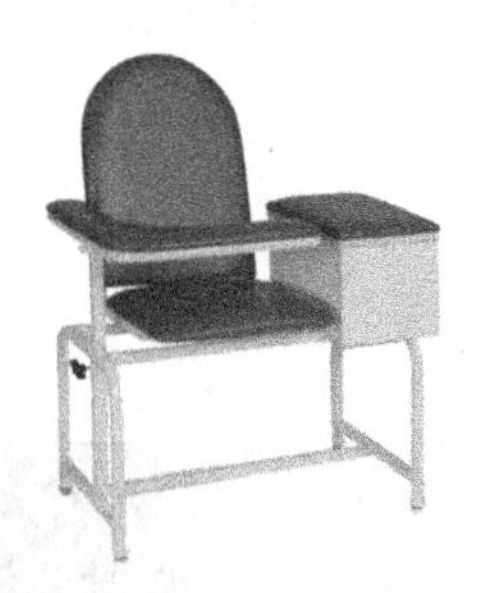

图 3-5-61 验血椅（2）

图 3-5-62 打针座椅

图 3-5-63 活动医疗凳

图 3-5-64 活动诊察床

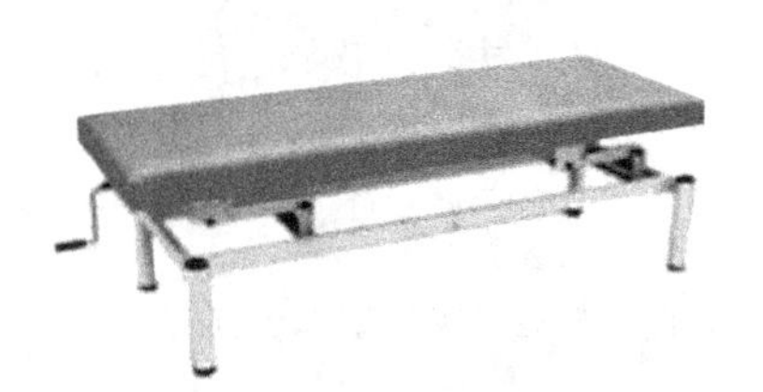

图 3-5-65 诊察床

图 3-5-66 化验室工作台（1）

图 3-5-67 化验室工作台（2）

3.5.4 病房家具

(1) 病房家具与人的尺寸（见图 3-5-68）

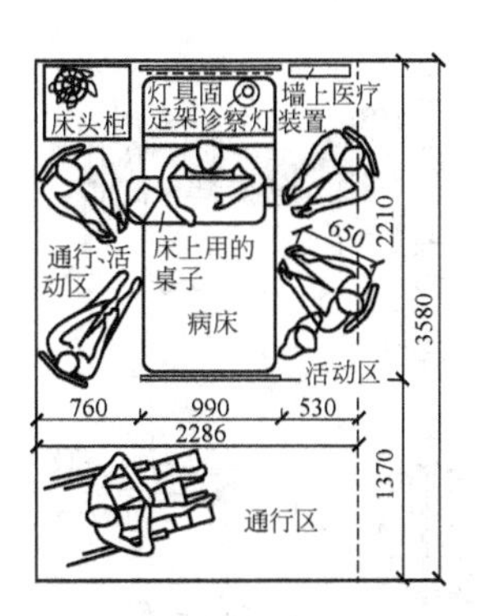

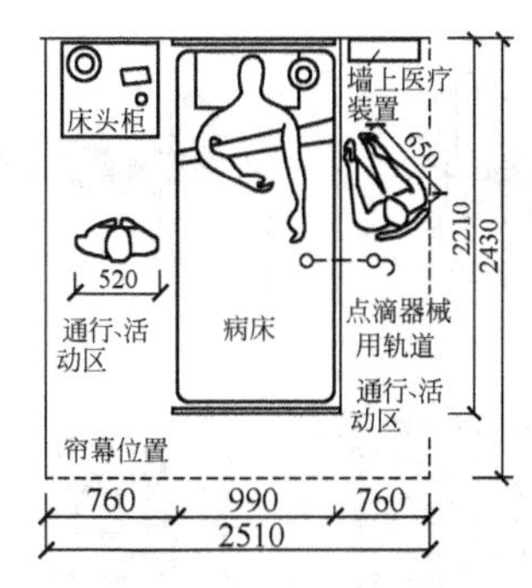

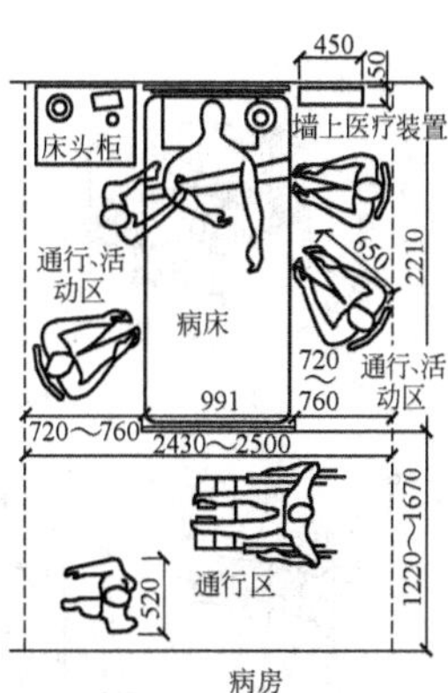

(a) 病房的基本尺寸

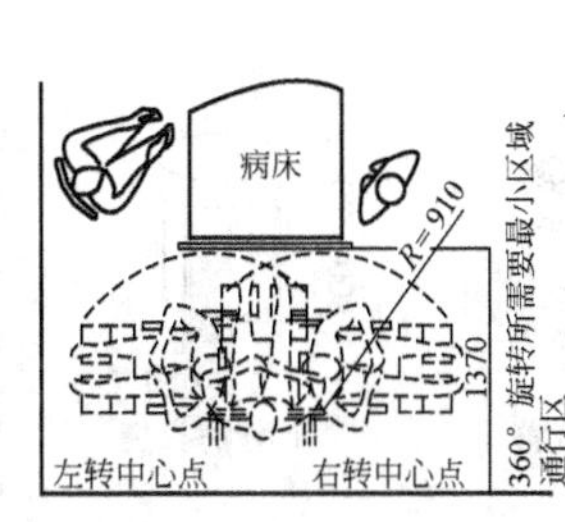

(b) 病房、轮椅活动空间

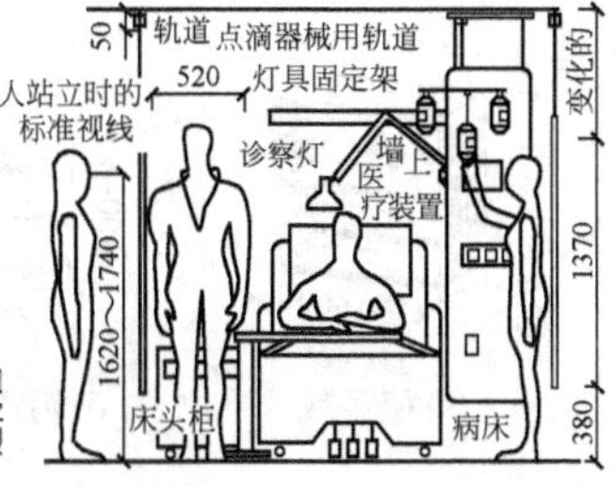

(c) 帘幕隔开的病房小间

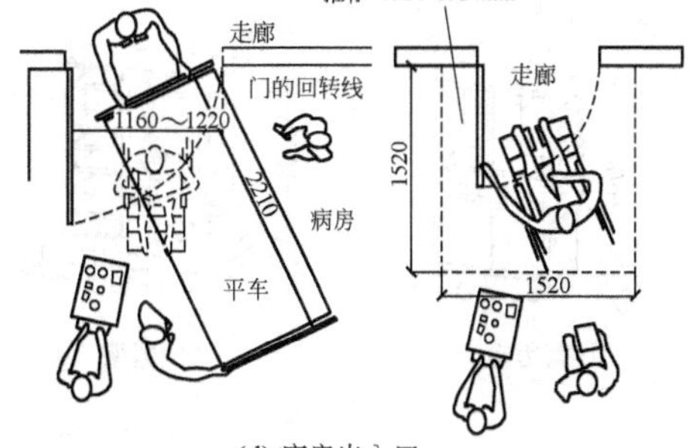

(d) 病房出入口

图 3-5-68 病房家具与人的尺寸

(2) 病房平面布置（见图 3-5-69）

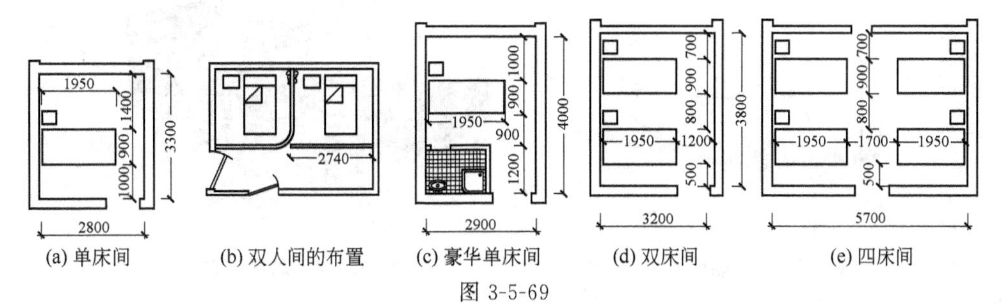

(a) 单床间 (b) 双人间的布置 (c) 豪华单床间 (d) 双床间 (e) 四床间

图 3-5-69

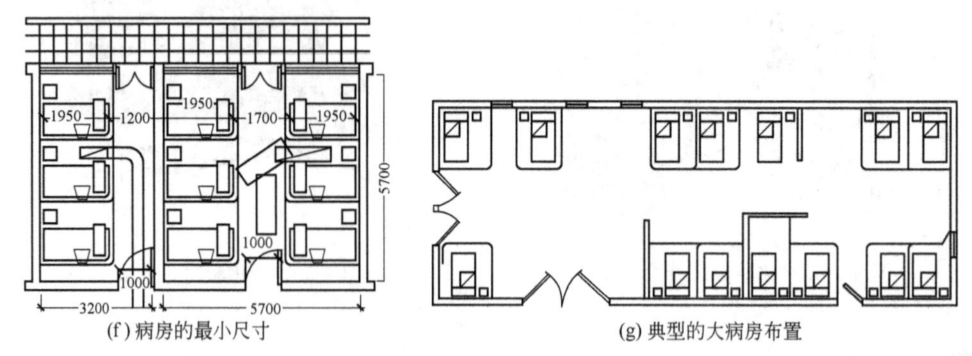

(f) 病房的最小尺寸　　(g) 典型的大病房布置

图 3-5-69　病房平面布置

(3) 病房家具种类与尺寸（见图 3-5-70）

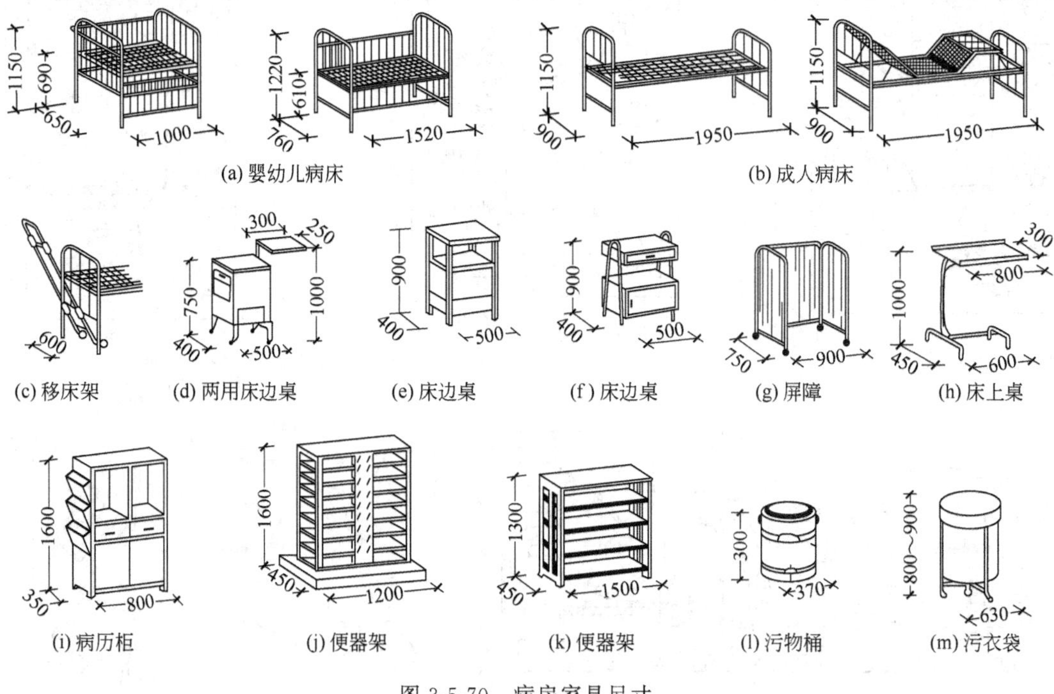

图 3-5-70　病房家具尺寸

(4) 病房家具图例（见图 3-5-71～图 3-5-90）

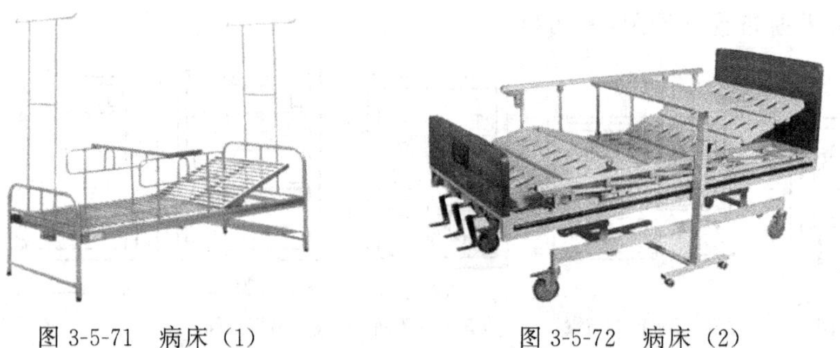

图 3-5-71　病床（1）　　图 3-5-72　病床（2）

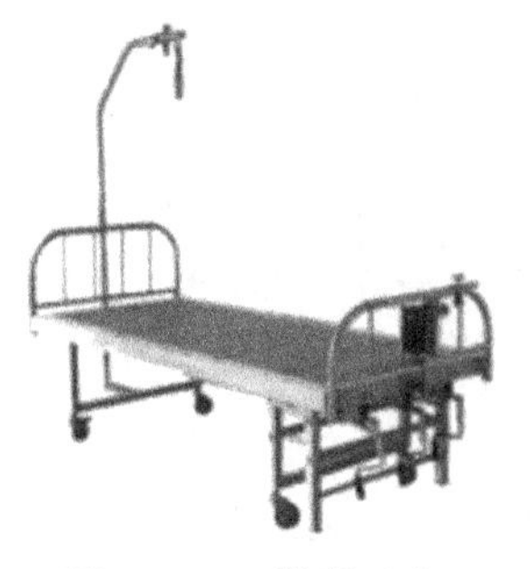

图 3-5-73 病床（3）

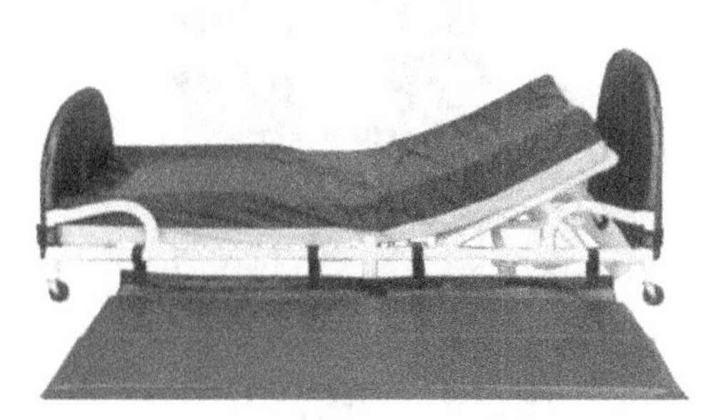

图 3-5-74 病床（4）

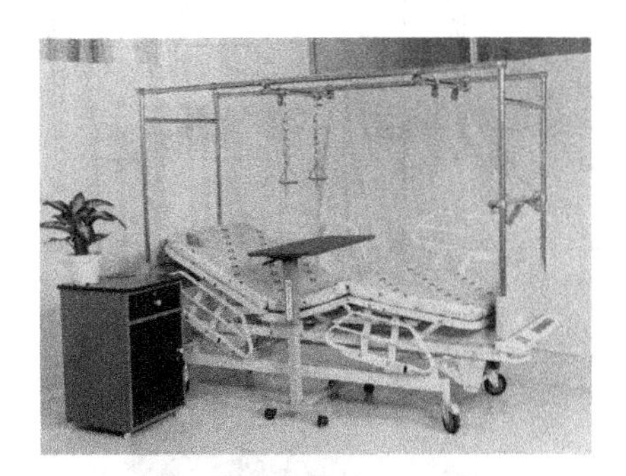

图 3-5-75 电动康复病床

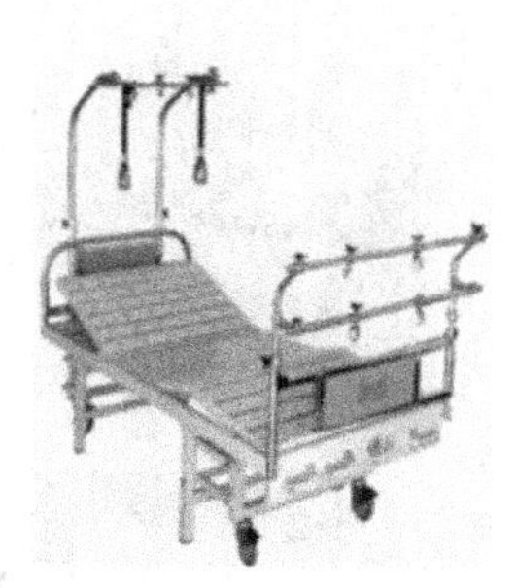

图 3-5-76 骨科牵引病床

图 3-5-77 儿童护理床（1）

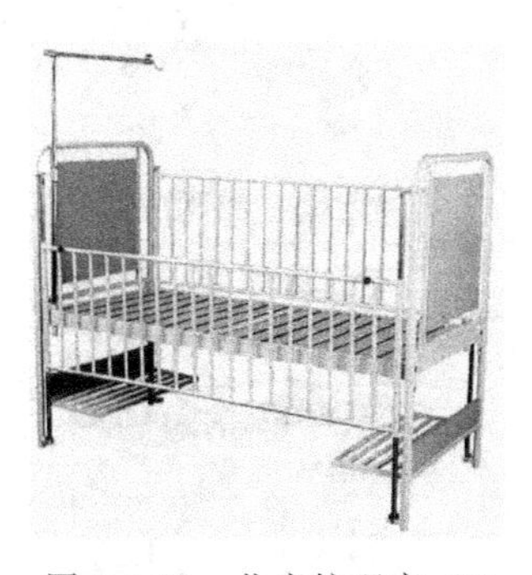

图 3-5-78 儿童护理床（2）

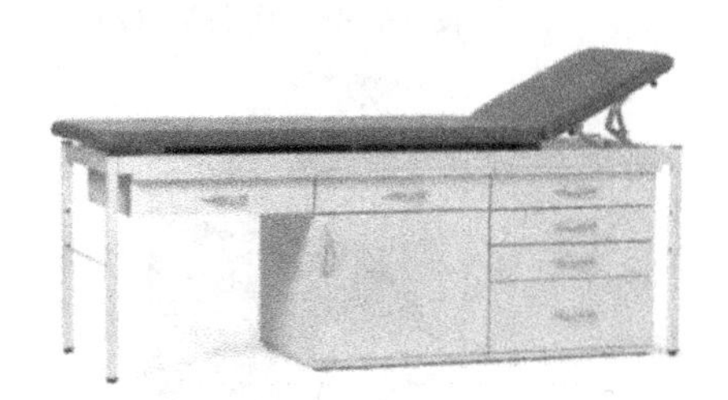

图 3-5-79 诊察床

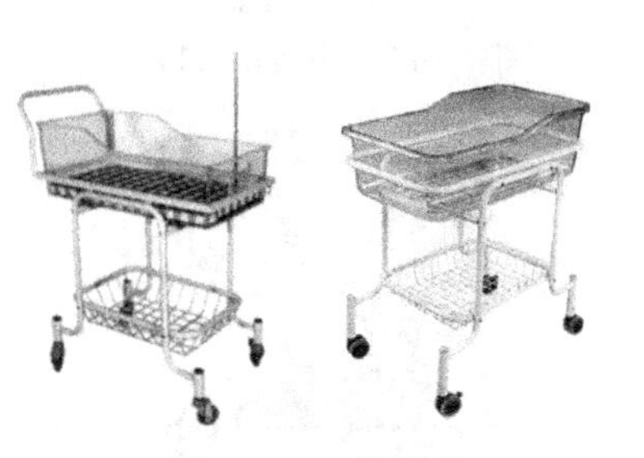

图 3-5-80 婴儿车

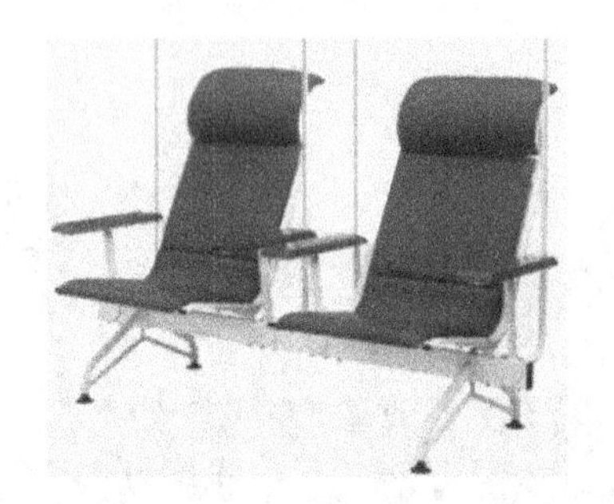

图 3-5-81 输液椅（1）

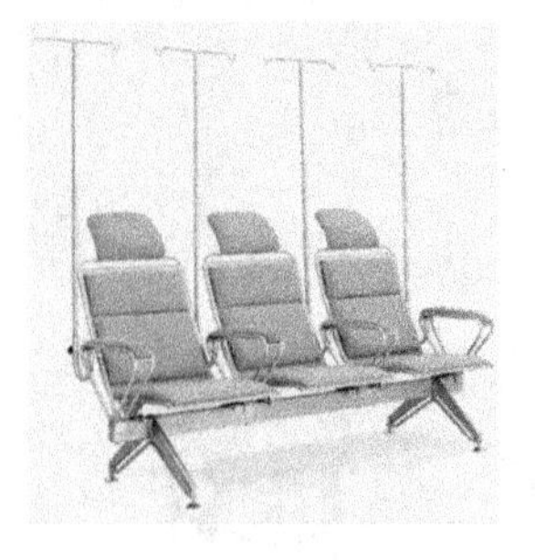

图 3-5-82 输液椅（2）

图 3-5-83 输液椅（3）

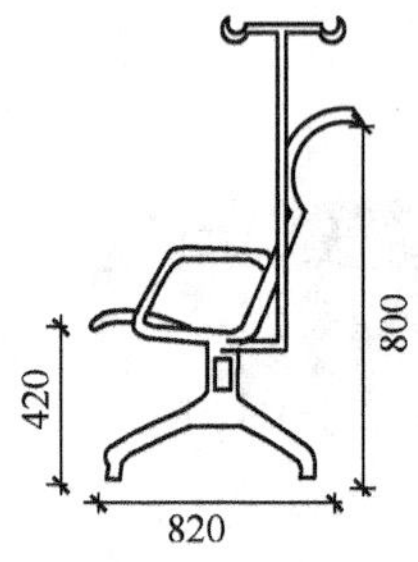

图 3-5-84 输液椅视图

图 3-5-85 病床活动桌

图 3-5-86 病床床头柜

图 3-5-87 换药车（1）

图 3-5-88 换药车（2）

图 3-5-89 换药车（3）

图 3-5-90 药车

3.6 学生公寓家具设计

3.6.1 概述

学生公寓家具主要有学生宿舍家具、休闲娱乐家具以及公寓门厅家具。

最具有特色的家具应该为学生宿舍家具，宿舍家具主要有床、写字桌、椅和储藏柜或书柜。家具设计时要考虑学生的特点，满足现代大学生学习、休息的需要。

学生公寓门厅是进入学生公寓的过渡空间，其家具主要有接待台、等候椅和值班台等，家具设计根据其活动特点而进行设计。

休闲娱乐家具主要为报刊室家具、舞厅家具、活动室家具和多功能厅家具，这些家具在前述或者后述的家具中均有叙述，具体见各章节，本节主要介绍学生公寓宿舍家具。

3.6.2 学生公寓宿舍家具

(1) 家具与人的关系（见图 3-6-1）

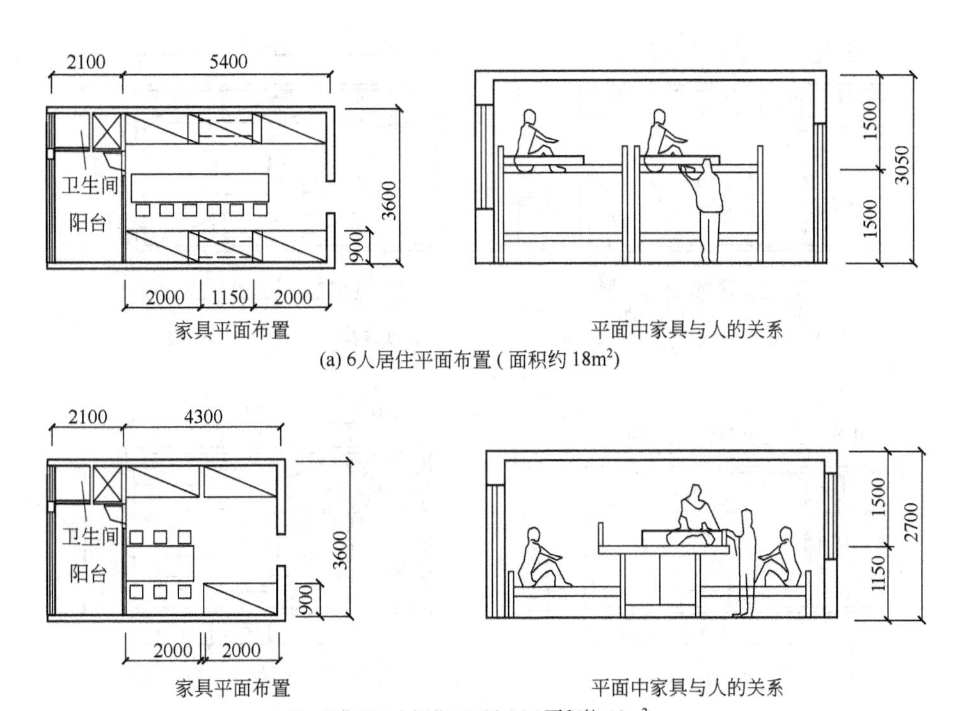

(a) 6人居住平面布置(面积约 $18m^2$)

(b) 改进后 6 人居住平面布置(面积约 $18m^2$)

图 3-6-1 公寓家具与人的关系

(2) 公寓宿舍经典平面示例（见图 3-6-2～图 3-6-4）

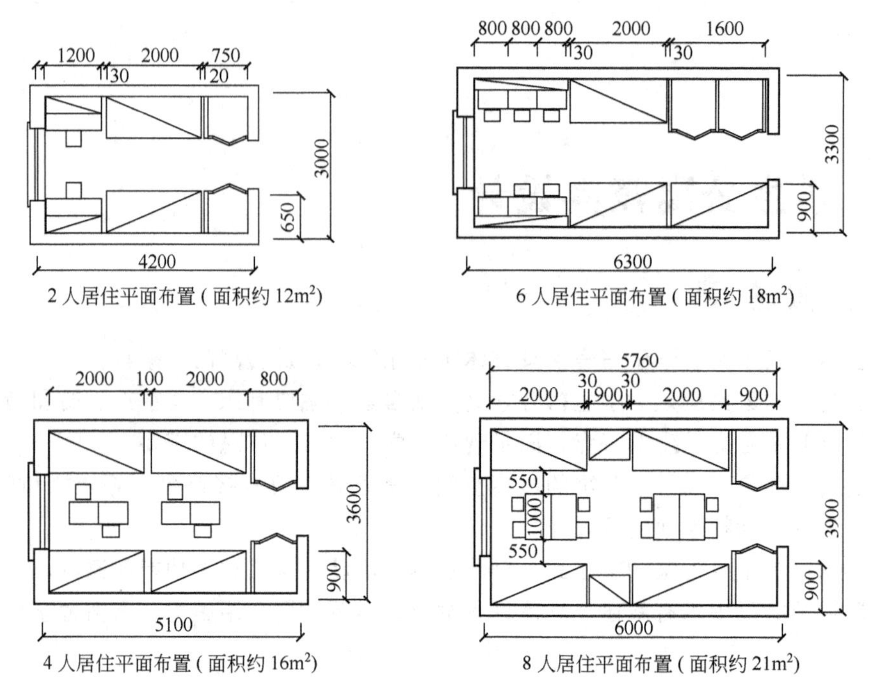

2 人居住平面布置（面积约 $12m^2$）　6 人居住平面布置（面积约 $18m^2$）

4 人居住平面布置（面积约 $16m^2$）　8 人居住平面布置（面积约 $21m^2$）

图 3-6-2　不带阳台的平面

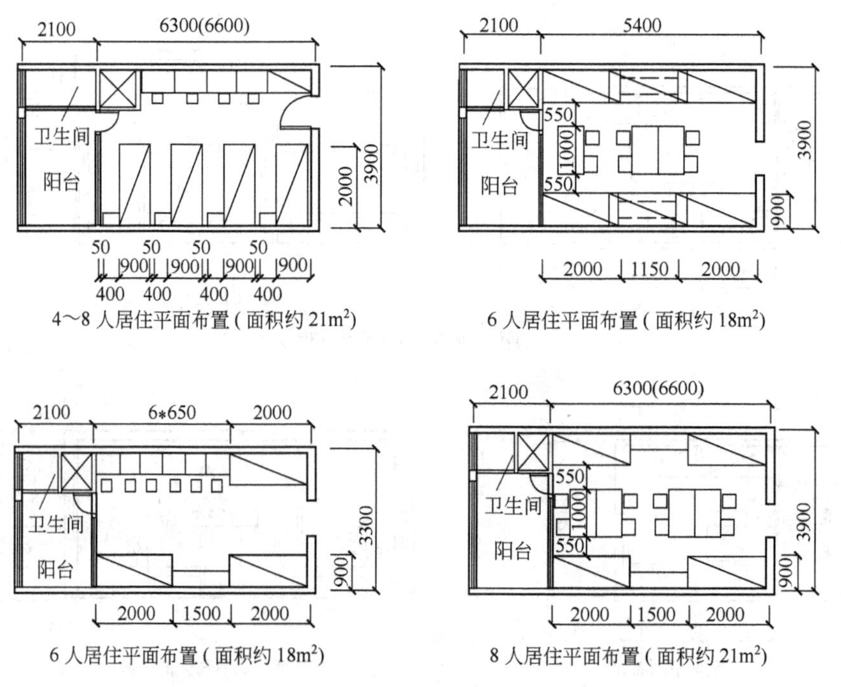

4～8 人居住平面布置（面积约 $21m^2$）　6 人居住平面布置（面积约 $18m^2$）

6 人居住平面布置（面积约 $18m^2$）　8 人居住平面布置（面积约 $21m^2$）

图 3-6-3　带阳台的公寓宿舍平面

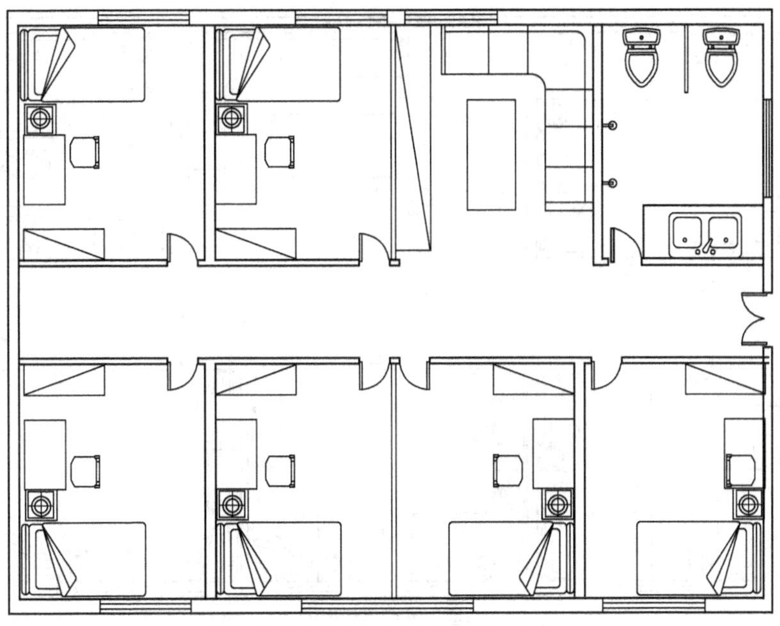

(a) 套房式单人平面（各单人房面积均为 $9m^2$）

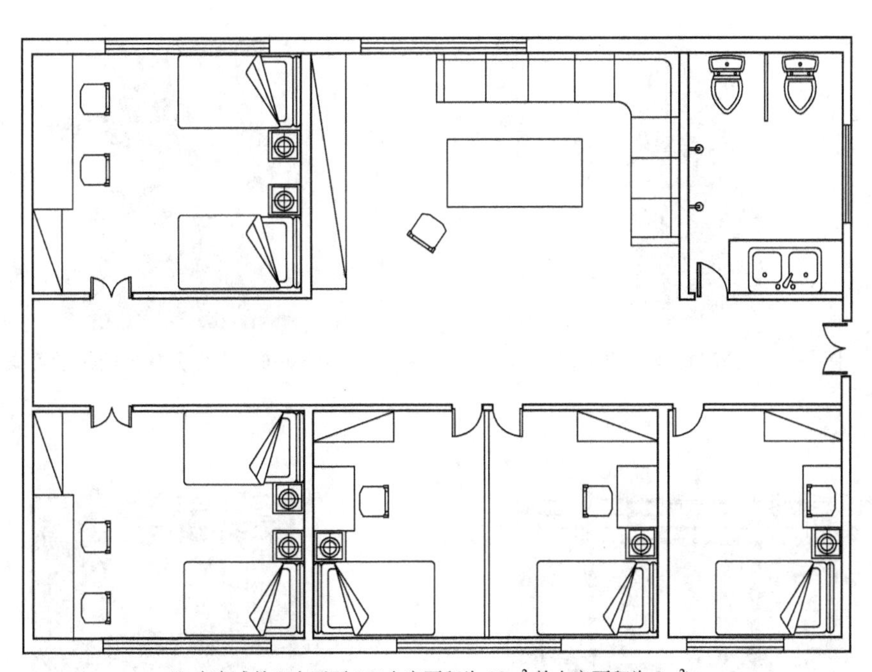

(b) 套房式单双人平面（双人房面积为 $12m^2$，单人房面积为 $9m^2$）

图 3-6-4

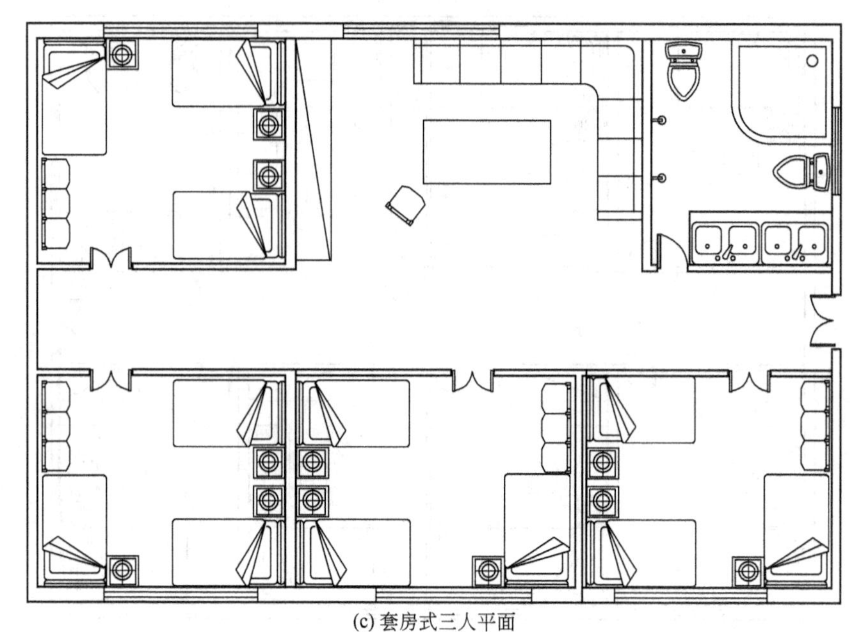
(c) 套房式三人平面

图 3-6-4　套房式公寓宿舍的平面

3.6.3 学生公寓宿舍家具图例（见图 3-6-5～图 3-6-24）

图 3-6-5　公寓宿舍多功能柜

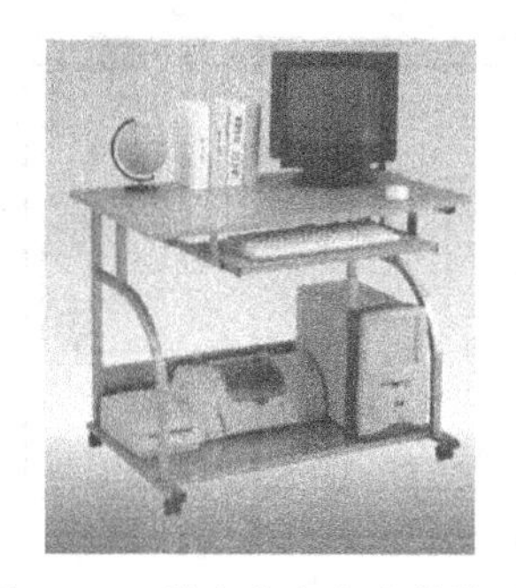
图 3-6-6　学生公寓电脑兼学习桌

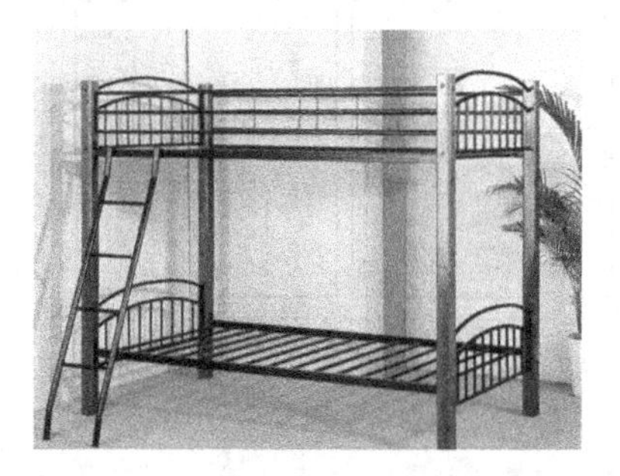
图 3-6-7　学生公寓钢木双层床

图 3-6-8　学生公寓钢制双层床

图 3-6-9 学生公寓家具

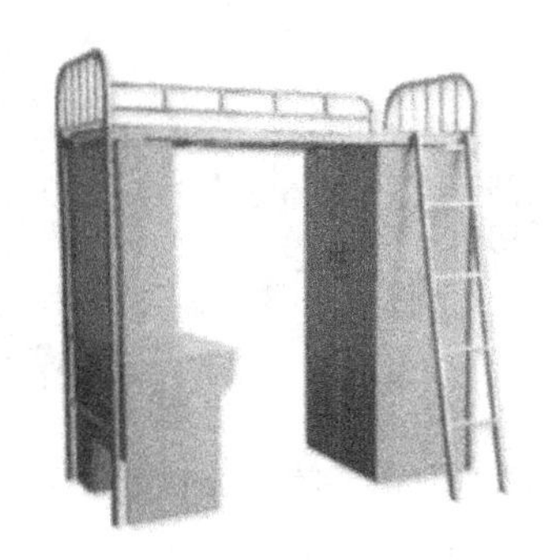

图 3-6-10 学生公寓单元家具（1）

图 3-6-11 学生公寓单元家具（2）

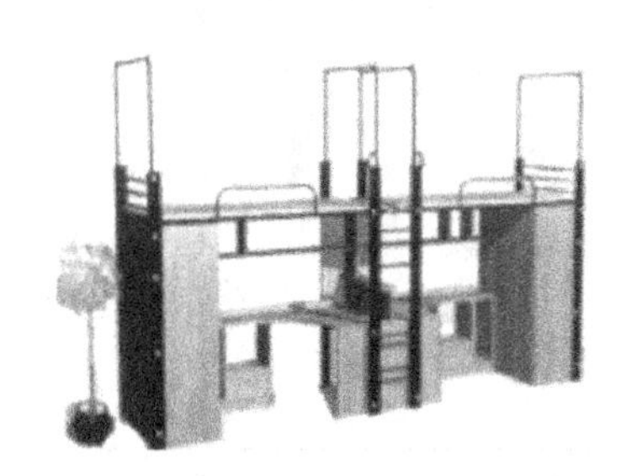

图 3-6-12 学生公寓双单元家具（1）

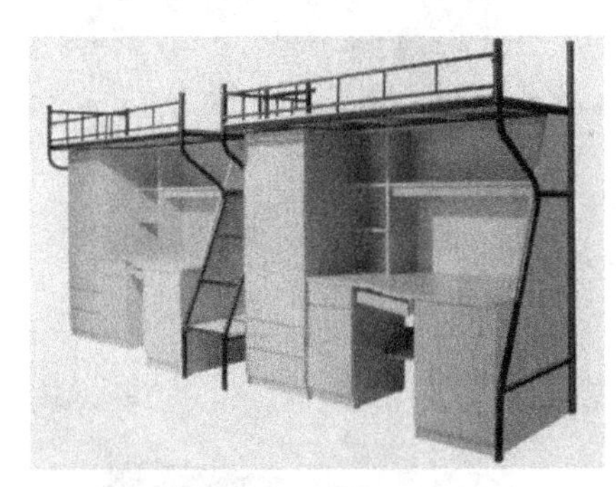

图 3-6-13 学生公寓双单元家具（2）

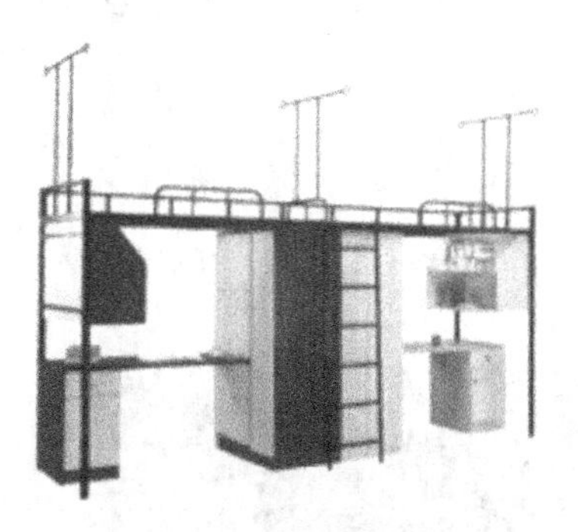

图 3-6-14 学生公寓双单元家具（3）

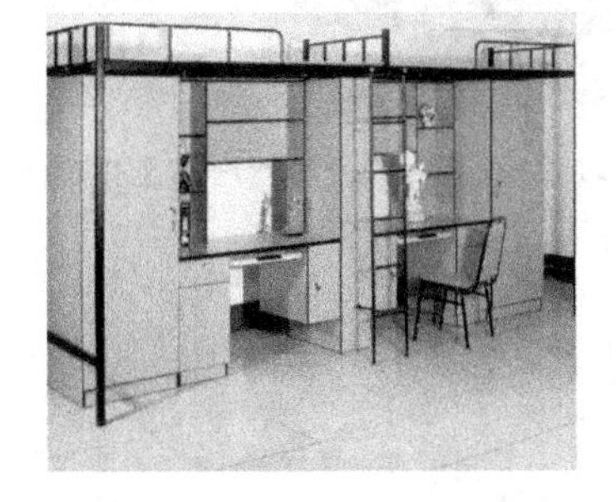

图 3-6-15 学生公寓双单元家具（4）

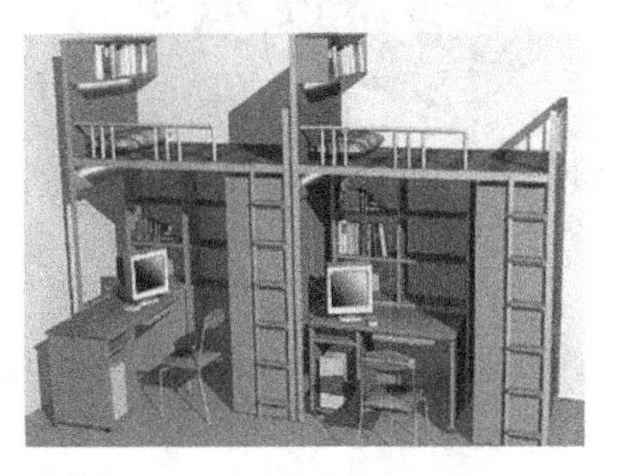

图 3-6-16 学生公寓双单元家具（5）

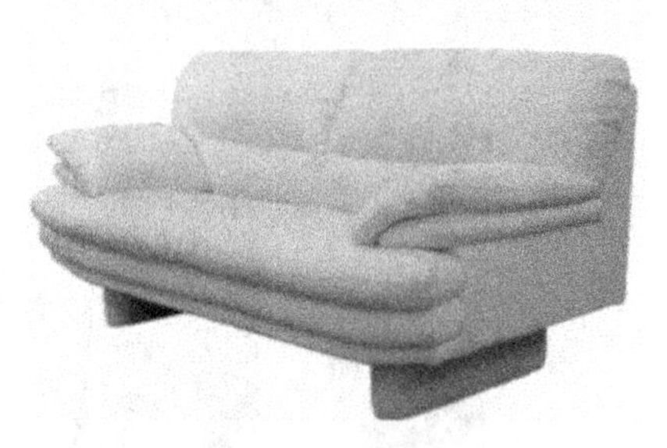

图 3-6-17　套房式公寓宿舍沙发（1）

图 3-6-18　套房式公寓宿舍沙发（2）

图 3-6-19　套房式公寓宿舍茶几（1）

图 3-6-20　套房式公寓宿舍茶几（2）

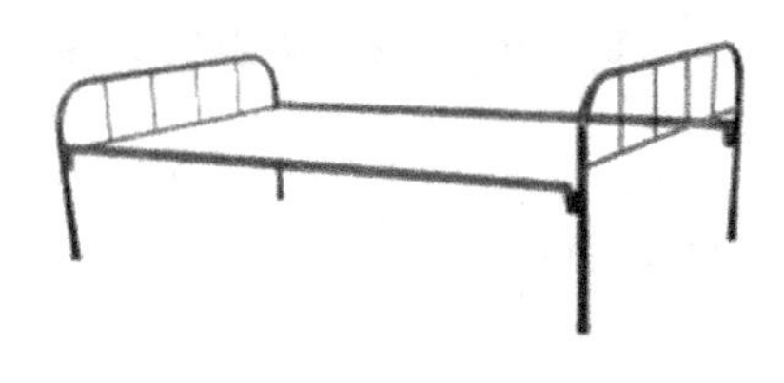

图 3-6-21　套房式公寓宿舍单人床

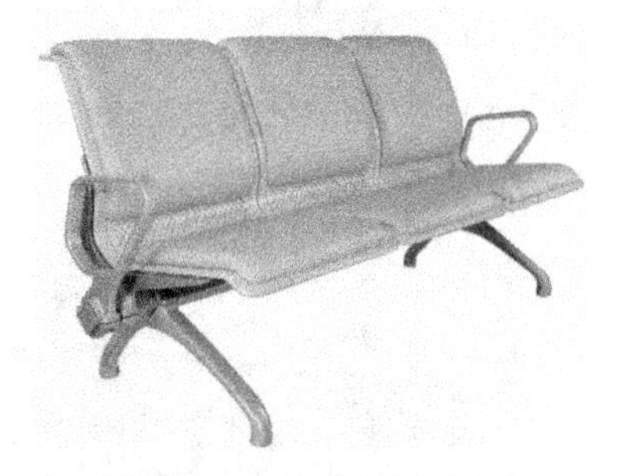

图 3-6-22　公寓门厅等候椅

图 3-6-23　套房式公寓门厅接待台

图 3-6-24　套房式公寓门厅休息排椅

3.7 影剧院家具设计

3.7.1 概述

影剧院家具主要包括影剧院门厅家具、休息厅家具、座椅、后台工作家具、临时讲台桌、小卖部家具等品种。

影剧院座椅设计首先应该考虑到座椅的舒适性，使人不宜疲劳，座椅与座椅之间应有良好的视线效果。座椅的座应具有翻转构造，以便人们疏散。如有贵宾座，可将座椅尺度放大一些，更强调些舒适要求。

后台工作家具主要有戏剧化装需要的化装桌、衣架、休息椅等。设计化装台时，注意镜子能转动，利于化妆。临时讲台桌设计要求简易大方，便于搬动，一般可用长茶几代替。

影剧院办公室的家具可按办公家具设计要求，小卖部的家具可按百货商店家具设计要求。

3.7.2 影剧院座椅

(1) 影剧院家具与人体关系（见图 3-7-1～图 3-7-7）

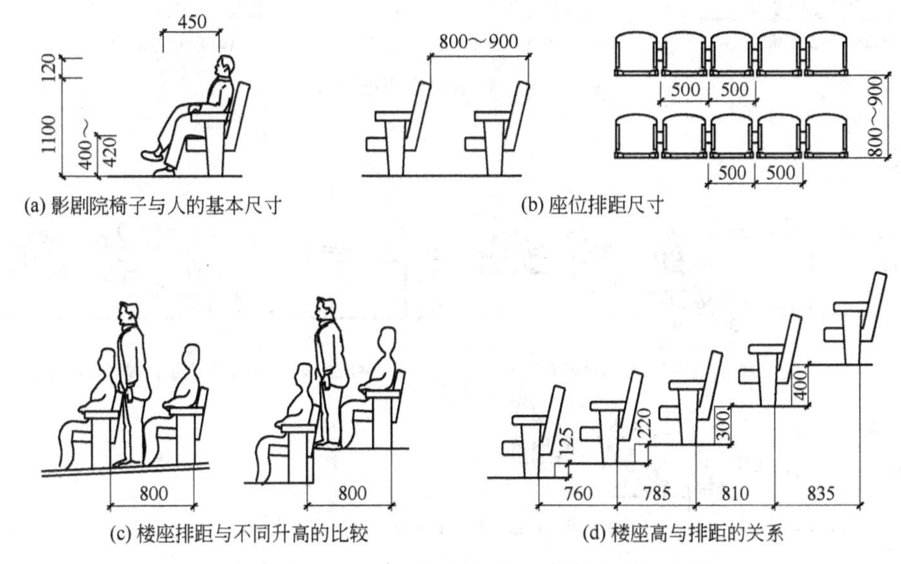

(a) 影剧院椅子与人的基本尺寸　(b) 座位排距尺寸

(c) 楼座排距与不同升高的比较　(d) 楼座高与排距的关系

图 3-7-1　影剧院家具与人体关系

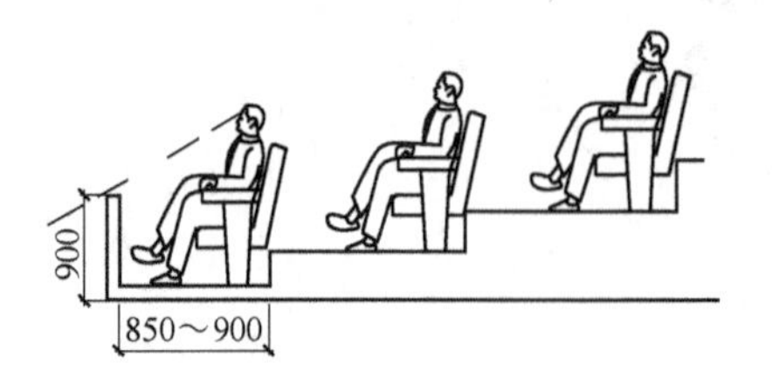

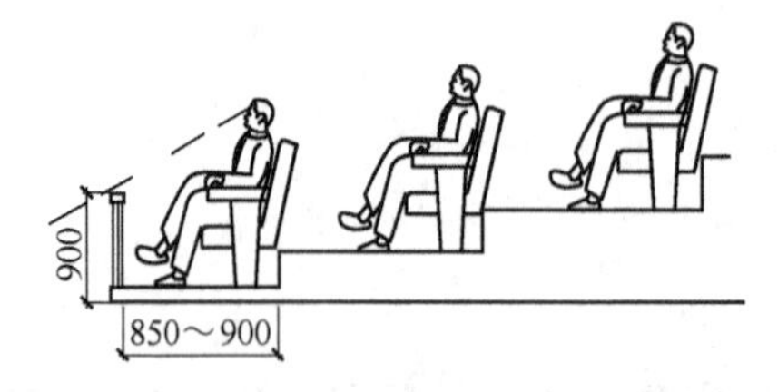

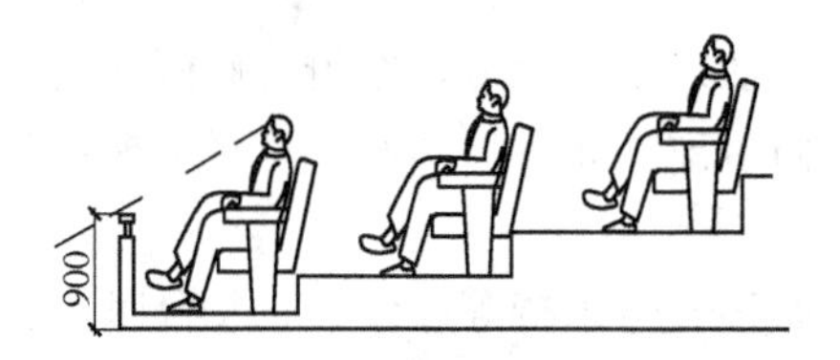

图 3-7-2　影剧院楼层前排座深度、视线与栏杆的关系

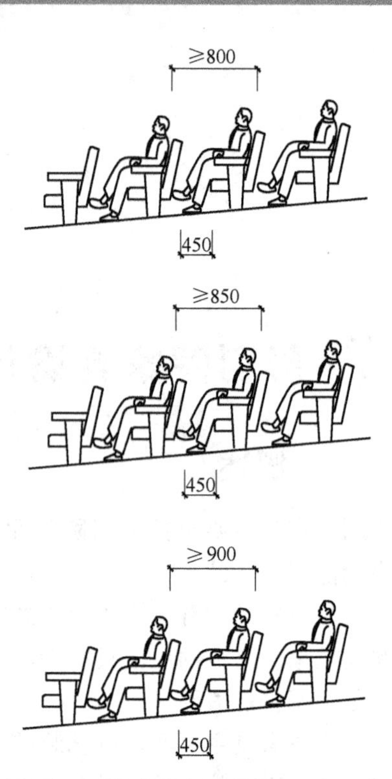

图 3-7-3　影剧院底层座排距、视线与地面坡度的关系

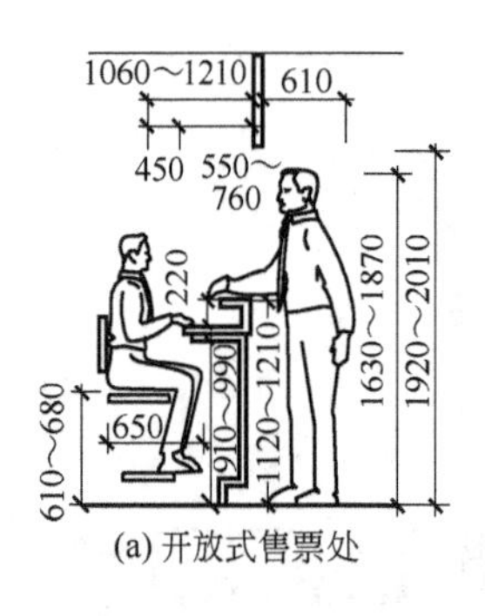

(a) 开放式售票处

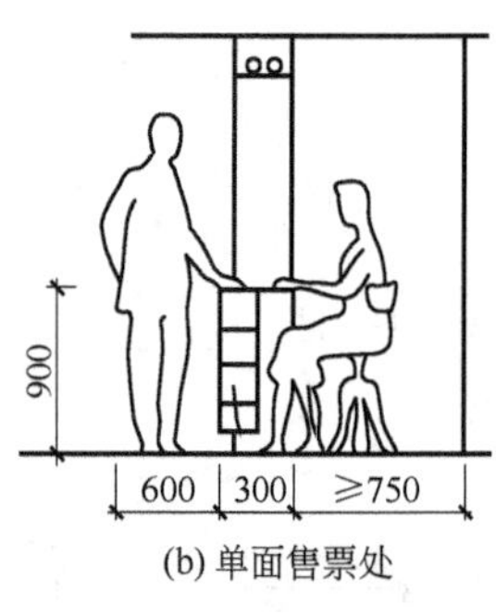

(b) 单面售票处

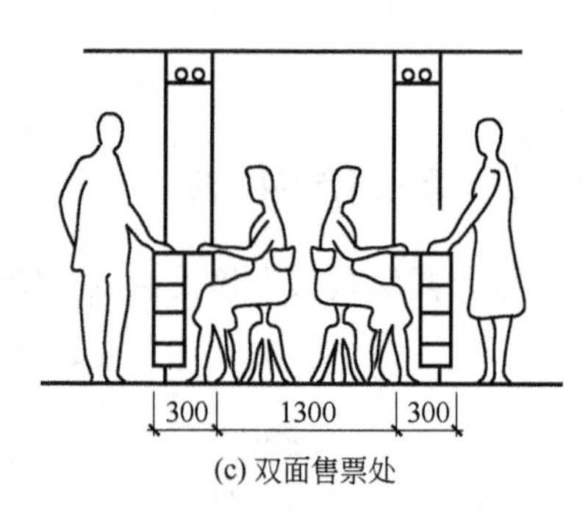

(c) 双面售票处

图 3-7-4　影剧院售票处尺寸

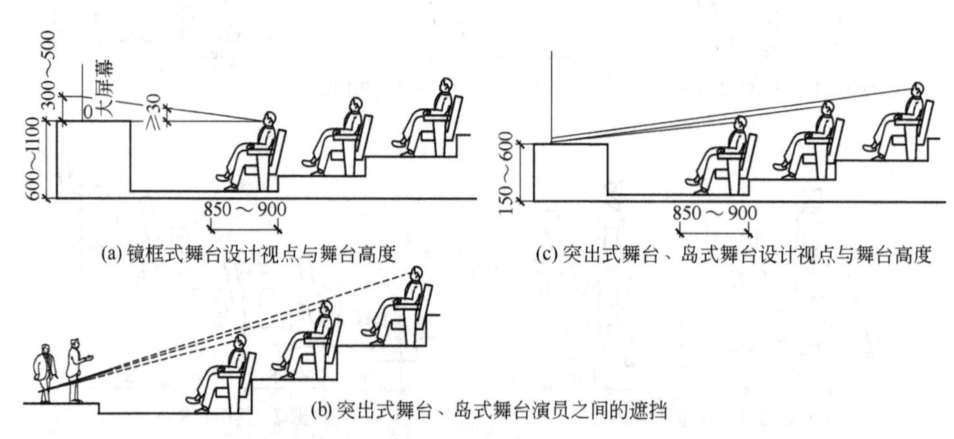

(a) 镜框式舞台设计视点与舞台高度

(c) 突出式舞台、岛式舞台设计视点与舞台高度

(b) 突出式舞台、岛式舞台演员之间的遮挡

图 3-7-5　影剧院舞台高度和座椅与人的视点选定

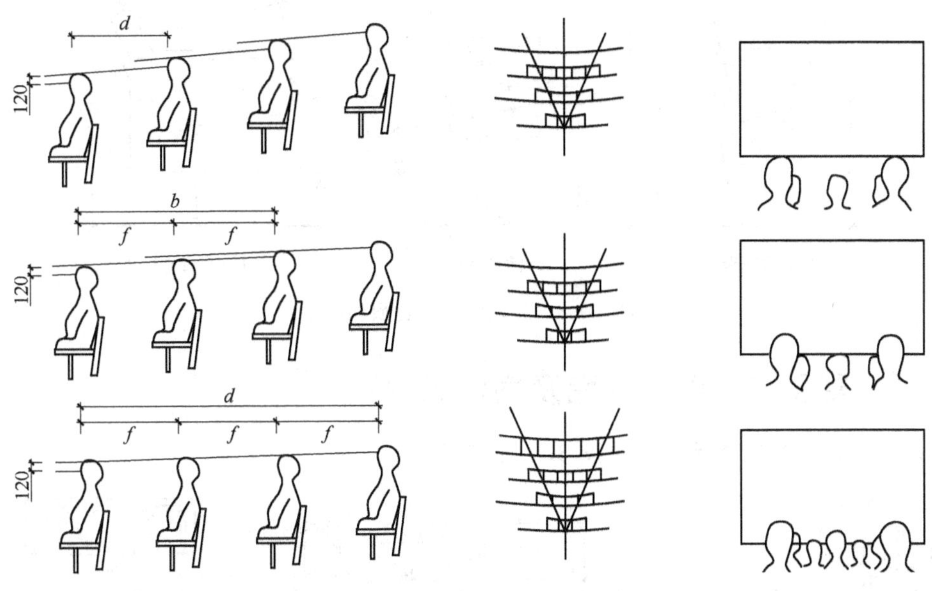

图 3-7-6 影剧院家具与地面升起标准

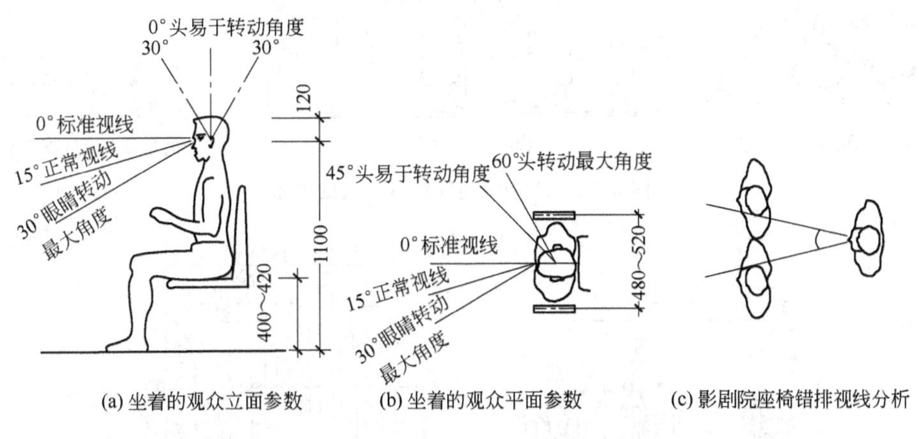

(a) 坐着的观众立面参数 (b) 坐着的观众平面参数 (c) 影剧院座椅错排视线分析

图 3-7-7 影剧院观众视线参数

(2) 影剧院椅子类型和尺寸（见图 3-7-8）

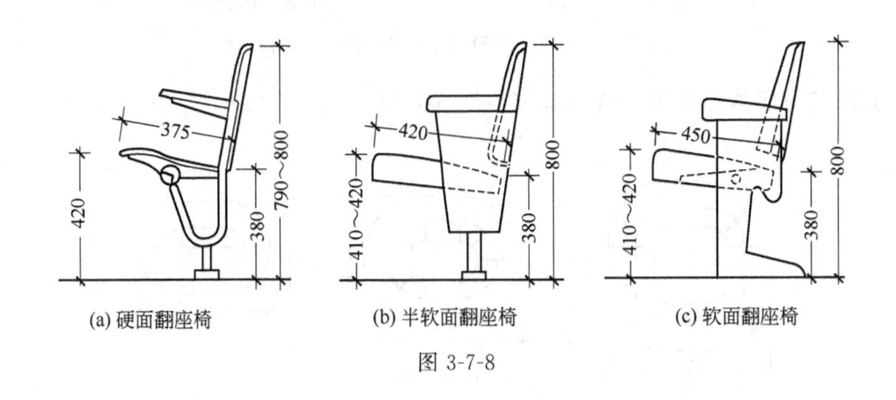

(a) 硬面翻座椅 (b) 半软面翻座椅 (c) 软面翻座椅

图 3-7-8

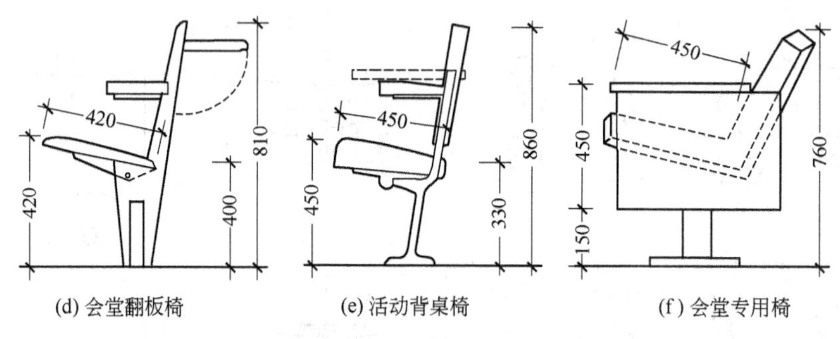

(d) 会堂翻板椅　(e) 活动背桌椅　(f) 会堂专用椅

图 3-7-8　影剧院座椅类型和尺寸

3.7.3 影剧院门厅、舞台及后台家具

(1) 门厅家具的主要尺寸（见图 3-7-9、图 3-7-10）

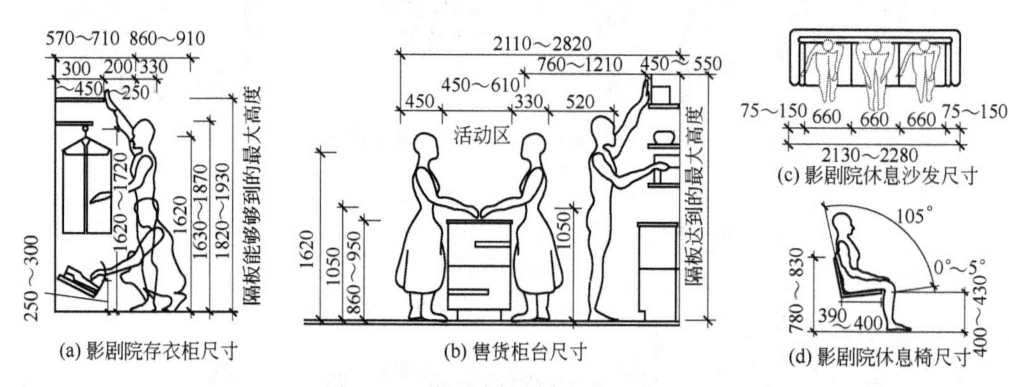

(a) 影剧院存衣柜尺寸　(b) 售货柜台尺寸　(c) 影剧院休息沙发尺寸　(d) 影剧院休息椅尺寸

图 3-7-9　影剧院门厅家具与人的关系

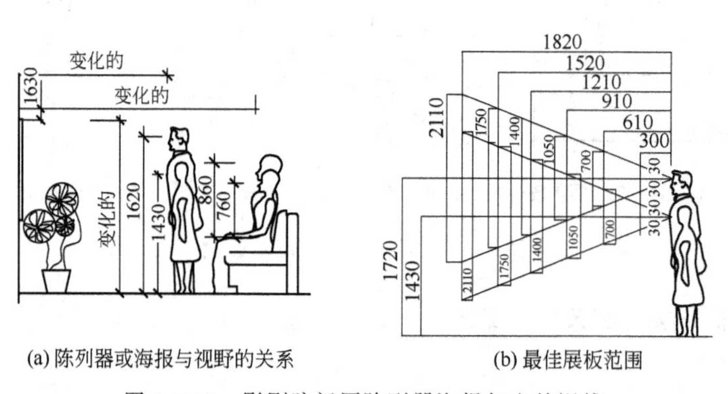

(a) 陈列器或海报与视野的关系　(b) 最佳展板范围

图 3-7-10　影剧院门厅陈列器海报与人的视线

(2) 影剧院门厅休息沙发组合形式（见图 3-7-11～图 3-7-18）

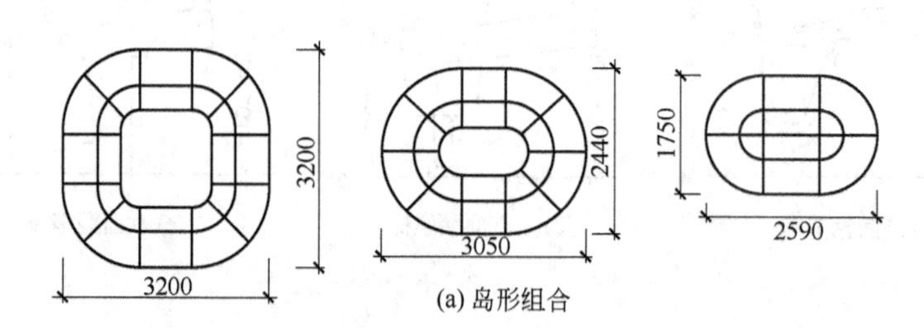

(a) 岛形组合

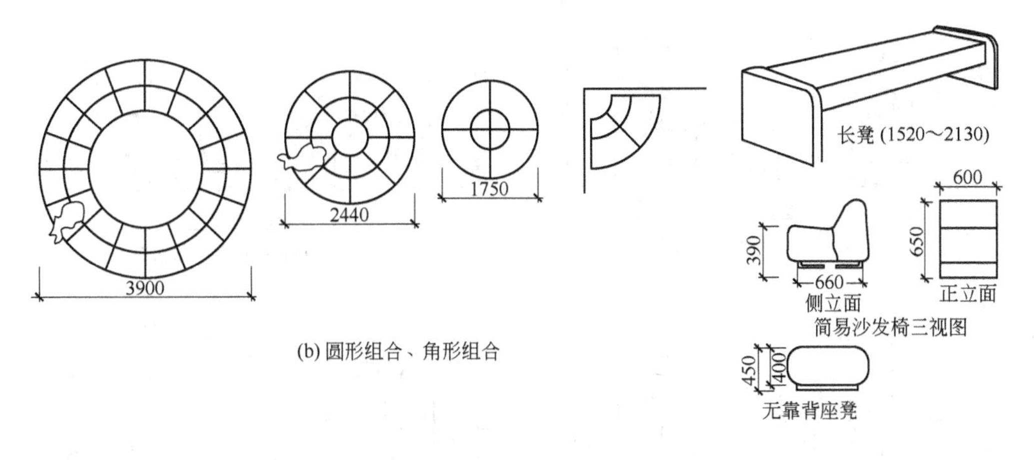

(b) 圆形组合、角形组合

(d) 组合单元

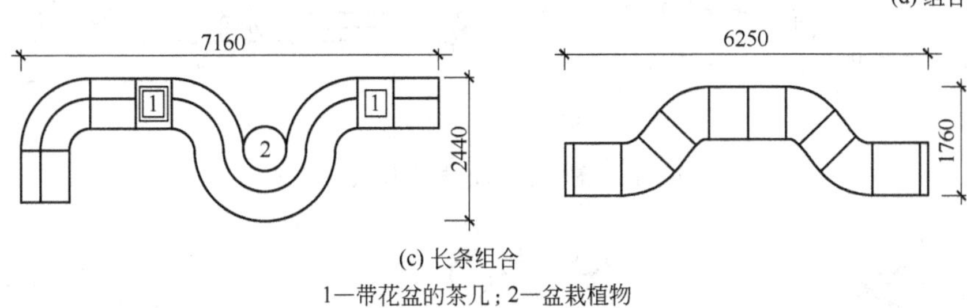

(c) 长条组合

1—带花盆的茶几；2—盆栽植物

图 3-7-11 影剧院门厅休息沙发组合形式

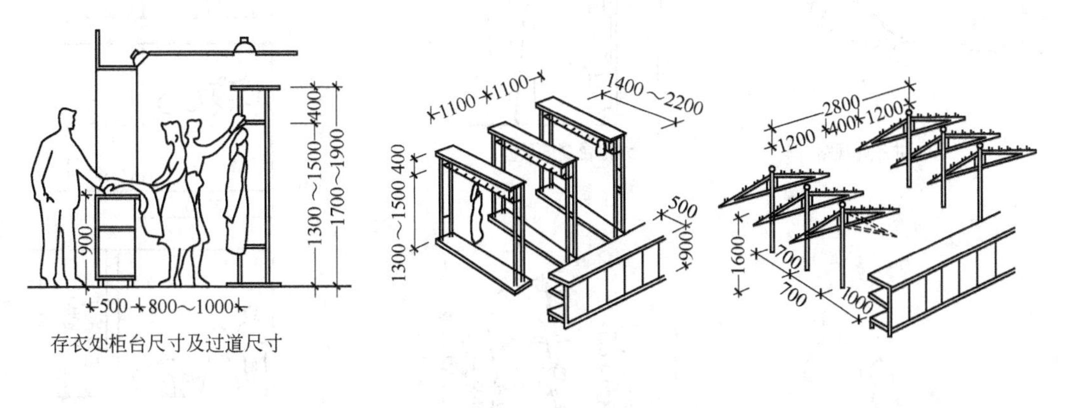

存衣处柜台尺寸及过道尺寸

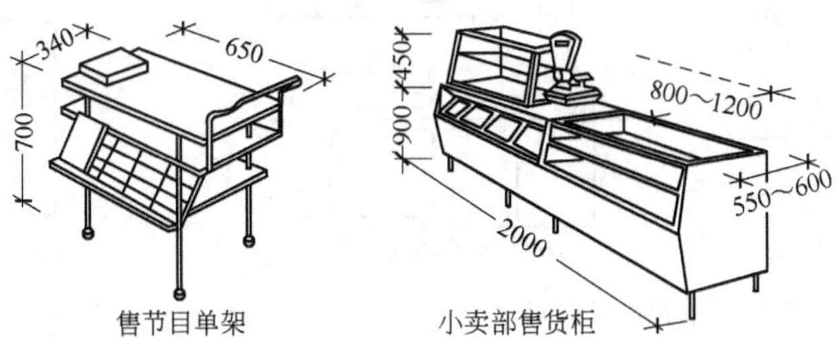

售节目单架

小卖部售货柜

图 3-7-12 影剧院门厅家具尺寸

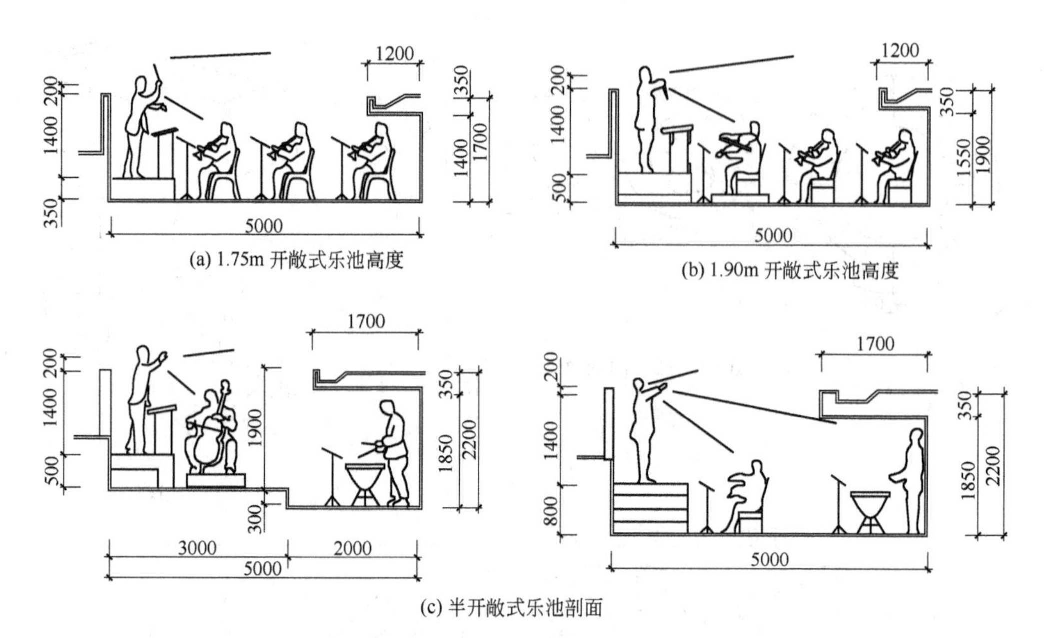

(a) 1.75m 开敞式乐池高度

(b) 1.90m 开敞式乐池高度

(c) 半开敞式乐池剖面

图 3-7-13　影剧院乐池与人体尺寸关系

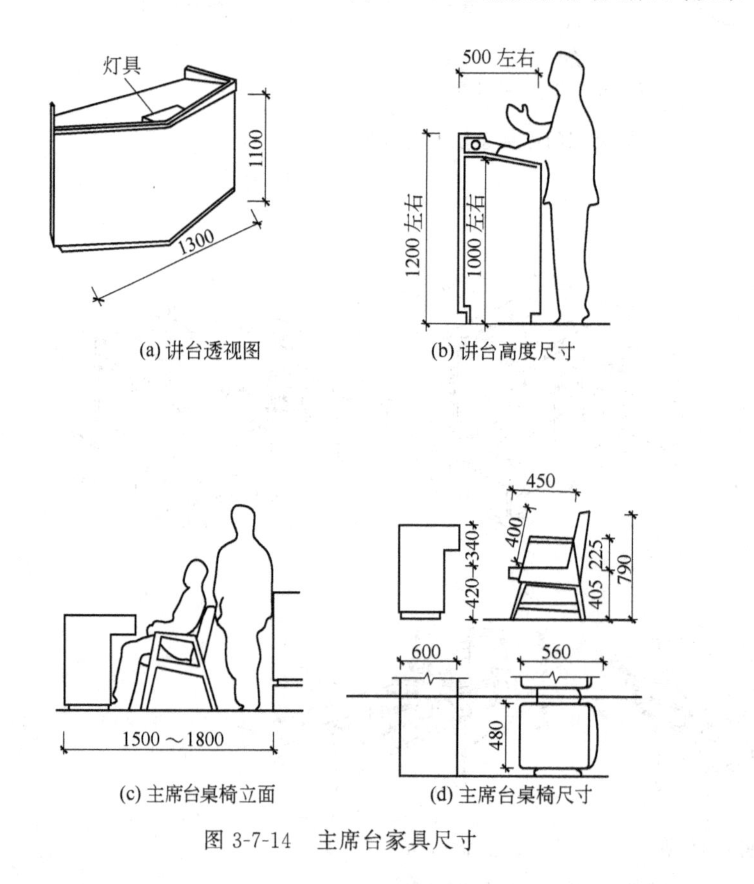

(a) 讲台透视图

(b) 讲台高度尺寸

(c) 主席台桌椅立面

(d) 主席台桌椅尺寸

图 3-7-14　主席台家具尺寸

≥2500
≥3000
≥1200
≥2200
≥2500
≥3000
≥2800

图 3-7-15　后台过道尺寸

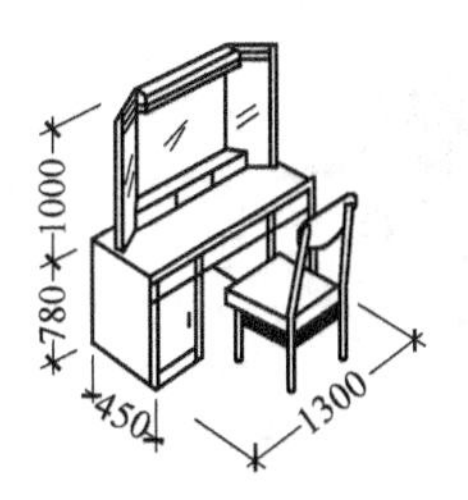

(a) 三镜化妆台
（镜固定于台面）

(b) 三镜化妆台
（镜固定于墙面）

(c) 单镜化妆台
（镜可收放）

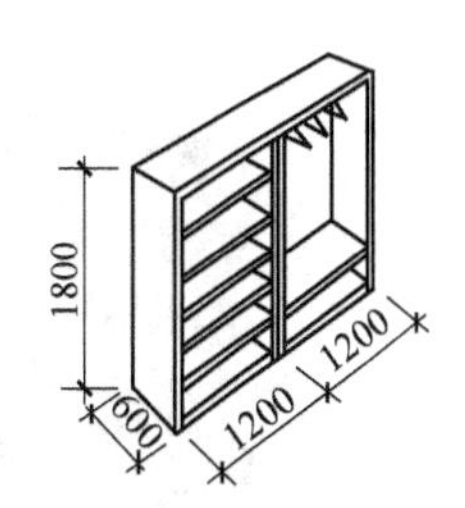

(d) 衣帽柜

图 3-7-16　化妆室家具尺寸

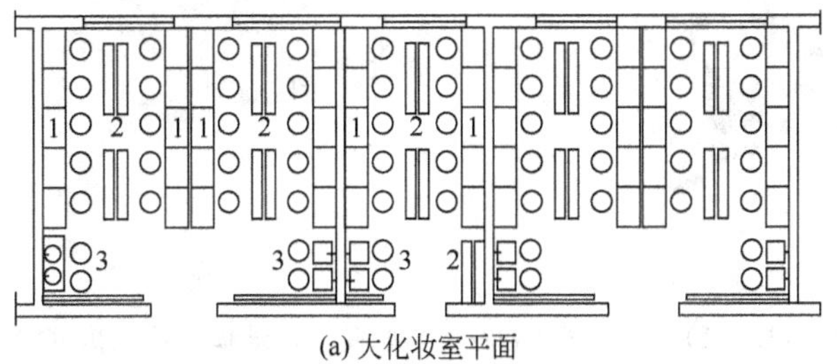

(a) 大化妆室平面
1—化妆台; 2—衣、帽、鞋架；3—洗面盆

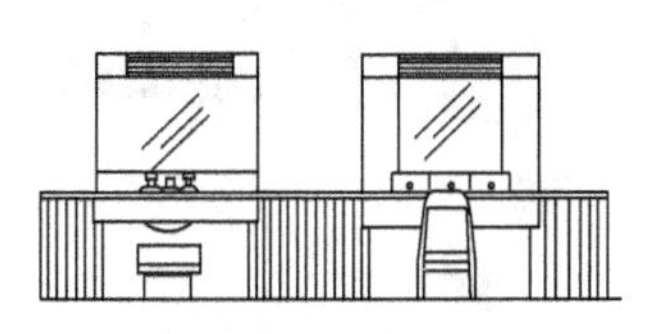

(d) 小化妆室侧立面

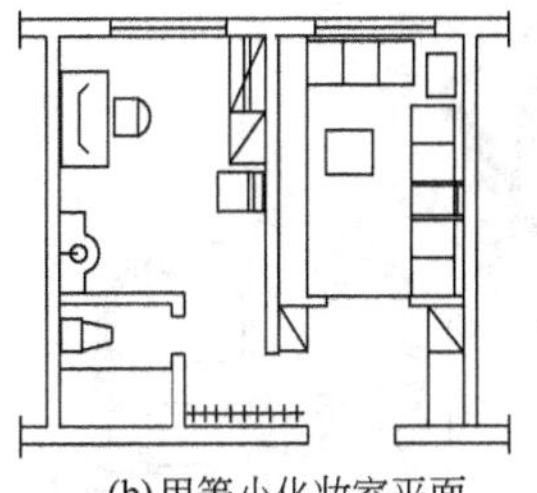

(b) 甲等小化妆室平面

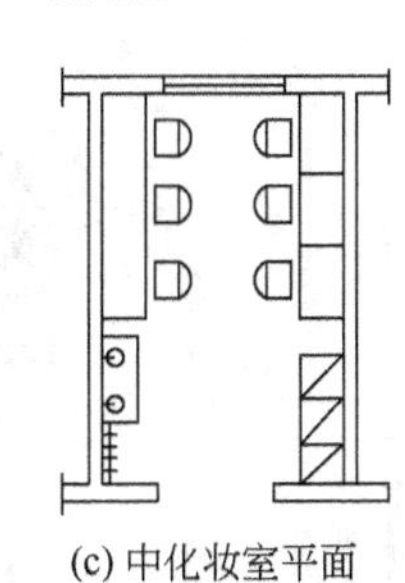

(c) 中化妆室平面

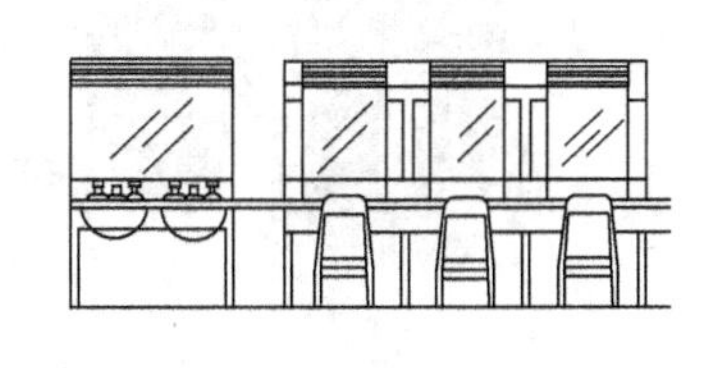

(e) 中化妆室侧立面

图 3-7-17　化妆室布置

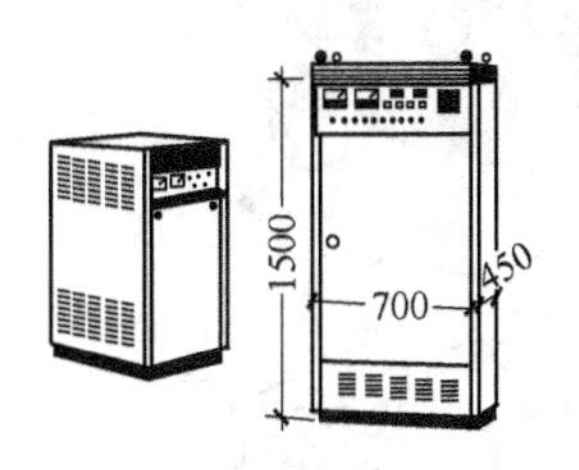

(a) 配电柜

(b) 验片、倒片台

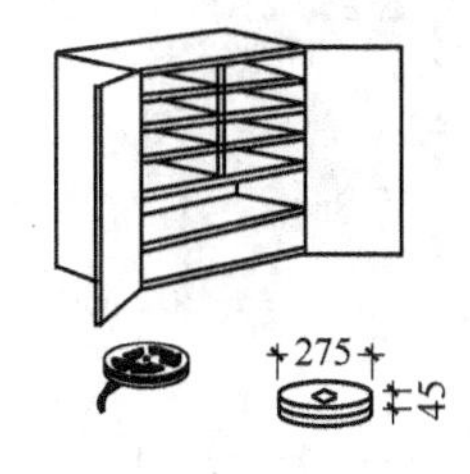

(c) 片盘、片盘盒、储片柜

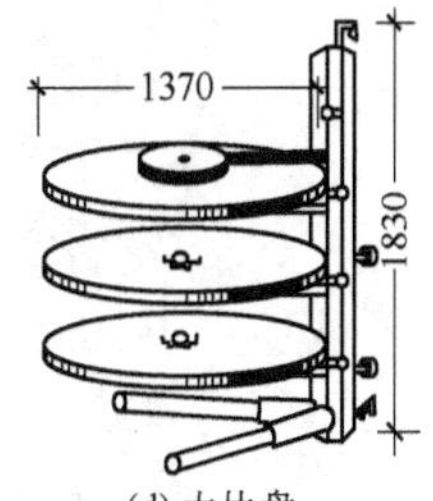

(d) 大片盘

图 3-7-18　放映厅家具尺寸

3.7.4 影剧院家具图例（见图 3-7-19～图 3-7-39）

图 3-7-19 影剧院门厅休息椅（1）

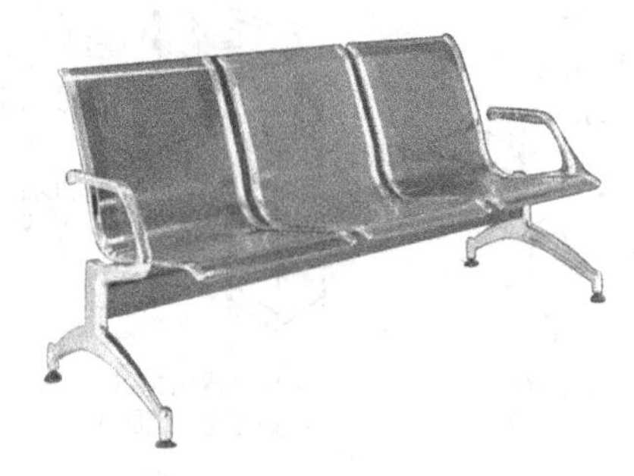

图 3-7-20 影剧院门厅休息椅（2）

图 3-7-21 影剧院门厅玻璃钢休息椅（1）

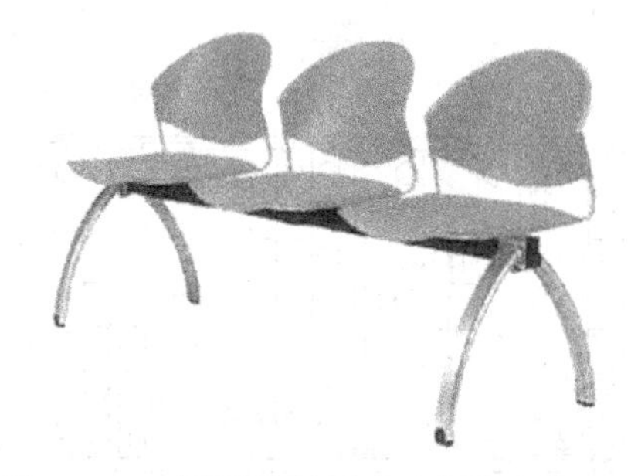

图 3-7-22 影剧院门厅玻璃钢休息椅（2）

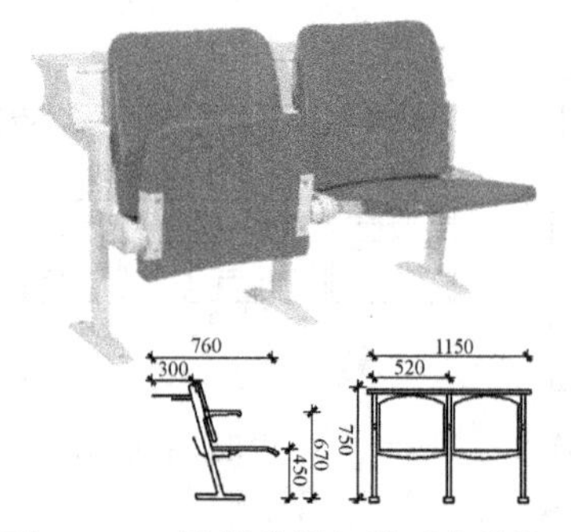

图 3-7-23 影剧院剧场带写字排椅

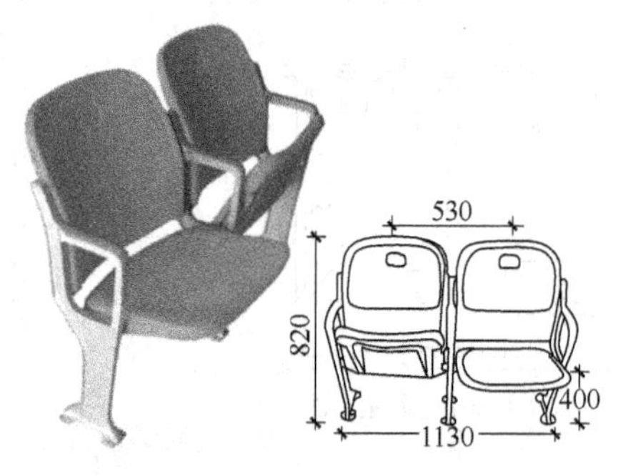

图 3-7-24 影剧院剧场排椅（1）

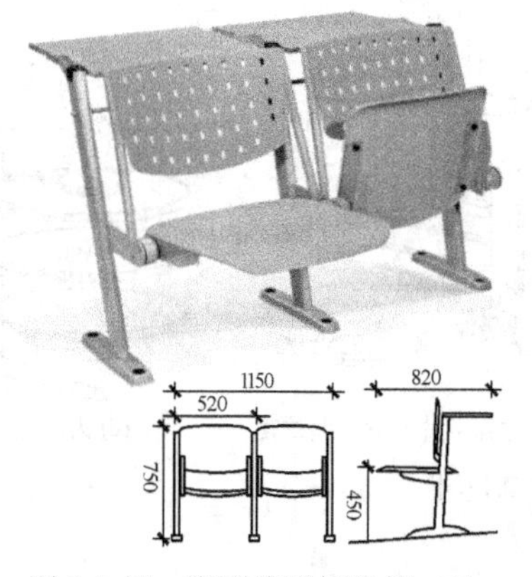

图 3-7-25 影剧院剧场排椅（2）

图 3-7-26 影剧院剧场排椅（3）

图 3-7-27 临时剧场椅（1）

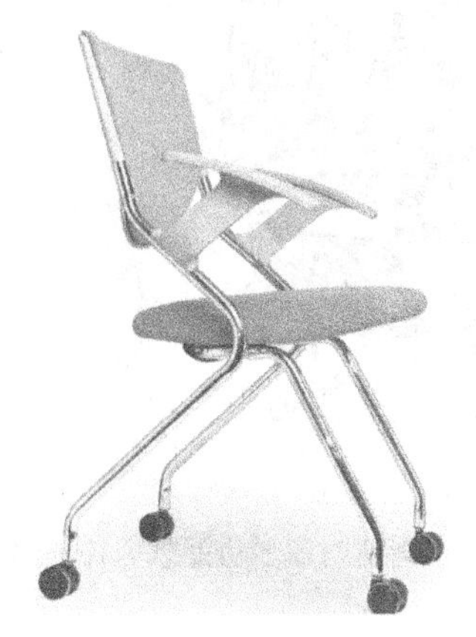

图 3-7-28 临时剧场椅（2）

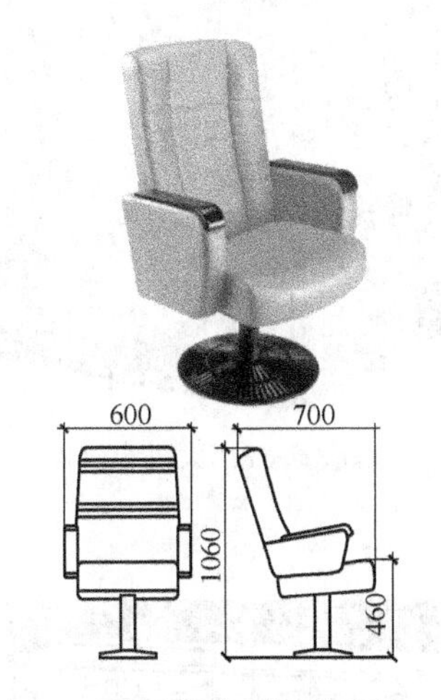

图 3-7-29 影剧院剧场软席椅（1）

图 3-7-30 影剧院剧场软席椅（2）

图 3-7-31 影剧院剧场软席椅（3）

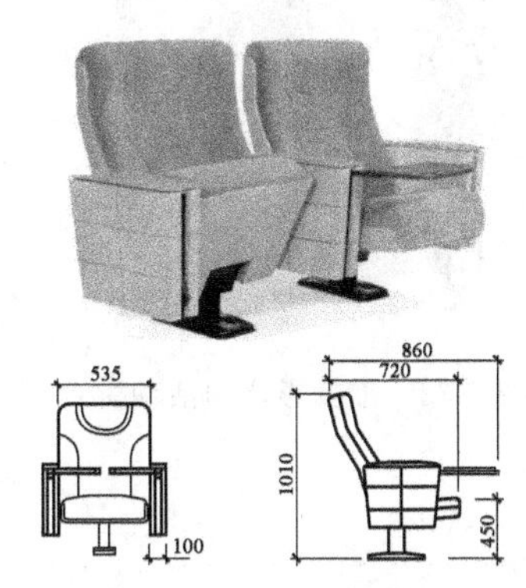

图 3-7-32 影剧院剧场多功能软席椅（1）

图 3-7-33 影剧院剧场多功能软席椅（2）

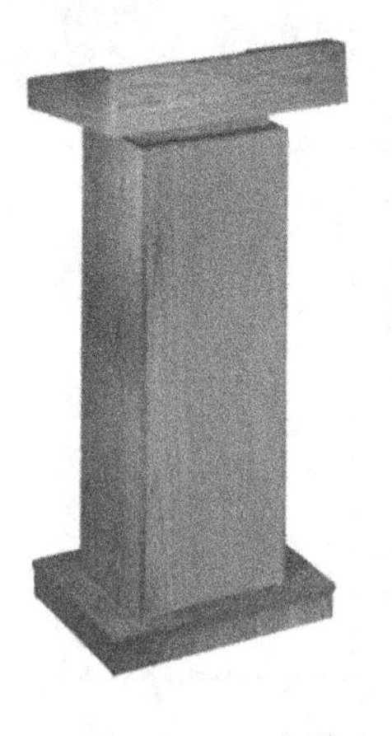

图 3-7-34 小讲台（1）

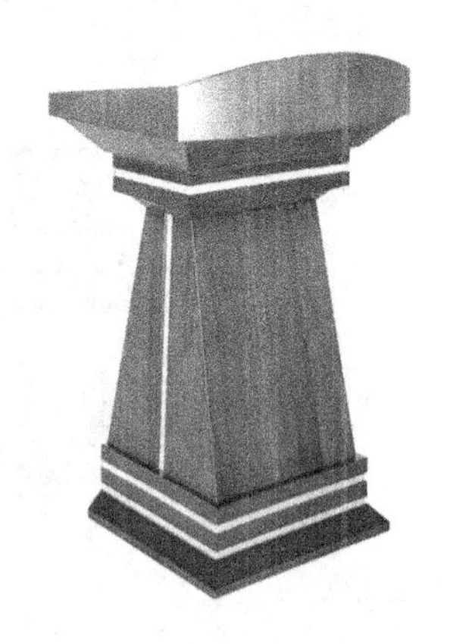

图 3-7-35 小讲台（2）

图 3-7-36 大讲台（1）

图 3-7-37 大讲台（2）

图 3-7-38 带投影仪的活动讲台

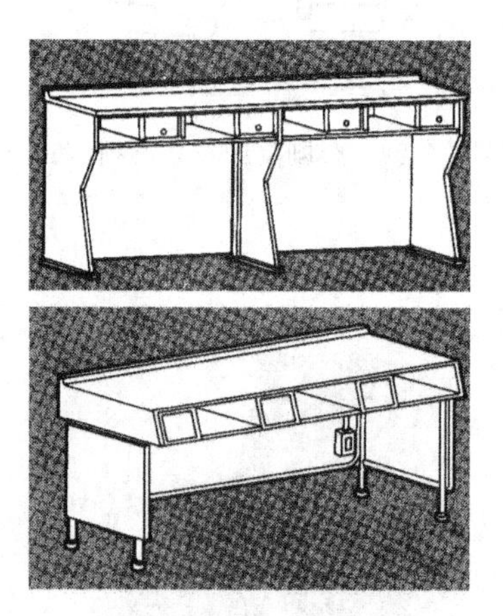

图 3-7-39 主席台桌

3.8 体育馆家具设计

3.8.1 概述

体育馆家具主要有看台座椅、代表席桌、主席台桌、讲台桌、小卖店货物柜及运动员更衣、存衣家具等。

看台座椅一般分室内和室外两种，室内看台座椅设计要符合人体尺寸的使用需要，考虑到人的视线范围等。室外看台座椅除了上述条件必须具备外，还要选择耐晒、耐水、耐酸碱等的材料。

看台座椅的构造形式一般采用落地式、悬挂式、折叠活动式等。

代表席桌设计要考虑到放置文件、茶具、烟灰缸以及方便记录功能。

主席台桌设计应在满足使用功能的条件下，考虑到视线要求可尽量缩小桌深、桌高的尺寸。讲台桌设计通常采用卧式和立式两种，根据不同的使用需求选用。

供应柜、小卖店货物柜的设计可参照百货商店家具一节选用。

更衣柜、存衣家具设计一方面要考虑到运动员的使用需要，另一方面要选择耐水、防腐的钢制材料。

3.8.2 体育馆家具类型和尺寸

(1) 体育馆座椅类型及其尺寸（图 3-8-1～图 3-8-6、表 3-8-1、表 3-8-2）

表 3-8-1 普通观众、运动员、来宾席椅型排距座宽尺寸

标准	高	中	低
A 排距	850	750～800	650～700
B 座宽	480～520	450～480	420～450
椅型	靠背	坐凳	长条凳

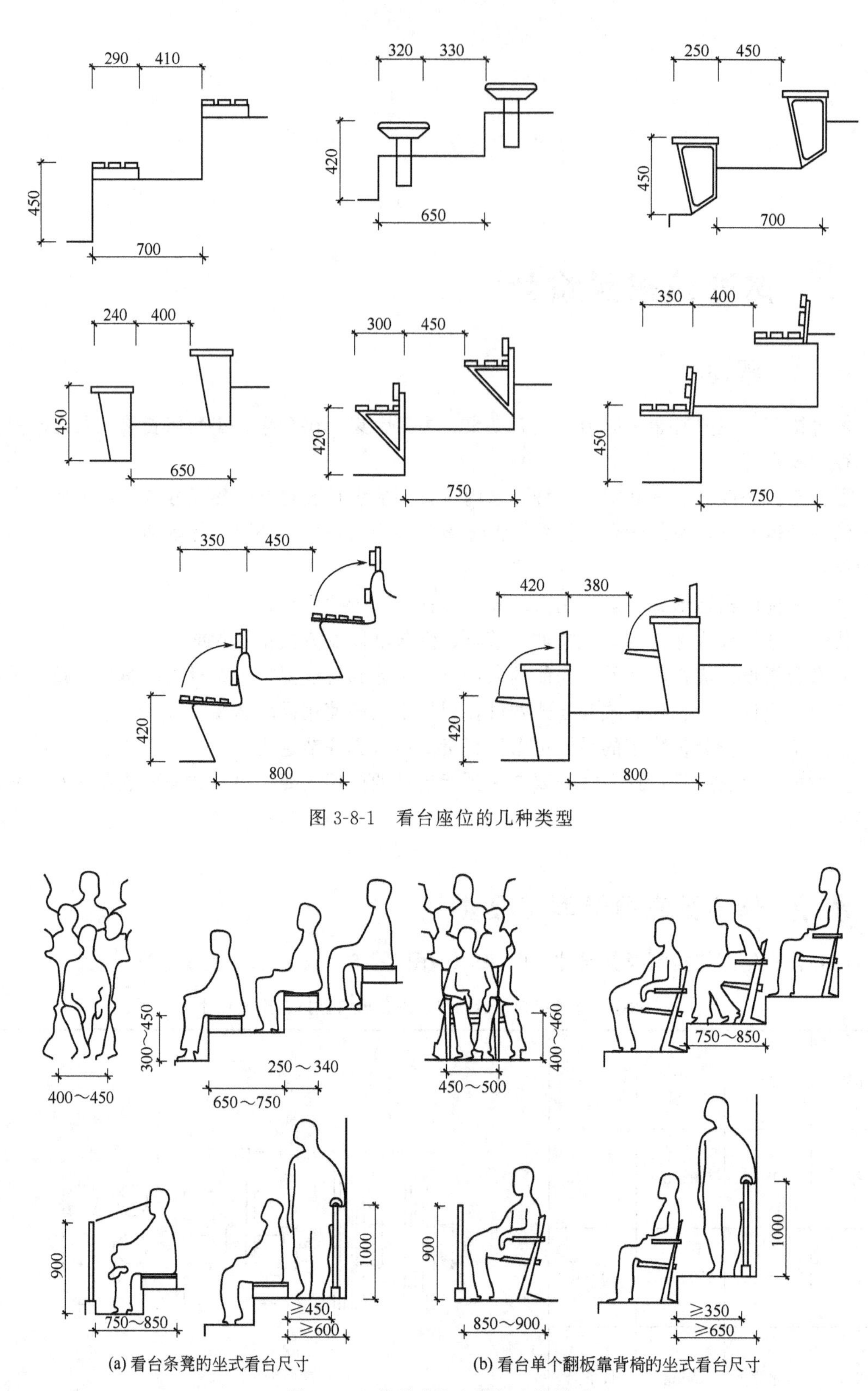

图 3-8-1 看台座位的几种类型

(a) 看台条凳的坐式看台尺寸

(b) 看台单个翻板靠背椅的坐式看台尺寸

图 3-8-2 普通观众坐席与人的关系

表 3-8-2 主席台首长贵宾席椅型、排距、座宽尺寸

标准	高	中	低
A 排距	1200	1100	1000
B 座宽	600	550	500
椅型	扶手软座椅	软坐席	座椅

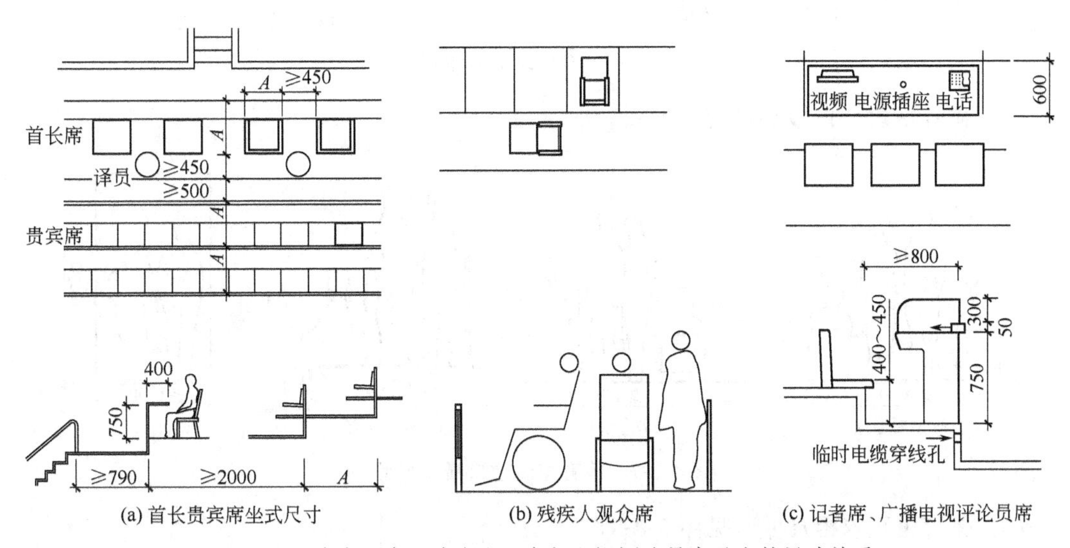

(a) 首长贵宾席坐式尺寸　(b) 残疾人观众席　(c) 记者席、广播电视评论员席

图 3-8-3 贵宾坐席、残疾人坐席与电视评论员席及人的尺寸关系

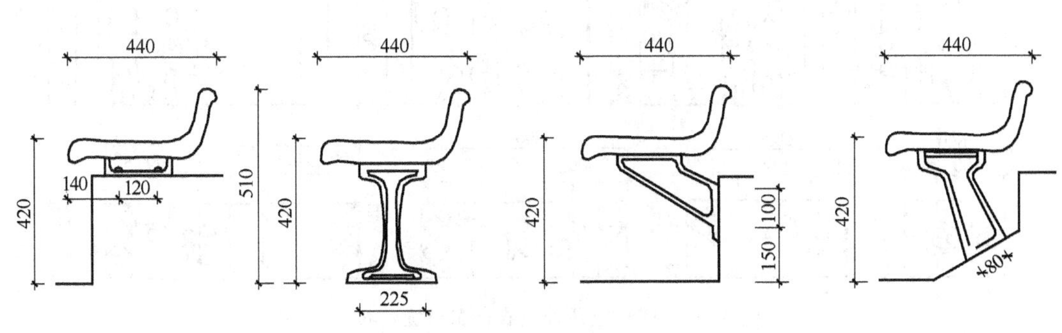

图 3-8-4 室外玻璃钢座椅构造形式

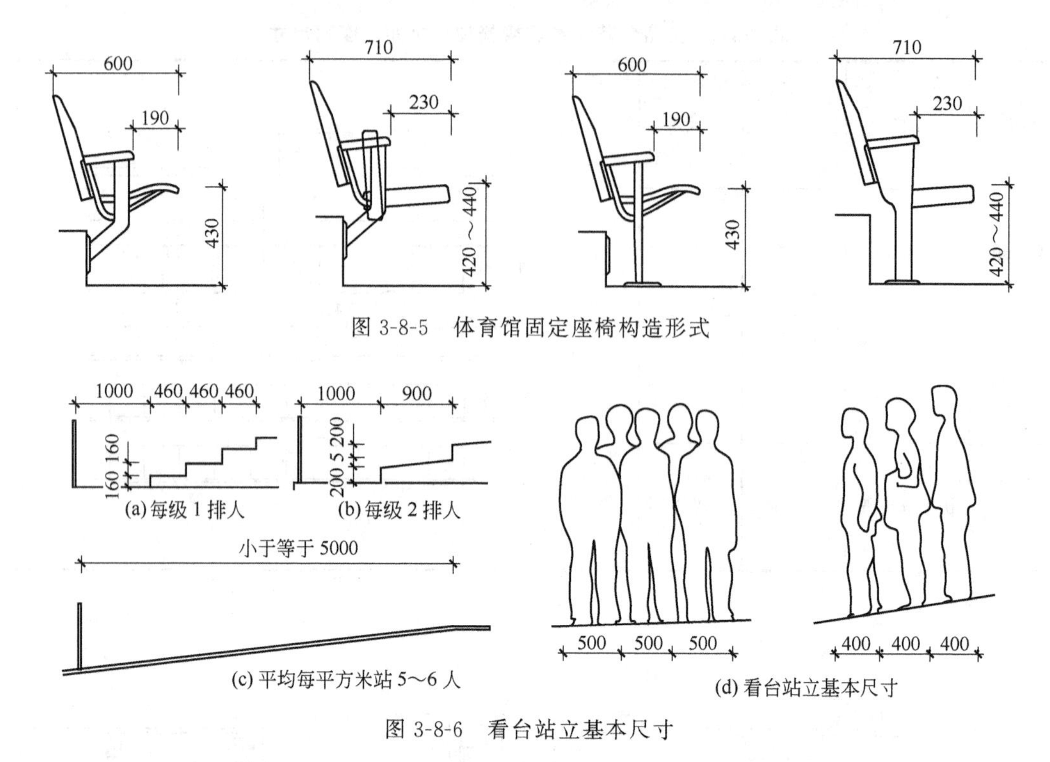

图 3-8-5　体育馆固定座椅构造形式

图 3-8-6　看台站立基本尺寸

(2) 体育馆疏散口最小尺度（见图 3-8-7）

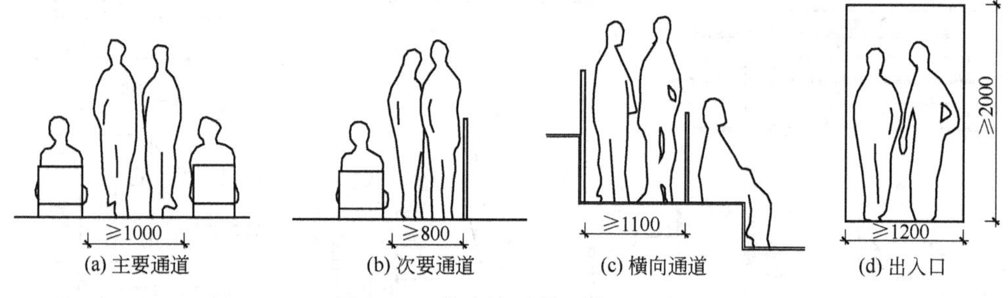

图 3-8-7　体育馆疏散口最小尺寸

(3) 体育馆更衣柜尺寸（见图 3-8-8）

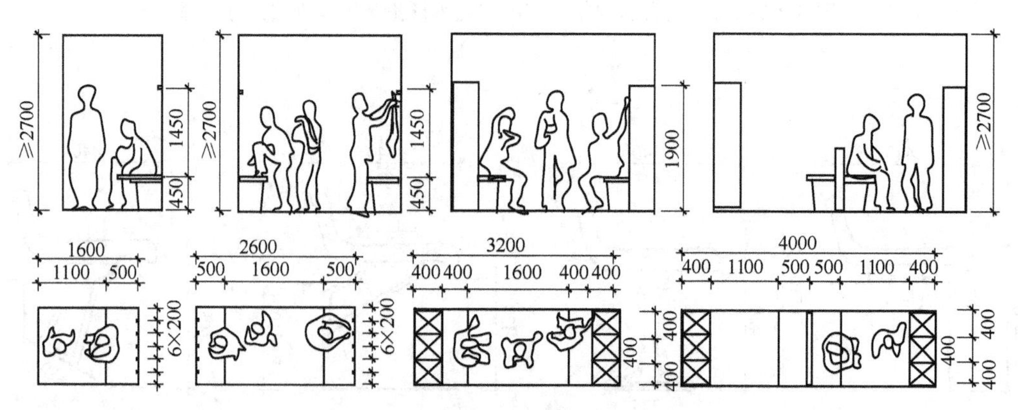

图 3-8-8　体育馆几种更衣存衣布置及其尺寸

(4) 田径设备尺寸（见图 3-8-9、表 3-8-3、表 3-8-4）

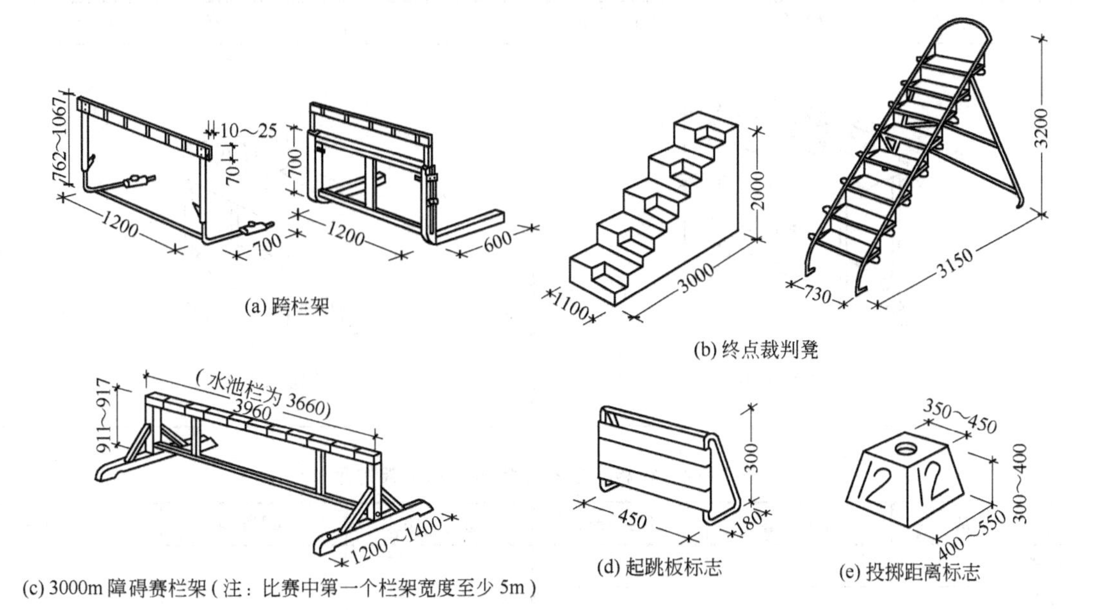

(f) 撑竿跳高架　(g) 两用跳高架　(h) 发奖台

图 3-8-9　田径部分设备尺寸

表 3-8-3　铅球、铁饼和铅球、铁饼架的尺寸

组　别	重量/kg		直径/mm	组　别	重量/kg	直径/mm
男子	7.26		110～130	男子	2	219～221
女子	4		95～110			
少年男	甲	6	110～130	少年男子甲	1.5	199～201
	乙	4	95～110			
少年女	甲	4	95～110	少年女子甲	1	180～182
	乙	3	90～110	少年女子乙		

续表

组　别	重量/kg	直径/mm	组　别	重量/kg	直径/mm
铅球架示意图			铁饼架示意图		

表 3-8-4　标枪、链球和标枪、链球架的尺寸

组　别	重量/kg	长度/mm	组　别	重量/kg	直径/mm
男子	0.8	2.6～2.7	男子	7.26	110～130
女子 少年女甲	0.6	2.2～2.3			
少年男甲	0.7	2.4～2.5	少年男子甲	6	110～120
少年男乙 少年女乙	0.5	2.2～2.3	少年男子乙	5	100～110

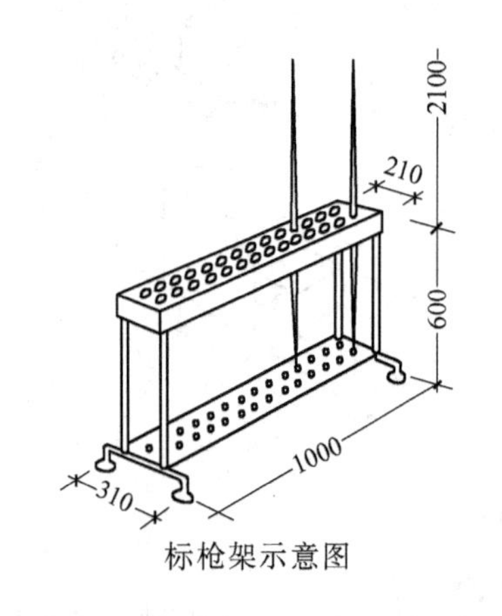

标枪架示意图

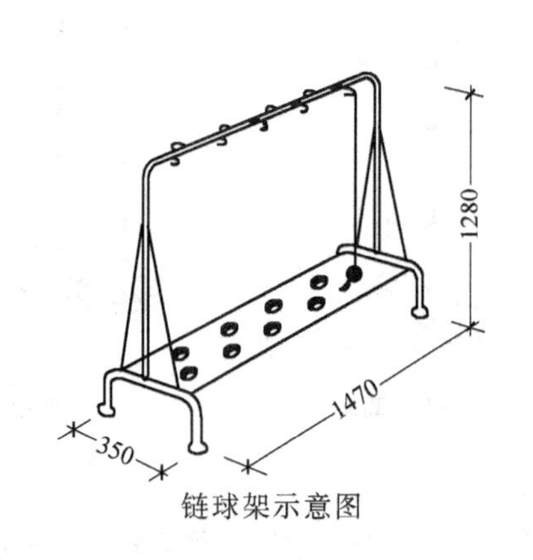

链球架示意图

(5) 健身房部分设备架尺寸（见图 3-8-10）

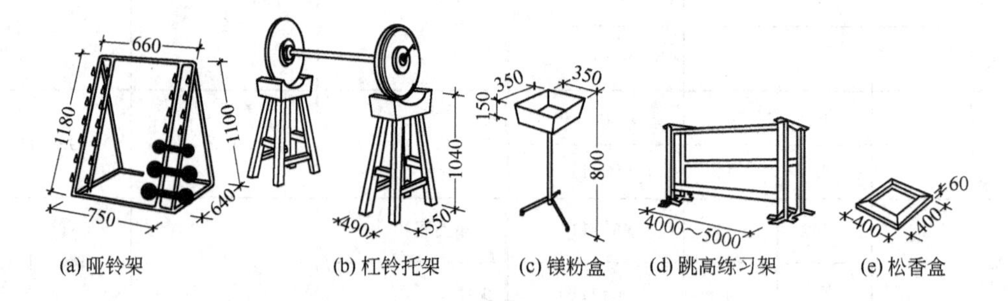

(a) 哑铃架　(b) 杠铃托架　(c) 镁粉盒　(d) 跳高练习架　(e) 松香盒

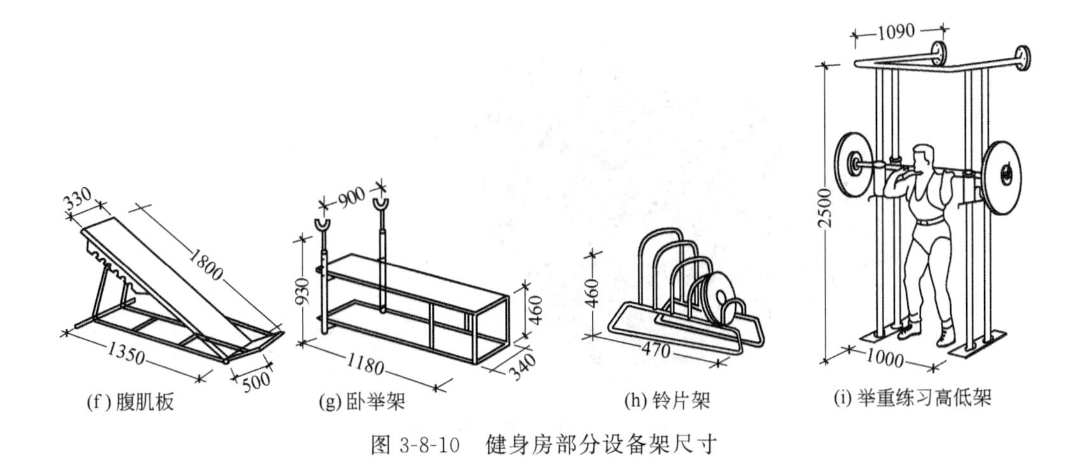

(f)腹肌板 (g)卧举架 (h)铃片架 (i)举重练习高低架

图 3-8-10 健身房部分设备架尺寸

3.8.3 体育馆家具图例（见图 3-8-11～图 3-8-29）

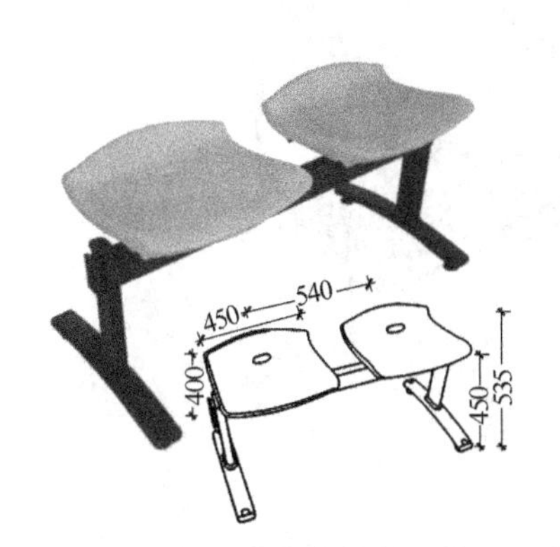

图 3-8-11 玻璃钢座面凳（1）

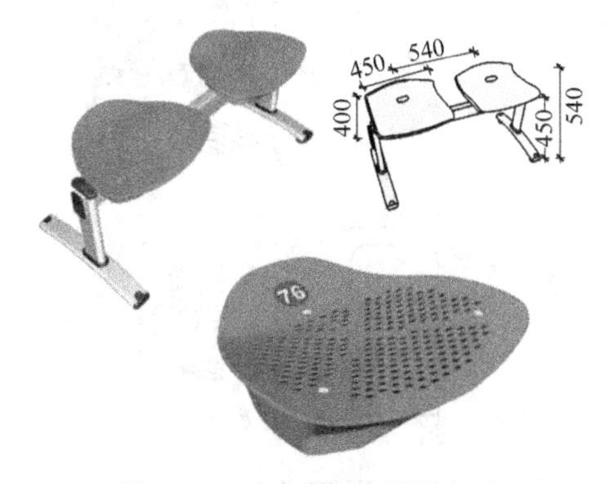

图 3-8-12 玻璃钢座面凳（2）

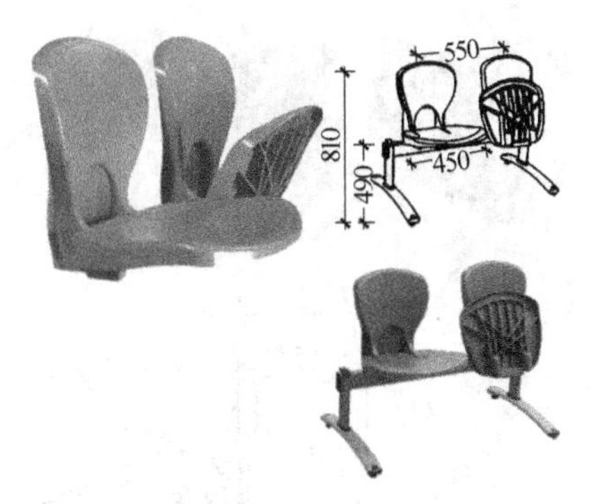

图 3-8-13 玻璃钢可活动座面座椅

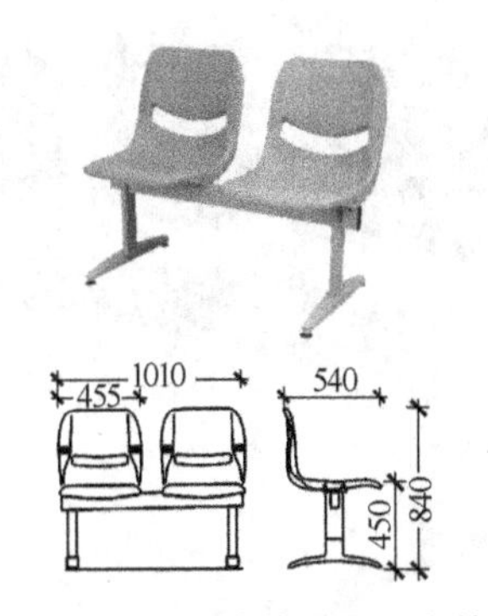

图 3-8-14 玻璃钢座面座椅

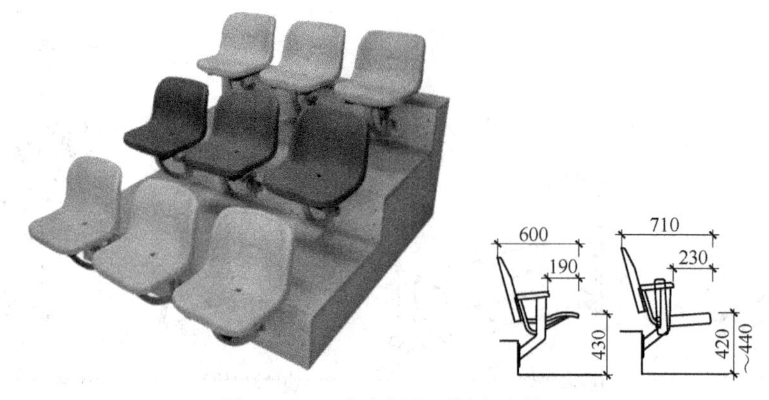

图 3-8-15 玻璃钢座面固定座椅

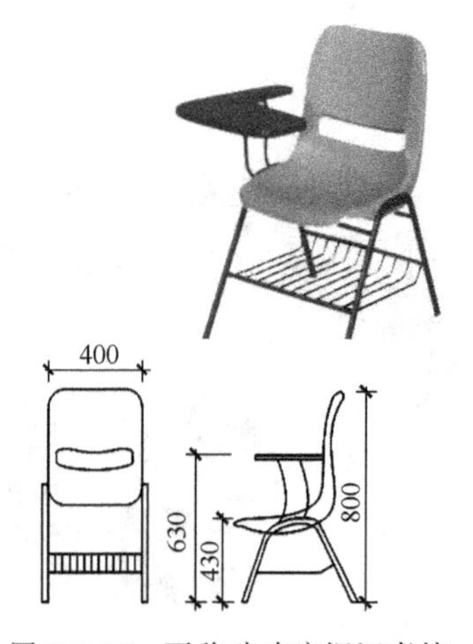

图 3-8-16 可移动玻璃钢记者椅

图 3-8-17 体育馆轻质铝椅

图 3-8-18 体育馆软座椅排椅

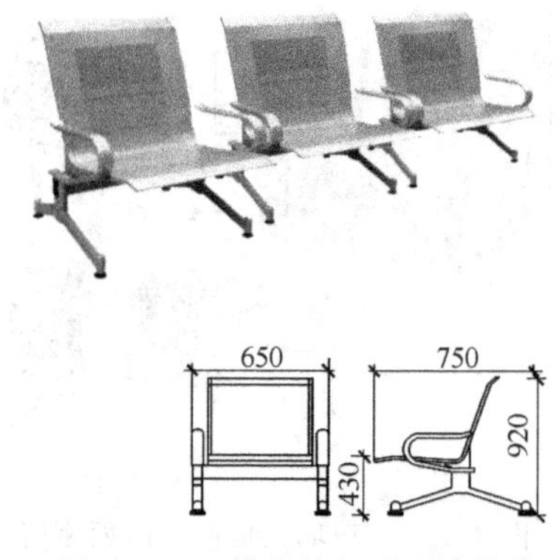

图 3-8-19 体育馆轻质金属排椅

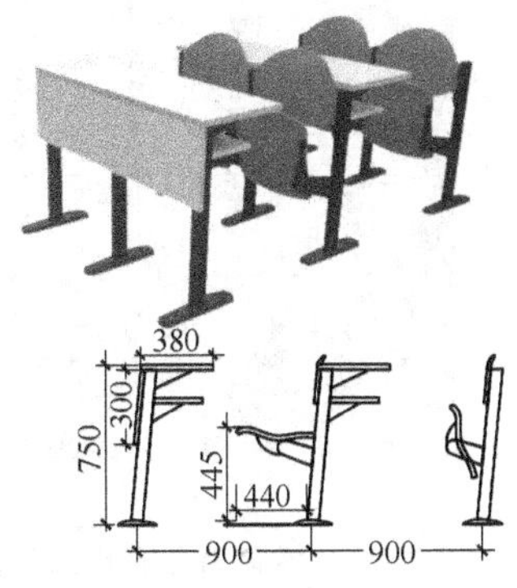

图 3-8-20 记者联席桌椅（1）

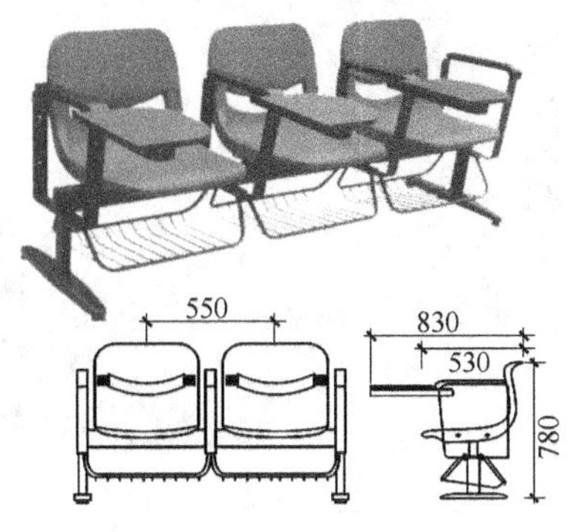

图 3-8-21 记者联席座椅（2）

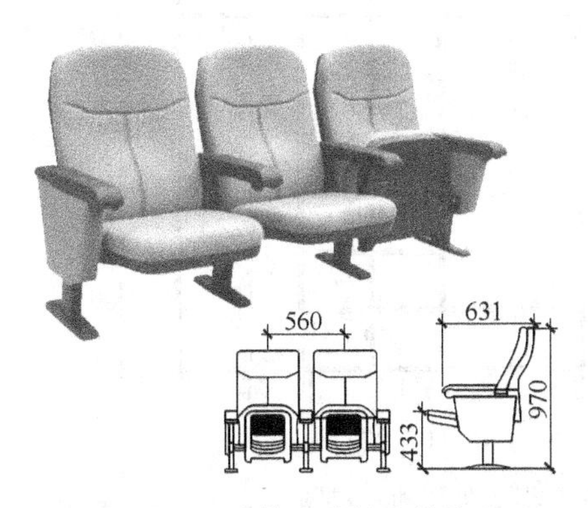

图 3-8-22 室内体育馆软座排椅（1）

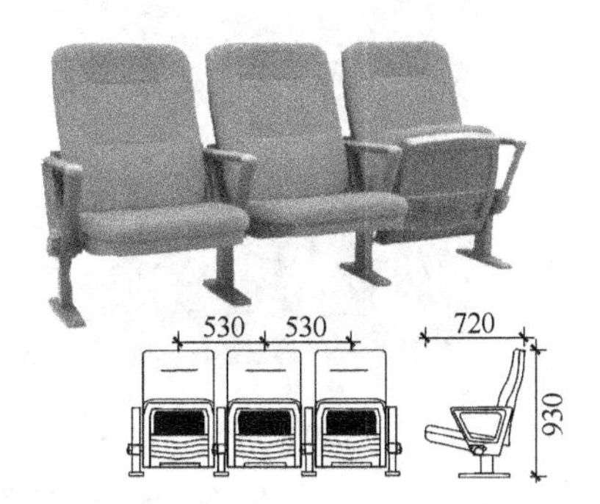

图 3-8-23 室内体育馆软座排椅（2）

图 3-8-24 演讲台

图 3-8-25 发言席

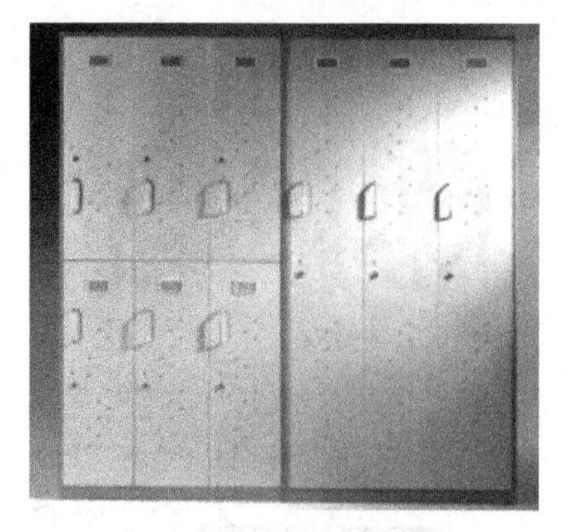

图 3-8-26 体育馆存衣柜

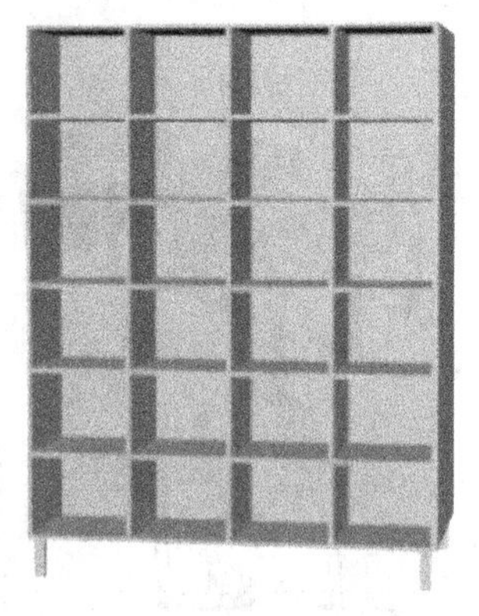

图 3-8-27 体育馆存衣柜效果图

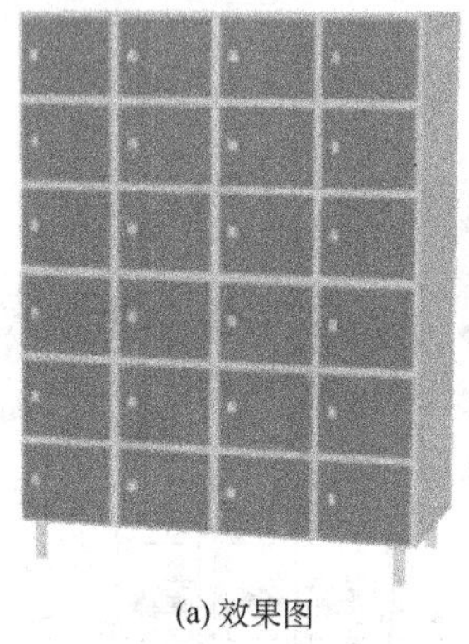

(a) 效果图 (b) 三视图

图 3-8-28 体育馆双面存衣柜效果图和三视图

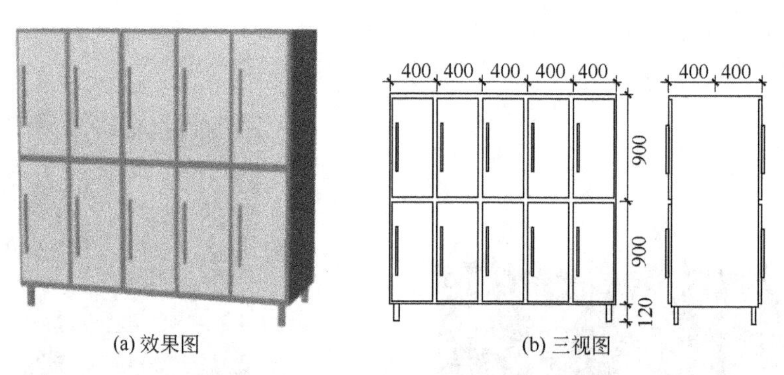

(a) 效果图 (b) 三视图

图 3-8-29 体育馆存衣柜效果图和三视图

3.9 实验室家具设计

3.9.1 概述

实验室家具是一类比较特殊的家具，它不仅应具有优良的使用功能，还应具备整洁明朗的外观和色彩，以改善室内环境。实验室家具产品分为四大类：钢木结构产品、板式结构产品、全钢结构产品和铝木结构产品。实验室家具产品有实验台、实验柜和实验凳等。实验室家具设计中需要考虑以下内容。

① 实验室家具设计应考虑到实验性质和实验要求。

② 实验室家具的尺度以及家具在实验室空间内的布置应符合人体工程学。

③ 实验室家具采用的材料应满足防火、防水、耐腐蚀等特殊的功能要求，且容易清洗。

3.9.2 实验室家具尺寸

(1) 实验室平面布置

根据实验室布局的不同，实验台的名称也不相同。位于实验室中间的，称为岛式实验

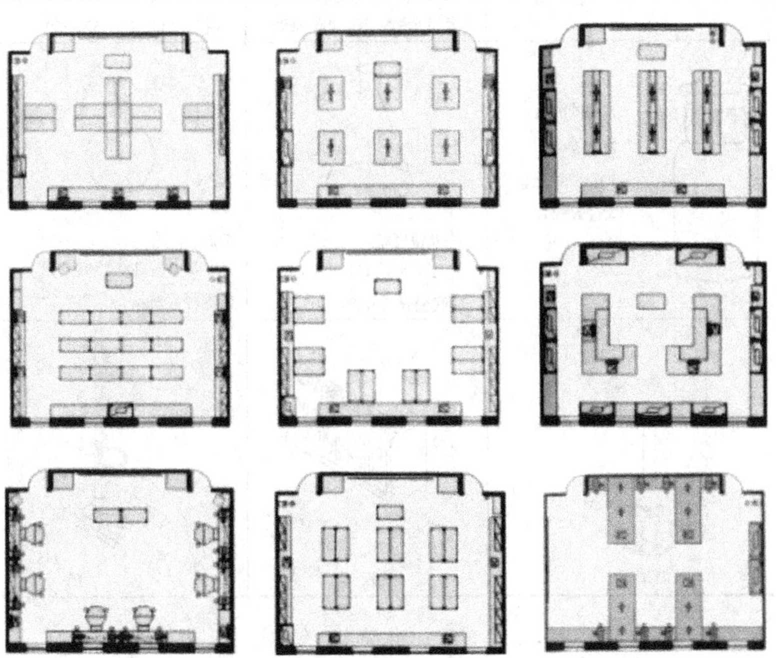

图 3-9-1　实验室的平面布置

台；实验台一端靠墙则称为半岛式实验台；如果实验台的一条长边靠墙则称为侧边实验台。与之相适应的洗涤台、实验柜、试剂架等的布置也有所不同。在同一实验室中，应根据实验性质和要求来设置实验室家具，选择岛式、半岛式、侧边式等布置方式。图 3-9-1 是各类实验室的几种平面布置方式，图 3-9-2 是各类实验室的布置透视图。

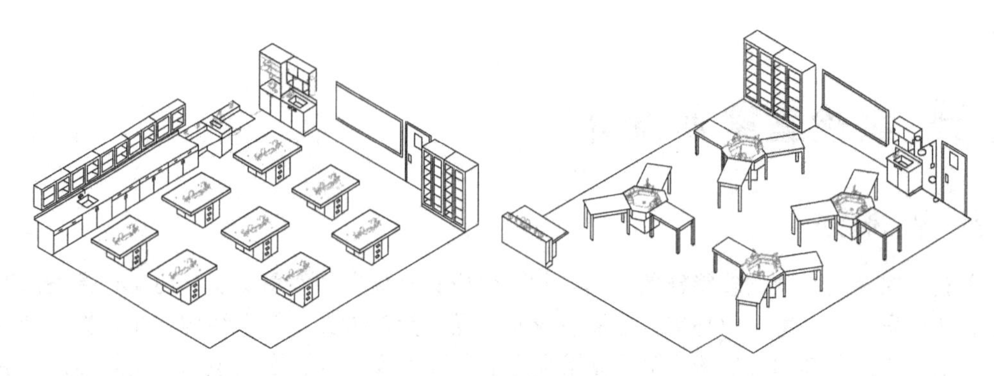

图 3-9-2　实验室的布置透视图

(2) 实验室常见物体的主要尺寸（见图 3-9-3、图 3-9-4）

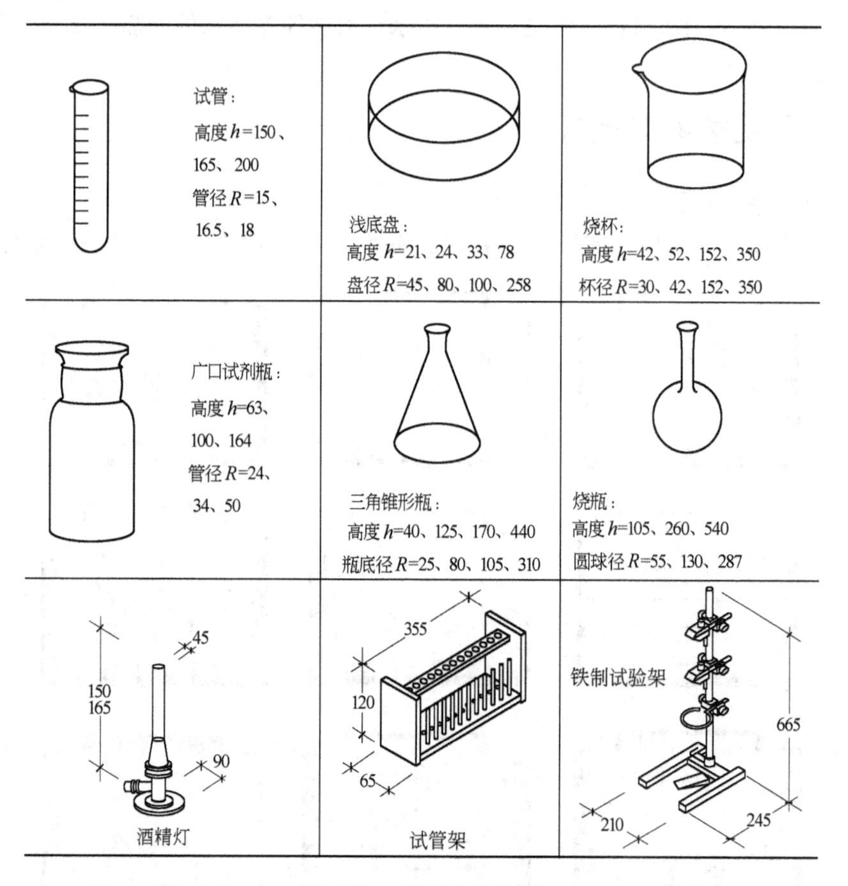

图 3-9-3　化学实验仪器

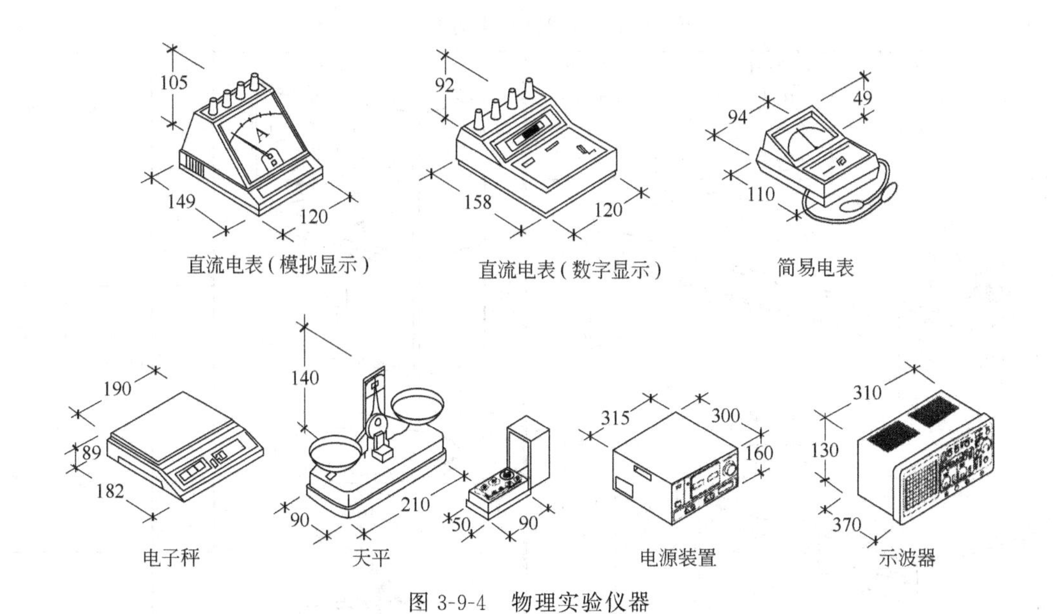

图 3-9-4 物理实验仪器

(3) 实验室家具与人、建筑室内的关系（见图 3-9-5）

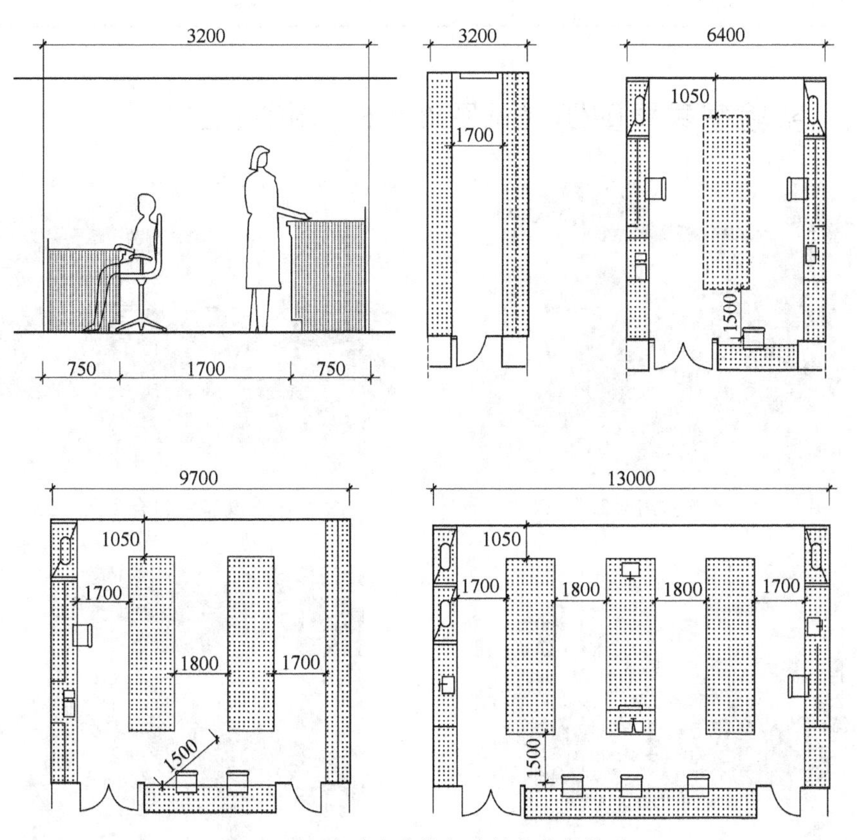

图 3-9-5 实验室家具与建筑室内的关系

(4) 实验室常见的家具尺寸（见表 3-9-1）

表 3-9-1　实验室常见的家具尺寸

<table>
<tr><td>长</td><td>2000～4800
（中央）
1200～3000
（边台）</td><td>宽</td><td>1300～1600
（中央）
750～900
（边台）</td><td>高</td><td>750～850
（坐式）
850～920
（站式）</td><td rowspan="3">实验柜</td><td>长</td><td>600～1500</td></tr>
<tr><td colspan="6" rowspan="2">实验台</td><td>宽</td><td>300～600</td></tr>
<tr><td>高</td><td>1500～1800（壁柜）
600～1000（台柜）</td></tr>
<tr><td colspan="4" rowspan="2">活动作业台</td><td>长</td><td>1200～
2000</td><td rowspan="2">实验凳</td><td>座深</td><td>400～450</td></tr>
<tr><td>宽</td><td>600～
800</td><td>座宽</td><td>400～500</td></tr>
</table>

3.9.3 实验室家具图例（见图 3-9-6～图 3-9-21）

图 3-9-6　实验室组合家具（1）

图 3-9-7　实验室组合家具（2）

图 3-9-8　实验室组合家具（3）

图 3-9-9　实验室组合家具（4）

图 3-9-10 实验室组合家具（5）

图 3-9-11 实验室组合家具（6）

图 3-9-12 实验室组合家具（7）

图 3-9-13 实验室组合家具（8）

图 3-9-14 实验室组合家具（9）

图 3-9-15 实验室组合家具（10）

图 3-9-16 实验室组合家具（11）

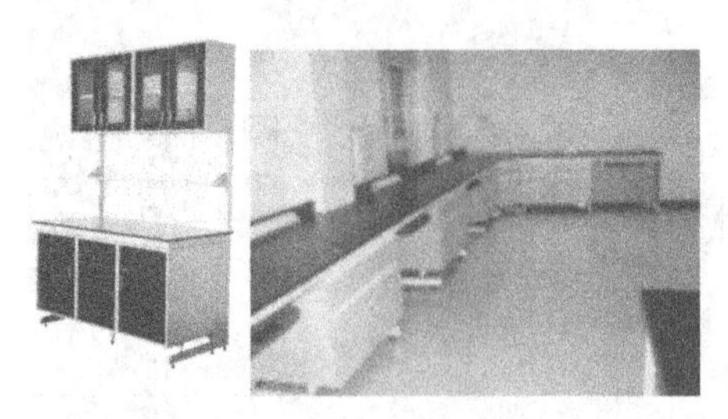

图 3-9-17　带吊柜的实验台和转角实验台

图 3-9-18　带层架的实验台

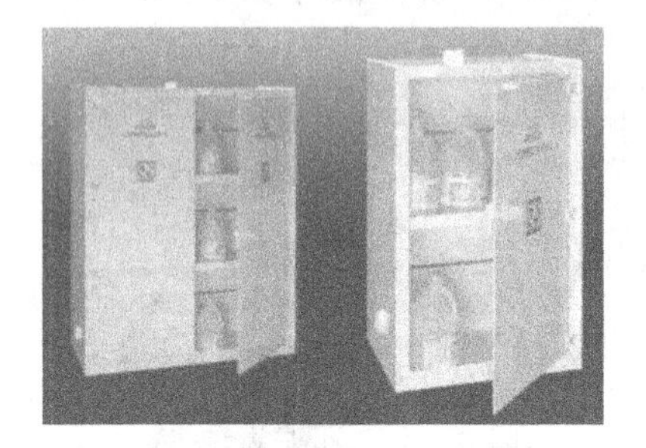

图 3-9-19　药品柜（吊柜）

图 3-9-20　器皿柜（壁柜）

图 3-9-21　实验凳

4 室内整体家具设计

4.1 整体家具设计

整体家居是一种科学的、先进的和全面的装修理念和方式，强调的是将家具的摆放、色彩的搭配、灯光的配置、饰品陈列等有机地统一在一个室内空间中。整体家居的出现促使装修和家具的配合，于是产生了定制家具和整体家具。本章涉及的整体家具主要包括整体厨柜、整体书柜、整体衣柜的设计。

橱柜是用于收纳、储藏衣物、书刊、食品、器具和日常用品一类家具，包括衣橱、书柜、电视柜、文件柜、装饰柜和厨柜等。在设计橱柜的过程中，作为设计师，首先要了解人的视知觉过程。消费者在购买橱柜时，其视觉与橱柜的沟通渠道主要靠橱柜主视面的划分、装饰、色彩等传递信息，而后才可能会去打开橱柜的门去了解其功能和结构。橱柜的设计主要可分为视觉界面设计和结构设计，而视觉界面是与消费者沟通的首先的桥梁，因此关注橱柜界面的设计就显得十分重要了。

4.1.1 整体家具（橱柜）主界面设计

自从人类创造文化的那一刻起，人与自然之间就存在一层膜，即“界面”，在英文字典里称之为“Interface”，inter 意为“存在于……之间”，face 意为“面”。人类通过这层界面来感知世界。如电脑的界面和数控机床的界面包含可操作的界面——键盘，和供人可视的界面——显示器。界面可分为感觉（视觉、触觉、听觉等）和情感两个层次。界面设计是以研究与处理人与物之间的信息传递为主，它是一个复杂的有不同学科参与的系统工程，人体工程学、认知心理学、生理学、设计学、艺术学、语言学等都扮演着很重要的角色。

借鉴“界面”的概念，将其应用在家具的设计理论中，对家具设计理论的拓展具有十分重要的意义。在橱柜家具中，界面主要指能显示家具主要功能和造型的主要立面，橱柜的主界面主要指人们观察橱柜家具的主要视觉界面，一般是从正面观察客厅柜、衣柜、书柜、装饰柜和厨房柜等橱柜的主视面。橱柜主界面设计主要考虑主界面的分割设计和色彩设计，分隔设计主要应用图形构成相关理论，色彩设计主要应用色彩学的理论体系。

4.1.2 橱柜主界面的分割设计

图形构成除了研究二维空间内抽象几何型之外，更强调超越图形平面或者表面的意义和作用，把图形看作立体的、空间的限定基础、立体的和空间形态的艺术内容以及色彩艺术的载体。突破传统的平面构成纯理性几何形式的局限，融合具象形和抽象形的创造，构建“图形、图识和图理”的图形意识，“形态要素＋运动变化”是它的基本模式，这种模式使得机械的、无生命的形态要素通过运动变化与人的各种心理内容和情感相联系在一起。图形构成在家具设计中的应用经历了三个不同阶段：①古典家具对图形装饰意义的运用；②现代风格家具对图形的否定；③后现代风格家具将图形与结构和装饰融为一体。中国传统家具和中世纪的哥特式家具一般将图形隐匿在家具的结构中，构成独特的装饰方法。

图形构成在贮存性家具的设计中被广泛地应用，橱柜立面的画面构成，多采用“几何分割”的方法。设计师借用材料的特性，将装饰性图案、色彩、面材的形状和边缘轮廓融为一体，创造出自然丰富的戏剧性效果。通常采用“对比法则”来强调重点，采用“统一法则”来强化家具的整体视觉效果。橱柜主界面的门、屉、搁板及空间的划分都是平面分割的设计内容。分割设计所研究的主要是整体和部分、部分和部分之间的均衡关系，运用数理逻辑来表现造型的形式美。它一方面研究家具形式上某些常见的而又容易引起美感的几何形状，另一方面则研究探求各部分之间获得良好比例关系的数学原理。美的分割可以使同一形体表现出千变万化的情态来，对加强形态的性格具有重要意义。

对于许多柜类家具而言，常常由于功能、材料或工艺的要求，必须将柜体的立面作不同的分割，处理为柜门或抽屉，以满足实际的功能使用要求，同时获得美的视觉感受。柜体立面分割的原理，就美的构成法则而言，就要使分割的面与面之间表现出明显的相似性与依存性，所谓“相似性”是指它们的比例相同，“依存性”则是指它们的对角线相互平行或垂直。依此进行的立面分割设计可以使整体与部分、部分与部分之间具有良好的比例关系，获得美的造型感受。

因此，橱柜主界面的分割设计应遵循如下的原则：要符合特定的功能、用途等的要求；要满足表现形式的需要，即形与形之间的相似性和依存性，以及面积的均衡与协调；要考虑材料的性能与结构的限制。

以下是橱柜主界面的分割设计常用的分割类型。

(1) 等分分割（图 4-1-1）

等分分割是等量同形的分割，就是把一个总体分割成若干体量相等且形状相同的部分。这种分割常表现为对称的构成，具有均衡、均匀的特点，给人以和谐的美感。等分分割一般以两等分、三等分、四等分或多等分分割，常用于公用家具，如文件柜、卡片柜、药品柜等，整体造型有单调之感。

(2) 数学级数分割（图 4-1-2）

数学级数分割分为等差级数（算术级数）与等比级数（几何级数）分割。这种分割的间距具有明显的规律性，它比等分分割更富于变化而具有韵律美。

(3) 倍数分割（图 4-1-3）

倍数分割是指将分割的部分与部分，部分与整体依据简单的倍数关系进行分割，如1∶1、1∶2、1∶3、1∶4、1∶5 等。由于它们的数比关系明了简单，给人以条理清晰、秩序井然之感，在柜类家具表面分割中得到较广泛的应用。

(4) 平方根号比分割（图 4-1-4）

平方根长方形有类同黄金比率分割的美感，不同的比率各有特点，为家具造型提供了广泛的选择余地。平方根矩形的主要特点是长边与短边之比构成平方根。

(5) 黄金分割（图 4-1-5）

黄金比率分割是公认的古典美比例（1∶1.618），在设计中应用最为广泛。黄金分割是边长形成黄金比率的矩形进行排列组合所形成的分割形式。

(6) 自由分割（图 4-1-6）

自由分割是设计者运用美学法则，如对称与均衡、节奏与韵律等原理，凭个人直觉判断

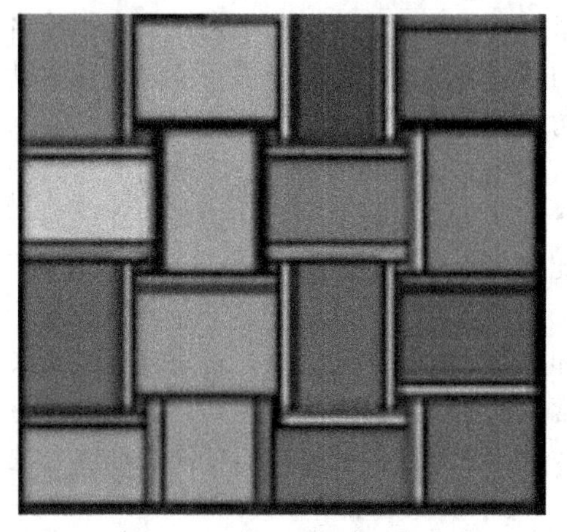

图 4-1-1　等分分割的橱柜界面

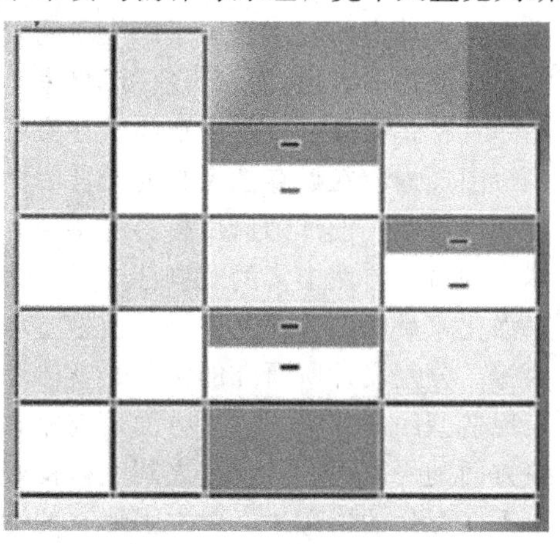

图 4-1-2　数学级数分割的橱柜界面

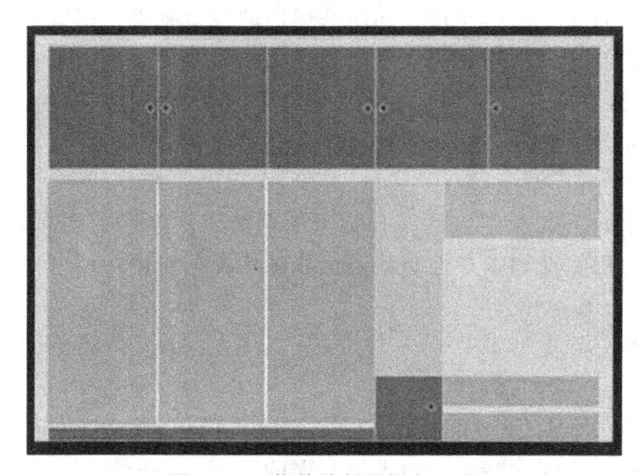

图 4-1-3　倍数分割的橱柜界面

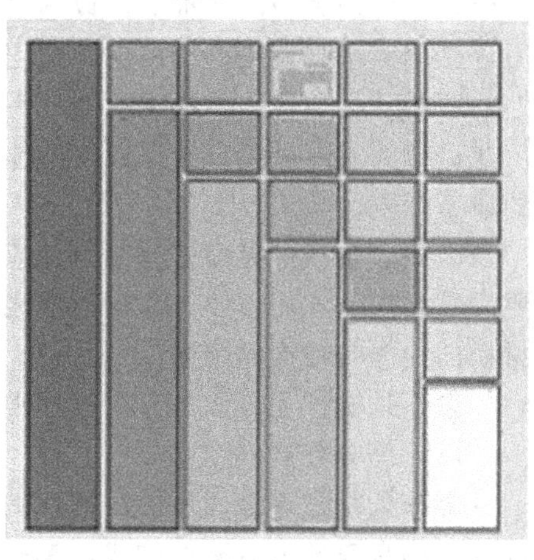

图 4-1-4　平方根号比分割的橱柜界面

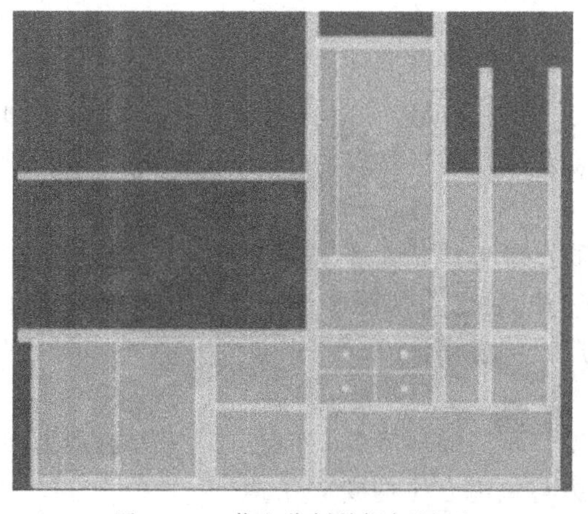

图 4-1-5　黄金分割的橱柜界面

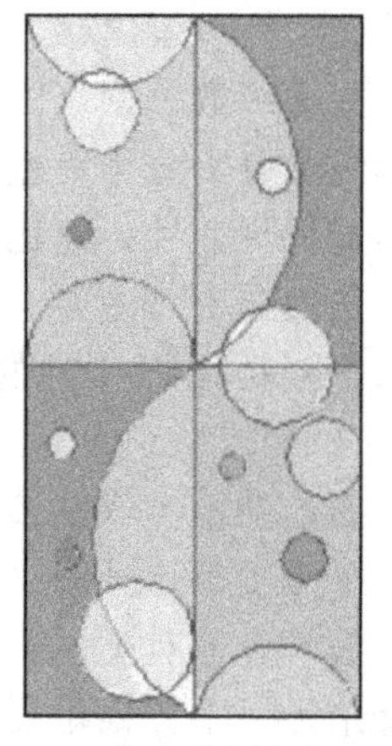

图 4-1-6　自由分割的橱柜界面

进行的分割。在分割时，要注意协调统一，寻找共同因素来求得联系与协调，包括比率的接近与渐变、图形的相似，以及对角线的平行与垂直等，是对上述各种分割的综合应用，在家

具表面分割设计中应用最为广泛。

4.1.3 橱柜主界面色彩设计

色彩反映时代的精神，表达人们的情绪，体现社会的文化潮流。研究表明，当人刚进入某个空间环境的最初几秒钟内，高达75%的人对空间的印象首先来源于环境色彩，而后才会去理解形体。家具的色彩设计在室内装饰设计中起着改变或者创造某种格调的作用，给人们以某种视觉上的差别化和精神上的享受。家具设计师不仅要运用形态、材料质感来表达家具设计的风格，而且还要充分利用色彩来表现家具设计的情调。可以从自然界中丰富多彩的色彩中提炼、概括，并根据设计的内容，用色彩语言表达一定的色彩关系，并且进行适当的色彩布局，形成色彩美感，使其成为一种独特的语言，传递出一种情感，吸引和感染消费者。

色彩构成是在色彩科学的基础上，研究符合人们知觉和心理原则的配色方法，即将复杂的视觉表面现象还原成最基本的要素，运用物理学的原理去发现、把握和创造尽可能美的色彩效果。家具设计中色彩构成包含两个方面的含义：①家具各部位间的色彩相互关系；②家具与整体室内设计风格形成的相互补充和相互协调关系，体现在家具用材的自身固有色、表面的涂饰色或者贴面材料的装饰色等。家具色彩配置的理想效果应该是能够准确地表达出室内空间环境的意境信息。

色彩对比是指在同一视场中，两个或者两个以上的颜色，所比较出的明显差异。即在橱柜的主界面上用两种或者两种以上的颜色进行相互比较，主要有色彩的三要素对比和色彩面积的对比。一般地，色彩强对比容易引起较为强烈的视觉反应，色彩弱对比则主要引起色彩的心理反应。把两个明显对立的色彩放在同一空间中，经过设计，使其既对立又协调，既矛盾又统一，在强烈反差中获得鲜明对比、求得互补和满足，以达到加深印象的效果。家具设计还应注意色彩的面积效应，面积较大时，色彩的明度和彩度不宜太高，反之，当面积较小时，提高色彩的明度和彩度，则有利于色彩的情感表现。丰富多彩的色彩对比能使家具在室内环境中充满活力。

色彩调和则是指两种或者两种以上强烈刺激的、无序的或者不调和的色彩，为了构建和谐而统一的整体而进行的调整和组合的造型方法。调和的过程是一个寻求与人的视觉、心理反应相适应的平衡过程，主要包括：单色调和、两色调和、三色调和、纯色与黑白灰调和、重复调和和分割调和等。家具的色彩配置如果对比过于强烈，容易引起人的视觉疲劳和不良的心理反应。设计中通常通过色彩的三属性协调统一，对家具的面积及色彩的秩序进行调和。如：①在对比色中加入同一色彩或相互混入对方色彩，使对比色的色相相互靠拢；②在对比色中加入白（黑）色，削减双方的个性；③在对比色中加入灰色，削减色相感，减少强烈的刺激性。现代室内环境艺术设计中家具及室内装饰常采用这种方法来表达亲切的、融和的、自然的和谐氛围。橱柜的色彩要求能够表现出自然、爽洁的风格，如以白色、灰色、浅粉色系列等调和性的色彩为主。这类色彩组合反差不宜过大，要能让人感到清新与优雅，自然和随意，这种高调色彩极能体现使用者的品位和素养。但为了避免色彩的过分统一，在满足和谐性的同时，也可将橱柜的边缝配以其他浅粉色，如浅黄色、浅紫色或浅绿色，目的在于调和色彩。

4.2 整体衣柜设计

4.2.1 概述

整体衣柜根据卧室平面的不同，一般可分为一字形、“L”形或者“U”形三种不同的布置方式。设计时应该注意：

① 在设计中要考虑到使用的方便性，在衣柜中部的两侧靠近移门口顺手部位安排几个抽屉和挂衣区，用于存放最近常更换的衣物。可以将衣柜按衣物更换频度划分为三个区域：过季、当季、常换。在衣柜的顶部安排三隔层板，用于叠放除当季以外三个季节的衣物，而下部靠中间部分因为在移门内侧，存放当季衣物，也可以叠放，比顶部容易取用；

② 衣柜的设计不仅要考虑到居住者的构成、职业、年龄、个人衣物的特点和摆放次序，还应考虑到空间的合理、有效利用；

③ 遵循衣柜尺寸规范，挂短衣或上装的空间高度不低于800mm；挂长大衣的高度不低

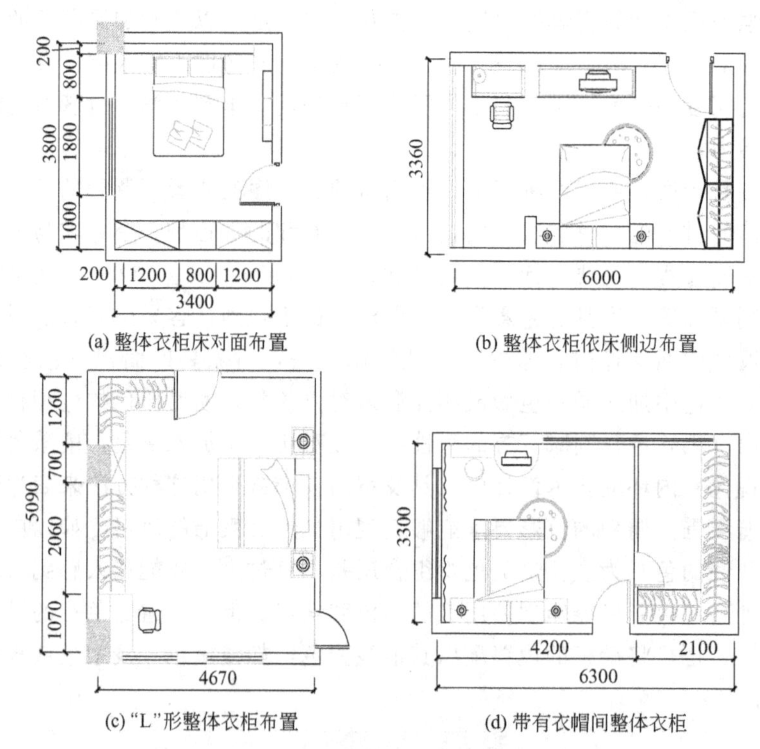

(a) 整体衣柜床对面布置　(b) 整体衣柜依床侧边布置

(c) “L”形整体衣柜布置　(d) 带有衣帽间整体衣柜

图 4-2-1　板式整体衣柜平面布置举例

于 1400mm；抽屉的高度不低于 150～200mm；至于叠放衣物的柜体，以衣物折叠后的宽度来看，柜体设计时宽度应在 330～400mm 之间、高度不低于 350mm；整个衣柜上端通常会设置成放置棉被等不常用物件，高度也要不低于 400mm；衣柜深度一般在 530～620mm，常用尺寸是 600mm。如果设计成移动门，要留 75～80mm 的滑道的位置；

④ 设计要考虑与室内装饰风格及线型的整体一致。

4.2.2 整体衣柜尺寸

(1) 衣柜平面布置（见图 4-2-1）

(2) 衣柜的立面分布与尺寸（见图 4-2-2）

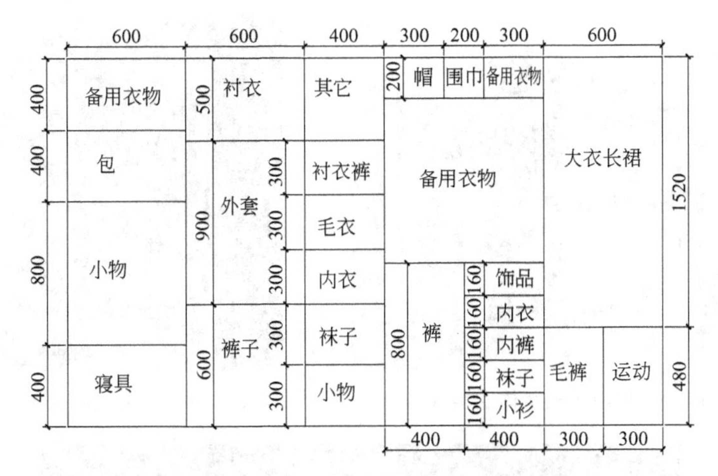

图 4-2-2 整体衣柜立面功能分部与尺寸

（注：衣柜的其他尺寸请参考“2.4 卧房家具设计”。）

4.2.3 整体衣柜图例

图 4-2-3 移门板式整体衣柜（1）

图 4-2-4 移门板式整体衣柜（2）

图 4-2-5　移门板式整体衣柜（3）

图 4-2-6　移门板式整体衣柜（4）

图 4-2-7　移门板式整体衣柜（5）

图 4-2-8　嵌入式板式整体衣柜

图 4-2-9　衣帽间板式整体衣柜（1）

图 4-2-10　衣帽间板式整体衣柜（2）

图 4-2-11　衣帽间板式整体衣柜（3）

图 4-2-12 衣帽间板式整体衣柜（4）

图 4-2-13 衣帽间板式整体衣柜（5）

图 4-2-14 开衣帽间板式整体衣柜（6）

图 4-2-15 衣帽间板式整体衣柜（7）

图 4-2-16 衣帽间板式整体衣柜（8）

图 4-2-17 衣帽间板式整体衣柜（9）

图 4-2-18 衣帽间欧式整体衣柜

图 4-2-19 板式亮格整体衣柜

图 4-2-20 开放式现代板式整体衣柜

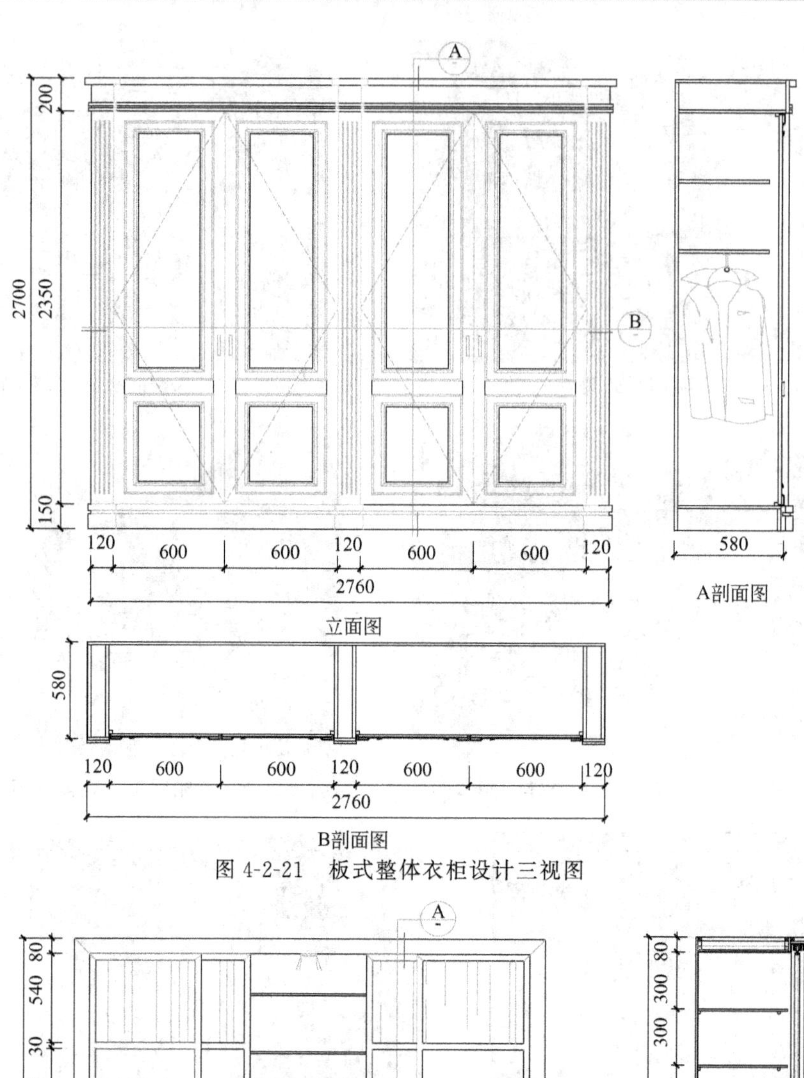

图 4-2-21　板式整体衣柜设计三视图

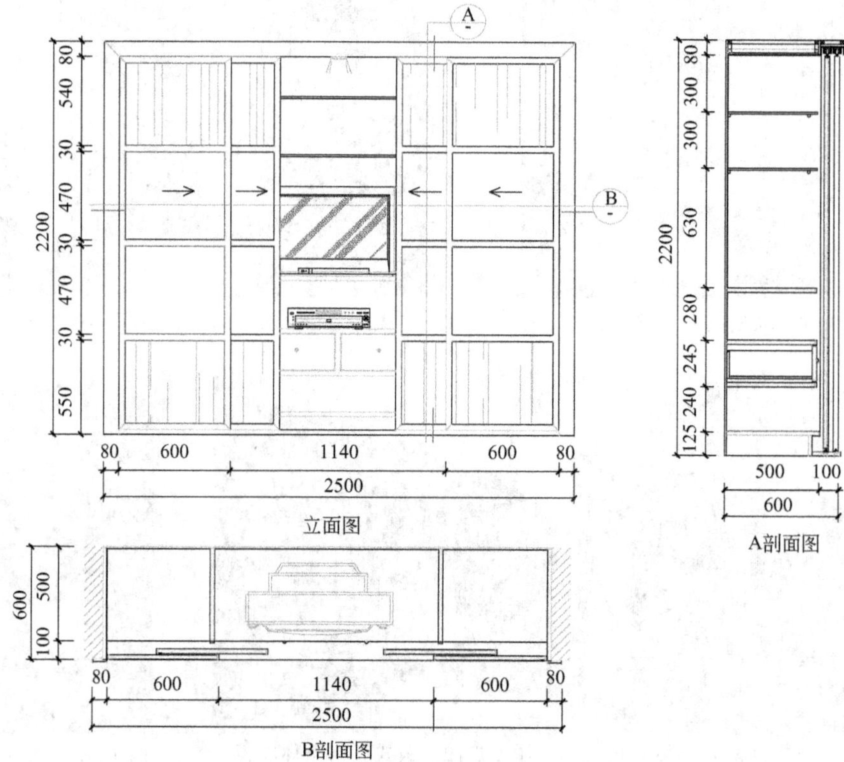

图 4-2-22　移门板式整体衣柜设计三视图

4.3 整体书柜设计

4.3.1 概述

书房又称家庭工作室，是作为阅读、书写以及业余学习、研究、工作的空间，特别是从事文教、科技、艺术工作者必备的活动空间，是家庭人员书写、阅读、创作、研究、信息处理、书刊资料贮存以及兼有会客交流的场所。现代书房的设计一般和室内其他空间设计同时进行，也就是整体设计，最核心的部分表现为书柜的整体设计，设计时主要考虑：

① 书柜主要的功是提供书刊、资料、用具等物品存放，设计时要充分考虑物品的尺寸；

② 书柜的表面分割要满足物品的需求，同时要满足美观要求，注重艺术感，文化内涵需求；

③ 书柜的设计要符合书房空间整体需要，要考虑书桌的整体设计；

④ 书柜结构设计要满足书房空间结构，便于安装需要。

4.3.2 整体书柜尺寸

请参见“2.5 书房家具”章节。

4.3.3 整体书柜图例

图 4-3-1 实木板式整体书柜（1）

图 4-3-2 实木板式整体书柜（2）

图 4-3-3 实木板式整体书柜（3）

图 4-3-4 板式整体书柜（1）

图 4-3-5 板式整体书柜（2）

图 4-3-6 板式整体书柜（3）

图 4-3-7 板式整体书柜（4）

图 4-3-8 板式整体书柜（5）

图 4-3-9　板式整体书柜（6）

图 4-3-10　板式整体书柜（7）

图 4-3-11　板式整体书柜（8）

图 4-3-12　混合材料板式整体书柜

图 4-3-13　玻璃移门板式整体书柜

图 4-3-14　板式亮格整体书柜（1）

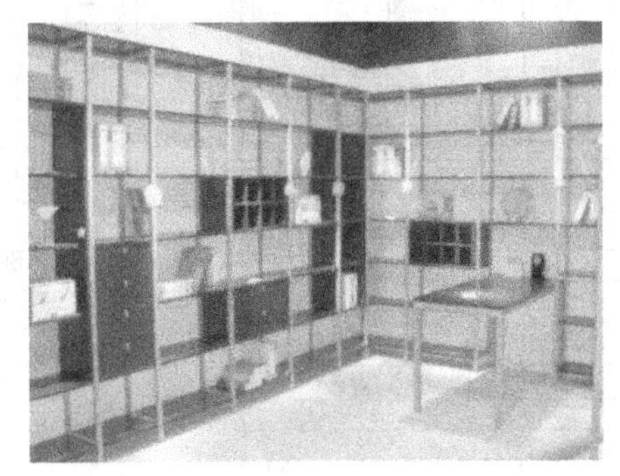
图 4-3-15　板式亮格整体书柜（2）

图 4-3-16　开放式板式整体书柜

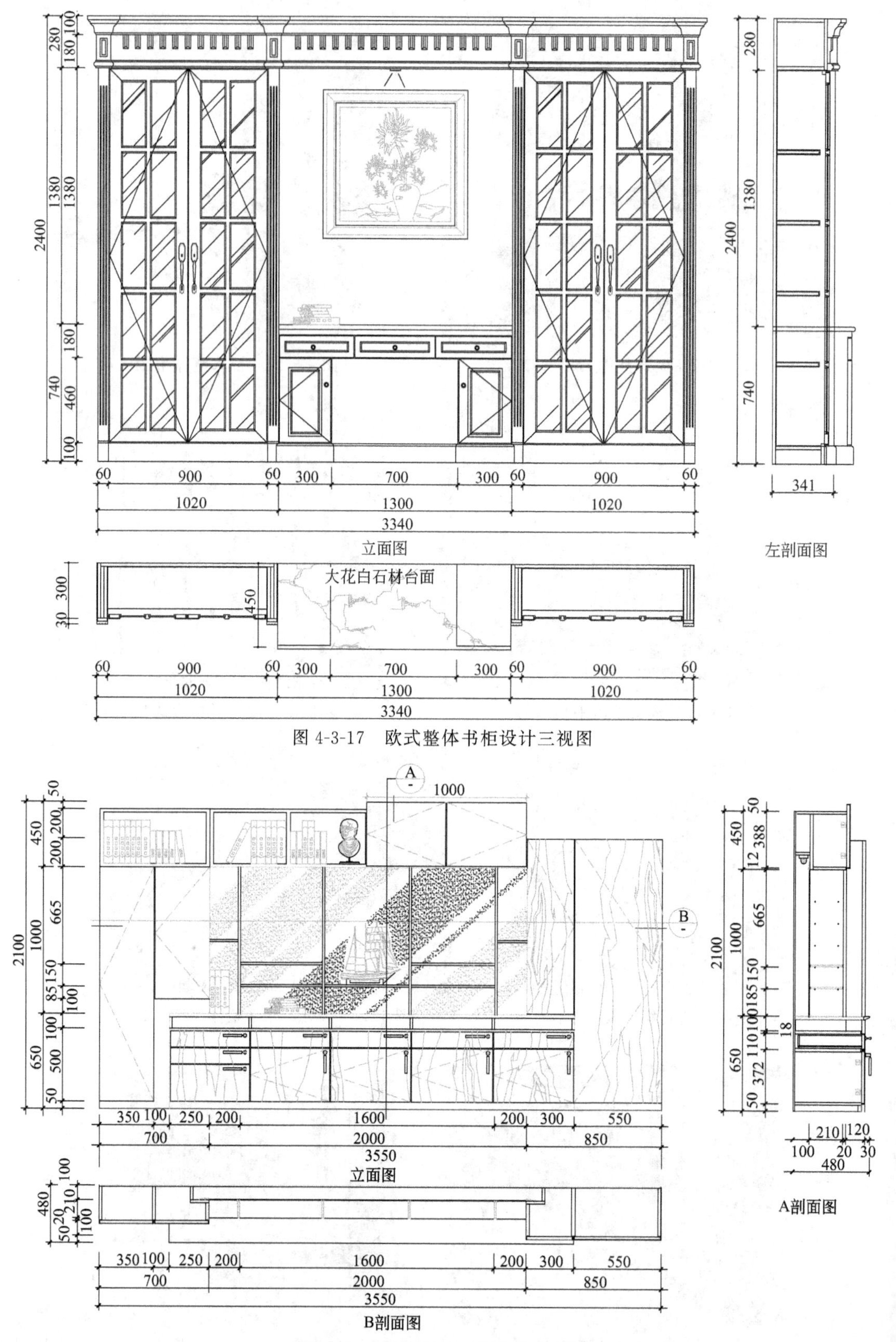

图 4-3-17　欧式整体书柜设计三视图

图 4-3-18　板式整体书柜设计三视图

4.4 整体厨柜设计

4.4.1 概述

整体厨柜是现代家居室内设计的一个重要组成部分，主要是厨房家具，设计时应与其他家居空间一起进行整体设计，主要考虑以下几个方面内容：

① 整体厨房功能是创造一条快捷、连贯的物流线，其中包括储藏室、冷库、冰箱这类储存设备和食品烹制的流程，从粗加工、切割、配菜、烹烧、爆炒、煎炸、烧烤、冷菜、面点等到出菜；

② 厨房操作单元的布局应服从操作流程和出菜次序，合理布置工艺流线，由生到熟，避免生熟交叉，还要考虑厨房内干与湿、冷与热分开的原则，这不仅能提高工作效率，还是食品卫生的需要；

③ 厨房空间中，工作人员相对集中，工种多、货物杂，操作工序复杂，一定要避免人员的大幅度走动，避免生产的工序颠倒、货物回流等现象；也要防止厨房内行走路线的交叉，防止工作人员的碰撞等现象。

4.4.2 整体厨柜尺寸

(1) 厨房功能分析（见图 4-4-1）

(2) 厨房操作工艺流程及相应的设备配置（见图 4-4-2）

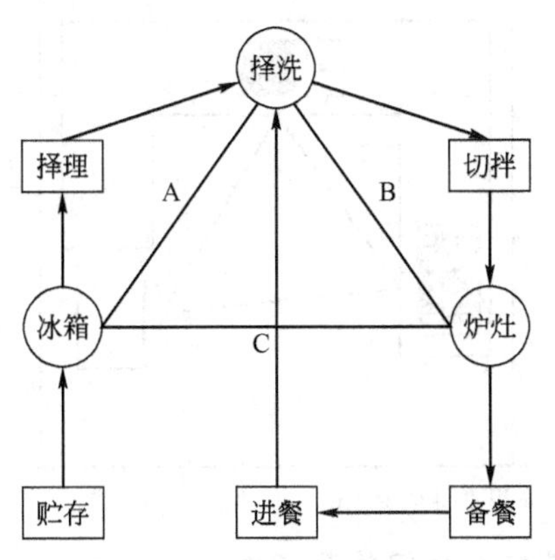

图 4-4-1 厨房功能分析图

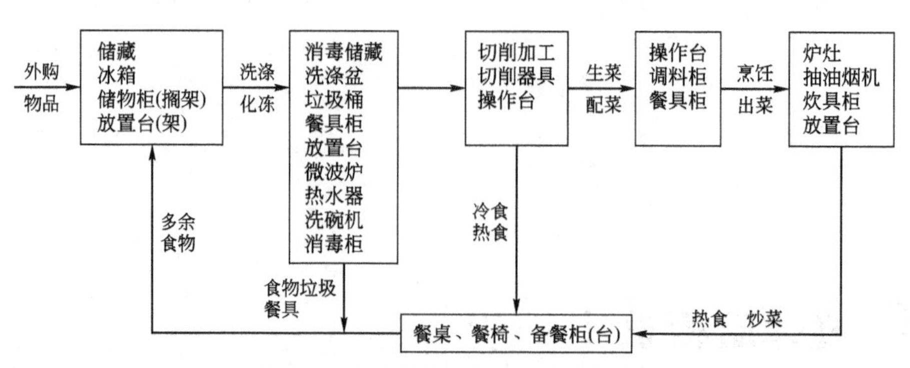

图 4-4-2　厨房操作工艺流程及设备配置

(3) 整体厨房布置与尺寸

整体厨房厨柜平面布置分为一字形、并列型、L 形、U 形、岛形五种布置类型，具体的图例及尺寸如表 4-4-1 所示：

表 4-4-1　厨房布置类型及其尺寸

图例与名称	尺寸与面积						
	开间尺寸/m	进深尺寸/m					
		2700	3000	3300	3600	3900	4200
一字形	1800	4.86	5.40				
并列型(通道型)	2100	5.67	6.30	6.93	7.56		
	2400	6.84	7.20	7.92	8.64	9.36	10.08
	2700	7.29	8.10	8.91	9.72	10.53	11.34
	3000	8.10	9.00	9.90	10.80	11.70	12.60
	3300	8.91	9.90	10.89	11.88	12.87	13.86
	3600	9.72	10.80	11.88	12.96	14.04	15.12
	3900	10.50	11.70	12.87	14.04	15.12	16.38
	4200	11.34	12.60	13.86	15.12	16.38	17.64
L 形(转角式)	U 形			岛形			

注：厨房长短边比不应大于 1.8，面积不得小于 $4m^2$。

(4) 人、设备与整体厨房家具之间关系尺寸

① 人体身高与操作台高度的尺寸关系（见表 4-4-2）

表 4-4-2　人体身高与操作台高度的尺寸关系表　　　　单位：cm

身高	1500	153	155	158	160	163	135	168	170
最舒适操作台高度	79	80	81.5	83	84	85.7	86.5	88	89

(2) 设备与厨柜的关系（见图 4-4-3）

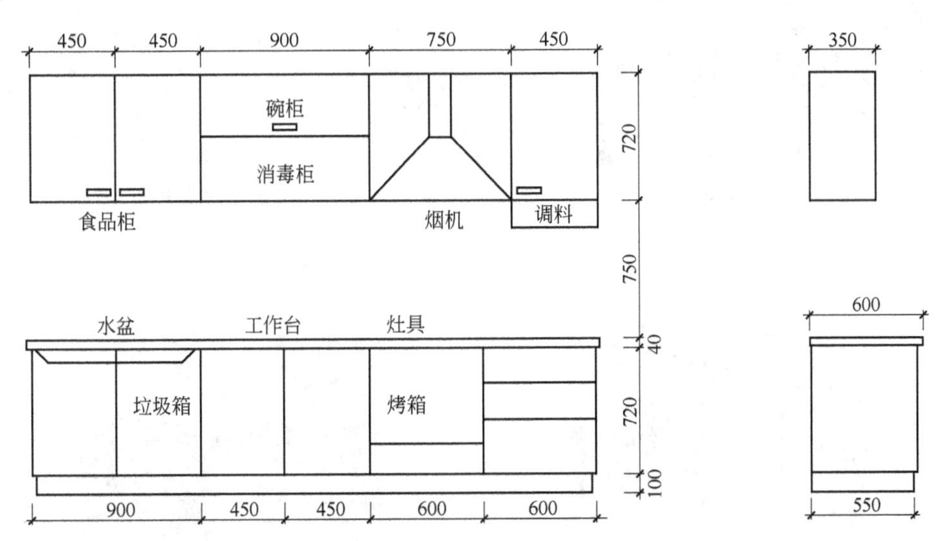

图 4-4-3　设备在厨柜的可能位置与尺寸

（注明：吊柜宽度一般在 300～350mm，高度 600～800mm；平面操作区域的进深尺度 400～600mm；厨房设备尺寸、常见家具尺寸、家具与人的关系尺寸请参考本书的“2.7 厨房家具设计”章节）

4.4.3 整体厨柜图例

图 4-4-4　“L”形板式整体厨柜（1）

图 4-4-5　“L”形板式整体厨柜（2）

图 4-4-6 “L”形板式整体厨柜（3）

图 4-4-7 “L”形板式整体厨柜（4）

图 4-4-8 “L”形板木整体厨柜（1）

图 4-4-9 “L”形板木整体厨柜（2）

图 4-4-10 “L”形欧式整体厨柜（1）

图 4-4-11 “L”形欧式整体厨柜（2）

图 4-4-12 “一”字形欧式整体厨柜

图 4-4-13 “一”字形板式整体厨柜（1）

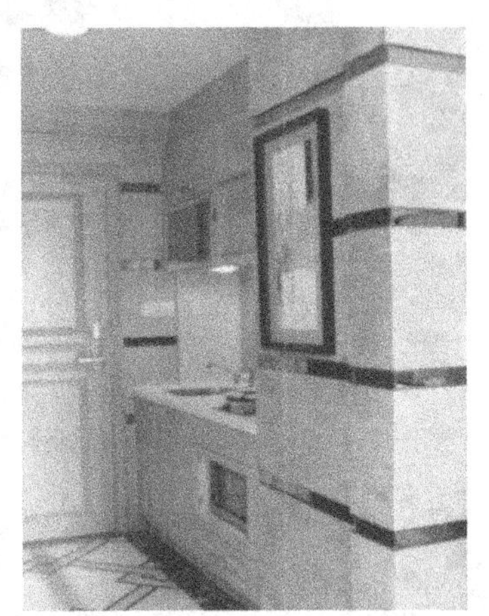

图 4-4-14 “一”字形板式整体厨柜（2）

图 4-4-15 “U”形板式整体厨柜（1）

图 4-4-16 “U”形板式整体厨柜（2）

图 4-4-17 “U”形板木整体厨柜（1）

图 4-4-18 “U”形板木整体厨柜（2）

图 4-4-19 “U”形板木整体厨柜（3）

图 4-4-20 “U”形实木欧式整体厨柜

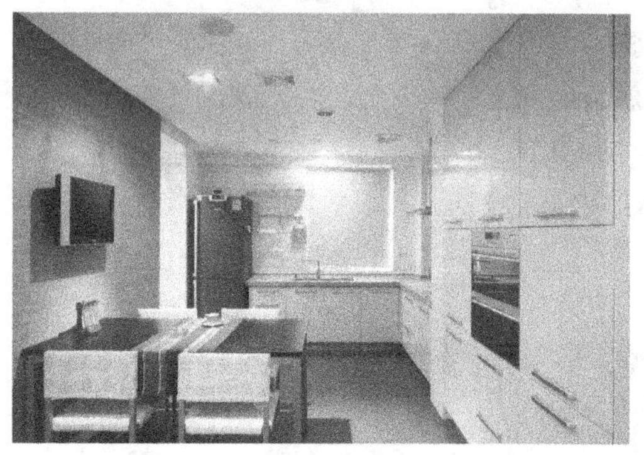

图 4-4-21 餐厨一体化空间整体厨柜

图 4-4-22 岛形板式整体厨柜（1）

图 4-4-23 岛形板式整体厨柜（2）

图 4-4-24 岛形板式整体厨柜（3）

图 4-4-25 岛形板木整体厨柜（1）

图 4-4-26 岛形板木整体厨柜（2）

图 4-4-27　岛形板木整体厨柜（3）

图 4-4-28　带有吧台的板木整体厨柜

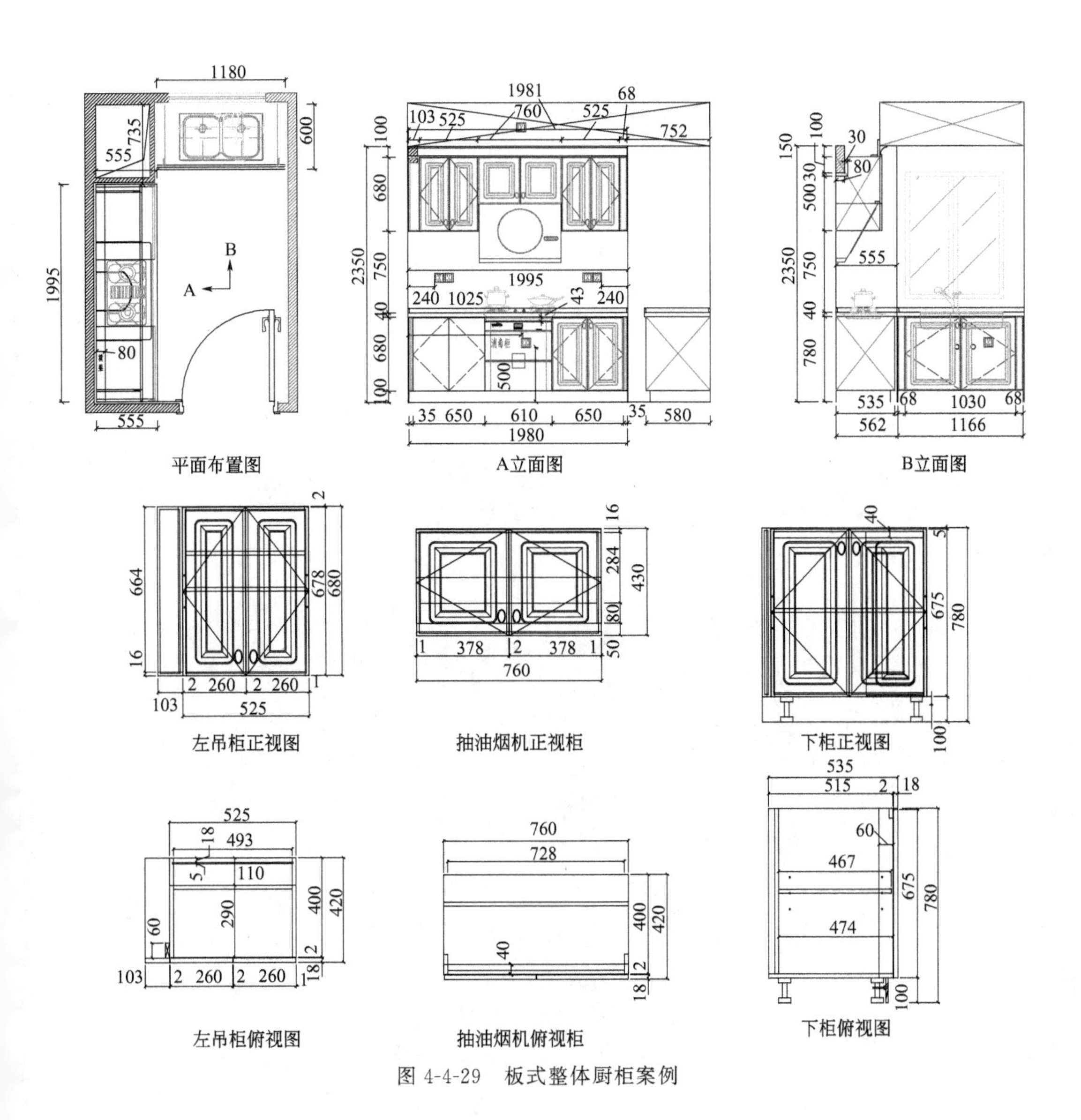

图 4-4-29　板式整体厨柜案例

5

户外家具设计

5.1 户外家具概述

户外家具为重要的园林设施之一，是供人们在园林环境中休憩歇坐、观赏、交流的一类家具；即是指放置于户外，用于供人们坐、靠、凭倚的家具，以桌椅为主。户外家具一般结构、造型皆较简单，材料要结实且耐水、耐紫外线，常用铸铁，柚木等材料。户外家具的设计还应注意反映地域文化特色。

户外家具的主要类型有躺椅、靠椅、长椅、桌、几台、架等。户外家具的主要用材多为耐腐蚀、防水、防晒、质地牢固的不锈钢、铝材、铸铁、硬木、竹藤、石材、陶瓷、FRP成型塑料等。

5.1.1 户外家具发展趋势

户外家具设计发展趋势主要表现在以下几个方面。

(1) **设计更具艺术化** 户外家具及公共设施同建筑、街道、广场、公园等一起体现了一个城市的地域特色，以及市民的审美情趣。户外家具的设计更加个性化、艺术化，并不断创新。设计越来越多地考虑到美学原则，将户外家具设计的更为美观，具有特色。主要体现在充满想象力的造型和丰富的色彩等方面。

(2) **设计更加人性化** 户外家具的设计在满足人们的实际需求的同时，越来越追求人性化的发展，比如户外家具的造型、位置、数量更加考虑人们的行为心理需求，使户外家具更加人性化，充满人情味。当今，人们越来越提倡生态型城市景观，对公共设施也越来越要求环保、自然、生态。在设计过程中尽可能地利用当地的材料，在形式和结构方面，也要与周围环境建立联系，采用环保的施工方式，达到一种和谐共生的关系，体现出源于自然，归于自然的设计理念。

(3) **设计综合化** 户外家具不再仅仅局限于体现一种功能，而都是与其他环境要素结合起来进行布置。例如：坐凳与花坛、树池进行结合；坐凳与雕塑进行结合等。

(4) **应用材料多元化** 户外家具应用的制作材料从单一的木材、金属和石材，发展到现在的竹材、塑料、藤类、玻璃等新兴材料。

(5) **新技术与新工艺的应用** 包括数控加工新技术、柔性制造新工艺以及计算机在家具设计和生产中的应用。新技术和新工艺的应用使家具制造业发生了革命性的变化，得到了巨大提升。

5.1.2 户外家具功能

(1) **休憩功能** 这是户外家具最基本的功能，设计过程中要考虑其尺寸是否符合人体工学，布置位置是否合理等。

(2) **景观功能** 户外家具利用其造型、颜色等达到一定的景观效果，有些户外家具的景观性甚至要强于其使用功能。

(3) **精神文化价值** 户外家具作为景观环境的重要组成部分，不仅完善了居民的生活环境，还塑造了城市景观，体现了城市的特色。

5.1.3 户外家具设计必须遵循的原则

(1) **系统性原则** 户外家具的设计要从城市和公园的整体规划出发，从公园的性质、当地的人文情况以及立地条件等方面去分析设计的可行性和经济性，进行系统的整体设计。

(2) **以功能为本的原则** 形式、功能和技术被认为是产品的三大要素，对于设计师而言，功能是每一次设计产品时必须重点考虑的要素。而园林户外家具的设计，功能性是在第一位的。

(3) **以人为本的原则** 针对不同的人群来进行园林户外家具的设计，例如，儿童、老年人以及残疾人。

(4) **与环境相协调的原则** 在园林户外家具的设计中引入自然要素，突出人文气息和地域特色，创造舒适方便的交往空间。

5.1.4 户外家具分类

根据户外家具应用的环境不同，可将户外家具分为三大类：公园家具、街道家具和庭院家具。街道家具主要考虑实用性，方便人休息、停靠，造型不宜太复杂；公园家具不但要考虑与周围的环境相适应，而且还要考虑方便各种功能的需要；庭院家具为当代户外家具的一个重要类型，设计时应考虑不同阶层使用者的需求，从造型和使用功能上都得兼顾；户外景观家具属于景观雕塑，主要从艺术创作角度考虑，它的艺术性永远大于它的实用性。由于这三类户外家具的使用者和环境有所差异，所以其设计内容也有所不同，包括尺寸、造型、材料、色彩等方面。

根据人体工程学概念，可将户外家具分为：躺椅、靠椅、长椅、桌、几台、架等主要种类。

根据户外材料的用材的不同，可将户外家具分为：木质材料户外家具、石材材料户外家具、塑料户外家具、金属材料户外家具以及其他材料户外家具。

5.1.5 户外家具设计尺寸

户外家具设计要结合总体规划来设计其造型、色彩和配置，家具的设计不得阻碍人流交通，家具的设计要满足人体工效学的原理，如座椅的尺度：坐面高 38～40cm，坐面宽 40～45cm，标准长度单人椅 60cm 左右、双人椅 120cm 左右、三人椅 180cm 左右，靠背座椅的靠背倾角为 100°～110°；桌台的尺寸根据功能、场合需要而定，一般在 70～80cm 之间选用；家具的结构设计要牢固。

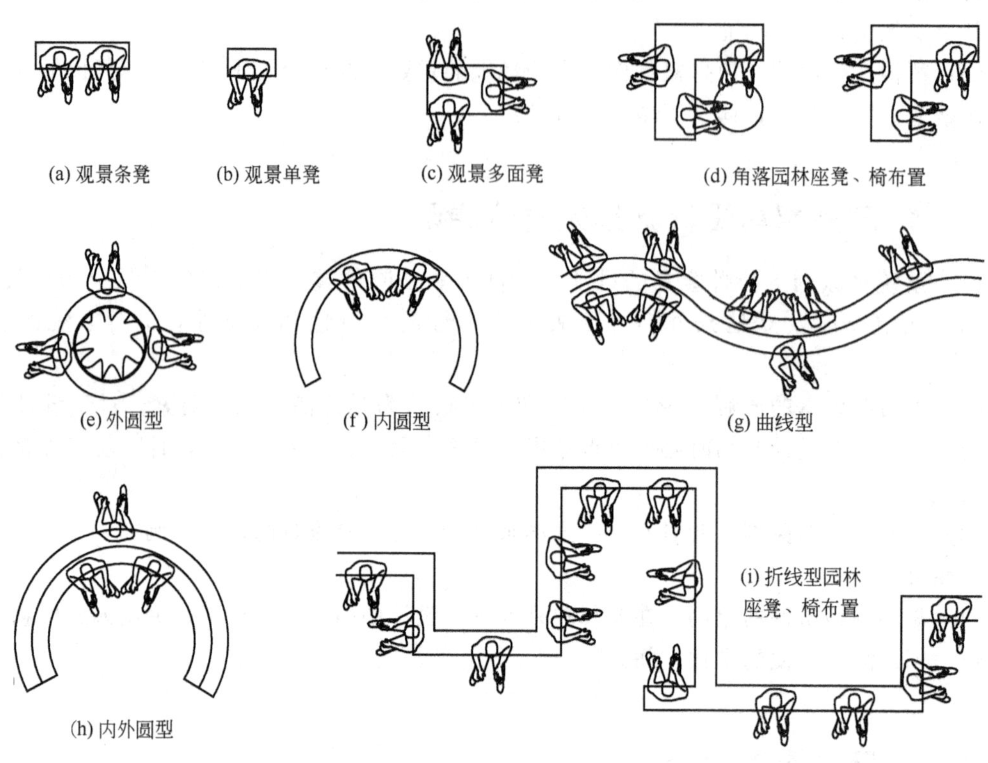

图 5-1-1　户外家具与景观和人的关系

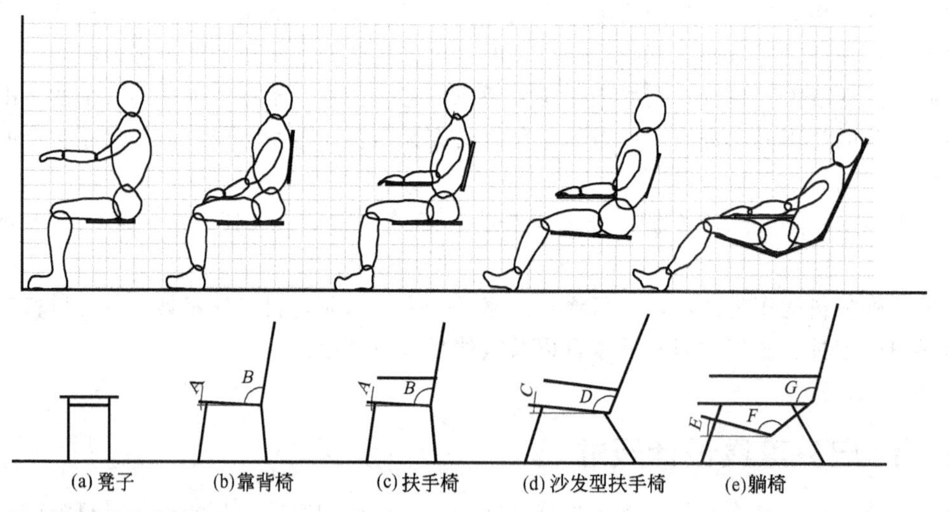

(注：图中方格尺寸为100×100mm，A=3° 25′，B=97°，C=6° 24′，D=104°，E=14°，F=124°，G=147°)

图 5-1-2　户外椅凳尺寸

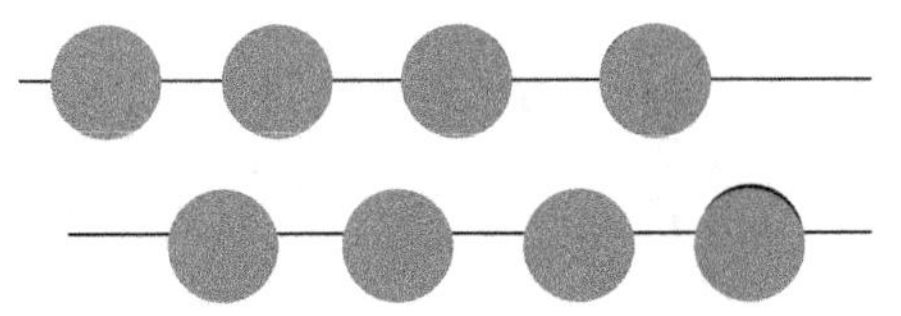

(a) 园路两旁设园椅，宜交错布置，可将视线错开，忌正面相对

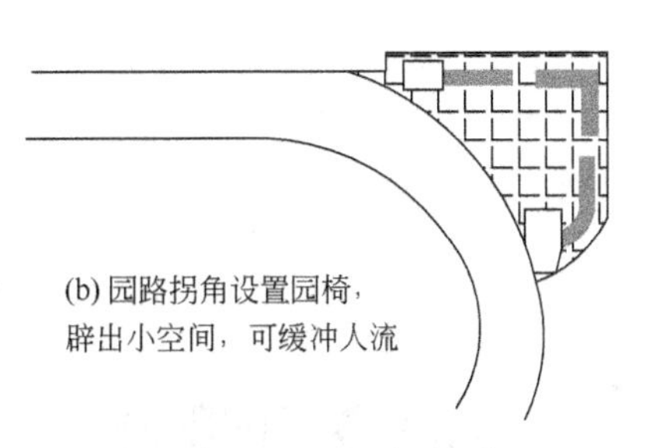

(b) 园路拐角设置园椅，辟出小空间，可缓冲人流

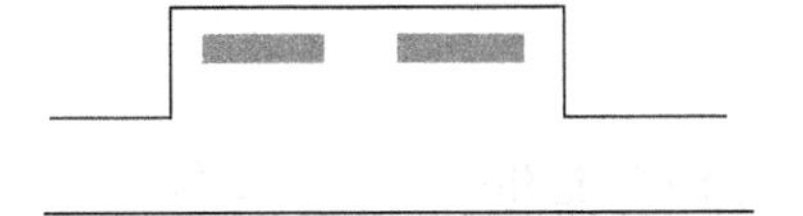

(c) 路旁园椅，不宜紧靠路边布置，需退出一定距离，以免妨碍人流交通

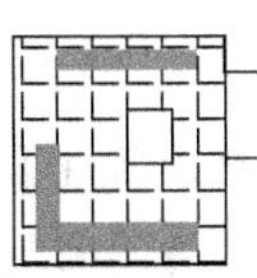

(d) 园路尽端设置园椅，可形成各种聚会空间或构成较安静的空间，不受游人干扰

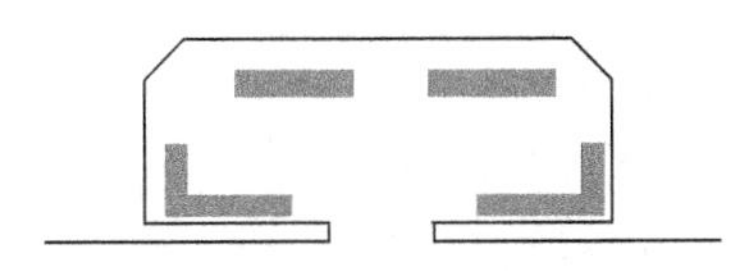

(e) 园路旁设置园椅，宜构成袋形地段，并以植物作适当隔离，形成较安静的环境

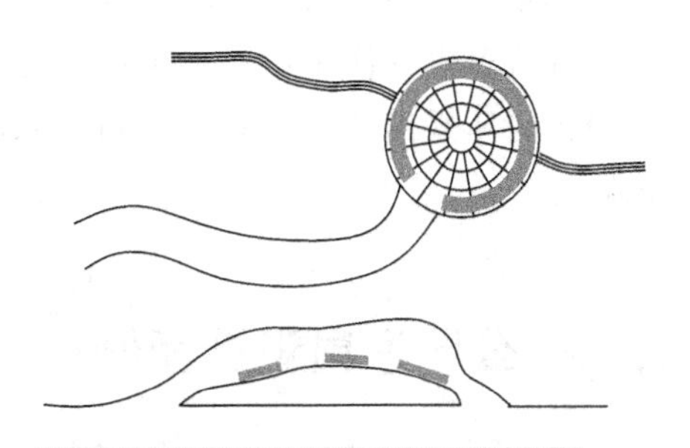

(f) 园路旁设置园椅，背向园路或辟出小段支路，可避免人流及视线干扰

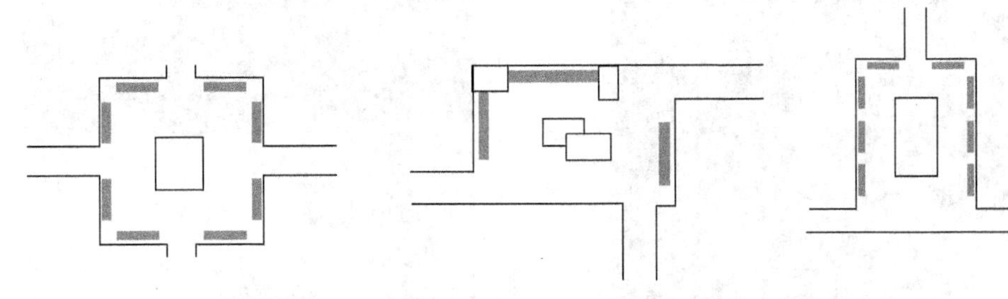

(g) 对称规则式小广场，宜在周边布置园椅，有利于形成中心景观，并保证人流畅通

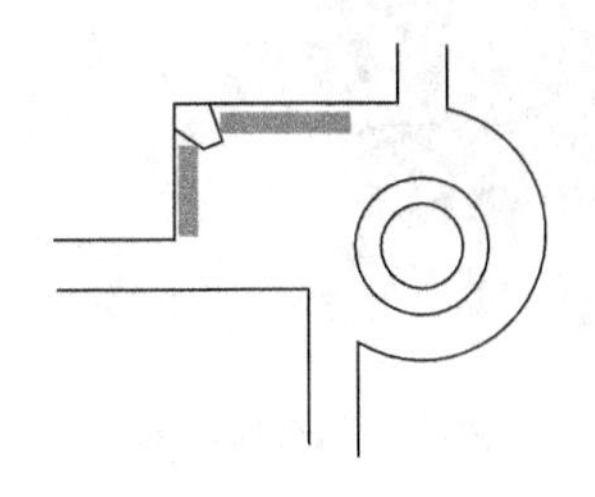

(h) 不规则式小广场，布置园椅应考虑广场形状，随意设置，同时还应该考虑景物、座椅及人流路线的协调，形成自由活泼的空间效果

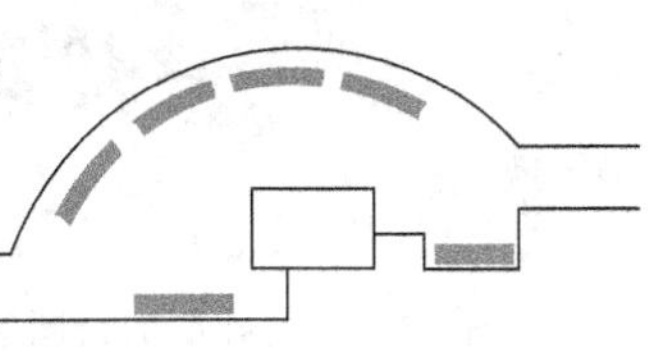

图 5-1-3　户外家具布置图例

5.2 公园家具设计

5.2.1 概述

公园家具指在公园或者风景名胜区中应用，具有休憩功能和一定景观功能的户外家具，主要包括园椅、园凳和园桌。公园家具的设计要点如下：

① 公园家具的设计应考虑到多种人的使用需要，符合人体工学；

② 公园家具的布置应与周围环境相结合，达到和谐统一的关系；

③ 设计应着重其使用功能，兼顾景观功能，不能主次颠倒；

④ 设计时所采用的材料多为石材、木材、金属等，施工工艺能达到防水、防锈、防暴晒等要求。

5.2.2 公园家具设计图例

图 5-2-1　树叶型的公园座凳

图 5-2-2　树叶型的公园座凳

图 5-2-3 儿童公园座凳

图 5-2-4 与花坛结合的座凳

图 5-2-5 石材座凳

图 5-2-6 儿童座凳

图 5-2-7 仿木座凳

图 5-2-8 公园家具

图 5-2-9 仿树桩浇筑公园家具

图 5-2-10 木质环形座凳

图 5-2-11　木材和石材结合的座凳

图 5-2-12　沙滩沙发床

图 5-2-13　户外石凳

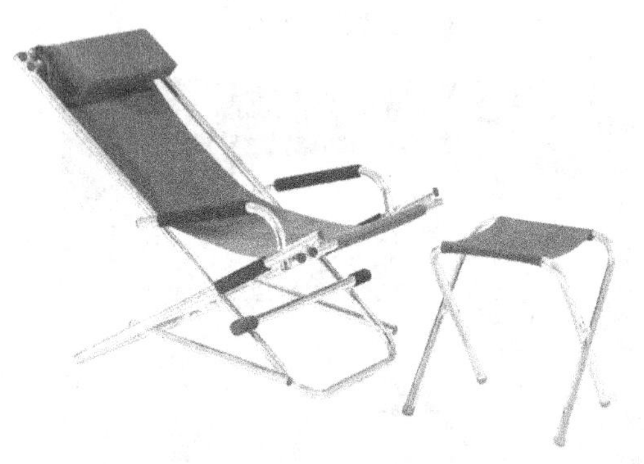

图 5-2-14　沙滩椅

图 5-2-15　公园椅

图 5-2-16　公园椅

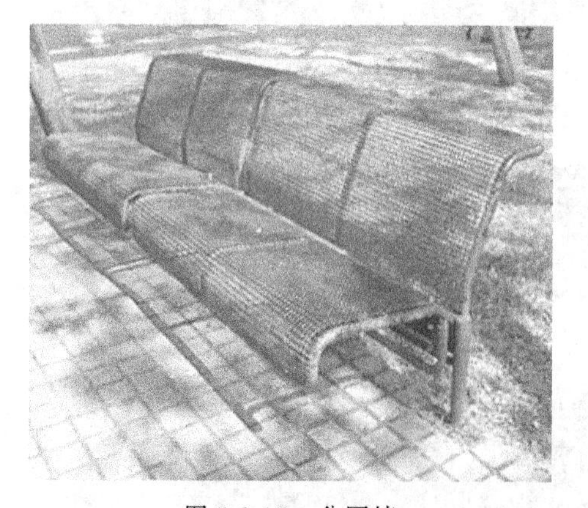

图 5-2-17　公园椅

图 5-2-18　公园圆形排凳

图 5-2-19　强烈肌理质感木质公园凳

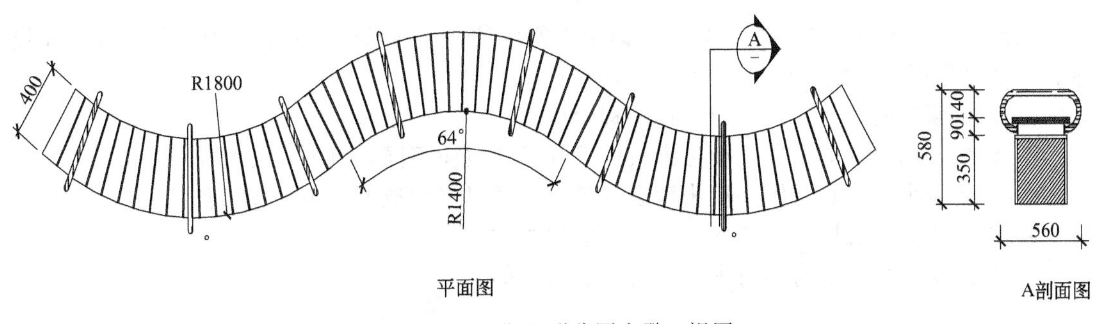

图 5-2-20　“S”形公园座凳三视图

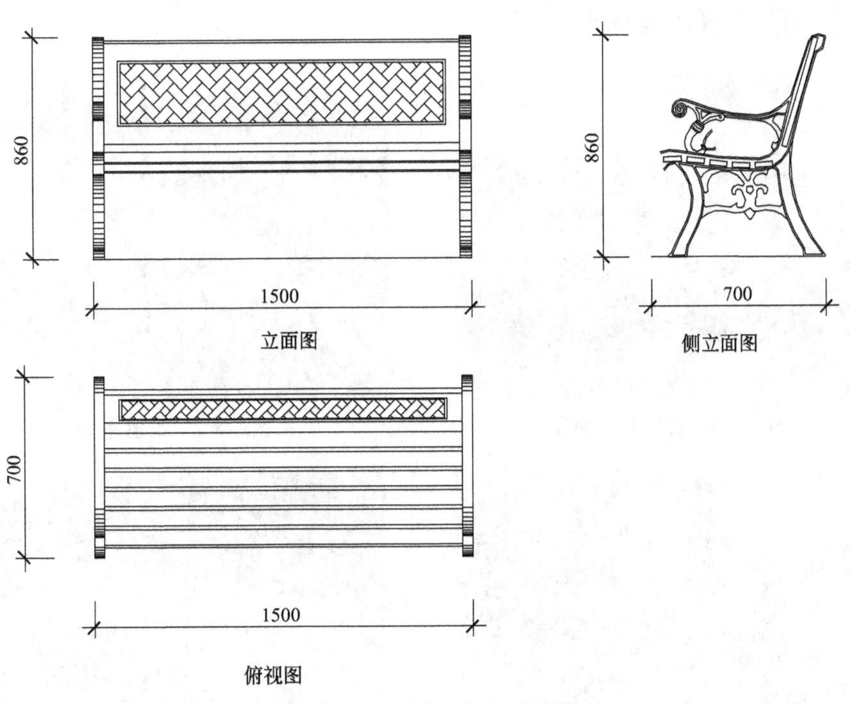

图 5-2-21　公园铁艺椅三视图

5.3 街道家具设计

5.3.1 概述

街道家具指设置于街道旁或广场，满足人们各种使用需求的设施。主要包括座凳、垃圾桶、电话亭等服务设施。街道家具设计要点如下：

① 街道家具的尺寸，应符合人体工程学原理；

② 根据使用对象的不同，街道家具的设计尺寸也应不同，例如，儿童座椅；

③ 结合城市特色和周围环境来确定街道家具的风格和造型，力求新颖独特；

④ 街道家具的设计也应考虑残疾人的使用要求；

⑤ 街道家具采用的材料有木材、石材、金属等。

5.3.2 街道家具图例

图 5-3-1　石材条形座凳

图 5-3-2　街道座凳

图 5-3-3　广场座凳

图 5-3-4　座凳与树池结合

图 5-3-5 与棚架结合的座凳

图 5-3-6 广场座凳

图 5-3-7 铁艺街道座椅

图 5-3-8 钢木垃圾桶

图 5-3-9 户外双桶垃圾桶

图 5-3-10 公交车站座椅

图 5-3-11 公交车站座椅

图 5-3-12 玻璃电话亭

图 5-3-13　木制电话亭

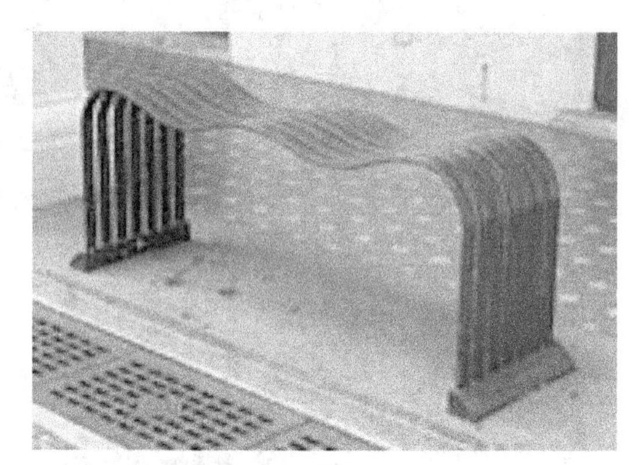

图 5-3-14　藤质户外椅

图 5-3-15　街道及公园座凳

图 5-3-16　街道景观石椅

图 5-3-17　街道休闲家具

图 5-3-18　街道景观椅

图 5-3-19　街道休息石椅

图 5-3-20　户外椅

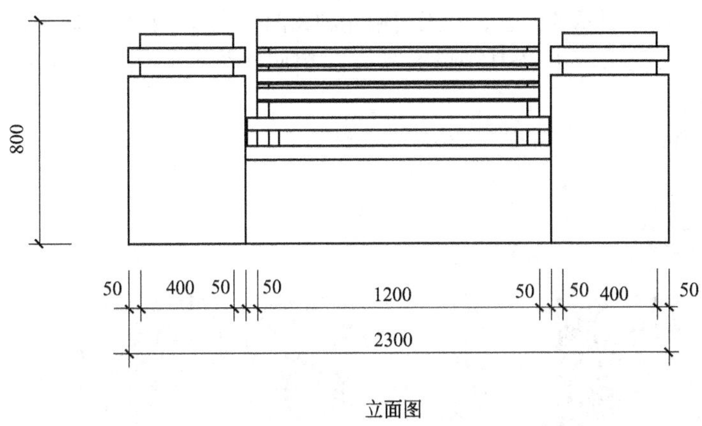

立面图

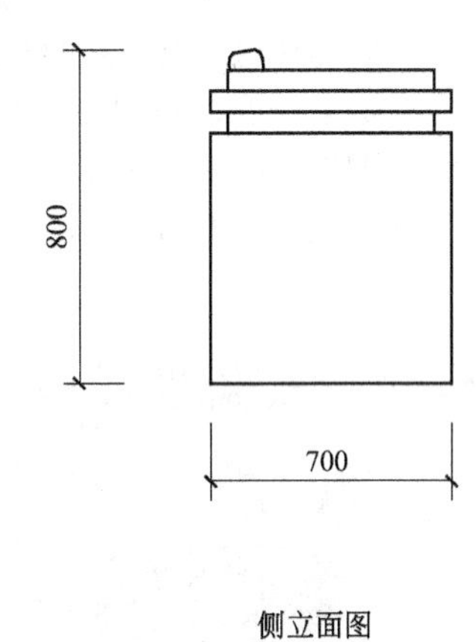

侧立面图

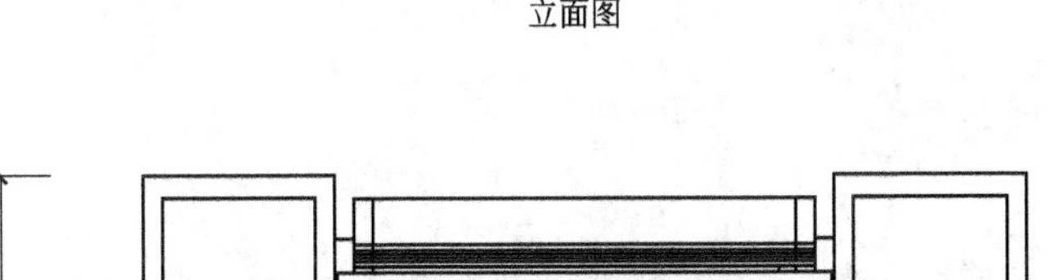

平面图

图 5-3-21　街道座椅三视图

5.4 庭院家具设计

5.4.1 概述

庭院家具指在庭院中设置的，为人们提供休憩功能的设施，多指座椅和桌子。庭院家具设计要点如下。

① 与公园家具和街道家具相比，庭院家具的尺寸可以进行适当的调整，使其更加舒适。

② 要考虑庭院可用的空间、视点、展示的内容、一天内阳光和树荫的位置、自然气候等。

③ 由于庭院家具更多的是私人使用，可以为庭院家具搭配相应的配件，使其更加的舒适，例如，坐垫、抱枕、靠背等。

④ 庭院家具使用的材料有木材、石材、金属、藤类、竹材等。

5.4.2 庭院家具设计图例

图 5-4-1 铁艺庭院躺椅

图 5-4-2 与树池结合的庭院座椅

图 5-4-3 藤本植物编制的庭院座椅

图 5-4-4 木板座椅

图 5-4-5 庭院座椅

图 5-4-6 秋千座椅

图 5-4-7 带坐垫的庭院座椅

图 5-4-8 藤制秋千椅

图 5-4-9 庭院铁制休闲家具

图 5-4-10 庭院家具

图 5-4-11　庭院家具

图 5-4-12　庭院家具

图 5-4-13　庭院家具

图 5-4-14　庭院家具

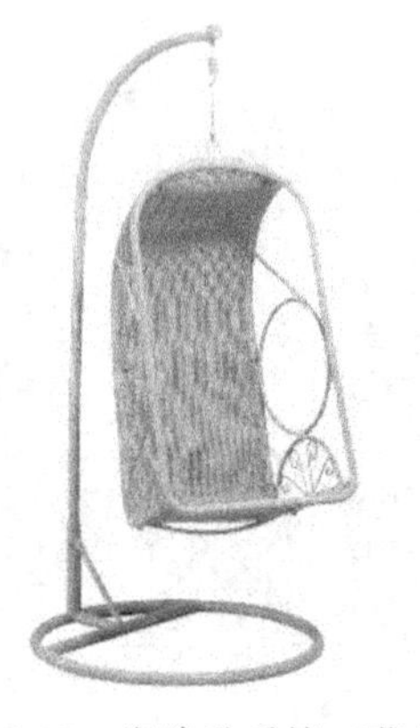

图 5-4-15　庭院秋千椅（藤制）

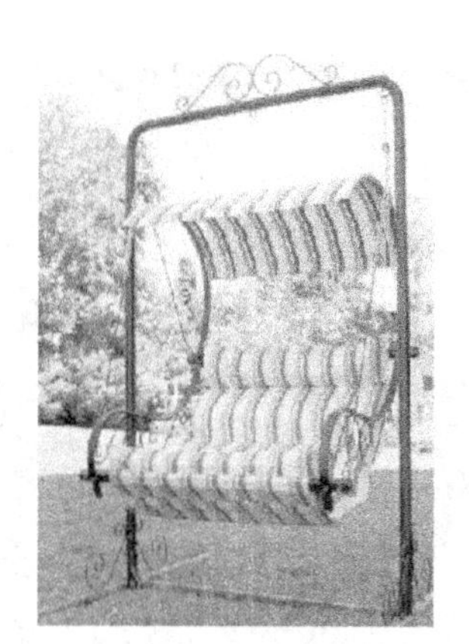

图 5-4-16　庭院秋千椅（铁艺）

图 5-4-17 钢木户外轻便椅

图 5-4-18 庭院木质椅

图 5-4-19 木质休闲躺椅

图 5-4-20 木质休闲躺椅

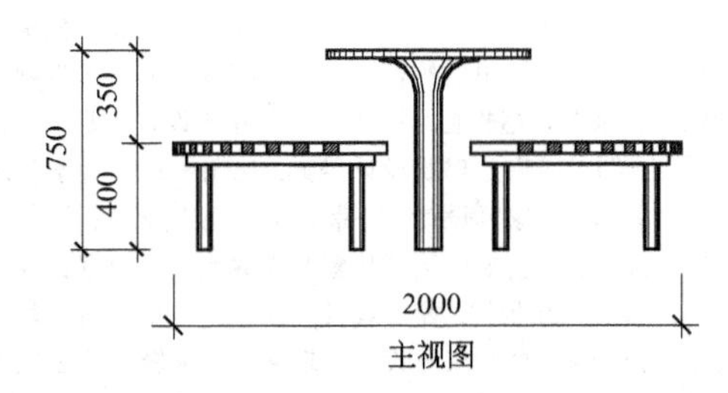

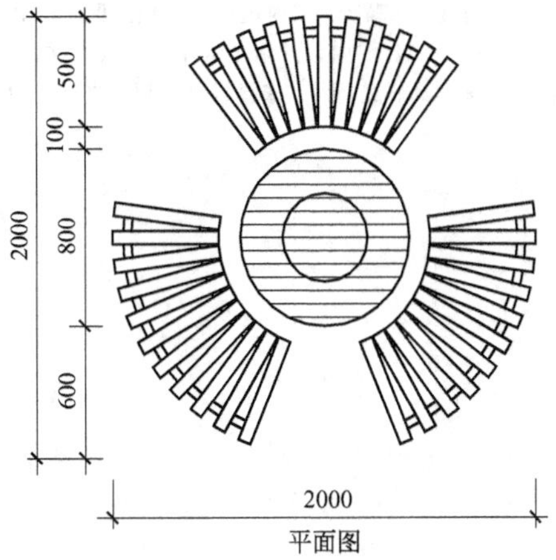

图 5-4-21 庭院桌凳组合三视图

参 考 文 献

[1] 家具设计编写组. 家具设计. 北京：中国轻工业出版社，1985.
[2] 高军，俞寿宾. 西方现代家具与室内设计. 天津：天津科学技术出版社，1990.
[3] 王受之. 世界现代建筑史. 北京：中国建筑工业出版社，1999.
[4] 王受之. 世界现代设计史. 广州：新世纪出版社，1995.
[5] 张绮曼，郑曙阳. 室内设计资料集. 北京：中国建筑工业出版社，1992.
[6]《建筑设计资料集》编写组. 建筑设计资料集（4、7）. 北京：中国建筑工业出版社，1994.
[7] 许柏鸣. 家具设计. 北京：中国轻工业出版社，2000.
[8] 何镇强，张石红. 中外历代家具风格. 郑州：河南科学技术出版社，1998.
[9] 李红，于伸. 中外家具发展史. 哈尔滨：东北林业大学出版社，2000.
[10] 米里安·斯廷森. 世界现代家具杰作. 合肥：安徽科学技术出版社，1998.
[11] 庄荣，吴叶红. 家具与陈设. 北京：中国建筑工业出版社，1996.
[12] 李凤崧. 家具设计. 北京：中国建筑工业出版社，1999.
[13] 张绮曼，潘吾华. 室内设计资料集（2）. 北京：中国建筑工业出版社，1999.
[14] 张同. 新产品开发与设计实务. 南京：江苏科学技术出版社，2000.
[15] 胡景初，戴向东. 家具设计概论. 北京：中国林业出版社，1999.
[16] 朱会平. 家具与室内设计（丹麦卷）. 哈尔滨：黑龙江科学技术出版社，1999.
[17] 唐开军. 家具技术设计. 武汉：湖北科学技术出版社，1999.
[18] 菲奥纳·贝克，基斯·贝克著. 20世纪家具. 北京：中国青年出版社，2002.
[19] 来增祥，陆伟震. 室内设计原理（上、下）. 北京：中国建筑工业出版社，2002.
[20] 邓南，罗力. 办公空间设计与工程. 重庆：重庆大学出版社，2002.
[21] 袁齐家. 民用建筑设计. 北京：冶金工业出版社，1994.
[22] 张宗尧，赵秀兰. 托幼中小学建筑设计手册. 北京：中国建筑工业出版社，2002.
[23] 文世华. 商业建筑设计经典. 沈阳：辽宁科学技术出版社，1995.
[24] 梁启凡. 家具设计. 北京：中国轻工业出版社，1992.
[25] 阮长江. 新编中国历代家具图录大全. 南京：江苏科学技术出版社，2001.
[26] 彭亮，胡景初. 家具设计与工艺. 北京：高等教育出版社，2003.
[27] 许柏鸣. 公共家具设计. 北京：中国轻工业出版社，2002.
[28] 吴悦琦. 木材工业实用大全（家具卷）. 北京：中国林业出版社，1998.
[29] 张绮曼. 郑曙旸. 室内设计资料集. 北京：中国建筑工业出版社，1993.
[30] 武峰. CAD室内设计施工常用图块（1～6）. 北京：中国建筑工业出版社，2004.
[31] 上海家具研究所编. 家具设计手册. 北京：中国轻工业出版社，1989.